工业和信息产业职业教育教学指导委员会“十二五”规划教材

数控机床的电气维护与检查

陈亭志　孙海亮　主编
余　敏　副主编

電子工業出版社
Publishing House of Electronics Industry
北京・BEIJING

内 容 简 介

编写本书的指导思想是使读者通过学习，掌握机床电气控制常用的低压电气元器件结构、原理；掌握基本电路的控制原理；学会典型数控机床的电路分析方法；具备分析控制电路图的能力；掌握华中数控系统的功能和接口；掌握系统参数对数控机床的影响；熟练运用电气原理图、元器件布置图、端子排图进行机床电气控制的安装、调试、维修。在生产性实习中，养成良好的职业素养，提高运用知识解决问题和分析问题的能力。

全书共分三个情境项目，内容包括：数控机床的电气结构和功能、华中数控车床的电气控制与安装调试、华中数控车床的参数和PLC修改。

本书可供高等职业技术学院、中等专业学校的数控、机电一体化、机制及其他相关专业使用，可作为数控机床电气故障排查的实训教材，或是数控系统的实训教材，可以根据实训时间的长短（两周或四周）灵活选用教材内容是前两个情境或是全部情境，使用面广，内容丰富。

图书在版编目（CIP）数据

数控机床的电气维护与检查/陈亭志，孙海亮主编. —北京：电子工业出版社，2011.10

工业和信息产业职业教育教学指导委员会“十二五”规划教材

ISBN 978-7-121-14635-0

Ⅰ. ①数… Ⅱ. ①陈…②孙… Ⅲ. ①数控机床—电气设备—维修—高等职业教育—教材 Ⅳ. ①TG659

中国版本图书馆 CIP 数据核字（2011）第 190526 号

责任编辑：郭乃明　　特约编辑：范　丽

印　　刷：北京虎彩文化传播有限公司

装　　订：北京虎彩文化传播有限公司

出版发行：电子工业出版社

　　　　　北京市海淀区万寿路 173 信箱　邮编：100036

开　　本：787×1 092　1/16　印张：20　字数：508 千字

版　　次：2011 年 10 月第 1 版

印　　次：2019 年 7 月第 5 次印刷

定　　价：33.00 元

前　　言

近年来，随着数控技术的不断发展，数控机床的应用范围越来越广，数控机床的维修、维护人员越来越紧缺，掌握一定的数控机床电气控制方面知识，对机床的维修及操作都有益处。数控机床电气控制是继电器—接触器控制、可编程序控制器控制、数控系统控制、伺服控制、传感器控制的综合应用。它包含的内容广，其知识和技术随数控技术的发展而需不断地更新。

数控系统是数控技术的基础和核心内容，本书根据高等职业技术院校教学实际，按照示范性专业建设方案要求，以工学结合课程教学模式来编写。本书主要以华中数控系统为载体，比较全面、系统地讲解了数控系统的基本组成，重点讲解了数控机床的电气连接和故障排查。通过对华中数控试验台的学习，能够提高学生的动手能力和分析解决问题的能力，使学生掌握数控机床系统控制原理、电气设计方法、元器件的选择、机床电气安装与调试、故障诊断与维修、机床 PLC 控制等多项实验内容，达到工业生产现场实习效果。在结构安排方面，以故障排除为主线，将复杂的数控系统知识分解成三个情境十二个单元，在单元的教学安排上又分为 5 个部分：资讯、计划、实施、实验报告和自我总结。资讯是完成该情境学习应具备的基础知识；计划列出该情境学习应达到的知识点和技能点，让学生有目的地进行学习；实施是教师引导学生学习的过程，包括重点知识的讲解、试验的设置、故障的演示、疑问的解决等；实验报告是教师针对本情境的重点、难点精心设计的问题，也是数控系统常见故障的提炼和总结，让学生通过这些问题的解决巩固本情境的重点知识；自我总结是通过学生之间的交流和自我消化进一步加强重点知识的理解，将理论知识转换为自己的技能知识。

本书由武汉职业技术学院的陈亭志编写学习情境一和学习情境二，华中数控股份有限公司的孙海亮编写学习情境三，中船重工 709 研究所的余敏编写附录，全书由陈亭志统稿。

由于作者水平有限，在编写的过程中难免存在一定的不足，望各位读者在阅读过程中提出宝贵的意见，指正本书存在的不足。

编者

2011 年 3 月

前 言

目 录

学习情境一　数控机床的电气结构和功能

情境学习总述

一、本情境学习目标与任务单元组成

<table>
<tr><td>建议学时</td><td>30</td><td>开课学期</td><td>4</td></tr>
<tr><td colspan="2">学习目标：
熟悉数控机床的电气组成结构；
了解常用的电工仪器仪表工具的使用；
初步认识在数控机床上常用电气元件；
初步了解工厂用电基本常识；
了解数控技术的发展历程及发展方向；
了解数控机床常用的检测元件类型，掌握开环、半闭环和全闭环进给系统的特点和区别；
掌握数控系统的接口类型和作用；
能够灵活应用数控系统的各类接口；
掌握数控系统、PLC 接口和机床侧信号三者之间的关系，理解输入/输出接口板的作用</td><td colspan="2">掌握华中数控系统 PLC 地址的分配方法，以及如何查看 PLC 信号是否到达 CNC 系统；
了解数控机床上常用的电气元件的文字符号和电气符号，为以后的识图打下基础；
了解数控机床上常用的电动机类型和铭牌数据的含义；
了解数控机床上常用的驱动器功能，学会上网查阅这些驱动器的说明书，试着理解其用法；
掌握数控机床电源模块电路的分析方法；
能够独立分析实际机床的电气结构，正确画出机床电气元件位置分布图；
了解数控机床配套资料的种类并能正确查看和使用这些资料</td></tr>
<tr><td colspan="2">学习内容：
数控机床的技术规格参数；
数控系统接口的含义和应用；
数控机床电气柜元件的布局方法；
数控机床常用元器件的图形和文字符号；
常用电工仪器仪表的功能和使用方法；
机床电气维修常用工具的正确使用；
数控机床配套各类说明书的正确使用；
数控机床 PLC 模块的作用；
数控机床 PLC 输入/输出接口电路的设计；
数控机床常用各种电动机的型号和铭牌参数含义；
数控机床的组成结构及其各部分功能</td><td colspan="2">数控系统串行接口、脉冲接口和模拟接口的区别，及各自的应用实例；
华中数控系统 PLC 地址的分配和查看方法；
数控机床开环、半闭环、全闭环进给系统的特点和差异；
数控机床电源模块的电路分析；
CJK6032 型数控车床的电气结构和组成；
ZJK7352 型数控铣床的电气结构和组成；
绘制 CJK6032 型数控车床电气柜元件布置图；
绘制 ZJK7352 型数控铣床电气柜元件布置图；
工作现场电器元器件的记录；
熟悉数控机床维护的基本内容</td></tr>
<tr><td colspan="4">企业工作情境描述：
了解数控机床的电气结构和功能是数控机床电气调试和维护人员必须掌握的基础知识，无论什么复杂的机床电气基本都是由电源模块、各个电动机模块及 PLC 模块组成。在这一单元里主要学习机床电气维修时应关注的切入点，让学生掌握如何去学习。另外，要掌握电气维修用到的仪器仪表和工具的使用方法，认识数控机床常用元器件的电气符号、文字符号和外形，为后续的电气图的理解和动手检查电路打下坚固的基础！另外还要了解数控机床维护的基本内容，在实际工作中养成良好习惯，将故障防患于未然</td></tr>
<tr><td colspan="4">使用工具：
电工工具：试电笔、尖嘴钳、电烙铁、斜口钳、剥线钳、压线钳、各种规格的一字形和十字形螺丝刀、电工刀、校验灯、手电钻、各种尺寸的内六角扳手等。
仪表：数字万用表、兆欧表、数字转速表、示波器、相序表、常用的长度测量工具等。
器材：各种规格电线和紧固件、针形和叉形轧头、金属软管、号码管、线套等。
化学用品：松香、纯酒精、润滑油等</td></tr>
</table>

续表

建议学时	30	开课学期	4
教学资源： 教材、教学课件、动画视频文件、PPT 演示文档、各类手册、各种电气元件等； 数控原理实训室、机电一体化实训室，电动机控制实训室，数控加工实训室			
教学方法： 考察调研、讲授与演示、引导文及讨论、角色扮演、传帮带现场学练做、展示与讲评等			
考核与评价： 技能考核：1. 技术水平　2.操作规程　3.操作过程及结果 方法能力考核：1.制订计划　2.实训报告 职业素养：根据工作过程情况综合评价团队合作精神：根据团队成员的平均成绩 总成绩比例分配：项目功能评价 40%，工作单 20%，期末 40%			

二、本情境的教学设计和组织

情境 1	数控机床的电气结构和功能		
重点	华中数控系统接口的功能和应用； 以华中数控车床试验台为载体分析数控机床电气的结构和组成； 认识数控机床常用的电气元件，包括外形、电气符号和文字符号； 熟练使用各种电工工具和仪器仪表		
难点	数控系统、PLC 接口和机床侧信号三者之间的关系； 数控机床 PLC 输入/输出接口电路的设计； 独立分析 CJK6032 型数控车床的电气结构和组成； 独立分析 ZJK7352 型数控铣床的电气结构和组成； 正确绘制 CJK6032 型数控车床电气柜元件布置图； 正确绘制 ZJK7352 型数控铣床电气柜元件布置图		
学习任务单元			
单元一	单元二	单元三	单元四
数控机床电气控制基础及其维护的基本方法	华中数控系统特点及其接口功能解读	华中数控系统接口应用及数控机床电气结构解析	典型数控机床电气结构和组成识读

三、基于工作过程的教学设计和组织

学习情境	情境 1 数控机床的电气结构和功能		
学习目标	通过本学习情境的学习，要求达到以下目标： 掌握华中数控系统接口的功能和应用；认识数控机床常用的电气元件，包括外形、电气符号和文字符号；具备以华中数控车床试验台为载体分析数控机床电气的结构和组成的能力；具备独立分析 CJK6032 型数控车床和 ZJK7352 型数控铣床的电气结构和组成的能力；具备正确绘制 CJK6032 型数控车床和 ZJK7352 型数控铣床电气柜元件布置图的能力		
教学方法	采用以工作过程为导向的六步教学法，融“教、学、做”为一体		
教学手段	多媒体辅助教学，分组讨论，现场教学、角色扮演等		
教学实施	工作过程	工作内容	教学组织
	资讯	学生获取任务要求；获取与任务相关联的知识：数控系统接口的功能和应用、常用电气控制元件的使用、电动机的种类和铭牌数据等	教师采用多媒体教学手段，向学生介绍情境的任务和相关联的基础知识，并为学生提供获取资讯的一些方法

续表

	工作过程	工作内容	教学组织
教学实施	计划/决策	根据每个单元列出的引导性问题，提出实施计划方案，并与教师讨论，确定实施方案	学生分组讨论形成初步方案，教师听取学生的实施计划安排，审核实施计划，并根据其计划安排，制定进度检查计划
	实施	根据已确定的方案，认真查看数控机床电气柜，并记录其使用的电气元件和各种电动机型号等，完成课业文本页设计的各项试验	组织学生领取相关的工具、导线、仪表等，指导学生在实训室进行机床电气柜的查看，及时解答学生疑问，正确完成各项试验
	检查	学生通过自查互查，理解数控机床的电气结构组成，教师再做系统功能和规范检查	组织学生认真查看电路，考查学生对常用元器件功能的理解，并考察其安全意识和质量意识，做好记录
	评价	完成课业文本页各项练习和试验后，写出实训报告，并进行项目功能和规范的评价	根据学生完成的实训报告，并结合其所完成任务的技术要求和规范，以及在工作过程中的表现进行综合评价

四、课业学习及工作页的内容组成与要求

本情境学习过程中的学生工作页是以工作学习小结的形式，独立成册（见本教材附册）。课业学习及工作页的内容与要求如下：

① 在各单元学习的同时寻求本情境各任务单元给定的引导性问题的答案。

② 按给定的课业工作页要求，整理编写本课业的工作学习小结。

课业工作页主要包括以下内容：

① 绘制电气控制原理图，并分析电路的控制过程。

② 根据原理图分析电气元件的功能。包括电气元件的文字符号、电气符号、代号和规格、数量等。

③ 绘制电气元件布置图。

④ 绘制电气元件接线图。

⑤ 线路的安装与调试。

⑥ 线路故障的排查。

⑦ 学习感受及疑难问题等。

单元一　数控机床电气控制基础及其维护的基本方法

一、学习任务

1．通过讲授，了解本课程的性质和作用，对课程的定位有比较清晰的认识。
2．通过观看教学设计与组织表，了解本课程的教学模式和教学方法。
3．通过演示，掌握本课程将要用到的电工仪器、仪表和工具的使用。
4．通过现场考察，初步了解数控机床的电气组成和功能。
5．通过现场调研，了解数控机床维护的基本常识和方法。

二、学习目标

1．知道数控机床的基本组成、系统型号及技术指标。
2．知道数控机床零件加工的过程和步骤。
3．知道数控机床的面板操作和显示屏各区域的功能。
4．初步知道数控机床的电气组成结构。
5．初步知道数控机床用到的检测元件，知道开环和闭环的区别。
6．知道常用的电工仪器、仪表和工具的使用。
7．初步认识数控机床上常用电气元件。
8．熟悉数控机床维护的基本内容。

三、着重关注的引导性问题

1．车间现场的数控车床有哪些型号？涉及哪些数控系统型号？记录其规格及技术指标。
2．数控系统的发展经历了哪些阶段？每个阶段的特点是什么？
3．数控加工过程中数据转换有哪两类？分别用什么代码表示。
4．举例说明数控机床维修的各种资料，了解每种资料的功能。
5．数控机床由哪六大部分组成？简述各部分的功能。
6．检测元件在数控机床上的作用是什么，说说你知道的常用检测元件。
7．简叙什么是 FMS 和 CIMS，并谈谈未来数控技术的发展方向。
8．比较经济型、普及型和高档型数控机床的差异。
9．打开某一数控机床电气柜，指出不少于 3 种的电气元件名称。
10．列举三种电工仪器、仪表和工具，并演示其使用方法。
11．了解数控机床维护的基本内容，并以加工中心为例介绍维护的具体事项。

四、任务学习知识基础

进入本单元学习之前，要求学习者应具有一定的电工电子基础知识，具有数字电路知识基础和计算机技术基础，具有普通车床电气连接的经验，熟知数控零件编程与操作，勤于思考，能在阅读下述基础知识时善于发现及归纳问题，并敢于提出自己的见解。

（一）数控加工原理与特点

采用数控机床加工零件时，只需要将零件图形和工艺参数、加工步骤等以数字信息的形式，编成程序代码输入到机床控制系统中，经过数控系统的处理、运算，按各坐标轴的分量送到各轴的驱动电路，经过转换、放大进行伺服电动机的驱动，带动各轴运行，并进行反馈控制，使刀具与工具及其他辅助装置严格地按照加工程序规定的顺序、轨迹和参数有条不紊地工作，从而加工出零件的全部轮廓。当更换加工对象时，只需要重新编写程序代码，输入给机床，即可由数控装置代替人的大脑和双手的大部分功能，控制加工的全过程，制造出任意复杂的零件。数控加工原理图如图 1-1 所示：

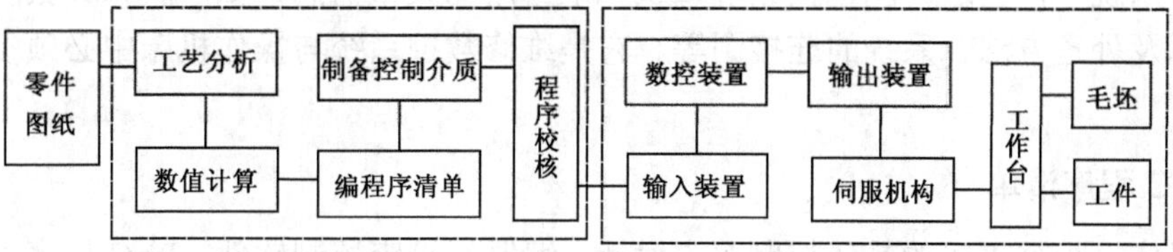

图 1-1　数控加工原理图

数控程序输入数控系统后，数控系统会对程序进行编译，输出两类数据，一类是零件的加工轨迹路线数据，也就是进给轴的电动机控制，程序里的 G 代码；另一类是开关量数据，通过 PLC 控制机床电气上的各类开关量的开启和关闭，程序里的 M 代码，数控加工数据转换的过程如图 1-2 所示：

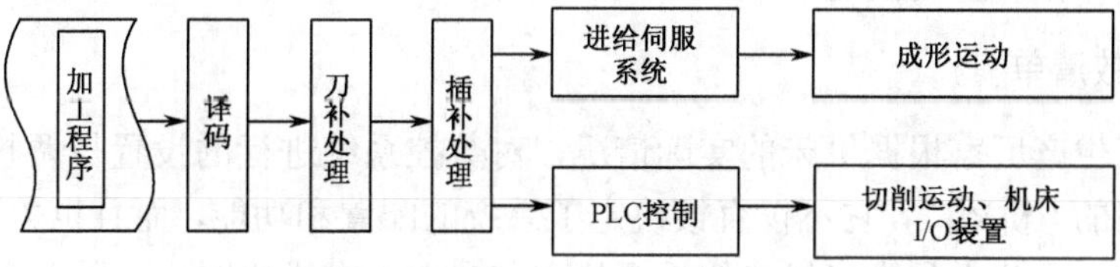

图 1-2　数控加工数据转换的过程图

（二）数控机床维修的各种技术资料

技术资料是维修的指南，它在维修工作中起着至关重要的作用，借助于技术资料可以大大提高维修工作的工作效率与维修的准确性。对于重大的数控机床故障维修，在理想状态下，应具备以下技术资料。

1．数控机床使用说明书

它是由机床生产厂家编制并随机床提供的随机资料。机床使用说明书通常包括以下与维修有关的内容。

① 机床的操作过程和步骤。

② 机床主要机械传动系统及主要部件的结构原理示意图。

③ 机床的液压、气动、润滑系统图。

④ 机床安装和调整的方法与步骤。

⑤ 机床电气控制原理图。

⑥ 机床使用的特殊功能及其说明等。

2. 数控系统的操作、编程说明书（或使用手册）

它是由数控系统生产厂家编制的数控系统使用手册，通常包括以下内容。

① 数控系统的面板说明。

② 数控系统的具体操作步骤（包括手动自动、试运行等方式的操作步骤，以及程序、参数等的输入、编辑、设置和显示方法）。

③ 加工程序及输入格式，程序的编制方法，各指令的基本格式及所代表的意义等。

在部分系统中，它还可能包括系统调试、维修用的大量信息，如“机床参数”的说明、报警的显示及处理方法、系统的连接图等。它是维修数控系统与操作机床中必须参考的技术资料之一。

3. PLC 程序清单

它是机床厂根据机床的具体控制要求设计、编制的机床控制软件。PLC 程序中包含了机床动作的执行过程，以及执行动作所需的条件，它表明了指令信号、检测元件与执行元件之间的全部逻辑关系。借助 PLC 程序，维修人员可以迅速找到故障原因，它是数控机床维修过程中使用最多、最重要的资料。

在某些系统（如 FANUC 系统、SIEMENS802D 等）中，利用数控系统的显示器可以直接对 PLC 程序进行动态检测和观察，它为维修提供了极大的便利，因此，在维修中一定要熟练掌握这方面的操作和使用技能。

4. 机床参数清单

它是由机床生产厂家根据机床的实际情况，对数控系统进行的设置与调整。机床参数是系统与机床之间的“桥梁”，它不仅直接决定了系统的配置和功能，而且也关系到机床的动、静态性能和精度，因此也是维修机床的重要依据与参考。在维修时，应随时参考系统“机床参数”的设置情况来调整、维修机床；特别是在更换数控系统模块时，一定要记录机床的原始设置参数，以便机床功能的恢复。

5. 数控系统的连接说明、功能说明

该资料由数控系统生产厂家编制，通常只提供给机床生产厂家作为设计资料。维修人员可以从机床生产厂家或系统生产、销售部门获得。

系统的连接说明、功能说明书不仅包含了比电气原理图更为详细的系统各部分之间连接要求与说明，而且还包括了原理图中未反映的信号功能描述，是维修数控系统、尤其是检查电气接线的重要参考资料。

6. 伺服驱动系统、主轴驱动系统的使用说明书

它是伺服系统及主轴驱动系统的原理与连接说明书，主要包括伺服、主轴的状态显示与报警显示、驱动器的调试、设定要点，信号、电压、电流的测试点，驱动器设置的参数及意义等方面的内容，可供伺服驱动系统、主轴驱动系统进行维修时参考。

7. PLC 使用与编程说明

它是机床中所使用的外置或内置式 PLC 的使用、编程说明书。通过 PLC 的说明书，维修人员可以通过 PLC 的功能与指令说明，分析、理解 PLC 程序，并由此详细了解、分析机床的动作过程、动作条件、动作顺序及各信号之间的逻辑关系，必要时还可以对 PLC 程序进行部分修改。

8. 机床主要配套功能部件的说明书与资料

在数控机床上往往会使用较多功能部件，如数控转台、自动换刀装置、润滑与冷却系统、排屑器等。这些功能部件，其生产厂家一般都提供了较完整的使用说明书，机床生产厂家应将其提供给用户，以便功能部件发生故障时进行参考。

以上都是在理想情况下应具备的技术资料，但是实际维修时往往难以做到这一点。因此在必要时，维修人员应通过现场测绘、平时积累等方法完善、整理有关技术资料。

9. 维修记录

这是维修人员对机床维修过程的记录与维修的总结。最理想的情况是：维修人员应对自己所进行的每一步维修都进行详细的记录，无论当时的判断是否正确，这样不仅有助于今后进一步维修，而且也有助于维修人员总结经验与提高水平。

（三）数控机床的基本组成

数控机床一般由输入/输出设备、计算机数控系统、伺服驱动单元、可编程控制器（PLC）、电气控制装置、位置检测装置（步进电动机驱动的开环机床无）和机床本体（组成机床本体的各机械部件）等组成。数控系统的组成示意图如图 1-3 所示。

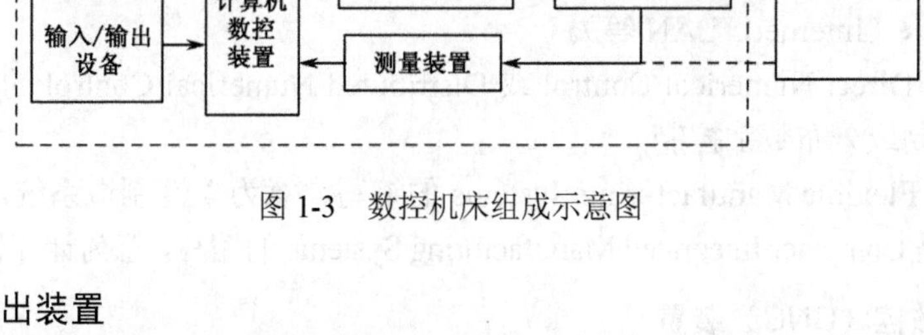

图 1-3　数控机床组成示意图

1. 输入/输出装置

① 操作面板：它是操作人员与数控装置进行信息交流的工具组成：MDI 键盘/机床操作面板/功能键/显示器等。如图 1-4 所示为华中数控系统的操作面板。

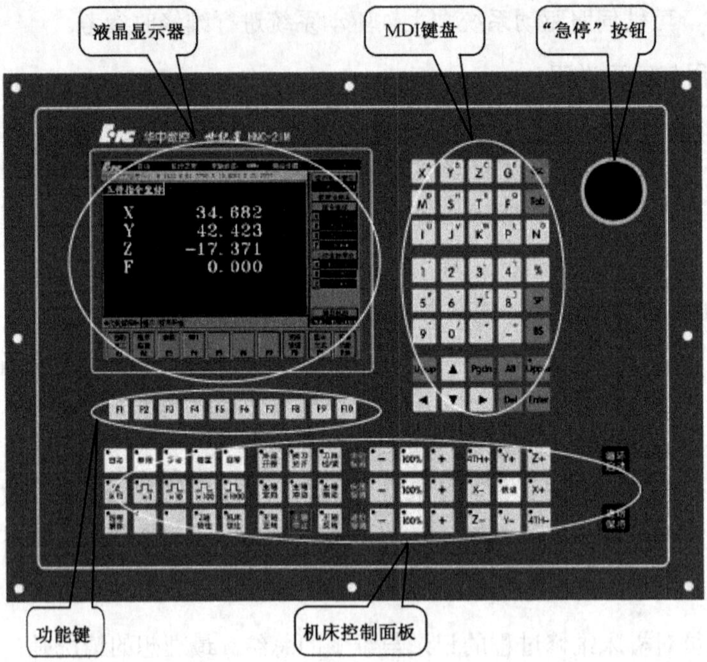

图 1-4　华中数控系统操作面板

② 控制介质：人与数控机床之间建立某种联系的中间媒介物就是控制介质，又称为信息载体。常用的控制介质有穿孔带、穿孔卡、磁盘和磁带。

③ 人机交互设备：数控机床在加工运行时，通常都需要操作人员对数控系统进行状态干预，对输入的加工程序进行编辑、修改和调试，对数控机床运行状态进行显示等，也就是数控机床要具有人机联系的功能。具有人机联系功能的设备统称为人机交互设备。常用的人机交互设备有键盘、显示器、光电阅读机等。

④ 通信：现代的数控系统除采用输入/输出设备进行信息交换外，一般都具有用通信方式进行信息交换的能力。它们是实现 CAD/CAM 的集成、FMS 和 CIMS 的基本技术。采用方式有：

- 串口通信（RS-232 等串口）；
- 自动控制专用接口和规范（DNC 方式，MAP 协议等）；
- 网络技术（Internet，LAN 等）。
- DNC 是 Direct Numerical Control 或 Distributed Numerical Control 的缩写，意为直接数字控制或分布数字控制。
- FMS 是 Flexible Manufacturing Systems 的缩写，意为柔性制造系统。
- CIMS 是 Computer Integrated Manufacturing Systems 的缩写，意为计算机集成制造系统。

2. 计算机数控（CNC）装置

数控装置是数控机床的中枢，CNC 装置主要由计算机系统、位置控制板、PLC 接口板、通信接口板、特殊功能模块及相应的控制软件组成，CNC 装置结构图如图 1-5 所示。数控装置根据输入的零件加工程序进行相应的处理（如运动轨迹处理、机床输入/输出处理等），然后将控制命令输出到相应的执行部件（伺服单元、驱动装置和 PLC 等），所有这些工作是由 CNC 装置内的硬件和软件协调配合、合理组织，使整个系统有条不紊地进行工作的。

国内常用的车削数控系统主要有日本 FANUC-0T/0iT 系列、德国 SIEMENS 8T/802/810/840 系列、国产华中数控 HCNC-21T、广州数控 GSK980T 等系统。

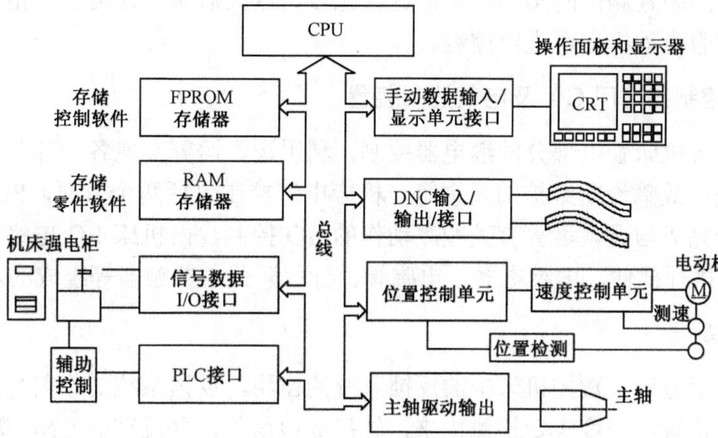

图 1-5　CNC 装置结构图

3. 伺服驱动单元

伺服驱动系统由伺服驱动器（伺服控制电路、功率放大电路）和伺服电动机组成。伺服驱动的作用是将来自数控装置的位置控制移动指令转变成机床工作部件的运动，使工作台按规定轨迹移动或精确定位，加工出符合图样要求的工件，即将数控装置送来的微弱指令信号，放大成驱动伺服电动机的大功率信号。

常用的伺服电动机有步进电动机、直流伺服电动机和交流伺服电动机。根据接收指令的不同，伺服驱动有脉冲式和模拟式，而模拟式伺服驱动方式按驱动电动机的电源种类，可分为直流伺服驱动和交流伺服驱动。步进电动机采用脉冲驱动方式，交、直流伺服电动机采用模拟式驱动方式。

根据功能又分为主轴单元和进给轴单元。

① 伺服/变频调速主轴单元：现代数控机床的主轴大多采用矢量控制的变频器配三相异步电动机的变频无级调速或直接将主轴作为电动机转子的“电主轴”形式，此类机床通常采用 Sxxxx 指令直接指定主轴转速大小。经济型数控机床的主轴变速还保留用传统的齿轮减速箱的手动换挡变速形式，这类机床通常不接收 S 指令功能。也有些机床采用机械—液压的自动换挡结构，此时若用 Sxx 指令，其功能仅在于控制吸合电液阀的序号。数控车床的主轴转速由脉冲编码器进行实时检测，车螺纹时系统将根据螺纹车削时转速与进给的关系实施螺纹进给控制，由此取代了螺纹加工时复杂的挂轮装置。

② 进给轴伺服驱动单元：数控车床刀架拖板的横、纵向进给电动机的驱动，对经济型机床而言，通常采用步进电动机及步进驱动模块作开环控制。由于没有检测和反馈系统，故

称之为开环。这类机床控制结构简单，维护方便，成本低，但加工控制精度不高。对全功能数控车床而言，通常采用交直流伺服电动机及伺服驱动的半闭环控制，通过伺服电动机上带的脉冲编码器进行角位移检测和反馈，半闭环控制的数控机床能在一定范围内消除误差，再加上丝杠螺距误差补偿和传动间隙补偿等措施，可以获得较高的加工控制精度。数控系统将程序中的坐标位置指令与进给速度F指令结合起来进行位置速度的综合控制，经插补运算移动后的位置与检测装置测得的实际位置值进行比较、放大后调整速度控制指令，通过速度控制单元，驱动伺服电动机实现进给控制。

4. 可编程控制器（PLC）及电气控制装置

用来代替传统机床强电部分的继电器控制，利用逻辑运算实现各种开关量的顺序控制和联锁控制，并提供故障诊断维护的反馈等。机床电气控制包括两个方面，PLC（可编程的逻辑控制器）用于完成与逻辑运算有关顺序动作的I/O控制，而机床I/O电路和装置则是用来实现I/O控制的执行部件，由继电器、电磁阀、行程开关、接触器等组成的逻辑电路。

5. 测量装置

如图1-6所示显示了数控机床中的反馈系统的作用，反馈系统的作用是通过测量装置将机床移动的实际位置、速度参数检测出来，转换成电信号，并反馈到CNC装置中，使CNC能随时判断机床的实际位置、速度是否与指令一致，并发出相应指令，纠正所产生的误差。在其他的控制领域，测量装置也有其应用，如图1-7所示的机械手就是其一种应用。

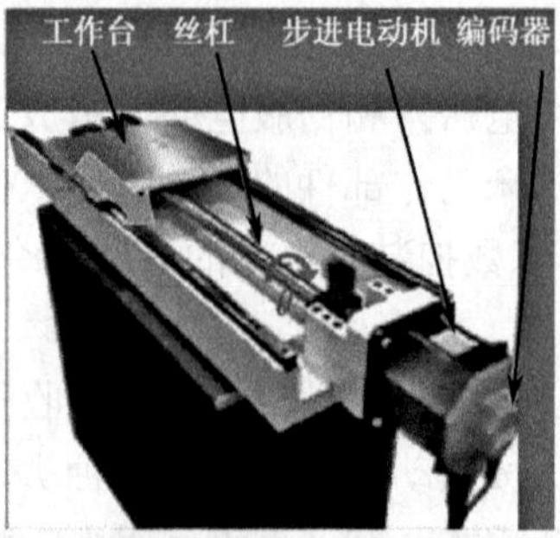

图1-6 机床反馈装置

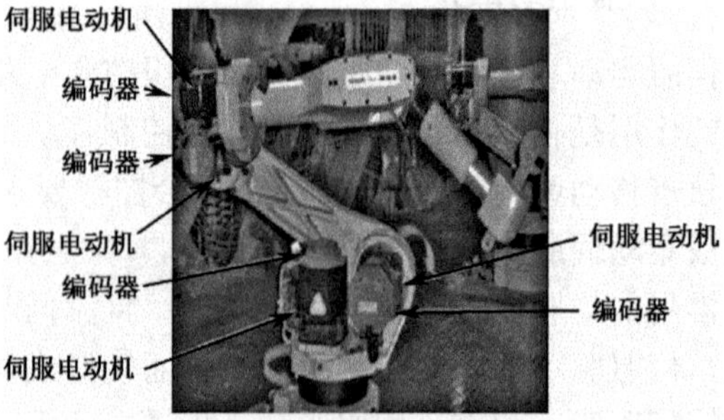

图1-7 机械手上的反馈装置

测量装置安装在数控机床的工作台或丝杠上，按有无检测装置，CNC系统可分为开环和闭环系统，而按测量装置安装的位置不同可分为闭环与半闭环数控系统。开环数控系统无测量装置，其控制精度取决于步进电动机和丝杠的精度，闭环数控系统的精度取决于测量装置的精度。因此，检测装置是高性能数控机床的重要组成部分。

6. 机床本体

数控机床的机械部件包括：主运动部件，进给运行执行部件（如工作台、拖板及其传动部件），床身、立柱等支撑部件；此外，还有冷却、润滑、转位和夹紧等辅助装置。对于加工中心类的数控机床，还有存放刀具的刀库，交换刀具的机械手等部件。数控机床是高精度和高生产率的自动化加工机床，与普通机床相比，应具有更好的抗振性和刚度，要求相对运动面的摩擦因数要小，进给传动部分之间的间隙要小。所以其设计要求比通用机床更严格，加工制造要求精度更高，常采用加强刚性、减少热变形、提高精度的设计措施。辅助控制装置包括转位换刀、液压泵、冷却泵等控制接口电路。

（四）数控机床的分类

1．按运动方式分类

（1）点位控制系统

点位控制系统是指数控系统只控制刀具或机床工作台，从一点准确地移动到另一点，而点与点之间运动的轨迹不需要严格控制的系统。为了减少移动部件的运动与定位时间，一般先以快速移动到终点附近位置，然后以低速准确移动到终点位置，以保证良好的定位精度。移动过程中刀具不进行切削。使用这类控制系统的主要有数控坐标镗床、数控钻床、数控冲床等。如图 1-8 所示为点位控制加工示意图。

（2）点位直线控制系统

点位直线控制系统是指数控系统不仅控制刀具或工作台从一个点准确地移动到下一个点，而且保证在两点之间的运动轨道是一条直线的控制系统。刀具移动过程中可以进行切削。应用这类控制系统的有数控车床、数控钻床和数控铣床等。如图 1-9 所示为直线控制切削加工示意图。

图 1-8　点位控制加工示意图

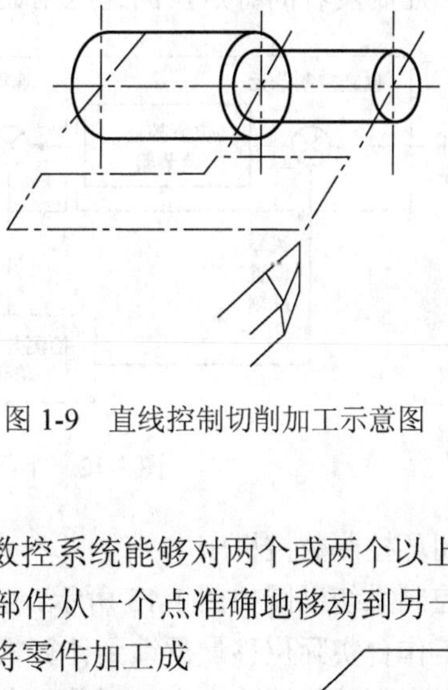

图 1-9　直线控制切削加工示意图

（3）轮廓控制系统

轮廓控制系统也称连续切削控制系统，是指数控系统能够对两个或两个以上的坐标轴同时进行严格连续控制的系统。它不仅能控制移动部件从一个点准确地移动到另一个点，而且还能控制整个加工过程每一点的速度与位移量，将零件加工成一定的轮廓形状。应用这类控制系统的有数控铣床、数控车床、数控齿轮加工机床和加工中心等。如图 1-10 所示为轮廓控制加工示意图。

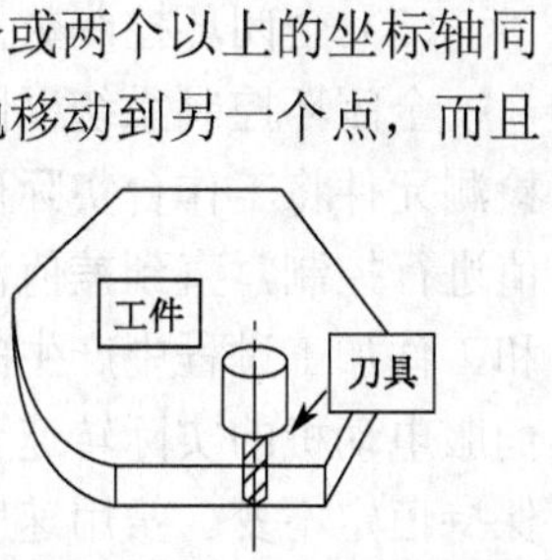

图 1-10　轮廓控制加工示意图

2．按控制方式分类

（1）开环控制数控机床

开环控制系统的特征是系统中没有检测反馈装置，指令信息单方向传送，并且指令发出后，不再反馈回来，故称开环控制。

受步进电动机的步距精度和工作频率及传动机构的传动精度影响，开环系统的速度和精度都较低。但由于开环控制结构简单，调试方便，容易维修，成本较低，仍被广泛应用于经济型数控机床上。典型的开环数控系统如图 1-11 所示。

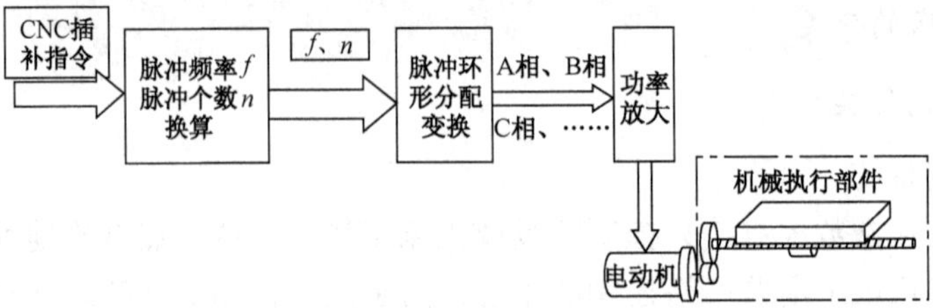

图 1-11　开环数控系统

（2）半闭环控制数控机床

半闭环控制系统框图如图 1-12 所示。半闭环控制数控机床不是直接检测工作台的位移量，而是采用转角位移检测元件，测出伺服电动机或丝杠的转角，推算出工作台的实际位移量，反馈到计算机中进行位置比较，用比较的差值进行控制。由于反馈环内没有包含工作台，故称半闭环控制。

半闭环控制精度较闭环控制差，但稳定性好，成本较低，调试维修也较容易，兼顾了开环控制和闭环控制两者的特点，因此应用比较普通。

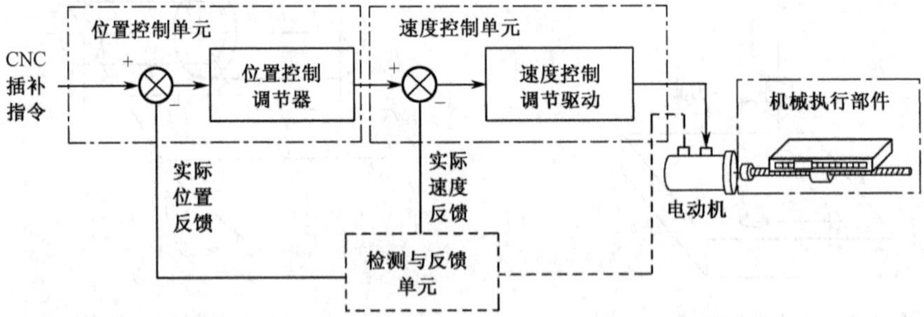

图 1-12　半闭环控制系统框图

（3）全闭环控制数控机床

全闭环控制系统框图如图 1-13 所示。全闭环控制系统的特点是，利用安装在工作台上的检测元件将工作台实际位移量反馈到计算机中，与所要求的位置指令进行比较，用比较的差值进行控制，直到差值消除为止。可见，全闭环控制系统可以消除机械传动部件的各种误差和工件加工过程中产生的干扰的影响，从而使加工精度大大提高。速度检测元件的作用是将伺服电动机的实际转速变换成电信号送到速度控制电路中，进行反馈校正，保证电动机转速保持恒定不变。常用速度检测元件是测速电动机。

全闭环控制的特点是加工精度高，移动速度快。这类数控机床采用直流伺服电动机或交流伺服电动机作为驱动元件，电动机的控制电路比较复杂，检测元件价格昂贵。因而调试和维修比较复杂，成本高。

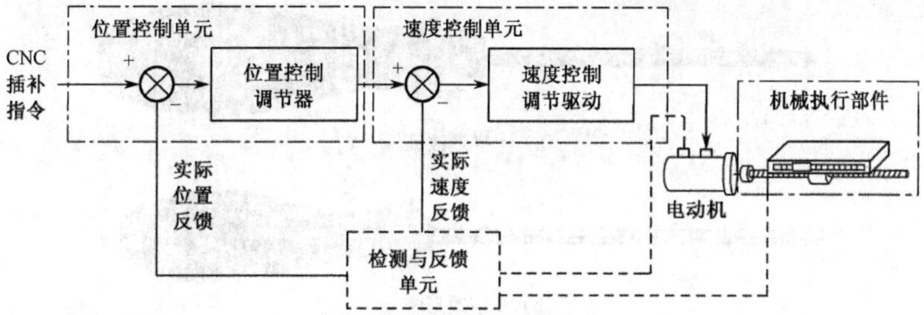

图 1-13　全闭环控制系统框图

3．按数控系统功能水平分类

按数控系统功能可分为经济型数控系统（又称简易数控系统）、普及型数控系统（又称全功能数控系统）和高档数控系统，表 1-1 从各个方面比较了这三种数控系统的差异。

表 1-1　经济型、普及型和高档型数控系统比较

系统功能	经济型	普及型	高档型
系统分辨率	0.01mm	0.001mm	0.0005mm
进给速度	小于 15m/min	15~30 m/min	大于 30 m/min
伺服进给类型	开环；步进电动机	半闭环；交流伺服电动机	混合、全闭环、半闭环；交流伺服电动机
联动轴数	三轴以下	三到五轴	五轴以上
通信功能	无	Rs232c，DNC，网络接口	Rs232，DNC，网络接口
显示功能	CRT 单显	LCD、TFT 液晶彩显	LCD、TFT 液晶彩显
内装 PLC	无	有	有
主 CPU	8 位	16 位，32 位	32 位，64 位

4．按数控装置类型分类

① 硬件式数控机床，即 NC 机床。

这类数控机床数控装置的通用性较差，因其全部由硬件组成，所以功能和灵活性也较差。

② 软件式数控机床，即 CNC 机床。

这类数控机床数控装置的主要功能几乎可全由软件来实现，对不同的数控机床只需编制不同的软件就可以实现，而且硬件几乎可以通用。这为降低生产成本、保证产品质量、缩短生产周期等提供了条件，所以现代数控机床都采用 CNC 装置控制。

（五）机床电气的常用检查工具

1．改锥（螺丝刀）

常用的旋具是改锥（又称螺丝刀），如图 1-14 所示。它用来紧固或拆卸螺钉，一般分为一字形和十字形两种。

一字形改锥：其规格用柄部以外的长度表示，常用的有 100mm、150mm、200mm、300mm、400mm 等。

十字形改锥：有时称梅花改锥，一般分为四种型号，其中：Ⅰ号适用于直径为 2~2.5mm 的螺钉；Ⅱ、Ⅲ、Ⅳ号分别适用于直径为 3~5mm、6~8mm、10~12mm 的螺钉。

（a）十字形改锥

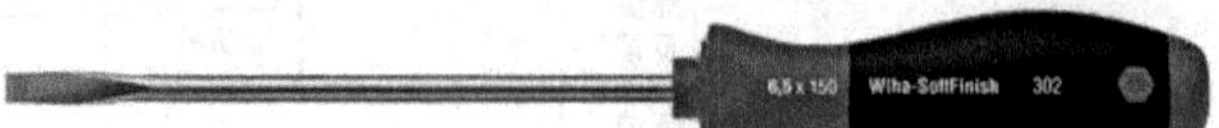

（b）一字改形锥

图 1-14 改锥（螺丝刀）外形

多用改锥：是一种组合式工具，既可做改锥使用，又可做低压验电器使用，此外还可用来进行锥、钻、锯、扳。它的柄部和螺钉旋具是可以拆卸的，并附有规格不同的螺钉旋具、三棱锥体、金力钻头、锯片、锉刀等附件。

2．钢丝钳

钢丝钳是一种夹持或折断金属薄片，切断金属丝的工具。电工用钢丝钳的柄部套有绝缘套管（耐压 500V），其规格用钢丝钳全长的毫米数表示，常用的有 150mm、175mm、200mm 等规格。钢丝钳的构造及应用如图 1-15 所示。

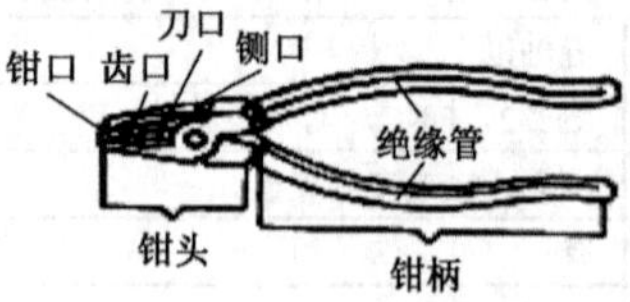

（a）构造

（b）弯绞导线

（c）紧固螺母

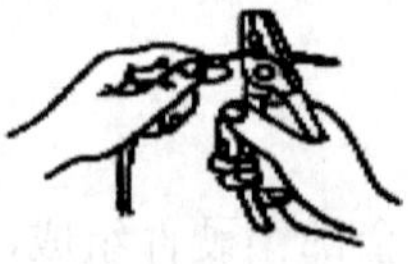

（d）剪切导线

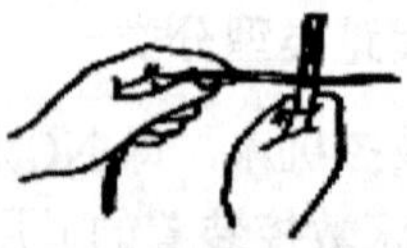

（e）铡切钢丝

图 1-15 钢丝钳的构造及应用

3．尖嘴钳

尖嘴钳（如图 1-16 所示）的头部“尖细”，用法与钢丝钳相似，其特点是适用于在狭小的工作空间操作，能夹持较小的螺钉、垫圈、导线及电气元件。在安装控制线路时，尖嘴钳能将单股导线弯成接线端子（线鼻子），有刀口的尖嘴钳还可剪断导线、剥削绝缘层。

4．断线钳

断线钳（如图 1-17 所示）的头部“扁斜”，因此又叫斜口钳、扁嘴钳或剪线钳，是专供剪断较粗的金属丝、线材及导线、电缆等用的。它的柄部有铁柄、管柄、绝缘柄之分，绝缘柄耐压为 1000V。

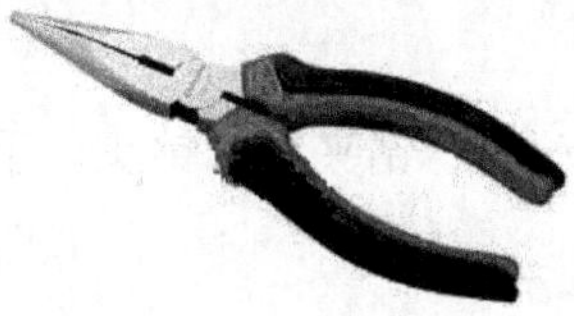

图 1-16　尖嘴钳外形图

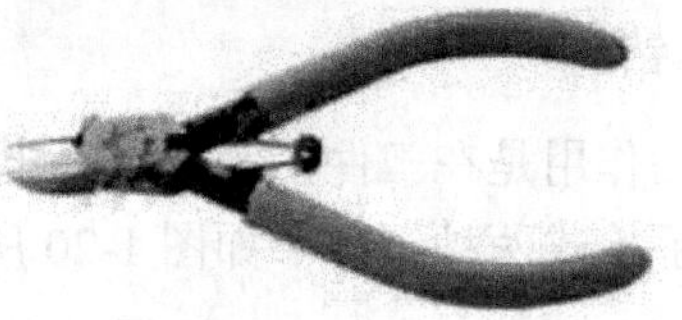

图 1-17　斜口钳外形图

5．剥线钳

剥线钳（如图 1-18 所示）是用来剥落小直径导线绝缘层的专用工具。它的钳口部分设有几个刃口，用以剥落不同线径的导线绝缘层。其柄部是绝缘的，耐压为 500V。

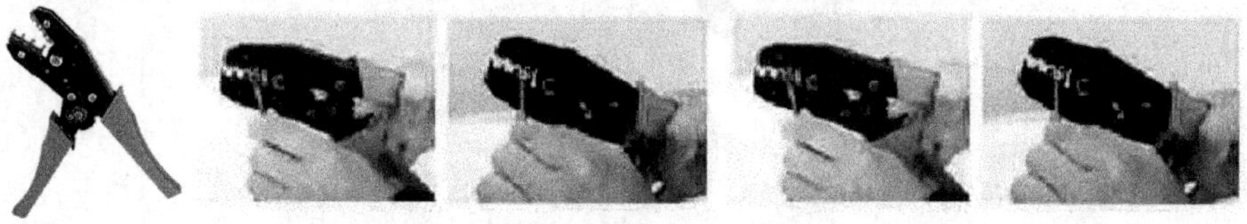

图 1-18　剥线钳外形图和用法

剥线钳在使用时，先应根据缆线的粗细型号，选择相应的剥线刀口，再将准备好的电缆放在剥线工具的刀刃中间，选择好要剥线的长度，然后握住剥线工具手柄，将电缆夹住，缓缓用力使电缆外表皮慢慢剥落，松开工具手柄，取出电缆线，这时电缆金属整齐露出外面，其余绝缘塑料完好无损。

6．试电笔

试电笔是用来检测低压导体和电气设备外壳是否带电的一种常用工具，试电笔常做成钢笔式结构或小型螺丝刀结构（如图 1-19 所示）。它的前端是金属探头，壳内装有氖管、安全电阻和弹簧，笔尾端有金属端盖或钢笔型金属笔杜，作为使用时手必须触及的金属部分。普通试电笔测量电压范围在 60~500V 之间，低于 60V 时试电笔的氖管可能不会发光，高于 500V 不能用普通试电笔来测量，否则容易造成人身触电。当试电笔触及带电体时，带电体上的电压经试电笔的笔尖（金属体）、氖管、安全电阻、弹簧及笔尾端的金属体，再经过人体接入大地形成回路。若带电体与大地之间的电压超过 60V，试电笔中的氖管便会发光，指示被测带电体有电。

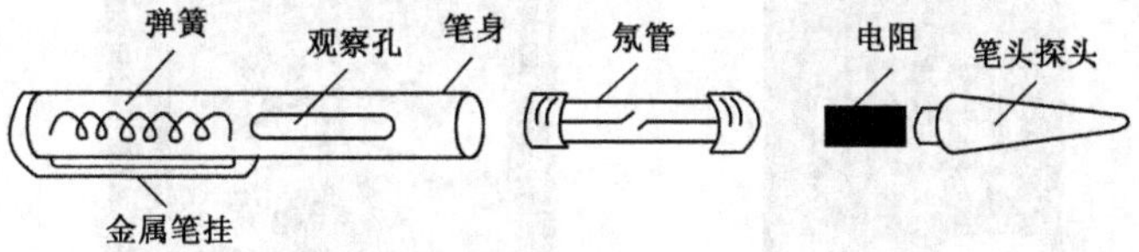

（a）钢笔式试电笔

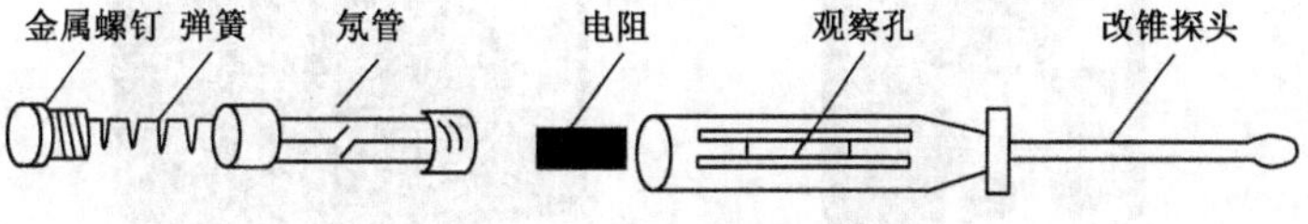

（b）螺丝刀式试电笔

图 1-19　试电笔

7. 手电钻

手电钻的作用是在工件上钻孔。手电钻主要由电动机、钻夹头、钻头、手柄等组成，分为手提式和手枪式两种，外形如图 1-20 所示。

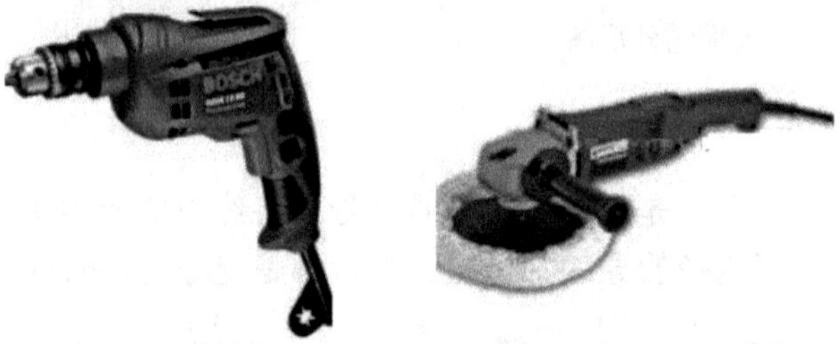

（a）手枪式　　（b）手提式

图 1-20　手电钻

8. 万用表

万用表（如图 1-21 所示）在电子测量中扮演着重要的角色，随着科技的发展，万用表的功能越来越多。万用表可以测量电阻、直流电压、交流电压、直流电流和交流电流，这是万用表最常用的功能。现在的数字万用表又增加了许多新的功能，例如可以测量电容、三极管放大倍数、二极管压降、元器件温度等；更有一种会说话的数字万用表，能将测量结果用语音播报出来；还有的万用表可以通过 RS-232 接口，将不同时间下采集的数据传送给安装有相关软件的 PC，做相关事件分析。

使用万用表前，应认真阅读有关的使用说明书，熟悉电源开关、量程开关、插孔、特殊插口的作用。测量电阻时，应在关掉测量电路电源、并确认电路中其他元件对所测电阻值没有影响的情况下测量，否则会造成损坏万用表、电路板，或者所测电阻值不准确。测量电压通常是解决电路问题时第一步要做的工作。如果没有电压或电压过高、过低，在进一步检查之前，首先要解决电源问题。测量电压时要根据需要将量程开关拨至 DCV（直流）或 ACV（交流）的合适量程，红表笔插入 V/Ω孔，黑表笔插入 COM 孔，并将表笔与被测线路并联，读数即显示。

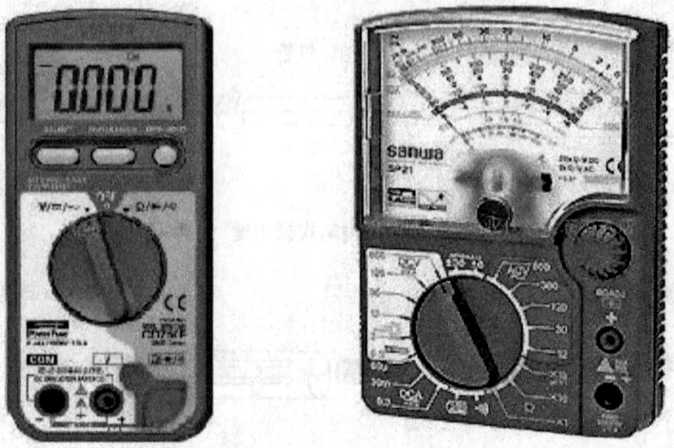

图 1-21　万用表

9. 兆欧表

兆欧表俗称摇表（如图 1-22（b）所示），是电工常用的一种测量仪表。兆欧表主要用来检查电气设备、家用电器或电气线路对地及相间的绝缘电阻，以保证这些设备、电器和线路工作在正常状态，避免发生触电伤亡及设备损坏等事故。兆欧表大多采用手摇发电动机供电，故又称摇表。它的刻度是以兆欧（MΩ）为单位的。

兆欧表的接线端钮有 3 个，分别标有“G（屏）”、“L（线）”、“E（地）”。被测的电阻接在 L 和 E 之间，G 端的作用是为了消除表壳表面 L、E 两端间的漏电和被测绝缘物表面漏电的影响。在进行一般测量时，将被测绝缘物接在 L、E 之间即可。但测量表面不干净或潮湿的对象时，为了准确地测出绝缘材料内部的绝缘电阻，就必须使用 G 端，如图 1-22（a）所示为测量电缆绝缘电阻的接线图。

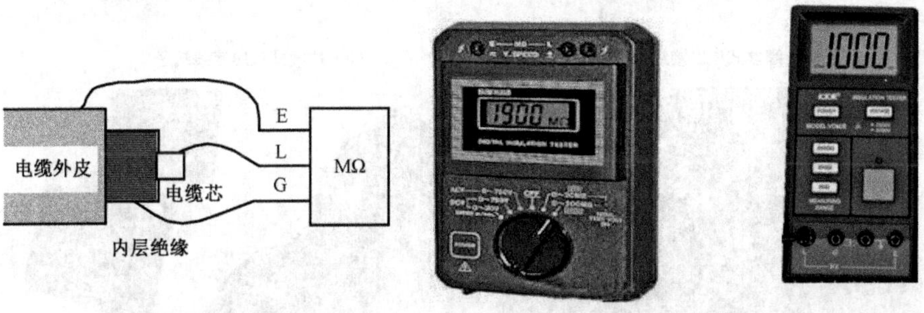

（a）接线图　　（b）外形图

图 1-22　兆欧表

10. 电烙铁

电烙铁（如图 1-23 所示）是最常用的焊接工具。新烙铁使用前，应用细砂纸将烙铁头打光亮，通电烧热，蘸上松香后用烙铁头刃面接触焊锡丝，使烙铁头上均匀地涂上一层锡。这样做，可以便于焊接和防止烙铁头表面氧化。旧的烙铁头如严重氧化而发黑，可用钢锉锉去表层氧化物，使其露出金属光泽后，重新涂锡，才能使用。

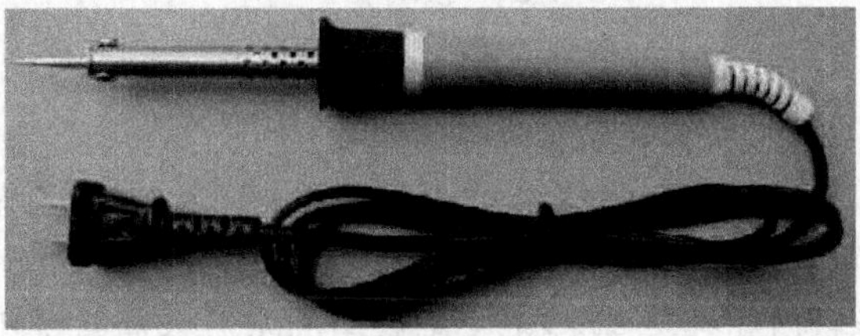

图 1-23　电烙铁

电烙铁要用 220V 交流电源，使用时要特别注意安全。使用前，应认真检查电源插头、电源线有无损坏。并检查烙铁头是否松动。电烙铁使用中，不能用力敲击，要防止跌落。烙铁头上焊锡过多时，可用布擦掉，不可乱甩，以防烫伤他人。焊接过程中，烙铁不能到处乱放，不焊时，应放在烙铁架上。注意电源线不可搭在烙铁头上，以防烫坏绝缘层而发生事故。

使用结束后，应及时切断电源，拔下电源插头，冷却后，再将电烙铁收回工具箱。

常用的助焊剂是松香或松香水（将松香溶于酒精中）。使用助焊剂，可以帮助清除金属表面的氧化物，利于焊接，又可保护烙铁头。

11．各种各样的接线端子

接线端子如图 1-24 所示。

（a）螺丝式PCB接线端子

（b）拔插式PCB接线端子

（c）TB固定式接线端子

（d）Y2系列航空插座

（e）各种各样的接线端子

图 1-24　接线端子

12．示波器

示波器如图 1-25 所示，用于检测信号的动态波形，例如脉冲编码器、光栅的输出波形，伺服驱动、主轴驱动单元的各级输入/输出波形等；其次还可用于检测开关电源、显示器的垂直、水平振荡与扫描电路的波形等。数控机床维修用的示波器通常选用频带宽为 10~100MHz 的双通道示波器。

13．数字转速表

数字转速表（如图 1-26 所示）用于测量与调整主轴的转速，以及调整系统及驱动器的参数，可以使编程的理想主轴转速与实际主轴转速相符，它是主轴维修与调整的测量工具之一。

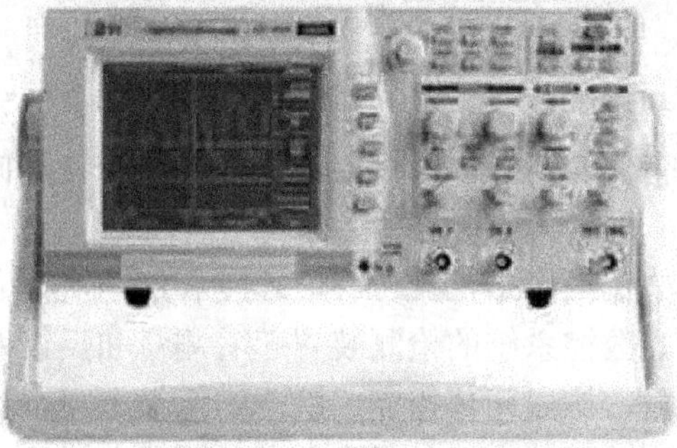

图 1-25　示波器

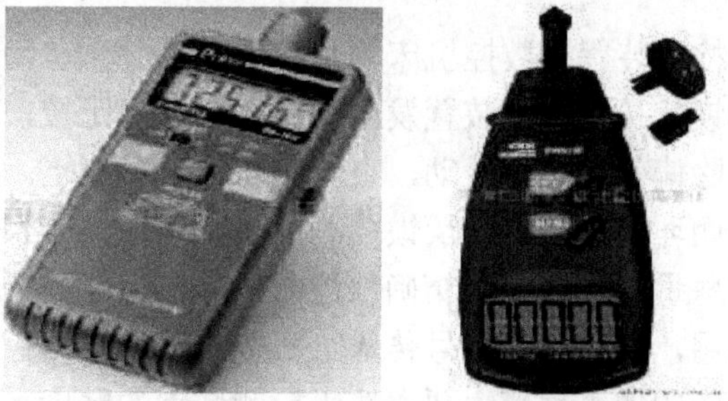

图 1-26　数字转速表

14．相序表

相序表（如图 1-27 所示）主要用于测量三相电源的相序，还可以检测工业用电中出现缺相、逆相、三相不平衡、过电压、欠电压等故障现象，它是进给伺服驱动与主轴驱动维修的必要测量工具之一。

图 1-27　相序表

15．常用的长度测量工具

长度测量工具（如千分表、百分表等）用于测量机床移动距离、反向间隙值等，如图 1-28 所示。通过测量，可以大致判断机床的定位精度、重复定位精度、加工精度等。根据测量值可以调整数控系统的电子齿轮比、反向间隙等主要参数，以恢复机床精度，是机械部件维修测量的主要检测工具之一。

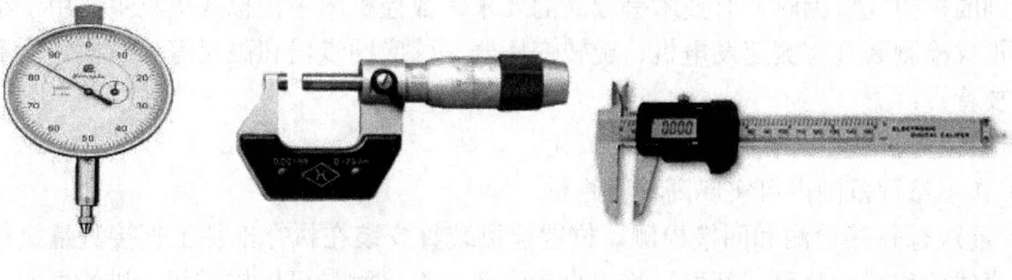

（a）机械百分表　（b）外径千分尺　（c）数显卡尺

图 1-28　常用的长度测量工具

（六）数控机床的检测装置

检测装置是数控机床的重要组成部分。在闭环系统中，其主要作用是检测位移量，并发出反馈信号与数控装置发出的指令信号相比较，若有偏差，经放大后控制执行部件，使其向着消除偏差的方向运动，直至偏差等于零为止。

闭环数控系统为反馈控制的随动系统，该系统的输出量是机械位移、速度和加速度，利用这些量的反馈实现精确地控制位移、速度的目的。数控系统的检测装置起着测量和反馈两个作用，它发出的信号传送给数控装置或专用控制器，构成闭环控制。从一定意义上看，数控机床的加工精度主要取决于检测装置的精度。检测装置能分辨的最小测量值称为分辨力。分辨力不仅取决于检测装置本身，而且取决于测量线路。因此，研制和选用性能优良的检测装置是非常重要的。

对于不同类型的数控机床，因工作条件和检测要求不同，可以采用以下不同的检测方法。

（1）增量式检测和绝对式检测

增量式检测方法只测量位移增量，并用数字脉冲的个数来表示单位位移（即最小设定单位）的数量，每移动一个测量单位就发出一个测量信号。其优点是测量装置比较简单，任何一个对中点都可以作为测量起点。但在此系统中，移动距离是靠对测量信号累计后读出的，一旦累计有误，此后的测量结果将全错。另外，在发生故障时（如断电）不能再找到事故前的正确位置，事故排除后，必须将工作台移至起点重新计数才能找到事故前的正确位置。脉冲编码器、旋转变压器、感应同步器、光栅、磁栅、激光干涉仪等都是增量检测装置。

绝对式测量方法测出的是被测部件在某一绝对坐标系中的绝对坐标位置值，并且以二进制或十进制数码信号表示出来，一般都要转换成脉冲数字信号以后，才能送去进行比较和显示。采用此方法，分辨力要求越高，结果也越复杂。这样的测量装置有绝对式脉冲编码器、三速式感应同步器等。

（2）数字式检测和模拟式检测

数字式检测是将被测量单位量化以后以数字形式表示，测量信号一般为电脉冲，可以直接送到数控系统进行比较、处理（如脉冲编码器和光栅）。数字式检测有以下 3 个特点：

① 被测量转换成脉冲个数，便于显示和处理。

② 测量精度取决于测量单位，与量程基本无关，但存在累计误差。

③ 检测装置比较简单，脉冲信号抗干扰能力强。

模拟式检测是将被测量用连续变量来表示，如电压的幅值变化、相位变化等。在大量程内做精确的模拟式检测时，对技术有较高的要求，数控机床中模拟式检测主要用于小量程测量。模拟式检测装置有测速发电机、旋转变压器、感应同步器和磁尺等。模拟式检测有以下几个主要特点：

① 直接对被测量进行检测，无需量化。

② 在小量程范围内可实现高精度测量。

③ 能进行直接检测和间接检测。位置检测装置安装在执行部件上直接测量执行部件末端处的直线位移或角位移，都可以称为直接测量。直接测量可以构成闭环进给伺服系统，测量方式有用光栅、直线感应同步器、磁栅、激光干涉仪等测量执行部件的直线位移。由于此

检测方式是采用直线型检测装置对机床的直线位移进行的测量，其优点是直接反应工作台的直线位移量；缺点是要求检测装置与行程等长，对大型机床，这是一个很大的限制。

位置检测装置安装在执行部件前面的传动元件或驱动电动机轴上，测量其角位移，经过传动比变换以后才能得到执行部件的直线位移量，这样的测量称为间接测量。间接测量可以构成半闭环伺服系统，如将脉冲编码器装在电动机轴上进行测量。间接测量使用可靠、方便，无长度限制；其缺点是在检测信号中加入了直线运动转变为旋转运动的传动链误差，从而影响测量精度。一般对机床的传动链进行补偿，才能提高定位精度。

除了以上位置检测装置，伺服系统中往往还包括检测速度的元件，用以检测和调节发电机的转速。常用的检测元件是测速发电机。数控机床常见的位置检测装置见表 1-2。

表 1-2　数控机床常见的位置检测装置

类型	增量式	绝对式
回转型	脉冲编码器、旋转变压器、圆感应同步器、圆光栅、圆磁栅	多速旋转变压器、绝对脉冲编码器、三速圆感应同步器
直线型	直线感应同步器、计量光栅、磁尺、激光干涉仪	三速感应同步器、绝对值式磁尺

数控机床上常用的检测元件：

（1）增量式光电脉冲编码器

脉冲编码器是一种旋转式脉冲发生器，能将机械转角变成电脉冲，是数控机床上使用广泛的位置检测装置。脉冲编码器是一种增量检测装置，它的型号是由每转发出的脉冲数来区分的。数控机床上常用的脉冲编码器有每转 2000 脉冲、2500 脉冲和 3000 脉冲等，现在已有使用每转发出 10 万个脉冲，乃至几百万个脉冲的脉冲编码器，该编码器装置内部应用了微处理器。

光电脉冲发生器的结构图如图 1-29 所示。在漏光盘（一般用真空镀膜的玻璃圆盘）上沿圆周刻有两圈条纹，外圈为间距相等的细密细纹，例如 1000 条，作为发送脉冲用；内圈仅一条。在漏光盘的圆周位置，与漏光盘平行地放置一个固定的指示光栏，它是一小块扇形薄片，刻有透光条纹 A、B、C。其中 A、B 狭缝在同一圆周上相差 1/4 节距（称为辨向狭缝），另外一个称为零位狭缝，主光栅转一周时，由此狭缝 C 发出一个脉冲。

光源发出的散射光线经过透镜聚光后成为平行光线，当漏光盘与主轴同步旋转时，由于基片上的条纹与指示光栅上的条纹出现重合和错位，使光敏元件受到光线亮、暗的变化，引起光敏元件电流大小发生变化，变化的信号电路经信号处理装置输出矩形脉冲。由于条纹 A 与基片条纹重合时，条纹 B 与另一条纹错位 1/4 周期，因此 A、B 两通道输出的波形相位也相差 1/4 周期。

（2）绝对式光电脉冲编码器

与增量式脉冲编码器不同，绝对式编码器是通过读取编码盘上的图案确定轴的位置。码盘的读取方式有接触式、光电式和电磁式等几种，最常用的是光电式编码器。

光电绝对式编码器的编码盘原理图和结构图如图 1-30 所示。在图 1-30 中，码盘上有四条码道。

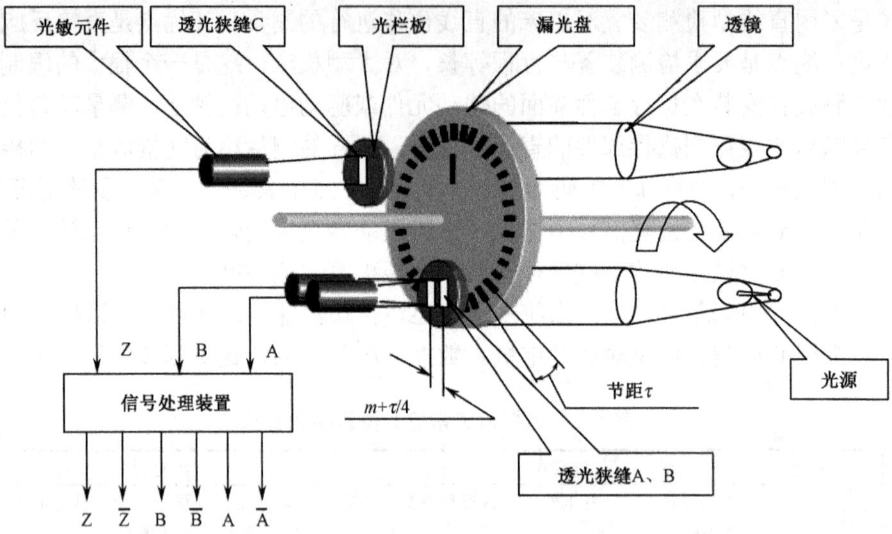

图 1-29　光电脉冲发生器的结构图

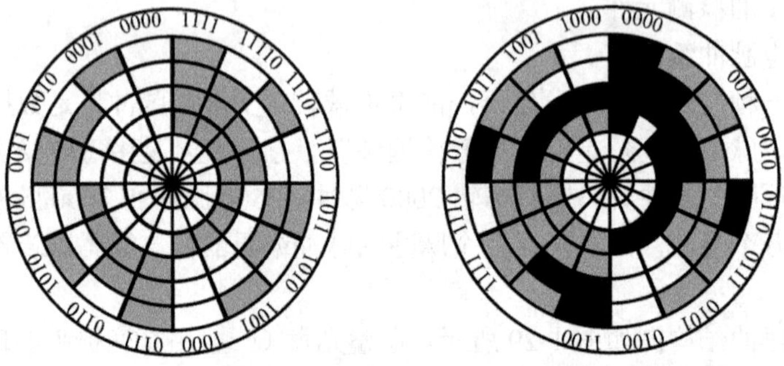

错误!

（a）二进制编码　　（b）格雷码编码

图 1-30　光电绝对式编码器的编码盘原理图和结构图

码道就是码盘上的同心圆。按照二进制分布规律，将每条码道加工成透明和不透明相间的形式。码盘的一侧安装光源，另一侧安装一排径向排列的光电管，每个光电管对准一条码道。当光源照射码道时，如果是透明区，则光线被光电管接收，并转变成电信号，输出信号为“1”；如果不是透明区，则光电管接收不到光线，输出信号为“0”。被测轴带动码盘旋转时，光电管输出的信息就代表了轴的相应位置，即绝对位置。

绝对编码器的编码有两种：二进制编码，其特点是编码顺序与位置顺序相一致，但可能产生非单值性误差，如误差分析：1111-0000；格雷码（循环码、葛莱码），其特点是任何两个编码之间只有一位是变化的，因而可将误差控制在最小单位上。但编码与位置循序无直接规律。格雷码是从二进制码转换而来的，转换规则为：将二进制码与其本身右移一位后并舍去末位的数码做不进位加法，得出的结果即为格雷码（循环码）。例如，将二进制码 0101 转换成对应的格雷码：

$$\begin{array}{rl} & 0101\text{(二进制码)} \\ \oplus & 010\text{(右移一位并舍去末位)} \\ \hline & 0111\text{(格雷码)} \end{array}$$

光电编码盘大多采用格雷编码盘，格雷码数码见表 1-3。

表 1-3　编码盘的数码

角度	二进制	格雷码	十进制	角度	二进制	格雷码	十进制
0	0000	0000	0	8α	1000	1100	8
α	0001	0001	1	9α	1001	1101	9
2α	0010	0011	2	10α	1010	1111	10
3α	0011	0010	3	11α	1011	1110	11
4α	0100	0110	4	12α	1100	1010	12
5α	0101	0111	5	13α	1101	1011	13
6α	0110	0101	6	14α	1110	1001	14
7α	0111	0100	7	15α	1111	1000	15

绝对式码盘的规格与码盘码道数 n 有关；现在市场上提供从 4 道到 18 道；选择时要考虑伺服系统要求的分辨力和机械传动系统的参数。

分辨力（分辨角）α 与码盘的规格 n 道的关系如下：

$$\alpha = \frac{360^\circ}{2^n}$$

码道越多，分辨力越小。

如四位二进制码盘能分辨的最小角度（分辨力）为：

$$\alpha = 360^\circ / 2^4 = 22.5^\circ$$

日前，码盘码道可以做到 18 条，能分辨的最小角度为：

$$\alpha = 360^\circ / 2^{18} = 0.0014^\circ$$

（3）计量光栅

光栅分为物理光栅和计量光栅，物理光栅刻线细密，用于光谱分析和光波波长的测定。计量光栅，比较而言刻线较粗，但栅距也较小，在 0.004~0.25mm 之间，主要用在数字检测系统。计量光栅是数控机床的精密检测元件，是闭环系统中一种用得较多的测量装置，用做位移或转角的测量，测量精度可达几微米。

① 光栅的种类与精度。

在玻璃的表面上制成透明与不透明间隔相等的线纹，称透射光栅；在金属的镜面上制成全反射和漫反射间隔相等的线纹，称反射光栅，也可以将线纹做成具有一定衍射角度的定向光栅。光栅根据用途又分为长光栅（测量直线位移）和圆光栅（测量角位移），而每一种光栅又根据其用途和材质的不同分为多种。

a）长光栅（直线光栅）。

玻璃透射光栅。它是在玻璃表面感光材料的涂层上或者在金属镀膜上制成的光栅线纹，也有用刻蜡、腐蚀、涂黑工艺制成的。它的特点是：光源可以采用垂直入射，光电元件可直接接收光信号，因此信号幅度大，读数头结构简单；每毫米上的线纹数多，一般常用的黑白光栅可做到每毫米 100 条线，再经过电路细分，可做到微米级的分辨力。

金属反射光栅。它是在钢尺或不锈钢带的镜面上用照相腐蚀工艺或用钻石刀直接刻画制作光栅条纹。它的特点是：标尺光栅的线膨胀系数很容易做到与机床材料一致；标尺光栅的安装与调整比较方便；安装面积较小；易于接长或制成整根的钢带长光栅；不易碰碎。目前常用的每毫米线纹数为 4、10、25、40、50。

b）圆光栅。

圆光栅是在玻璃圆盘的外环端面上，做成黑白间隔条纹，根据不同的使用要求在圆周上的线纹数也不相同。圆光栅一般有 3 种形式：六十进制，如 10800，21600，32400，64800 等；十进制，如 1000，2500，5000 等；二进制，如 512，1024，2048 等。

c）计量光栅的精度。

光栅检测系统的精度主要取决于光栅尺本身的制造精度，也就是计量光栅任意两点间的误差，即累积误差。由于使用了莫尔条纹技术，因此，相邻误差得以适当地被修正，但对积累误差无多大改善。

由于激光技术的发展，光栅制作精度得以提高。目前光栅精度可以达到微米级，再通过细分电路可以做到 0.1μm，甚至更高的分辨力。几种常用光栅的精度数据见表 1-4。

表 1-4　常用光栅的精度数据

计量光栅		光栅长度（mm）	线纹数	精度
直线式	玻璃透射光栅	500	100/mm	5μ m
	玻璃透射光栅	1000	100/mm	10μm
	金属反射光栅	500	25/mm	7μm
	金属反射光栅	1220	40/mm	13μm
	高精度反射光栅	1000	50/mm	7.5μm
	玻璃衍射光栅	300	250/mm	1.5μm
回转式	玻璃圆光栅	ϕ270	10800/周	2 分

② 光栅的工作原理。

光栅是利用光的透射、衍射原理，通过光敏元件测量莫尔条纹移动的数量来测量机床工作台的位移量。一般用于机床数控系统的闭环控制。光栅主要由标尺光栅和光栅读数头两部分组成。光栅读数是利用莫尔条纹的形成原理进行的。如图 1-31 所示为透射直线式光栅结构图。将指示光栅和标尺光栅叠合在一起，中间保持 0.01~0.1mm 的间隙，并且指示光栅和标尺光栅的线纹相互交叉保持一个很小的夹角θ，使两块光栅尺上的刻线交叉。在光源的照射下，相交点附件的小区域内黑线重叠，透明区域变大，挡光面积最小，挡光效应最弱，透光的累积使这个区域出现亮带。相反，距相交点越远的区域，两光栅不透明黑线的重叠部分越少，黑线占据的空间增大，因而挡光面积增大，挡光效应增强，只有较少的光线透过光栅而使这个区域出现暗带。如图 1-32 所示，两条暗带或两条亮带之间的距离叫莫尔条纹 B，其光强度分布近似于正弦波形。如果将指示光栅沿着标尺光栅长度方向平行移动，则可看到莫尔条纹也跟着移动，但移动方向与指示光栅移动方向垂直。当指示光栅移动一条刻线时，莫尔条纹也正好移动一个条纹。设光栅的栅距为 W，两光栅线纹夹角为θ，则它们之间的几何关系为

$$B=\frac{W}{2\sin(\theta/2)}$$

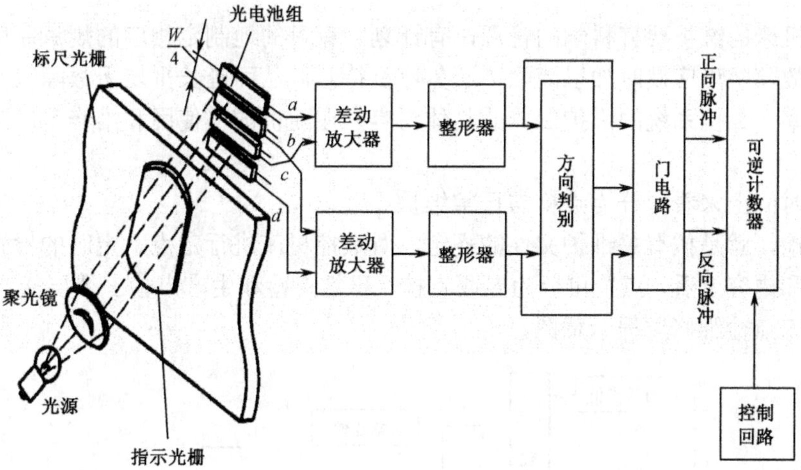

图 1-31　透射直线式光栅结构图

因为夹角θ很小，所以可取 $\sin(\theta/2)\approx\theta/2$，故上式可改写成$B=W/\theta$

由上式可见，θ越小，则B越大，相当于把栅距W扩大了$1/\theta$倍。

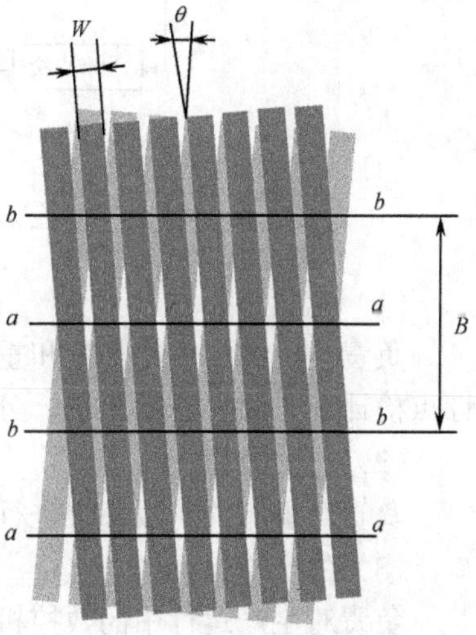

图 1-32　莫尔条纹式光栅

（七）数控机床维护的基本方法

1. 预防性维护的重要性

顾名思义，所谓预防性维护，就是要注意将有可能造成设备故障和出了故障后难以解决的因素排除在故障发生之前。

每台机床数控系统在运行一定时间之后，某些元器件或机械部件难免出现一些损坏或故障现象，问题在于对这种高精度、高效益且又昂贵的设备，如何延长元器件的寿命和零部件的磨损周期，预防各种事故，特别是将恶性事故消灭在萌芽状态，从而提高系统的平均无故障工作时间和使用寿命，一个重要方面是要做好预防性维护。

数控机床通常是一个企业的关键设备，有时在运行中出现了一些不正常现象，如级别较低的报警，虽然不影响一时运行，但如果怕停机影响生产，不及时进行维护和排除，而让其长时间"带病"工作，必然会造成"小病不治，大病吃苦"的后果。例如，有些地区电网质量差，电压波动大，常造成数控系统跳闸。有些使用者对此现象并不重视，让系统继续在恶劣的供电环境中运行，最后造成主要模块烧坏的严重后果。

总之，做好预防性维护工作是使用好数控机床的一个重要环节，数控维修人员、操作人员及管理人员应共同做好这项工作。

2．预防性维护工作的主要内容

对数控机床的维护要有科学的管理，有计划、有目的地制定相应的规章制度。对维护过程中发现的故障隐患应及时加以清除，避免停机待修，从而延长平均无故障工作时间，增加机床的开动率。数控系统的维护保养的具体内容，在随机的《使用和维修手册》中通常都做了规定。

维护从时间上来看，分为点检与日常维护。

所谓点检，就是按有关维护文件的规定，对数控机床进行定点、定时的检查和维护。从点检的要求和内容上看，点检可分为专职点检、日常点检和生产点检三个层次，如图 1-33 所示为数控机床点检维修过程示意图。

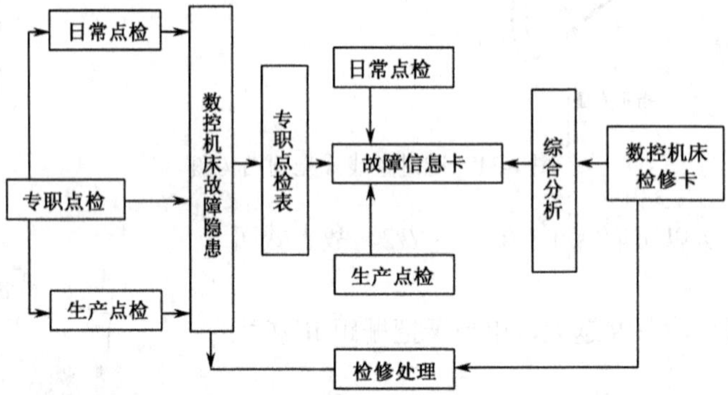

图 1-33　数控机床点检维修过程示意图

（1）专职点检

负责对机床的关键部位和重要部位按周期进行重点点检和设备状态检测与故障诊断，制订点检计划，做好诊断记录，分析维修结果，提出改善设备维护管理的建议。

（2）日常点检

负责对机床的一般部位进行点检，处理和检查机床在运行过程中出现的故障。

（3）生产点检

负责对生产运行中的数控机床进行点检，并负责润滑、保养等工作。

数控机床的点检管理一般包括下述几部分内容。

（1）安全保护装置

① 开机前检查机床的各运动部件是否在停机位置。

② 检查机床的各保险及防护装置是否齐全。

③ 检查各旋钮、手柄是否在规定的位置。

④ 检查工装夹具的安装是否牢固可靠，有无松动位移。

⑤ 刀具装夹是否可靠及有无损坏，如砂轮有无裂缝。

⑥ 工件装夹是否稳定可靠。

（2）机械及气压、液压仪器仪表

开机后让机床低速运转 3~5min，然后检查如下各项目。

① 主轴运转是否正常，有无异味、异声。

② 各轴向导轨是否正常，有无异常现象发生。

③ 各轴能否正常回归参考点。

④ 空气干燥装置中滤出的水分是否已经放出。

⑤ 气压、液压系统是否正常，仪表读数是否在正常值范围之内。

（3）电气防护装置

① 各种电气开关、行程开关是否正常。

② 电动机运转是否正常，有无异声。

（4）加油润滑

① 设备低速运转时，检查导轨的上油情况是否正常。

② 按要求的位置及规定的油品加润滑油，注油后，将油盖盖好，然后检查油路是否畅通。

（5）清洁文明生产

① 设备外观无灰尘、无油污，呈现本色。

② 各润滑面无黑油、无锈蚀，应有洁净的油膜。

③ 丝杠应洁净无黑油，亮泽有油膜。

④ 生产现场应保持整洁有序。

表 1-5 为某加工中心的维护点检表。

表 1-5　某加工中心的维护点检表

序号	检查周期	检查部位	检查要求
1	每天	导轨润滑油箱	检查油标、油量，及时添加润滑油，确认润滑泵能定时启动及停止
2	每天	X、Y、Z 轴向导轨面	清除切屑及赃物，检查润滑油是否充分，导轨面有无损坏
3	每天	压缩空气气源压力	检查气动控制系统压力是否在正常范围
4	每天	气源自动分水滤气器和自动空气干燥器	及时清理分水器中滤出的水分，保证自动空气干燥器工作正常
5	每天	气液转换器和增压器油面	发现油面不够时及时补足油
6	每天	主轴润滑恒温油箱	工作正常，油量充足并调节温度范围
7	每天	机床液压系统	油箱、液压泵无异常噪声，压力表指示正常，管路及各接头无泄漏，工作油面高度正常
8	每天	液压平衡系统	平衡压力指示正常，快速移动时平衡阀工作正常
9	每天	CNC 的输入/输出单元	如光电阅读机清洁，机械结构润滑良好
10	每天	各种电柜散热通风装置	各电柜冷却风扇工作正常，风道过滤网无堵塞
11	每天	各种防护装置	导轨、机床防护罩等应无松动、泄漏
12	每半年	滚珠丝杠	清洗丝杠上旧的润滑脂，涂上新油脂
13	每半年	液压油路	清洗溢流阀、减压阀、滤油器，清洗油箱箱底，更换或过滤液压油
14	每半年	主轴润滑恒温油箱	清洗过滤器，更换润滑油
15	每年	检查并更换直流伺服碳刷	检查换向器表面，吹净碳粉，去除毛刺，更换长度过短的电刷，并应跑合后才能使用

续表

序号	检查周期	检查部位	检查要求
16	每年	润滑液压泵、滤油器清洗	清理润滑油池底，更换滤油器
17	不定期	检查各轴导轨上镶条、压滚轮松紧状态	按机床说明书上调整
18	不定期	冷却水箱	检查液面高度，切削液太脏时需更换切削液并清理水箱底部，经常清洗过滤器
19	不定期	排屑器	经常清理切屑，检查有无卡住等。
20	不定期	清理废油池	及时取走滤油池中废油，以免外溢
21	不定期	调整主轴驱动皮带松紧	按机床说明书调整

3. 数控系统日常维护

数控系统维护保养的具体内容，在随机的使用和维修手册中通常都做了规定，现就共同性的问题做以下要求：

（1）严格遵循操作规程

数控系统编程、操作和维修人员都必须经过专门的技术培训，熟悉所用数控机床的机械、数控系统、强电装置、液压、气动装置等部分的使用环境、加工条件等；能按机床和系统使用说明书的要求正确、合理地使用。应尽量避免因操作不当引起的故障。通常，在数控机床使用的第一年内，有三分之一以上的系统故障是由于操作不当引起的。

按操作规程要求进行日常维护工作。有些地方需要天天清理，有些部件需要定时加油和定期更换。

（2）对纸带阅读机或磁盘阅读机的定期维护

纸带阅读机是老一代数控系统输入信息的一个重要部件。CNC 系统参数、零件程序等数据都可通过它输入到 CNC 系统的寄存器中。如果阅读机读带部分有污物会使读入的纸带信息出现错误。所以操作者每天应对阅读头、纸带压板、纸带通道表面进行检查，用纱布蘸酒精擦净污物。对纸带阅读机的运动部分，如主动轮滚轴、导向滚轴、压紧滚轴等运动部分，每周应定时清理；对导向滚轴、张紧臂滚轴等每半年一次加注润滑油。对于磁盘阅读机磁盘驱动器内的磁头应用专用清洗盘定期进行清洗。

（3）防止数控装置过热

定期清理数控装置的散热通风系统。应经常检查数控装置上各冷却风扇工作是否正常。应视车间环境状况，每半年或一个季度检查清扫一次。

由于环境温度过高，造成数控装置内温度超过 55℃以上时应及时加装空调装置。这在我国南方常会发生这种情况，安装空调装置之后，数控系统的可靠性有比较明显的提高。

（4）经常监视数控系统的电网电压

通常，数控系统允许的电网电压范围在额定值的−15%~+10%，如果超出此范围，轻则使数控系统不能稳定工作，重则会造成重要电子部件损坏。因此，要经常注意电网电压的波动。对于电网质量比较恶劣的地区，应及时配置数控系统专用的交流稳压电源装置，这将比较明显地降低故障率。

（5）防止尘埃进入数控装置内

① 除了进行检修外，应尽量少开电气柜门。以免空气中飘浮的灰尘和金属粉末落在印制电路板和电器接插件上，容易造成元件间绝缘电阻下降，从而出现故障甚至是元件损坏。

有些数控机床的主轴控制系统安置在强电柜中，强点柜门关得不严，是使电气元件损坏、主轴控制失灵的一个原因。

② 一些已受外部尘埃、油雾污染的电路板和接插件可采用专用电子清洁剂喷洗。

（6）存储器用的电池应定期检查和更换

通常，数控系统存储参数用的存储器采用 CMOS 器件，其存储的内容在数控系统断电期间靠支持电池供电保持。一般采用锂电池或可充电的镍镉电池。当电池电压下降至一定值就会造成参数丢失。因此，要定期检查电池电压，当该电压下降至限定值或出现电池电压报警，应及时更换电池。在一般情况下，即使电池尚未消耗完，也应每年更换一次，以确保系统能正常工作。

更换电池时一般要在数控系统通电状态下进行，这样才不会造成存储参数丢失。一旦参数丢失，在调换新电池后，可重新将参数输入。

（7）备用印制电路板的定期通电

对于已经购置的备用印制电路板，应定期装到 CNC 系统上通电运行。实践证明，印制电路板长期不用，易出故障。

（8）数控系统长期不用时的维护

首先，应注意数控机床不宜长期封存。购买的机床要尽快投入生产。数控机床闲置时间过长会使电子元器件受潮，加快其技术性能下降或损坏。所以，当数控机床长期闲置不用时，也应定期对数控系统进行维护保养。保证机床每周通电 1~2 次，每次运行 1h 左右，以防止机床电气元件受潮，并能及时发现有无电池报警信号，避免系统软件参数丢失。

五、单元学习活动

表 1-6　单元学习活动的计划

学习阶段	工作（学习）任务	行为类别	工作学习方法与手段
入题阶段	明确本单元工作学习任务目标及主要学习内容	资讯	发放学习资料、自主阅读和理解
	介绍数控机床的基本结构和常用的数控设备，以及电工工具的使用		通过介绍获取基础知识
计划阶段	划分小组，规划任务，制订工作计划；围绕学习目标准备考察学习的议题	计划 决策	师生互动、提出考察议题，小组讨论制订工作计划
实施阶段	调研车间现有数控加工设备的型号及技术规格，并就需了解的项目与技术工人交谈，做好记录	实施	围绕课业要求自主进行调研和记录
	以某一数控机床为例，分析数控机床的各个组成部分，并理解各自功能	实施	结合教师的讲解和现场工人的帮助，掌握数控机床的结构
	经济型机床和高档数控机床在进给轴设计上的差异，掌握开环和闭环控制系统的区别，认识常用的检测元件	实施	自主观察，同学交流
	打开数控机床电气柜，初步认识数控机床常用元器件和布局方法	实施	在得到允许的前提下，请机床电气维护人员讲解
	熟练使用本课程介绍的电工工具和仪器仪表	实施	教师演示，自己动手
	集中后与车间负责人展开座谈，了解数控机床维护的基本内容	实施	听报告、座谈； 互动、讨论
总结阶段	整理学习材料； 在教室由师生互动进行问题解析	检查	自主完成课业； 师生互动、答疑解惑
交流阶段	组内、组间的学习总结和交流汇报	评价	小组互动学习； 讨论与交流汇报

六、单元学习的资源要求

（一）学习所需的场所、设备及工具

数控原理实训室、机电一体化实训室，电动机控制实训室，与企业实际运作模式相近的校内（外）实训基地的生产车间。

华中数控车床电气结构试验台。

数控机床电气维护的常用电工工具和仪器仪表，如以下四大类：

① 电工工具：试电笔、尖嘴钳、电烙铁、斜口钳、剥线钳、压线钳、各种规格的一字和十字形螺丝刀、电工刀、校验灯、手电钻、各种尺寸的内六角扳手等。

② 仪表：数字式万用表、兆欧表、数字转速表、示波器、相序表、常用的长度测量工具等。

③ 器材：各种规格电线和紧固件、针形和叉形轧头、金属软管、号码管、线套等。

④ 化学用品：松香、纯酒精、润滑油等。

数控机床常用的电气元件，空气开关、接触器、继电器、开关电源、变压器、熔断器等。

（二）技术资料

设备使用说明书、维护保养手册、电气原理图、电气元件安装图和接线图，安全操作规程、岗位职能要求及相关管理资料等；开展单元学习活动所需的学习指南、卡片纸及课业工作页（课业练习）等。

七、单元学习的考核评价

单元学习的考核评价不仅局限于对学习结果的考评，而且更加注重工作学习活动的参与过程。考评围绕学习活动的各个环节，从参与程度、工作学习态度、学习方法与技巧、小组合作情况、目标实现状况等全面考评，本单元主要考评项目组成参考如下。

成果评定：根据课业学习及工作页内容完成的质量情况进行评定，占 60%；

学生自评：学生根据评分标准，对实施过程进行自评，给出相应的成绩，占 10%；

学生互评：学生间互相交流，互相评价，占 10%；

教师评价：教师根据学生的学习态度、工作态度、团队协作精神、出勤率、敬业爱岗和职业道德等情况，并结合工作任务实施过程的各个环节进行评价，占 20%。

单元二　华中数控系统特点及其接口功能解读

一、学习任务

1．通过自己查看数控系统，了解数控系统的接口数量和作用；
2．通过教师教授，初步掌握数控系统接口的功能；
3．通过演示，初步了解这些接口和其他元器件的连接关系；
4．通过讲解和演示，掌握 PLC 信号的输入/输出关系及 PLC 接口板的作用。

二、学习目标

1．知道华中数控系统人机接口的功能和作用；
2．掌握华中数控系统进给轴接口的功能和作用；
3．掌握华中数控系统主轴接口的功能和作用；
4．掌握华中数控系统 PLC 输入/输出接口的功能和作用；
5．掌握 PLC 地址的分配方法，理解 PLC 在数控机床上的作用。

三、着重关注的引导性问题

1．数控机床上有哪些输入/输出 PLC 信号，自己试着在机床上找找并和同组成员交流。
2．观察机床面板上按键的左上方有什么特点，它有什么作用？
3．如何分析 PLC 和外部输入/输出信号的交互？
4．观察数控系统后面的接口，写下这些接口的名称，并和同组成员思考这些接口的功能。
5．PLC 输入接口为什么有两个？它们有什么作用？XS10 和 XS11 有什么区别？
6．PLC 输出接口为什么也有两个？它们有什么作用？XS20 和 XS21 有什么区别？
7．数控系统的进给轴接口有哪两大类？它们的区别是什么？
8．说明串行接口、脉冲接口和模拟接口的区别，并列举各自的应用实例。
9．主轴接口的信号分类和含义是什么？
10．华中数控系统有哪些人机接口，指出这些接口的位置并比较它们的功能。

四、任务学习知识基础

通过上一单元的学习，学生已经对机床的电气结构有了一个初步了解，明白数控机床的六大组成部分，而数控机床之所以能自动加工零件，核心就是数控系统可以正确控制机床的每个电动机运行，电动机带动机床机械部件运行，从而加工出零件。所以在这一单元，我们要了解数控系统有哪些接口及这些接口的作用和功能。

（一）华中数控系统产品类型和功能

1．华中数控系统产品类型

华中数控系统是基于通用 PC 的数控装置，是武汉华中数控股份有限公司在国家“八五”、

"九五"科技攻关的重大科技成果。华中数控系统发展为三大系列：世纪星系列、小博士系列和华中 I 型系列。因华中 I 型系列为高档高性能数控装置，为满足市场要求，开发了世纪星系列、小博士系列高性能经济型数控装置。世纪星系列采用通用原装进口嵌入式工业 PC，彩色 LCD 液晶显示器，内置式 PLC，可与多种伺服驱动单元配套使用。小博士系列为外配通用 PC 的经济型数控装置，具有开放性好、结构紧凑、集成度高、可靠性好、性能价格比高、操作维护方便的特点。

2. 华中数控系统主要技术指标

华中"世纪星"数控装置是在华中 I 型、华中 2000 系列数控系统的基础上，为满足用户对低价格、高性能、简单、可靠的要求而开发的数控系统。华中"世纪星"系列数控单元（HNC-21T 型、HNC-21/22M 型）采用先进的开放式体系结构，内置嵌入式工业 PC，配置 7.7 寸或 9.5 寸彩色液晶显示屏和通用工业面板，全汉字操作界面、故障诊断与报警、多种形式的图形加工轨迹显示和仿真，操作简便，易于掌握和使用。集成进给轴接口、主轴接口、手持单元接口、内嵌式 PLC 接口于一体，可自由选配各种类型的脉冲接口、模拟接口交流伺服单元或步进电动机驱动器，内部已提供标准车床控制的 PLC 程序，用户也可自行编制 PLC 程序，采用国际标准 G 代码编程，与各种流行的 CAD/CAM 自动编程系统兼容，具有直线、圆弧、螺纹切削、刀具补偿、宏程序等功能，支持硬盘、电子盘等程序存储方式及软驱、DNC、以太网等程序交换功能，具有低价格、高性能、配置灵活、结构紧凑、易于使用、可靠性高的特点。主要应用于车、铣、加工中心等各种机床控制。

HNC-21/22M 型铣削系统主要功能介绍如下：

① 最大联动轴数为 4 轴。

② 可自由选配各种类型的脉冲接口、模拟接口交流伺服单元或步进电动机驱动单元及 H5V 系列串口式伺服驱动单元。

③ 除标准机床控制面板外，配置 40 路光电隔离开关量输入和 32 路开关量输出接口、手持单元接口、主轴控制与编码器接口。还可以扩展远程 128 路输入/128 路输出端子板。

④ 采用 7.7 寸彩色液晶显示器（分辨率 640×480），全汉字操作界面、故障诊断与报警、多种形式的图形加工轨迹显示和仿真，操作简便，易于掌握和使用。

⑤ 采用国际标准 G 代码，与各种流行的 CAD/CAM 自动编程系统兼容，具有直线、圆弧、螺旋线、固定循环、旋转、缩放、镜像、刀具补偿、宏程序等功能。

⑥ 小线段连续加工功能，特别适合于 CAD/CAM 设计的复杂模具零件加工。

⑦ 加工断点保存/恢复功能，方便用户使用。

⑧ 超大程序加工能力，不需 DNC，配置硬盘可直接加工单个达 2GB 的 G 代码程序。

⑨ 内置 RS-232 通信接口，轻松实现机床数据通信。

3. 华中数控系统产品型号

如图 2-1 所示为华中数控系统型号说明图。

（二）华中数控世纪星系统接口功能

计算机数控装置的接口是数控装置与数控系统的功能部件（主轴模块、进给伺服模块、

PLC 模块等）和机床进行信息传递、交换和控制的端口，称之为接口。接口在数控系统中占有重要的位置，不同功能模块与数控装置相连接，采用与其相对应的输入/输出（I/O）接口。

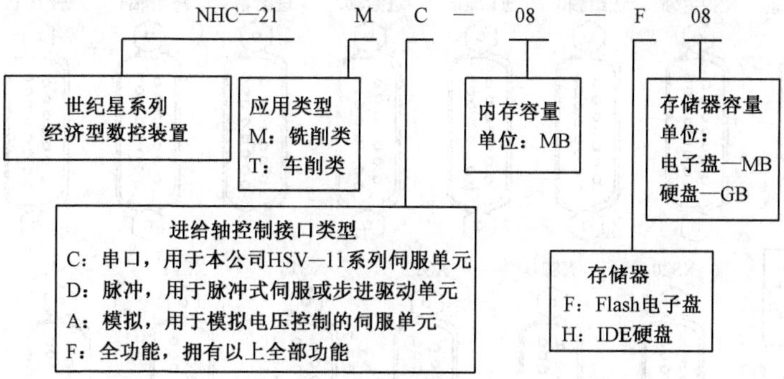

图 2-1　华中数控系统型号说明图

数控装置与数控系统各个功能模块和机床之间的来往信息和控制信息，不能直接连接，而要通过 I/O 接口电路连接起来，该接口电路的主要任务是：

① 进行电平转换和功率放大。因为一般数控装置的信号是 TTL 逻辑电路产生的电平，而控制机床的信号则不一定是 TTL 电平，而且负载较大，因此，要进行必要的信号电平转换和功率放大。

② 提高数控装置的抗干扰性能，防止外界的电磁干扰噪声而引起误动作。接口采用光电耦合器件或继电器，避免信号的直接连接。

③ 输入接口接收机床操作面板的各开关信号、按钮信号、机床上的各种限位开关信号及数控系统各个功能模块的运行状态信号，若输入是触点输入信号，注意要消除其抖动。

④ 输出接口是将机床各种工作状态灯的信息送至机床操作面板上显示，将控制机床辅助动作信号送至电柜，从而控制机床主轴单元、刀库单元、液压单元、冷却单元等继电器。

华中世纪星数控系统接口功能如图 2-2 所示。

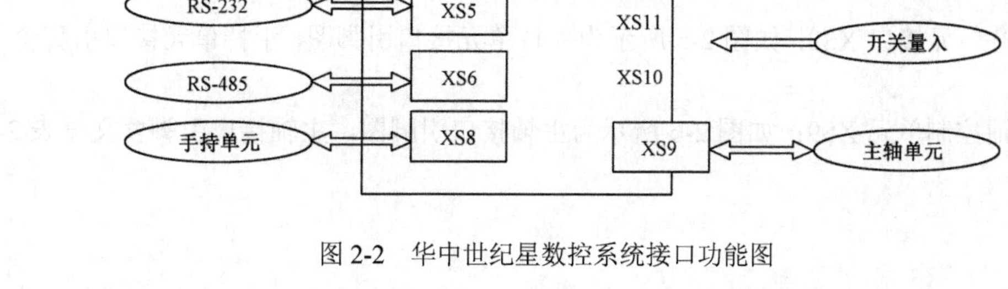

图 2-2　华中世纪星数控系统接口功能图

其中一种世纪星数控系统的接口实物布局图如图 2-3 所示。

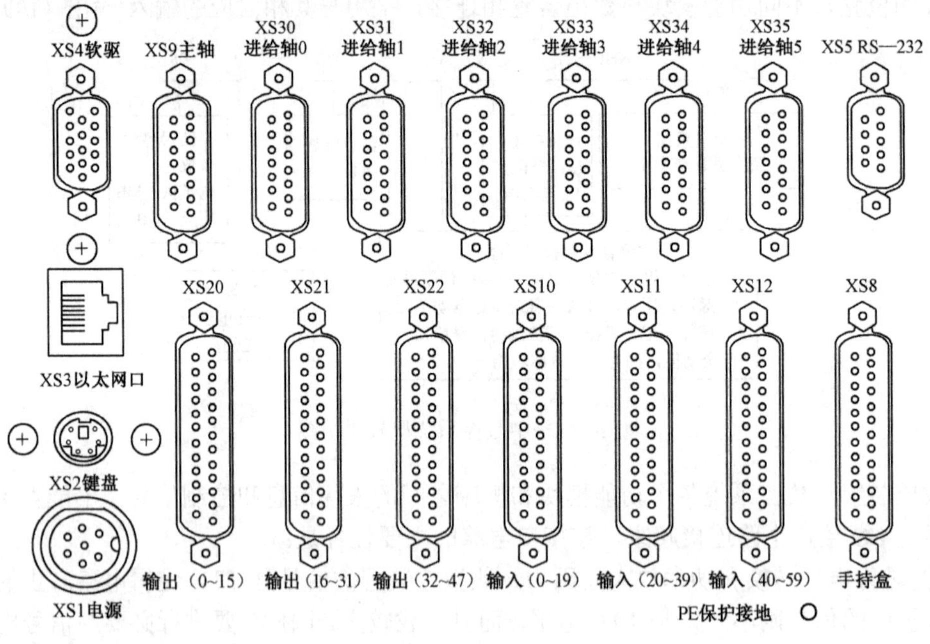

图 2-3　华中数控系统接口实物布局图

在图 2-3 中有连接各个进给轴的接口、主轴的控制接口，以及用于辅助控制的输入/输出接口，还提供了电源、键盘、以太网、软驱及 RS-232 的接口等。

（三）华中数控装置各接口引脚定义

① 电源接口 XS1：如图 2-4 所示为电源接口引脚图，引脚 6 在内部已与数控装置的机壳接地端子相连。电源接口引脚含义见表 2-1。

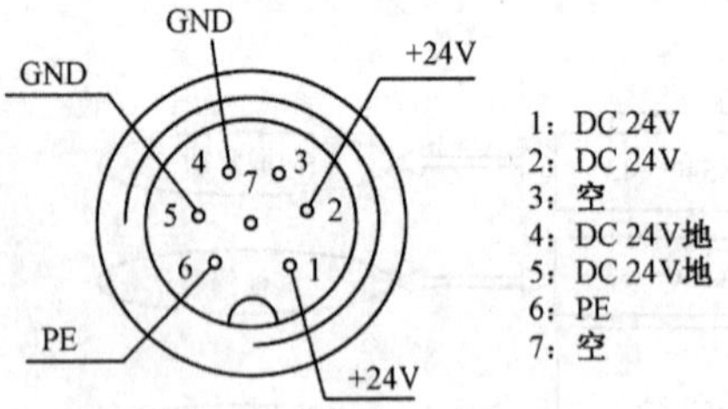

图 2-4　电源接口引脚图

表 2-1　电源接口引脚含义表

引脚	信号名	说明
1、2	DC 24V	直流 24V 电源
3	空	
4、5	GND	直流 24V 电源地
6	PE	地
7	空	

② 手持单元接口 XS8：如图 2-5 所示为手持单元接口引脚图，手持单元接口引脚含义见表 2-2。

③ 主轴控制单元 XS9：如图 2-6 所示为主轴接口引脚图，主轴接口引脚含义见表 2-3。

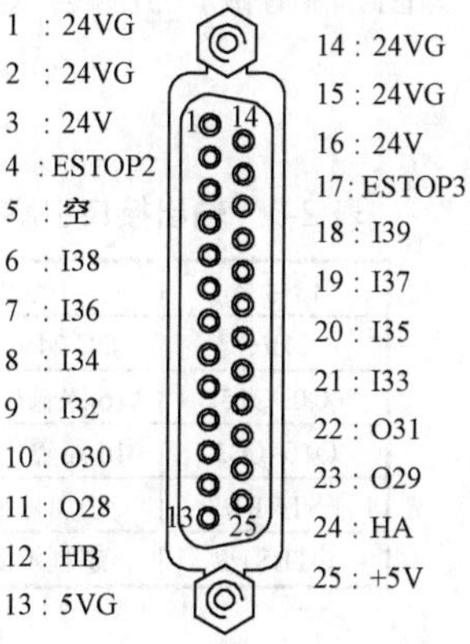

图 2-5 手持单元接口引脚图

表 2-2 手持接口引脚含义表

信号名	说明
24V、24VG	DC 24V 电源输出
ESTOP2/3	手持单元急停按钮
I32~I39	手持单元输入开关量
O28~O31	手持单元输出开关量
HA	手摇 A 相
HB	手摇 B 相
+5V、5VG	手摇 DC 5V 电源

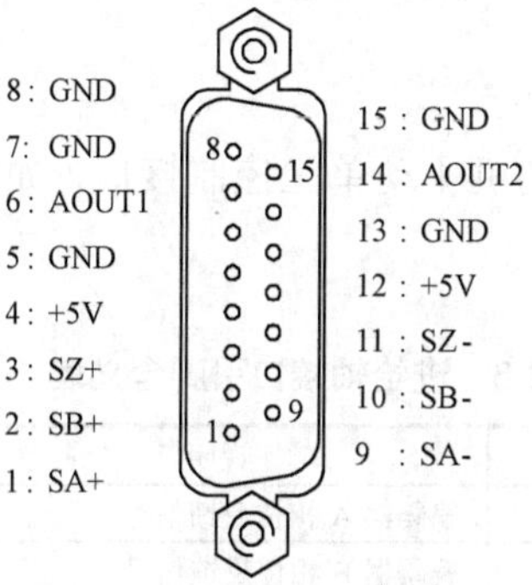

图 2-6 主轴接口引脚图

表 2-3 主轴接口引脚含义表

信号名	说 明
SA+、SA-	主轴码盘 A 相位反馈信号
SB+、SB-	主轴码盘 B 相位反馈信号
SZ+、SZ-	主轴码盘 Z 脉冲反馈
+5V、GND	DC 5V 电源
AOUT1/2	主轴模拟量指令输出
GND	模拟量输出地

④ 开关量输入接口：如图 2-7 所示为开关量输入接口引脚图，输入接口引脚含义见表 2-4。

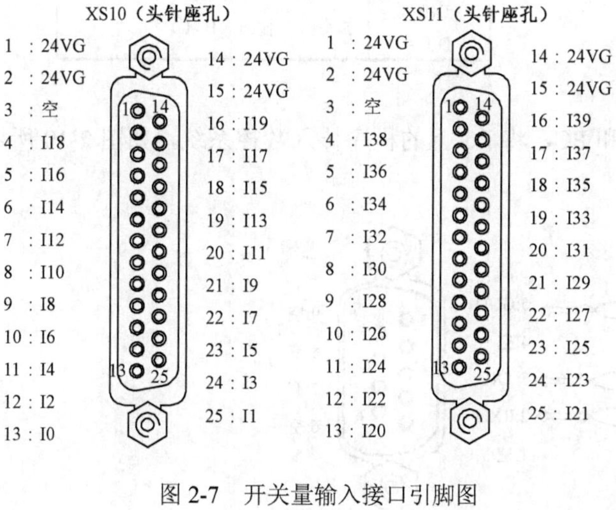

图 2-7 开关量输入接口引脚图

表 2-4 输入接口引脚含义表

信号名	说明
24VG	外部开关量 DC24 电源地
I0~I19	20 路输入开关量
I20~I39	20 路输入开关量

⑤ 开关量输出接口：如图 2-8 所示为开关量输出接口引脚图，输出接口引脚含义见表 2-5。

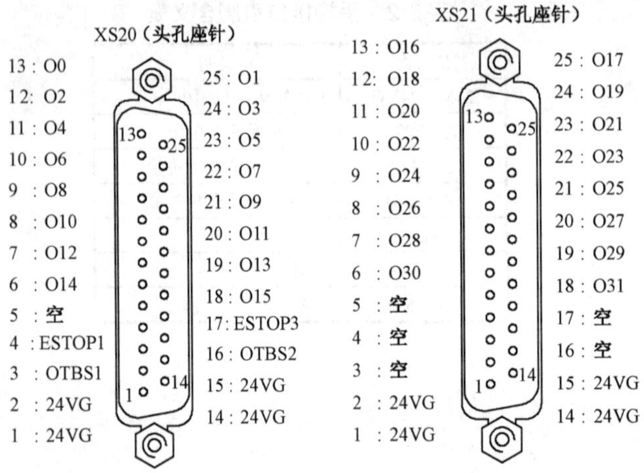

图 2-8 开关量输出接口引脚图

表 2-5 输出接口引脚含义表

信号名	说明
24VG	DC 24V 电源地
O0~O15	16 路输出开关量
O16~O31	16 路输出开关量
ESTOP1/3	急停按钮
OTBS1/2	超程解除按钮

⑥ 进给轴控制接口：模拟式、脉冲式伺服和步进电动机驱动单元控制接口，如图 2-9 所示为进给轴接口引脚图，进给轴接口引脚含义见表 2-6。

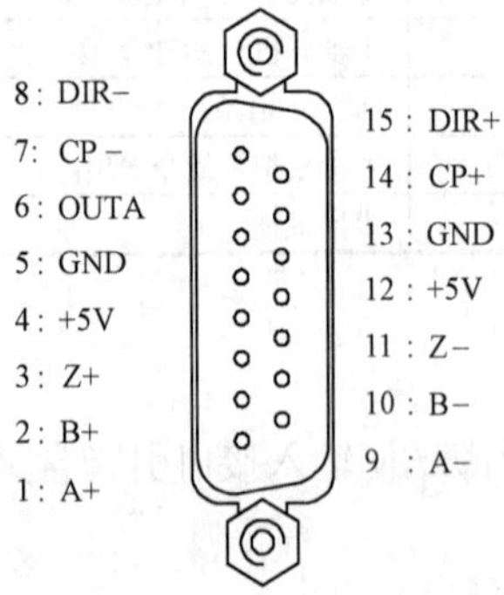

图 2-9 进给轴接口引脚图

表 2-6 进给轴接口引脚含义表

信号名	说明
A+、A−	编码器 A 相位反馈信号
B+、B−	编码器 B 相位反馈信号
Z+、Z−	编码器 Z 脉冲反馈信号
+5V，GND	DC 5V 电源
OUTA	模拟指令输出（−20mA~+20mA）
CP+、CP−	指令脉冲输出（A 相）
DIR+、DIR−	指令方向输出（B 相）

⑦ 串行通信接口：连接数控系统和 PC，将 PC 上的程序传入数控系统，如图 2-10 所示为串行通信接口引脚图。

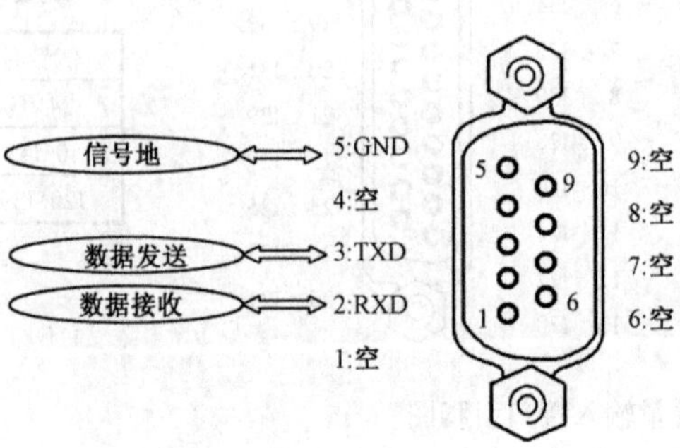

图 2-10 串行进给轴接口引脚图

（四）PLC 地址的分配及 PLC 信号的查看

1．PLC 地址分配

在系统程序、PLC 程序中，机床输入的开关量信号定义为 X（即各接口中的 I 信号）；输出到机床的开关量信号定义为 Y（即各接口中的 O 信号）。将各个接口中的 I/O 开关量定义为系统程序中的 X、Y 变量，需要通过设置参数中的硬件配置参数和 PMC 系统参数实现。

HNC-21 型数控装置的输入/输出开关量占用硬件配置参数中的三个部件：部件 20、部件 21、部件 22；在 PMC 系统参数中再给各部件中的开关量分配占用的 X、Y 地址，即确定接口中各 I/O 信号与 X/Y 的对应关系。

部件 21 中的开关量输入信号设置为输入模块 0，共 30 组，则占用 X[00]~X[29]，部件 20 中的开关量输入信号设置为输入模块 1，共 16 组，则占用 X[30]~X[45]，输入开关量总组数即为 46 组；部件 21 中的开关量输出信号设置为输出模块 0，共 28 组，则占用 Y[00]~Y[27]，部件 22 中的开关量输出信号设置为输出模块 1，共 2 组，则占用 Y[28]~Y[29]，部件 20 中的开关量输出信号设置为输出模块 2，共 8 组，则占用 Y[30]~Y[37]，输出总组数即为 38 组。

输入/输出开关量每 8 位占用一个字节。例如 HNC-21 型数控装置 XS10 接口的 I0~I7 开关量输入信号占用 X[00]组，I0 对应于 X[00]的第 0 位，I1 对应于 X[00]的第 1 位，按以上参数设置，I/O 开关量与 X/Y 的对应关系见表 2-7。

表 2-7　PLC 地址分配表

信号名	X/Y 地址	部件号	模块号	说明
输入开关量地址定义				
I0~I39	X[00]~X[04]	21	输入模块 0	XS10、XS11 输入开关量
I240~I367	X[30]~X[45]	20	输入模块 1	面板按钮输入开关量
输出开关量地址定义				
O0~O31	Y[00]~Y[03]	21	输出模块 0	XS20、XS21 输出开关量
O224~O239	Y[28]~Y[29]	22	输出模块 1	主轴模拟电压指令数字量输出
O240~O303	Y[30]~Y[37]	20	输出模块 2	面板按钮指示灯输出开关量

HNC-21 型数控装置的机床操作面板按钮共 3 排，如图 2-11 所示。

第一排有 15 个按钮，输入开关量信号依次为 X[30]的第 0~7 位和 X[31]的第 0~6 位，指示灯输出开关量信号依次为 Y[30]的第 0~7 位和 Y[31]的第 0~6 位。

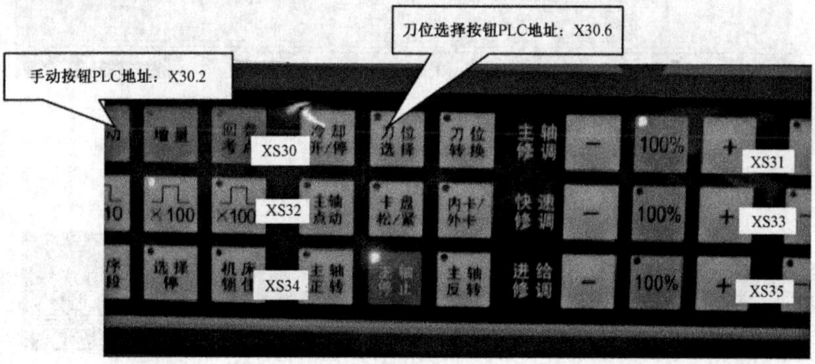

图 2-11　面板按钮地址分配图

第二排有 14 个按钮，输入开关量信号依次为 X[32]和 X[33]的第 0~6 位，指示灯输出开关量信号依次为 Y[32]和 Y[33]的第 0~6 位。

第三排有 15 个按钮，输入开关量信号依次为 X[34]的第 0~7 位和 X[35]的第 0~6 位，指示灯输出开关量信号依次为 Y[34]的第 0~7 位和 Y[35]的第 0~6 位。

2. PLC 输入/输出信号查看方法

PLC 在数控机床中应用通常有两种形式：一种为内装式，另一种为独立式。

独立式 PLC 也称外装式 PLC，它独立于 NC 装置，具有独立完成控制功能的 PLC。在采用这种应用方式时，可根据用户自己的特点，选用不同专业 PLC 厂商的产品，并且可以很方便地对控制规模进行调整。

内装式 PLC 也称集成式 PLC，采用这种方式的数控系统，在设计之初就将 NC 和 PLC 结合起来考虑，NC 和 PLC 之间的信号传递是在内部总线的基础上进行的，因而有较高的交换速度和较宽的信息通道。它们可共用一个 CPU，也可以是单独的 CPU。这种结构从软硬件整体上考虑，PLC 和 NC 之间没有多余的导线连接，增加了系统的可靠性，而且 NC 和 PLC 之间易实现许多高级功能。PLC 中的信息也能通过 CNC 的显示器显示，这种方式对于系统的使用具有较大的优势。高档次的数控系统一般都采用这种形式的 PLC。华中数控系统采用的就是内装式 PLC。

既然 PLC 中的信息可以通过 CNC 的显示器显示，这样可以通过查看 CNC 相关界面，掌握 PLC 信息是否输入到了 CNC 系统或是 CNC 是否输出开关量信号控制外部强电回路。以华中数控系统为例，查看步骤如下：

首先进入系统主菜单界面，如图 2-12 所示。

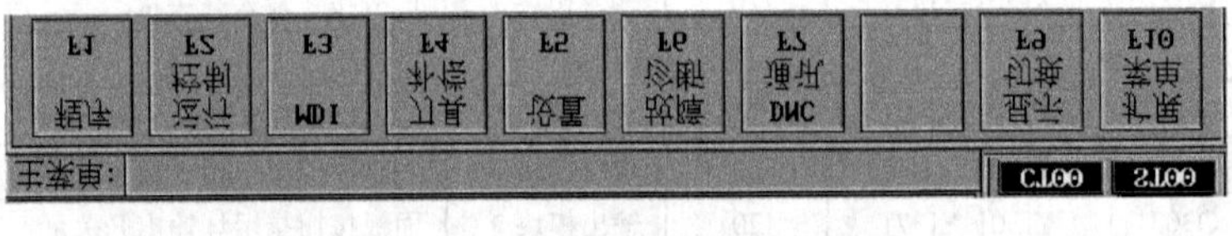

图 2-12　华中数控系统主菜单界面

按下“F10”键进入扩展菜单，如图 2-13 所示。

图 2-13　华中数控系统扩展菜单界面

按下“F1”键进入和 PLC 相关的信息，如图 2-14 所示。

图 2-14　华中数控系统 PLC 相关信息显示界面

装入 PLC（F1）表示选择某一地址分配表输入 CNC 系统，使其生效；

编辑 PLC（F2）表示对 PLC 的地址进行编辑，重新分配 PLC 地址，不过要装入 PLC 才能生效；

输入/输出（F3）表示只显示机床侧的信号，查看外部机床侧的信号，主要是查看机床输入到 PMC 的 X 寄存器和 PMC 输出到机床的 Y 寄存器的状态；

状态显示（F4）表示可以查看 7 类寄存器的状态，X、Y、F、G、R、P、B 寄存器。

按下“F4”键进入机床状态显示图，如图 2-15 所示。

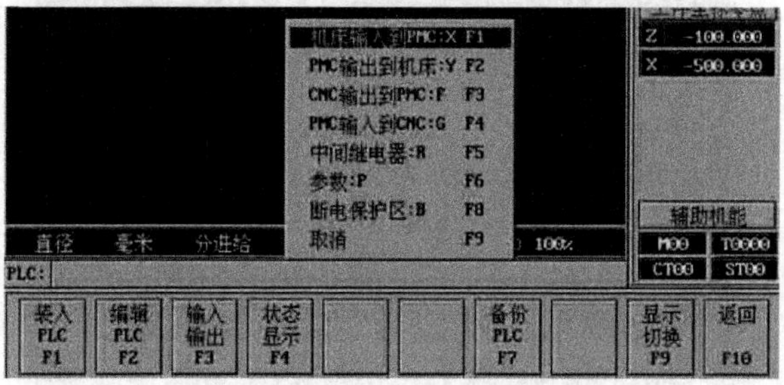

图 2-15　华中数控系统 PLC 状态显示界面

按下“F1”键进入机床输入到 PMC 的状态显示，如图 2-16 所示。

图 2-16　机床输入到 PMC 的状态显示界面

例如：X[30]表示一个字节，每个字节包括八个位 X[30].0~X[30].7，每一位对应外部一开关量，在华中数控系统内专门有一个 PLC 标准头文件，可以对 PLC 的开关量进行地址定义，出厂时这些地址已经设置好，在机床电气使用说明书里有详细记载，默认设置是 X[30].0 表示按钮“自动”，X[30].1 表示按钮“单段”，X[30].2 表示按钮“手动”，以此排列，直到 X[30].7 表示按钮“刀位转换”。

当没有按钮按下时，X[30]=00000000B，图 2-16 的状态就是没有任何按钮按下的情况。

当“刀位转换”按钮按下时，X[30]=10000000B，松开按钮时 X[30]=00000000B，因此可以通过查看机床输入到 PMC 的状态显示图可以知道外部开关信号是否输入到了 CNC 系统。

在图 2-14 界面按下“F3”可进入图 2-17 所示界面，左边表示输入信号状态图，右边表示输出信号状态图，和图 2-16 不同，显示的是每个字节的大图形方式，用 8 个小圆圈表示字节的每个位，高电平表示输入信号到达了 CNC 系统（输入）或输出信号已经输出控制外部电器（输出），用红色表示，低电平表示输入信号没有到达 CNC 系统（输入）或应该输出的信号没有输出控制外部电器（输出），用黄色表示。默认是低电平，也就是高电平是有效电平。

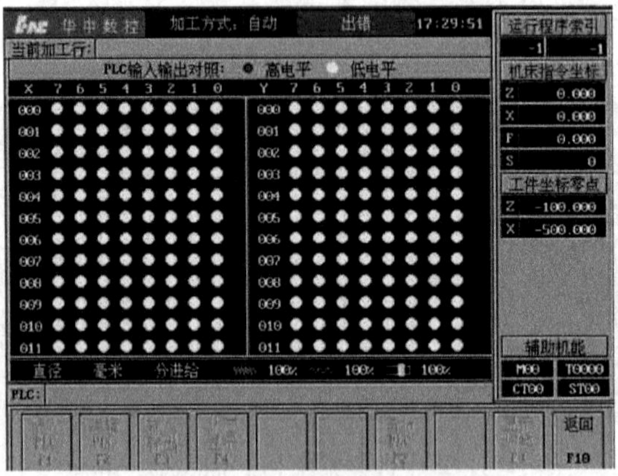

图 2-17　PLC 输入/输出状态显示界面

五、单元学习活动

本单元主要是熟悉并掌握华中数控系统接口的功能和作用，为后续数控机床的电气连接打下基础。通过自学、教师讲授获取数控系统接口的功能后，再经过自己对实际机床的查看了解这些接口的具体含义及应用方法，最后要求以小组为单位解读本组的学习成果，也就是每个小组推荐一名代表对学习成果做总结发言。本单元学习活动计划见表 2-8。

表 2-8　本单元学习活动计划

学习阶段	工作（学习）任务	行为类别	工作学习方法与手段
入题阶段	明确本单元工作学习任务目标及主要学习内容	资讯	自主阅读本单元教学材料
计划阶段	介绍本单元学习活动安排及学习要点	计划	由指导教师或组长介绍
实施阶段	理解数控系统的人机接口； XS1~XS4 的功能并能应用	实施	回顾上一个情境列举的数控机床输入/输出装置，列举出华中数控系统用到的人机接口类型，简述它们的作用并完成课业工作页的内容
	理解数控系统的进给轴接口 XS30~XS33，XS40~XS43 的功能并能应用		根据引导单寻求引导问题第七题和第八题的答案
	理解数控系统的主轴接口 XS9 的功能并能应用		通过讲授或自学，按单元学习目标要求着重关注相关问题要点，并做好学习记录
	理解数控机床 PLC 模块的功能，掌握 PLC 信号的地址分配		通过演示 PLC 信号的流程，掌握 PLC 输入/输出接口的功能，参照案例进行 PLC 信号的查看并能分析 PLC 信号中断的简单原因
交流汇报阶段	小组交流，解读汇报数控系统各类接口的功能	检查评价	评价每个小组代表的汇报发言； 完成课业工作页的相关内容

数控接口基础知识内容的阅读学习，注意如下学习方法要点：

① 标记其中提到但并未进行相关解释的专业概念，查阅以前的学习材料后加注释义；

② 对尚不熟悉而又难以查阅到的概念着重标记，根据自己的理解尝试对其加注释义；

③ 对有疑虑的问题，尽量提出产生疑虑的因果关系；

④ 对知识基础中某些概念表述有不同见解的，尝试提出自己的见解。

六、单元学习的资源要求

（一）学习所需的场所、设备及工具

本单元学习不涉及到车间机床设备的电气部分，整个学习活动可在数控原理实训室开展。

数控原理实训室应配置工具展柜和资料柜，以提供常用电工工具和仪器仪表、机床常用电气元件实物和阅读学习所需要的各类资料。

根据个性教学的特殊需要，最好配置能进行网络资料查询的电脑。

（二）技术资料

设备使用说明书、维护保养手册、电气原理图、电气元件安装图和接线图，安全操作规程、岗位职能要求及相关管理资料等；开展单元学习活动所需的学习指南、卡片纸及课业工作页（课业练习）等。

七、单元学习的考核评价

单元学习的考核评价不要仅仅局限于对学习结果的考评，而且要更加注重工作学习活动的参与过程。考评围绕学习活动的各个环节，从参与程度、工作学习态度、学习方法与技巧、小组合作情况、目标实现状况等全面考评，本单元主要考评项目的组成参考如下。

成果评定：根据课业学习及工作页内容完成的质量情况进行评定，占 60%；

学生自评：学生根据评分标准，对实施过程进行自评，给出相应的成绩，占 10%；

学生互评：学生间互相交流，互相评价，占 10%；

教师评价：教师根据学生的学习态度、工作态度、团队协作精神、出勤率、敬业爱岗和职业道德等情况，并结合工作任务实施过程的各个环节进行评价，占 20%。

单元三　华中数控系统接口应用及数控机床电气结构解析

一、学习任务

1．结合单元二数控系统接口的功能，查看并分析各个接口具体的使用方法，画出系统连接框图。

2．阅读电源模块原理图，通过自学、讨论或教师的讲解、掌握电源分配的规则及设计方法。

3．掌握数控机床电气原理图的绘制原则。

4．针对机床实际情况，分析数控机床进给轴的控制方式，分析全闭环、半闭环和开环的区别。

5．根据机床实际情况，初步了解数控机床主轴变频控制的连接和原理。

二、学习目标

1．掌握数控机床电源模块的设计方法。

2．掌握数控系统接口的应用及连接框图。

3．熟悉数控机床进给轴常用的驱动器和电动机类型，以及它们的连接方式。

4．熟悉数控机床主轴常用的驱动器和电动机类型，以及它们的连接方式。

5．对数控机床输入/输出 PLC 转接板的作用及数控机床上常有的输入/输出信号有初步认知。

三、着重关注的引导性问题

1．数一数华中数控车床一共有几个电动机，认识这些电动机的外形并记下它们的型号和名称。

2．每个电动机机身上都有一块铭牌，记录电动机的主要参数，对照铭牌记录每种电动机的参数，通过查找资料和小组成员讨论初步了解这些参数的含义。

3．数控系统的进给轴接口是如何和后续驱动模块及电动机连接的？

4．数控系统的主轴接口是如何和后续驱动模块及电动机连接的？

5．画出数控系统各接口的应用连接框图。

6．在电气柜里找到 PLC 输入接口板的位置，并查看此电路板上有几个插座，分析每个插座的作用。

7．在电气柜里找到 PLC 输出接口板的位置，并查看此电路板上有几个插座，分析每个插座的作用。

8．根据强电电源模块原理图，找到电源模块用到的电气元件，列表写出这些元器件的名称、型号、功能和参数等。

9．电源模块有四个空气开关 QF1~QF4，分析这四个空气开关的作用，它们分别控制哪些元器件的电源。

10．PLC 输入信号转接板的作用是什么，分析光耦的工作原理，NPN 型和 PNP 型的区别是什么？

11．分析 PLC 输入接口板上有哪些输入信号，掌握这些输入信号的地址分配，并在机床上找到输入信号（与 12 对应）的安装位置。

12．分析 PLC 输出接口板上有哪些输出信号，掌握这些输出信号的地址分配，并在机床上找到输出信号的控制对象。

四、任务学习知识基础

（一）数控系统接口应用连接框图

数控系统的接口虽然较多，但还是有规律可循的，一般由下面几部分组成，连接框图如图 3-1 所示。

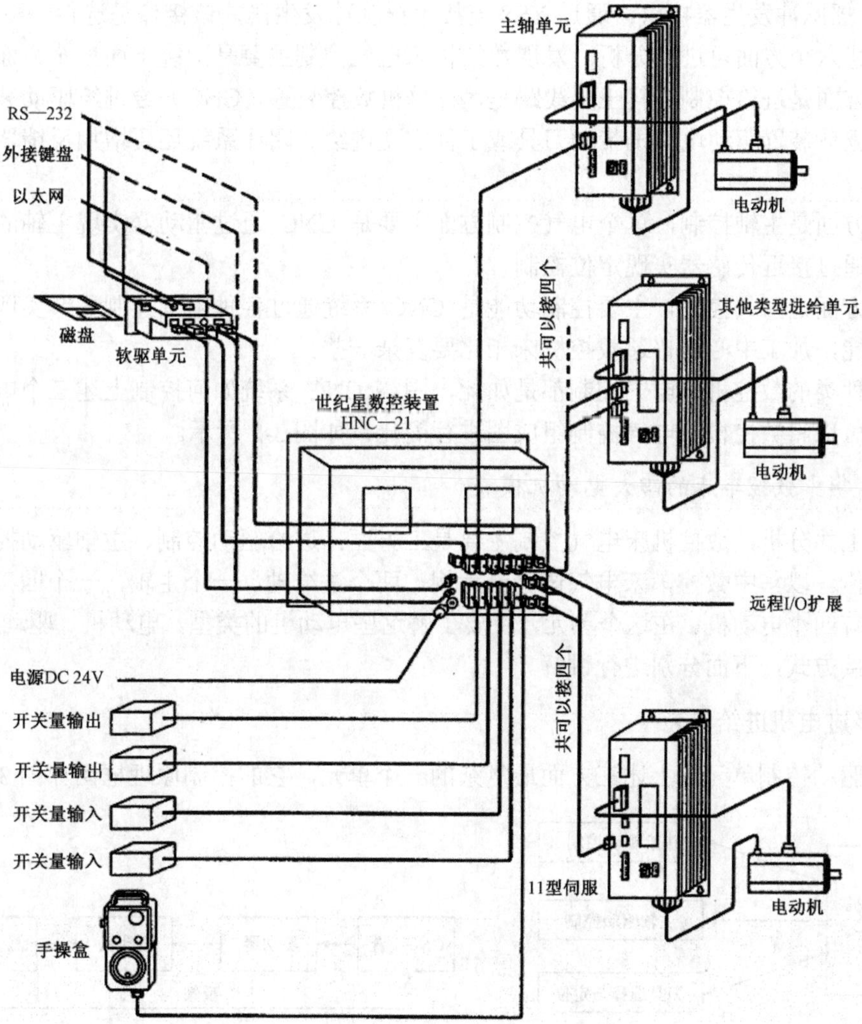

图 3-1　华中数控系统接口连接框图

① 电源接口：每个电气设备的必备接口，华中数控系统的工作电源是直流 24V，不过在系统内部还有电源模块，对 24V 进行变换得到 5V、12V 分别给内部不同元件供电。

② 人机交换接口：键盘、软驱、以太网、RS-232 接口都是属于这一类，这类接口负责将数控系统和外部信息进行交换，例如将数控程序传入系统，以太网口还可以将数控机床连入局域网，实现远程控制。

③ 进给轴控制接口：一般而言车床有两个进给轴，铣床有三个进给轴，分别用到 2 个、3 个进给轴接口。华中数控系统通过 XS40~XS43 控制 HSV-11 型伺服驱动器，此驱动器是华中数控公司生产的；通过 XS30~XS33 控制其他类型的进给装置。一套系统中的进给装置类型可以相同，也可以不同，但最多只能连接四个进给轴。

④ 主轴控制接口：通过 XS9 接口控制变频器驱动三相交流异步电动机，实现主轴控制。

⑤ 开关量输入/输出接口：开关量主要有两部分，机床操作面板按键和机床外部各种传感器。

⑥ 手摇脉冲发生器接口：通过 XS8 连接手摇脉冲发生器，该接口是选件。

将上述六个方面再进行分析，发现数控机床电气控制主要是围绕下面三个方面：

第一方面是进给控制，其主要线路是，计算机数控装置（CNC）给进给驱动装置发出指令，进给驱动装置驱动电动机带动刀具或工件实现进给。闭环系统还要增加反馈器件和反馈控制环节。

第二方面是主轴控制，这个电气控制方面主要是 CNC 通过驱动器实现主轴的速度、方向调节，通过接近传感器实现定位控制。

第三方面是刀具控制，主要控制功能是 CNC 系统通过各种电气控制环节实现刀具选择与定位功能，加工中心与普通数控机床相比要复杂一些。

所有种类的数控机床电气控制都是如此，围绕 CNC 系统如何控制上述三个电气控制方面，因此可以将数控机床电气控制组成图进行简化，如图 3-2 所示。

（二）华中数控车床的四大电动机模块

根据上面分析，数控机床电气控制主要是三方面：进给驱动控制、主轴驱动控制、刀具选择与定位。以华中数控车床电气试验台为例，两个进给轴，一个主轴，一个四工位刀架，所以一共有四个电动机。在这个单元，主要了解这些电动机的类型，电动机、驱动器和 CNC 系统的连接方式，下面分别进行讲解。

1. 步进电机进给单元

进给驱动控制单元是上述三方面最复杂的一个单元，它的控制原理框图如图 3-3 所示。

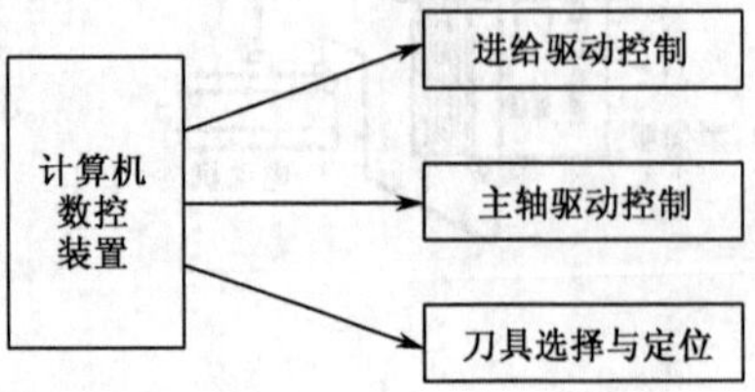

图 3-2 数控机床电气控制组成框图

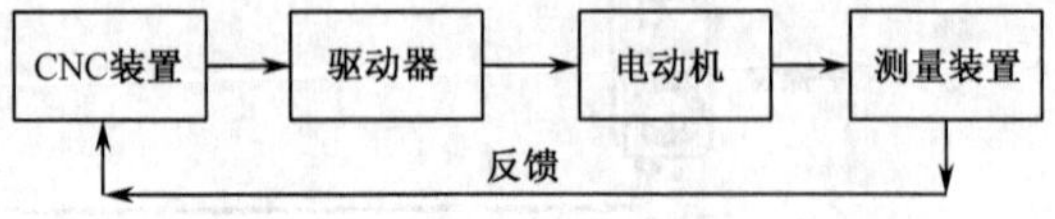

图 3-3 进给驱动与控制路径原理框图

如图 3-3 所示进给驱动系统适用于所有种类的数控机床进给系统，其中驱动器涉及的元件有伺服驱动器或步进驱动器等，相应电动机使用伺服电动机或步进电动机，测量装置使用光电编码器或光栅尺。如果是数控车床，电动机驱动的对象就是 X、Y 轴的滑板运动，同样的控制也适用于数控线切割设备；如果是数控铣床，电动机控制对象就是 X、Y、Z 三个轴工件运动，同样的控制也适用于数控雕刻机等数控设备控制。可以看到，这样的数控机床电气控制方面划分适用于所有种类的数控机床，下面参照华中数控车床试验台进行具体讲解，学生应按照这种思路结合具体机床主动进行学习。

华中数控车床试验台的进给轴采用了不同的电动机控制，让学生了解多种形式的进给单元控制方法。其中 X 轴是通过步进电动机驱动器带动步进电动机实现开环控制，电气框图如图 3-4 示。

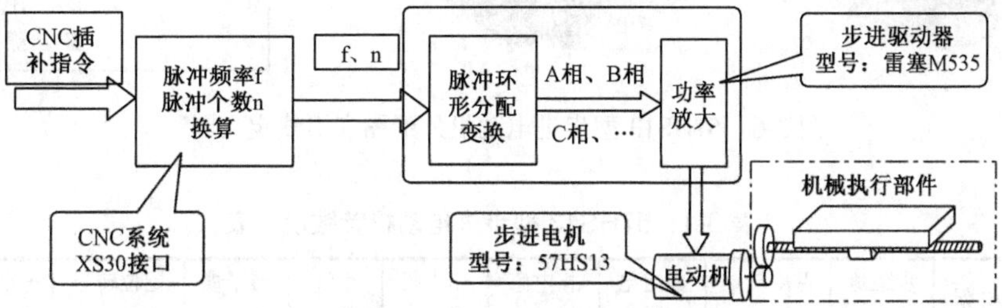

图 3-4　步进电动机开环控制电气框图

步进驱动器和步进电动机采用深圳雷塞 M535 型步进驱动器和 57HS13 型步进电动机。M535 型步进驱动器是细分型高性能步进驱动器，适合驱动中小型的任何两相或四相混合式步进电动机。电流控制采用先进的双极性等角度恒力矩技术，每秒两万次的斩波频率。在驱动器的侧边装有一排拨码开关，可以用来选择细分精度，以及设置动态工作电流和静态工作电流，驱动器接口如图 3-5 所示。57HS13 型步进电动机是四相混合式步进电动机，其外形图和引线定义图如图 3-6 所示，步距角为 1.8°，静转矩 1.3N·m，额定相电流 2.8A，详细参数见表 3-1。

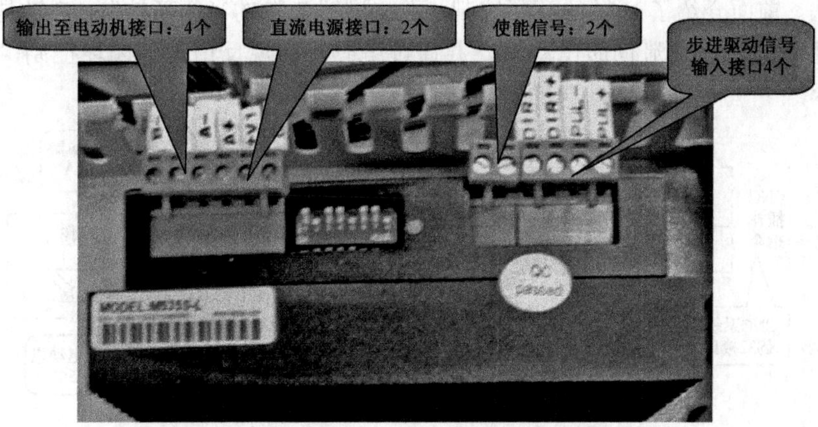

图 3-5　MS535 型步进电动机驱动器外形图

在本单元，主要是了解和熟悉这些元器件的外形和简单的参数，不需要掌握CNC、驱动器及电动机的具体接线，在以后的单元会有具体介绍，由简到难，容易掌握。有兴趣的同学可以通过上网，查找相关资料，了解这些元器件的使用方法。

图 3-6　57HS13 型步进电动机外形图和引线定义图

表 3-1　57HS13 型步进电动机参数说明表

Model No.	相数	步距角（°）	保持转矩（N·m）	额定电流（A）	相电感（mH）	相电阻（Ω）	引线数量	转子惯量 g/cm^2	定位转矩（g·cm）	电动机质量（kg）	机身长（mm）
57HS04	2	1.8	0.4	2.0	1.4	1.4	6	135	220	0.4	41
57HS09	2	1.8	0.9	2.8	1.2	0.8	8	260	400	0.6	54
57HSM09	2	0.9	0.8	2.0	2.5	1.8	8	260	380	0.6	54
57HS13	2	1.8	1.3	2.8	2.1	1.0	8	460	700	1.0	76
57HS22	2	1.8	2.2	4.0	1.8	0.7	8	460	700	1.1	76

什么是相数，什么是步距角，这两个重要参数，每个小组通过查资料、同学讨论一定要明白。

2．交流伺服电动机进给单元

华中数控车床试验台的进给轴采用了不同的电动机控制，学生应了解多种形式的进给单元控制方法。前面介绍了 X 轴的开环控制，现在讲解 Z 轴的半闭环控制，Z 轴是通过交流伺服电动机驱动器带动交流伺服电动机，并通过编码器实现反馈的半闭环控制，电气框图如图 3-7 所示。

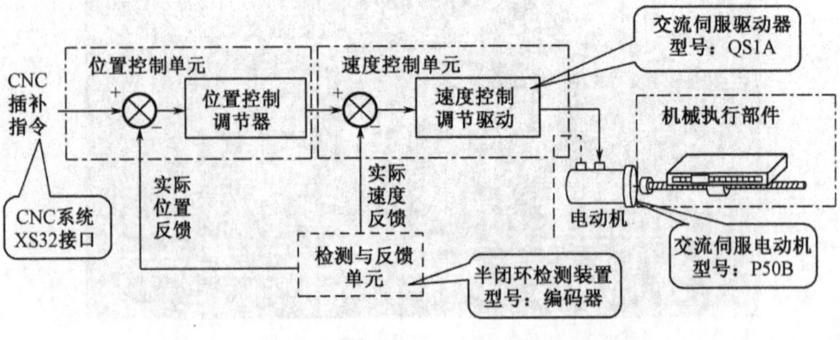

图 3-7　交流伺服电动机半闭环控制电气框图

交流伺服驱动器和交流伺服电动机采用 SANYO Q 系列的 QS1A01AA0M601P00 和 P50B05020DXS00。QS1A01AA0M601P00 和 P50B05020DXS00 构成闭环控制系统，提供位置控制、速度控制、转矩控制三种控制方式（需设置交流伺服参数和相应连线）。QS1A01AA0M601P00 为三相 220 输入，输入电流为 2.5A，输出电流为 2.2A；P50B05020DXS00 为小型小惯量电动机，配 2000P/r 增量式码盘，功率 0.2kW，额定转速 3000r/min，额定转矩 0.64N・m。图 3-8 和图 3-9 分别为交流伺服电动机型号和驱动器型号含义图。

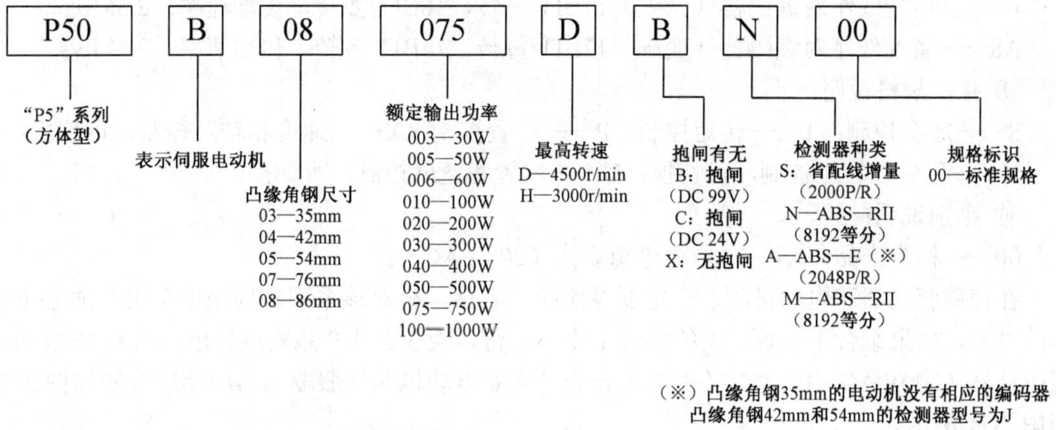

图 3-8　三洋 Q 系列交流伺服电动机型号含义图

QS1	□	○○	A	A	O	XX	△△	▽	OO
①	②	③	④	⑤	⑥	⑦	⑧	⑨	⑩

图 3-9　三洋 P5 系统交流伺服驱动器型号含义图

① 代表 Q 系列伺服驱动器。

② 表示电源输入及其电源部分：A——200V；C——400V；E——100V。

③ 表示驱动器容量：

01——15A；03——30A；05——50A；10——100A；15——150A；30——300A。

④ 电动机类型：A——旋转型电动机。

⑤ 控制单元硬件类型：

A——具有标准型 I/F 的省配线增量式编码器（INC-E）和绝对编码器（可选）。

H——ABS-RⅡ，RM062M，有请求信号的绝对编码器。

R——ABS-E，带增量功能的绝对编码器。

T——全闭环。

⑥ 适用电动机系列的描述：

0——与 P 系列电动机组合或是与 Q 系列电动机的标准组合；

除 0 之外——与 Q 系列电动机的定制组合（如降低功率、定制开关频率、使用中空轴电动机）。

⑦ 适用电动机（想要详细了解，详见电动机和驱动器的标准组合图）。

⑧ 编码器类型：

01——省配线增量式编码器，2000P/R；

02——省配线增量式编码器，6000P/R；

03——具有增量功能的绝对编码器，2048 P/R，11BIT/每转，13BIT/多转；

06——绝对编码器 ABS-RⅡ，13BIT/每转，13BIT/多转；

A3——省配线绝对编码器（光电）17BIT/每转，16BIT/多转，传输速率：2.5Mb/s；

A8——省配线绝对编码器（变压）17BIT/每转，14BIT/多转，传输速率：2.5Mb/s。

⑨ 接口规格说明：

S——速度控制；T——转矩控制；P——位置控制；X——速度和转矩控制，可切换；Y——位置和转矩控制，可切换；U——位置和速度控制，可切换。

⑩ 个别说明：

00——标准产品；A1——单相电源规格（200V AC）。

在使用驱动器和电动机时，一定要参照相关表格，核对该系列的伺服电动机和伺服驱动器的型号，如果组合不一致，系统将会工作不正常，表 3-2 是 P 系列旋转电动机和 Q 系列伺服驱动器（200V AC 输入型）的部分组合表。伺服电动机和伺服驱动器的铭牌分别如图 3-10 和图 3-11 所示。

表 3-2 P 系列旋转电动机和 Q 系列伺服驱动器（200V AC 输入型）的部分组合表

伺服电动机		伺服驱动器	

系列	法兰盘尺寸额定输出功率最大转速	驱动器容量	电动机型号
P50	03003D	01（15A）	M1
	04006D	01（15A）	M2
	04010D	01（15A）	M3
	05005D	01（15A）	M4
	05010D	01（15A）	M5
	05020D	01（15A）	M6
	07020D	01（15A）	M8
	07030D	01（15A）	M9
	07040D	03（15A）	MA
	08040D	03（15A）	MB
	0805D0	03（15A）	MC

3. 主轴变频控制

现代数控机床的主轴大多采用矢量控制的变频器配三相异步电动机的变频无级调速或直接将主轴作为电动机转子的“电主轴”形式，此类机床通常采用 Sxxxx 指令直接指定主轴转速大小。经济型数控机床的主轴变速还保留用传统的齿轮减速箱的手动换挡变速形式，这类机床通常不接收 S 指令功能。数控车床的主轴转速由脉冲编码器进行实时检测，车螺纹时系统将根据螺纹车削时转速与进给的关系实施螺纹进给控制，由此取代了螺纹加工时复杂的挂轮装置。

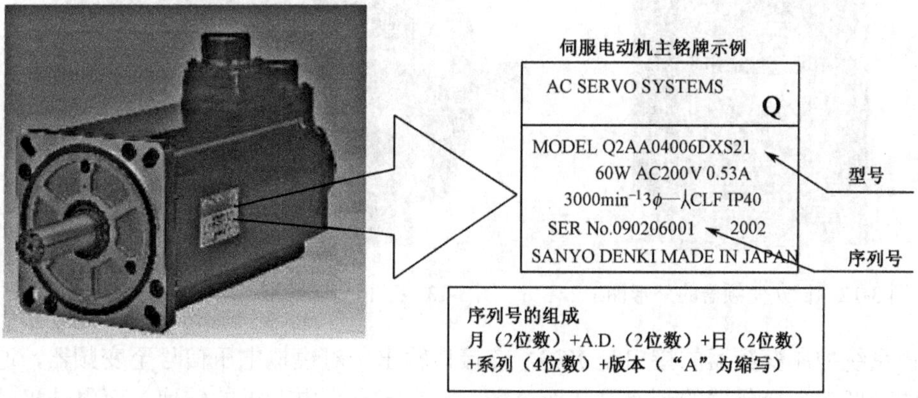

图 3-10　伺服电动机铭牌

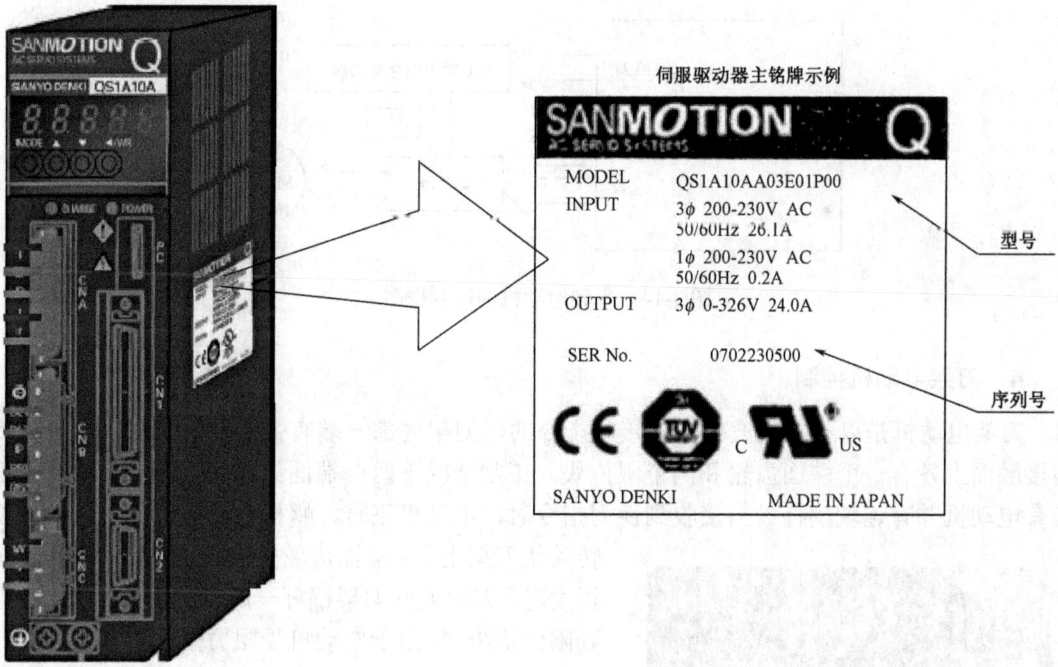

图 3-11　伺服驱动器铭牌

华中数控车床试验台的变频主轴采用日立 SJ100-007HFE 型变频器配三相异步电动机。变频器采用正弦波脉宽调制（PWM）控制，额定容量 1.9kVA，额定输入电压三相交流 380V，额定输出电流 2.5A，输出频率范围 1~360Hz，适用电动机容量 0.75kW。三相异步电动机采用普通三相异步电动机，功率 0.55kW，转速 1390r/min。

日立变频器的外形图如图 3-12 所示，三相交流异步电动机的外形图如图 3-13 所示。

图 3-12 日立变频器的外形图

图 3-13 三相交流异步电动机的外形图

数控系统控制变频器的接口是 XS9，该接口输出一对模拟电压信号至变频器，通过改变电压值的高低改变变频器的频率，从而改变三相交流异步电动机的转速。而电动机的方向信号是通过 PLC 输出接口控制的，变频器本身有一些智能端子，可以接收外部的开关量，因此主轴电动机的控制框图如图 3-14 所示：

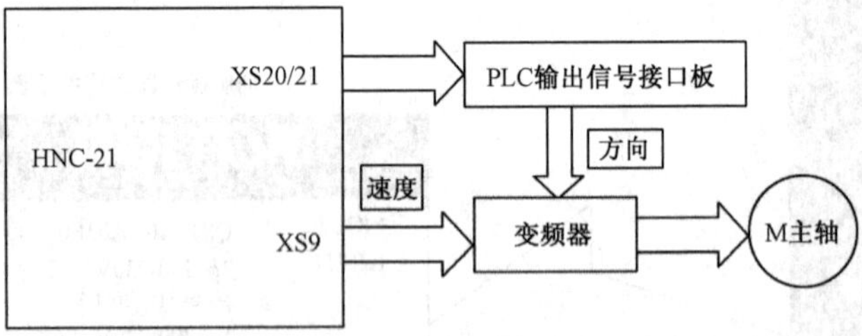

图 3-14 主轴电动机的控制框图

4．刀架电动机控制

刀架电动机是以脉冲电波的形式接收指令的，刀架内部一端有带蜗轮的蜗杆，刀架和底座接触面上各有一个端面齿轮和两个限位块。正常情况下两个端面齿轮是咬合的，底座上面装有电动机并有连轴蜗杆。当接收到换刀指令时，电动机正转，蜗杆带动蜗轮同时刀架蜗杆转动使刀架上升，端面齿轮分离。当刀架升高到一定程度时，刀架连同刀架蜗杆一起旋转，旋转 90° 后遇到限位块阻挡，由于电动机受阻力量达到一定时开始反转，自然刀架下降与底座端面齿轮咬合，限位块锁死，完成换刀。刀架外形图如图 3-15 所示。

图 3-15 刀架外形图

（1）三相交流异步电动机工作原理

定子三相绕组通入三相交流电即可产生旋转磁场。当三相电流不断地随时间变化时，所建立的合成磁场也不断地在空间旋转。旋转磁场的旋转方向与三相电流的相序一致，任意调换两根电源进线，则旋转磁场反转。

定子旋转磁场旋转切割转子绕组，转子绕组产生感应电动势，其方向由“右手螺旋定则”确定。由于转子绕组自身闭合，便有电流流过，并假定电流方向与电动势方向相同，转子绕组感应电流在定子旋转磁场作用下，产生电磁力，其方向由“左手螺旋定则”判断。该力对转轴形成转矩（称电磁转矩），并可见，它的方向与定子旋转磁场（即电流相序）一致，于是，电动机在电磁转矩的驱动下，顺着旋转磁场的方向旋转，且一定有转子转速。有转速差是异步电动机旋转的必要条件，异步的名称也由此而来。

三相异步电动机从接通电源开始运转，转速逐渐上升直到稳定运转状态，这一过程称为启动。按照启动方式不同，它可以分为直接启动和降压启动。

直接启动的启动电流大，对供电变压器影响较大，容量较大的鼠笼异步电动机一般都采用降压启动。降压启动就是将电源电压适当降低后，再加到电动机的定子绕组上进行启动，待电动机启动结束或将要结束时，再使电动机的电压恢复到额定值。这样做的目的主要是为了减小启动电流，但是因为降压，电动机的启动转矩也将降低。因此，降压启动仅适用于空载或轻载启动。在刀架控制过程中，通过两个接触器控制刀架正反转实现换刀，因为要切削零件，所以采用的是全压启动。

（2）交流接触器工作原理

接触器是一种根据外来输入信号利用电磁铁操作，频繁地接通或断开交、直流主电路及大容量控制电路的自动切换电器。主要用于控制电动机、电焊机、电热设备、电容器组等。其工作原理为：当电磁铁线圈得电，电磁铁吸合时，带动接触器触点闭合，使电路接通。线圈失电时，电磁铁在弹簧力作用下释放，接触器触点断开，使电路切断。交流接触器外形图如图 3-16 所示。

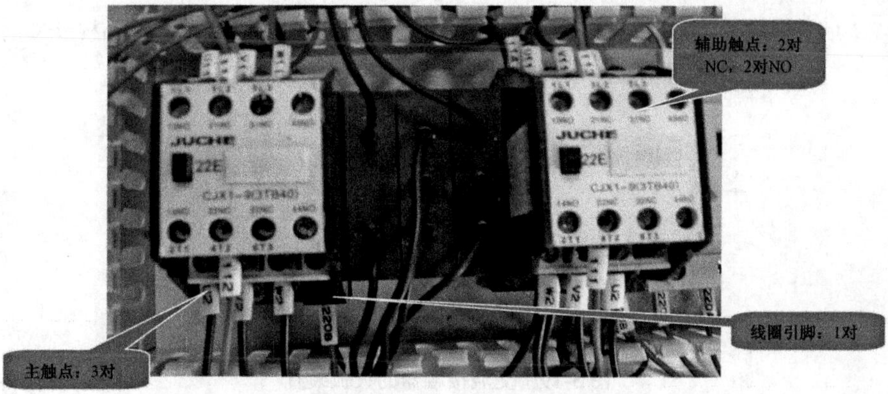

图 3-16　交流接触器外形图

接触器不仅能实现远距离集中控制，而且操作频率高、控制容量大，具有低压释放保护、工作可靠、使用寿命长和体积小等优点，是继电器—接触器控制系统中最重要和最常用的元件之一。

接触器的基本参数包括：主触点的额定电压、主触点允许切断电流、触点数、线圈电压、操作频率、机械寿命和电寿命等。现代生产的接触器，其额定电流最大可达 2500A，允许接通次数为 150~1500 次/h，总寿命可达到 1500 万~2000 万次

接触器的结构及工作原理。如图 3-17 所示，交流接触器主要由电磁机构（包括电磁线圈 1、铁芯 2 和衔铁 3）、触点系统（主触点 5 和辅助触点 4）、灭弧装置（如图 3-19 所示）及其他部分组成。

如图 3-17 所示，当接触器线圈 1 通电后，在铁芯 2 中产生磁通及电磁吸力。此电磁吸力克服弹簧反力使得衔铁 3 吸合，带动触点机构 4 和 5 动作，触点的结构形式如图 3-18 所示，常闭触点打开，常开触点闭合，互锁或接通线路。线圈失电或线圈两端电压显著降低时，电磁吸力小于弹簧反力，使得衔铁释放，触点机构复位，断开线路或解除互锁。接触器的型号含义和电气符号如图 3-20 所示。

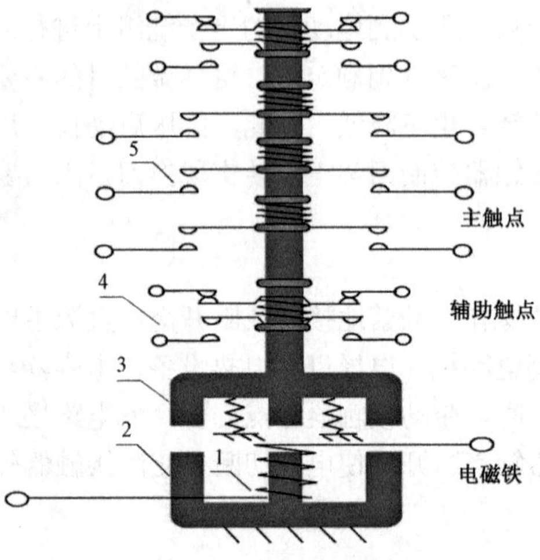

图 3-17　交流接触器结构图

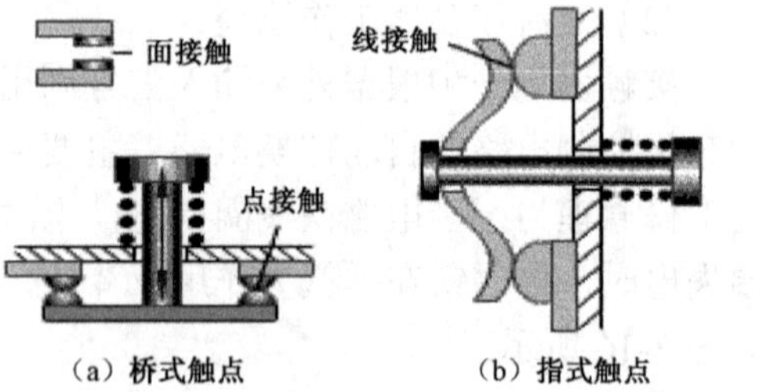

图 3-18　触点的结构形式

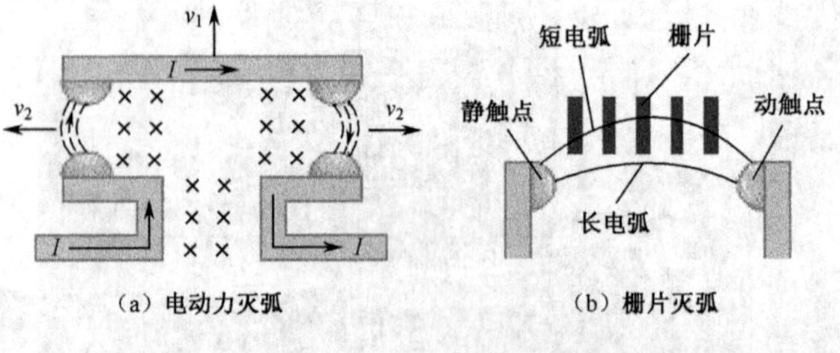

图 3-19　交流接触器的灭弧装置

常见的接触器有 CJ20 系列、3TH 和 CJX1（3TB）系列。其中 CJ20 系列是较新的产品，而 3TH 和 CJX1（3TB）系列是从德国西门子公司引进制造的新型接触器。在网上可以查到各种型号接触器的功能参数、安装尺寸及型号和价格，可以利用网络资源扩展知识面，掌握学习的方法。

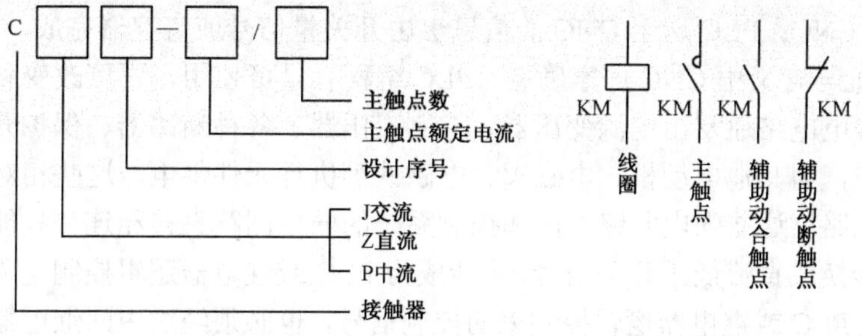

（a）型号含义　　（b）电气符号

图 3-20　接触器的型号含义和电气符号

（三）解读华中数控车床的 PLC 模块设计

PLC 用于通用设备的自动控制，称为可编程控制器。PLC 用于数控机床的外围辅助电气的控制，称为可编程程序机床控制器。因此，在很多数控系统中将其称之为 PMC（Programmable Machine tool Controller）。数控系统有两大部分，一是 NC、二是 PLC，这两者在数控机床所起的作用范围是不相同的。可以这样来划分 NC 和 PLC 的作用范围：

① 实现刀具相对于工件各坐标轴几何运动规律的数字控制。这个任务是由 NC 来完成；

② 机床辅助设备的控制是由 PLC 来完成。它是在数控机床运行过程中，根据 CNC 内部标志及机床的各控制开关、检测元件、运行部件的状态，按照程序设定的控制逻辑对诸如刀库运动、换刀机构、冷却液等的运行进行控制。

在数控机床中这两种控制任务是密不可分的，它们按照上面的原则进行了分工，同时也按照一定的方式进行连接。

（1）PLC 与数控系统及数控机床间的信息交换

相对于 PLC，机床和 CNC 就是外部。PLC 与机床及 CNC 之间的信息交换，如图 3-21 所示，对于 PLC 的功能发挥，是非常重要的。PLC 与外部的信息交换，通常有四个部分：

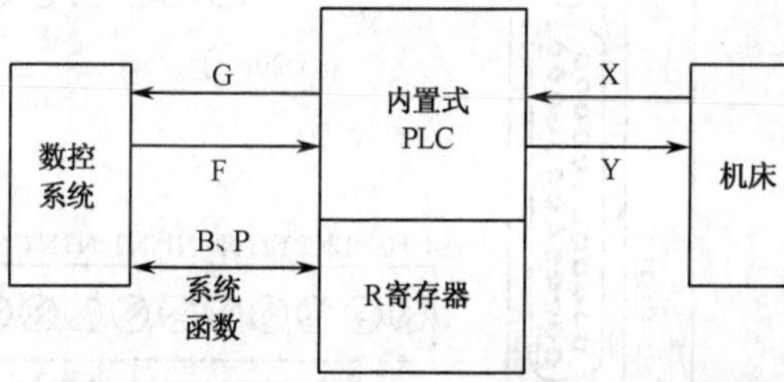

图 3-21　PLC 与机床及 CNC 之间的信息交换

① 机床侧至 PLC：机床侧的开关量信号通过 I/O 单元接口输入到 PLC 中，除极少数信号外，绝大多数信号的含义及所配置的输入地址，均可由 PLC 程序编制者或者是程序使用者自行定义。数控机床生产厂家可以方便地根据机床的功能和配置，对 PLC 程序和地址分配进行修改。

② PLC 至机床：PLC 的控制信号通过 PLC 的输出接口送到机床侧，所有输出地址也是由 PLC 程序编制者或者是使用者自行定义。

③ CNC 至 PLC：CNC 送至 PLC 的信息可由 CNC 直接送入 PLC 的寄存器中，所有 CNC 送到 PLC 的信号含义和地址（开关量地址或寄存器地址）均由 CNC 厂家确定，PLC 编程者只可使用不可改变和增删。如数控指令的 M、S、T 功能，通过 CNC 译码后直接送入 PLC 相应的寄存器中。

④ PLC 至 CNC：PLC 送至 CNC 的信息也由开关量信号或寄存器完成，所有 PLC 送至 CNC 的信号地址与含义由 CNC 厂家确定，PLC 编程者只可使用，不可改变和增删。

数控机床强电电路通常由电源变压器、控制变压器、各种断路器、保护开关、继电器、接触器等等构成，为其他电动机、电磁阀、电磁铁等执行元件供电。这些相对于数控系统来讲，属于强电回路。这些强电回路不能和控制系统的弱电回路直接相连，只能通过中间继电器等电子元件转换成直流低压开关信号，才能成为 PLC 或继电器逻辑控制电路的可接收的电信号。反之，从 PLC 或继电器逻辑控制来的控制信号，也必须经过中间继电器或转换电路变成能连接到强电线路的信号，再由强电回路驱动执行元件工作。

（2）PLC 输入/输出转接板元件布置图

I/O 端子板分输入端子板和输出端子板两种，通常作为 HNC-21 型数控装置 XS10、XS11、XS20、XS21 接口的转接单元使用，以方便连接使用和提高可靠性。输入接线端子板提供 NPN 型和 PNP 型两种类型开关量信号输入，每块输入接线端子板有 20 个 NPN 型或 PNP 型开关量信号输入接线端子，最多可接 20 路 NPN 型或 PNP 型开关量信号输入。

输出继电器板集成八个单刀单投继电器和两个双刀双投继电器，最多可接 16 路 NPN 型开关量信号输出及急停（两位）与超程（两位）信号，其中 8 路 NPN 型开关量信号输出用于控制 8 个单刀单投继电器，剩下的 8 个 NPN 型开关量信号输出通过接线端子引出，可用来控制其他电器，两个双刀双投继电器可由外部单独控制。

试验台输入/输出开关量采用 HC5301-8 型输入接线端子板（如图 3-22 和图 3-23 所示）和 HC5301-R 型继电器板（如图 3-24 和图 3-25 所示），作为 HNC-21 型数控装置 XS10、XS11、XS20、XS21 接口的转接单元使用。

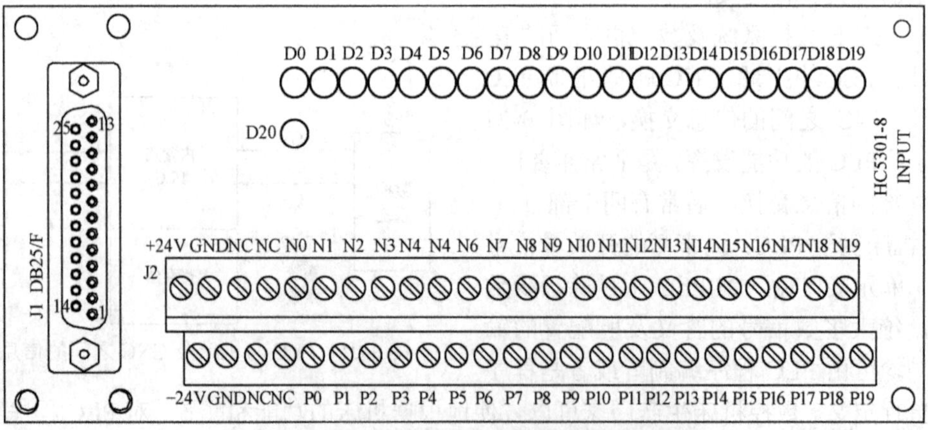

图 3-22　HC5301-8 型输入接线端子板示意图

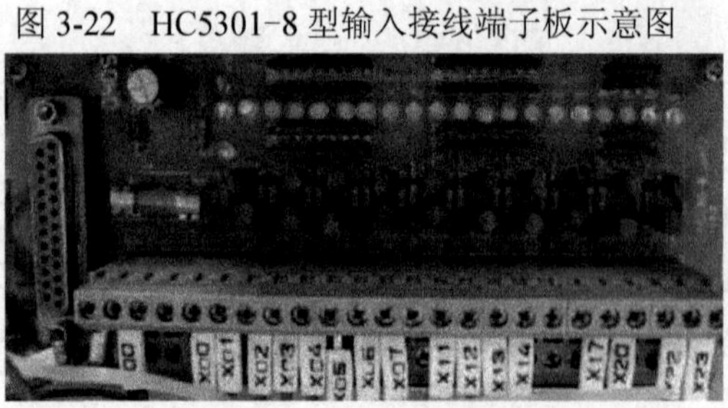

图 3-23　HC5301-8 型输入接线端子板实物图

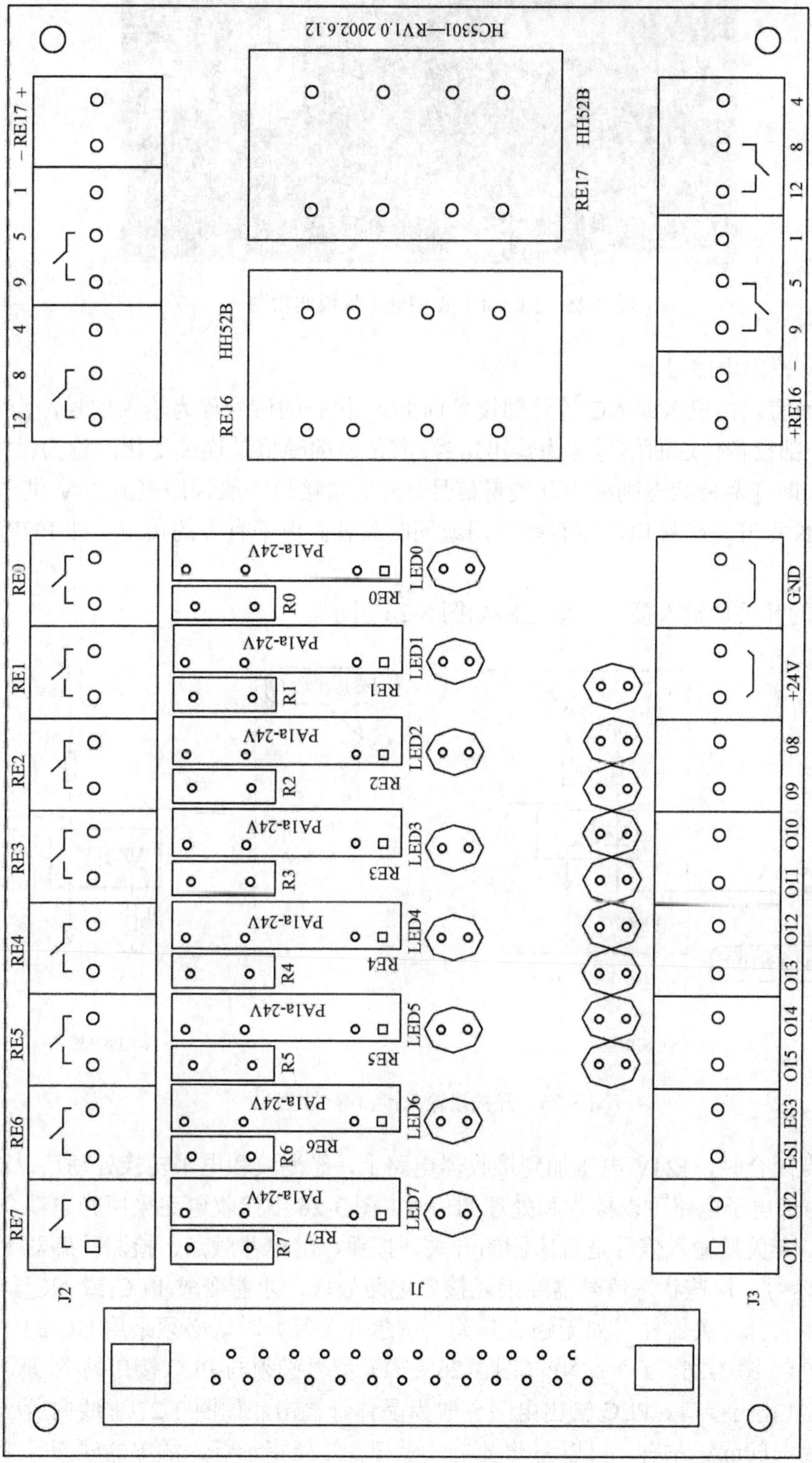

图3-24　HC5301-R型继电器板示意图

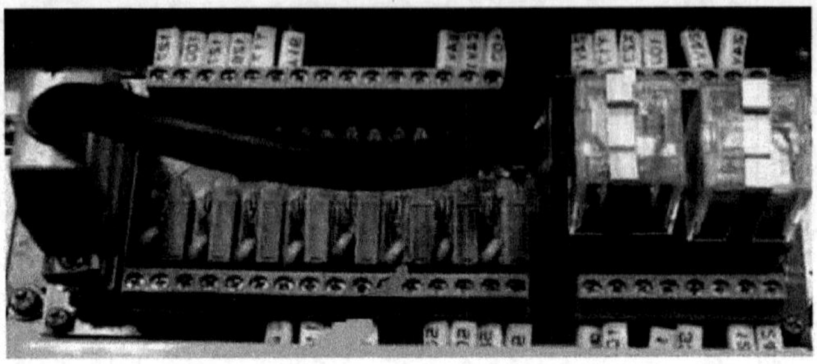

图 3-25　HC5301-R 型继电器板实物图

（3）输入/输出电路设计

对 PLC 而言，由机床或 NC 等外部设备向 PLC 传送的信号称为输入信号，由 PLC 向机床或 NC 等外部设备传送的信号称为输出信号；若信号的幅值是连续变化的称为模拟量信号，若只有导通和断开两种状态则称为开关量信号；开关量接口一般采用直流 24V 供电，低电平有效，即 NPN 型开关量接口，也有些采用或同时具备高电平有效的接口，即 PNP 型开关量接口。

① 典型的开关量输入接口等效电路如图 3-26 所示。

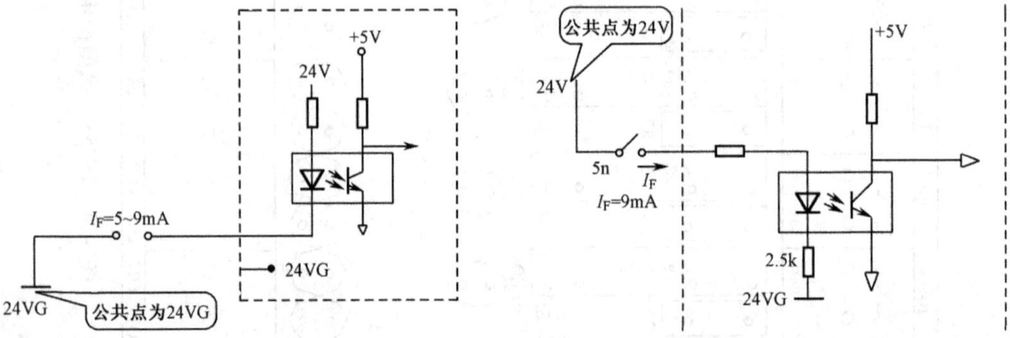

（a）NPN型　　（b）PNP型

图 3-26　开关量输入接口等效电路

外部触点闭合时，+24V 电压加到接收器电路上，经滤波和电平转换处理后，输出至 NC 内部，成为内部电子电路可以接收和处理的信号。图 3-26 中接收电路采用光电耦合转换电路（虚线框内），开关量输入信号是机床侧的开关、按钮、继电器触点、检测传感器等采集的闭合/断开状态信号。这些状态信号需经上述接口电路处理，才能变成 PLC 或 NC 能够接收的信号。当采用有源开关器件（如无触点开关、霍尔开关等）时，必须采用 DC 24V 规格，检测元件的 NPN（图 3-26（a））/PNP（图 3-26（b））型号必须与 PLC 接口的型号一致。

② 开关量输出接口。PLC 输出电路一般为晶体管输出，如图 3-27 虚线内所示，最大输出电流一般为 100mA 左右，可以驱动发光二极管、灯丝指示灯、继电器线圈等。另外还可以经过继电器、晶闸管等放大后再输出到外部接口，继电器和晶闸管输出的负载能力较大，可以达到 2A 以上，能够驱动电磁阀和交流接触器线圈等。晶体管输出为直流输出，双向晶

闸管输出为交流输出，继电器输出则交直流负载都可以。对于交流感性负载（如交流接触器线圈）必须在负载两端加阻容吸收电路，可以选用成品也可自行用 100~200Ω/1W 的电阻和 0.1mF/630V 的电容组装；对于直流感性负载（如继电器线圈）需加续流二极管。有些继电器自带续流二极管；在公共输出端必须串接短路保护器件（熔断器或空开）。

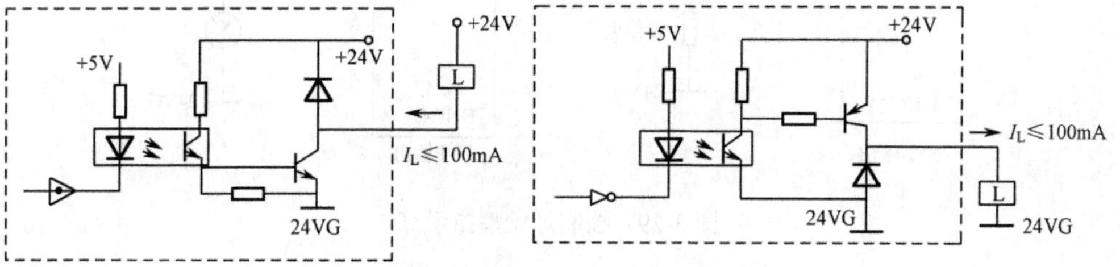

图 3-27　PLC 输出开关量接口等效电路

当负载的工作电压或工作电流超过输出信号的工作范围时，应先用 PLC 输出接口驱动小型继电器（一般工作电压 DC 24V），然后再用它们的触点驱动强电线路的继电器、接触器或直接驱动这些负载。

可使用 NPN 型输出或 PNP 型输出，控制发光二极管时需串联一个电阻，控制流经发光二极管的电流，一般约为 10mA，如图 3-28 所示。

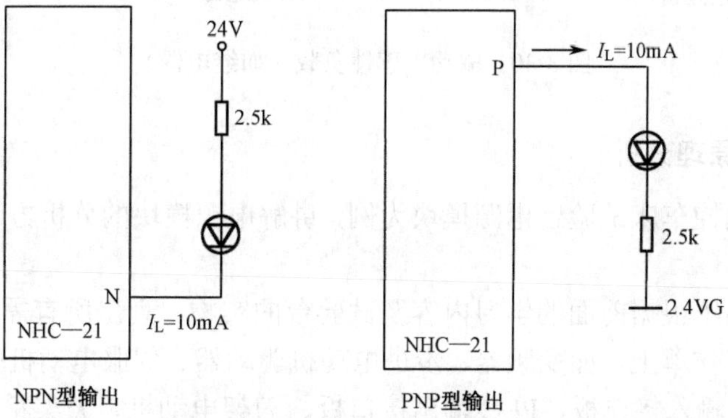

图 3-28　驱动发光二极管

使用 NPN 型输出或 PNP 型输出，控制灯丝型指示灯时需外接一预热电阻，如图 3-29 所示，以减少导通时的电流冲击，预热电阻阻值大小以指示灯点亮为原则。

可根据需要选择 NPN 型或 PNP 型输出控制继电器，如图 3-30 所示，须在线圈附近接入续流二极管，以保护输出电路，减少干扰，有些继电器自带续流二极管。注：应选择线圈电压为 DC 24V。

（四）解析电源模块的电气设计

电源模块是机床电气的一个重要组成部分，在这个模块，可以分析出机床所有电气元件的电源分配方法，当机床出现故障时，其实电源故障可能是其中重要原因，如果对电源模块非常熟悉，就可以尽快查明是否是由电源故障引起的。

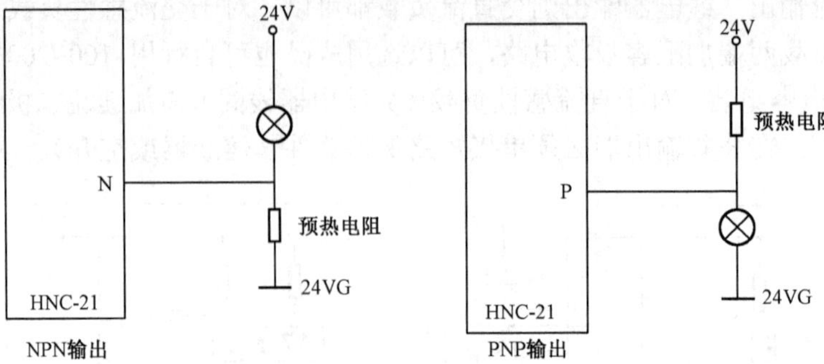

图 3-29　控制灯丝型指示灯

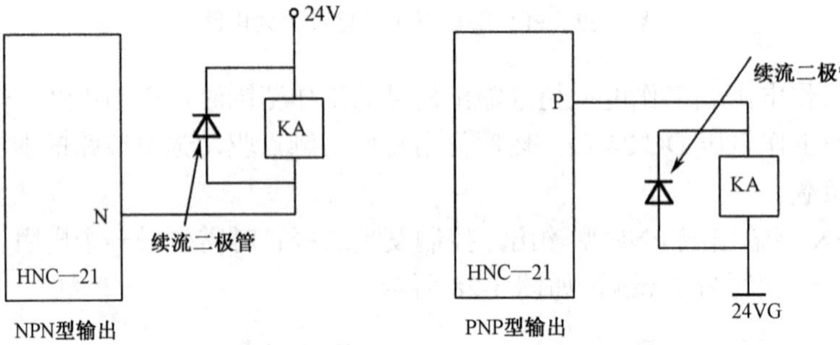

图 3-30　驱动电感性负载（如继电器）

1．电源电气原理分析

下面以华中数控车床试验台电源模块为例，讲解电源模块的分析方法，如图 3-31 所示为电源模块电气图。

首先，每个小组根据前面的学习内容及试验台的实物，列出所有需要电源的元器件，写在本单元的课业工作单上，如变频器、步进电动机驱动器、伺服电动机驱动器、2 个接触器、2 个继电器、PLC 输入接口板、PLC 输出接口板、刀架电动机、刀架霍尔传感器等，不仅要列出名称，而且还要有元件代号，如 KM1。

然后分析电源模块电气图，写出图中（1）~（7）的电源值和线套的标号。

图 3-31 中 7 部分的电源就是机床所有电气元件的电源提供出处，然后就是要找出每个元器件和 7 个位置的对应关系，写在课业工作单里。

最后就是分析 4 个空气开关 QF1、QF2、QF3 和 QF4 的作用，这 4 个空气开关分别控制哪些电气元件，在机床调试时，是每一部分分别调试的，有时候没必要给全部元器件通电。

2．机床电气原理图绘制原则

下面以试验台强电电源模块的电气图为例，说明电气原理图的绘制原则。

① 电气控制线路的图形及文字符号。为了便于进行电气元件的安装、调整、使用和维修，在绘制电气线路图时，电气元件的图形符号和文字符号必须符合国家标准的规定。我国

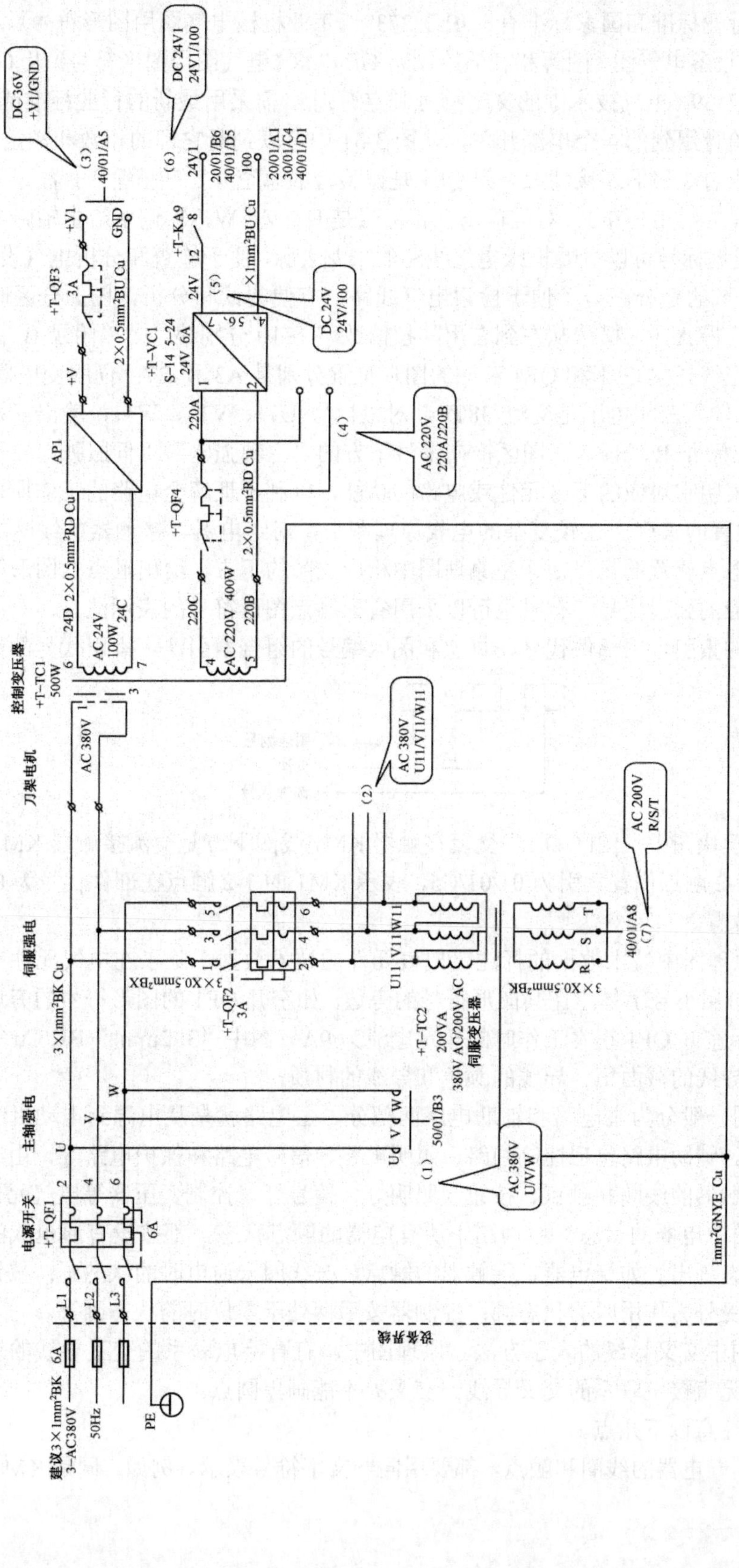

图3-31　华中数控车床试验台电源模块电气图

电气设备有关行业标准和国家标准有：JB/T 2739《工业机械电气图用图形符号》、JB/T 2704《工业机械电气设备电气图、图解和表的绘制》、GB4728《电气图用图形符号》及 GB6988《电气制图》和 GB7159《电气技术中的文字符号制定通则》，需采用最新的行业标准或国家标准。

例如，试验台用到的 4 个电源开关，从图 3-31 中可以判断它们的相数和额定电流大小，根据标号可以查看线路的连接情况。如 QF1 是试验台的总空开，三相输入，额定电流是 6A，输入三相标号是 L1、L2、L3，对应输出三相标号是 U、V、W，它们要给主轴强电和伺服强电提供电源。根据标号可以查看机床电气线路的来龙去脉，便于检查和分析电气设备的故障。

② 图面区域的划分。为了便于检索电气线路，方便阅读和分析，图面分区时，竖边从上往下用拉丁字母 A~F，横边从左到右用阿拉伯数字 1~10 分别编号。以附录 B 中强电/控制回路图为例，空气开关 QF1 和 QF4 对应的图形位置分别是 A3 和 B7；伺服变压器 TC2 对应的位置是 D4，输入三相电压是交流 380V，对应标号 U11、V11、W11，输出三相电压是交流 200V，对应标号 R、S、T。图区横向编号下方的“主轴强电”、“伺服强电”、“刀架电动机”等字样，表明它对应的下方元件或电路的功能，以利于理解全电路的工作原理。

③ 符号位置的索引。在较复杂的电气原理图中，对继电器、接触器的线圈的文字符号下方要标注其触点位置的索引，即在原理图中相应线圈的下方，给出触点的图形符号，并在其下面注明相应的索引代号。有时也可以采用省去触点图形符号的表示法。

符号位置的索引，用部件代号、页次和图区编号的组合索引法，索引代号的组成如下：

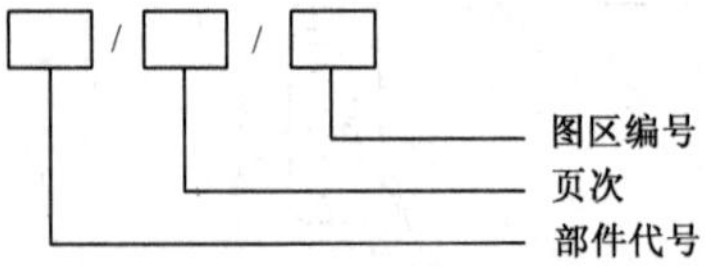

如在强电模块图中，图区 D8 中交流接触器 KM1 线圈下方是交流接触器 KM1 相应触点的位置索引，1-2 触点位置索引为 01/01/C5，表示 KM1 的 1-2 触点在部件代号为 01，页次是第 1 页的 C5 位置。

④ 电气原理图中技术数据的标注。电气元件的技术数据，除了在电气元件明细表中表明外，有时也可用小号字体注在其图形符号的旁边。如空开 QF1 的图形符号的旁边的小号字体“9A”，表示空开 QF1 正常工作时的额定电流为 9A。图中“$3\times2mm^2$” BK Cu 等字样表示导线的根数、导线的截面积、导线的颜色和导线的材质。

⑤ 原理图一般分为主电路和辅助电路两部分。主电路就是从电源到电动机绕组的大电流通过的路径。辅助电路包括控制回路、照明电路、信号电路和保护电路等，由继电器的线圈和触点、接触器的线圈和触点、按钮、照明灯、信号灯、控制变压器等电气元件组成。

⑥ 原理图中电器的状态。原理图中所有电器的触点状态，都按没有通电或没有外力作用时的开闭状态画出。如继电器、接触器的触点，按线圈未通电时的状态画；按钮、行程开关的触点按不受外力作用时的状态画；控制器按手柄处于零位时的状态画等。

⑦ 原理图中交叉导线的表示方法。原理图中，有直接电联系的交叉导线的连接点要用黑圆点表示。无直接电联系的交叉导线，交叉处不能画黑圆点。

另外还要注意以下几点。

① 属于同一电器的线圈和触点，都要用同一文字符号表示。例如：同是 KM，根据电气

符号来区分是线圈还是触点；当使用相同类型电器时，可在文字符号后加注阿拉伯数字序号来区分。如 KM1、KM2。

② 原理图中，各电气元件的导电部分（如线圈和触点的位置），应根据便于阅读和分析的原则来安排，绘在它们完成作用的地方。同一电气元件的各个部件可以不画在一起。

③ 原理图中，无论是主电路还是辅助电路，各电气元件一般应按照动作顺序从上往下、从左到右依次排列，可水平或垂直布置。

思考：试验台上电气元件琳琅满目，找出这些元件正常工作时的电压值，了解用数字万用表分析电压故障的方法。通过分析电源模块电路，了解各个电器的电源是如何被提供的，对照试验台查看电源的接线，熟悉各个电气元件的电源标号和接线的来龙去脉。

3. 电源模块常用的电气元件

（1）空气开关

低压断路器又称自动空气开关或自动空气断路器，简称自动开关。用于电动机和其他用电设备的电路中，在正常情况下，它可以分断和接通工作电流；当电路发生过载、短路、失压等故障时，它能自动切断故障电路，有效地保护串接于它后面的电气设备；还可用于不频繁地接通、分断负荷的电路，控制电动机的运行和停止。

塑料外壳式断路器由手柄、操作机构、脱扣装置、灭弧装置及触点系统等组成，均安装在塑料外壳内组成一体。触点系统和灭弧装置用于接通和分断主电路，为了加强灭弧能力，在主触点处装有灭弧装置。脱扣器是断路器的感测元件，当电路出现故障时，脱扣器收到信号后，经脱扣机构动作，使触点分断。工作原理如图 3-32 所示，有三重保护，欠压脱扣器、过电流脱扣器和过载脱扣器。脱扣机构和操作机构是断路器的机械传动部件，当脱扣结构接收到信号后由断路器切断电路。断路器型号含义和电气符号如图 3-33 所示。

塑料外壳式断路器外形图如图 3-34 右图所示，左图是小型断路器，主要用于照明配电系统和控制回路。

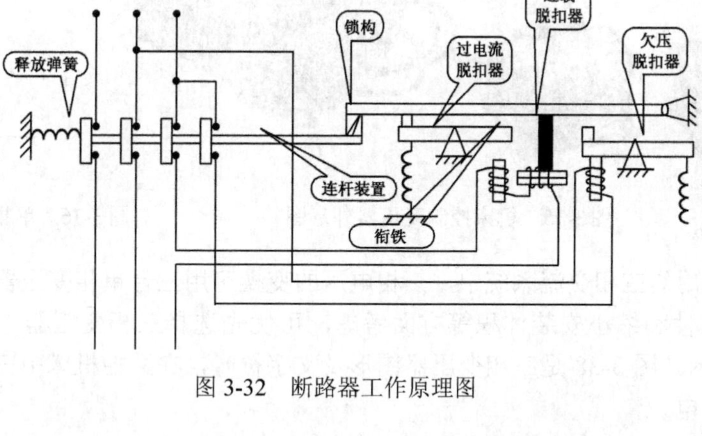

图 3-32　断路器工作原理图

（2）变压器

变压器是一种将某一数值的交流电压变换成频率相同但数值不同的交流电压的电器。机床控制变压器适用于交流 50~60Hz，输入电压不超过 660V 的电路，作为各类机床、机械设备等一般电器的控制电源、步进电动机驱动器、局部照明及指示灯的电源。常见机床变压器外形如图 3-35 所示，单相变压器图形符号如图 3-36 所示。

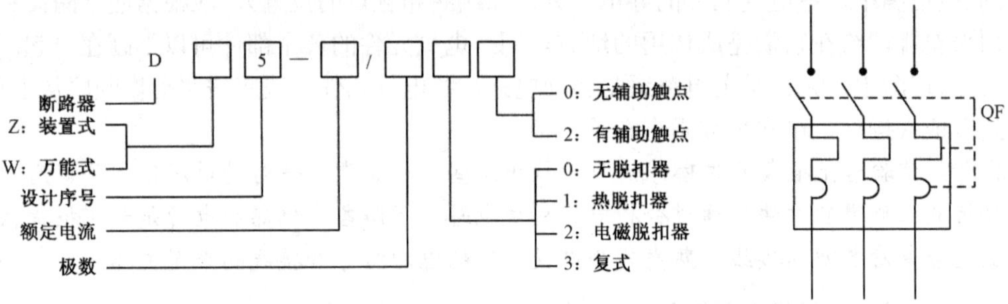

图 3-33　断路器型号含义和电气符号图

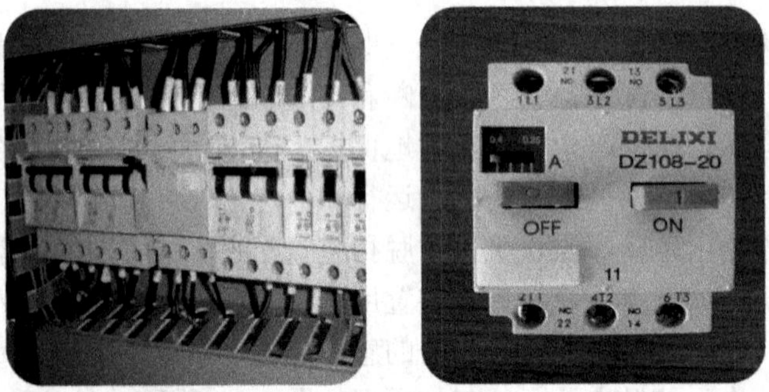

图 3-34　断路器外形图

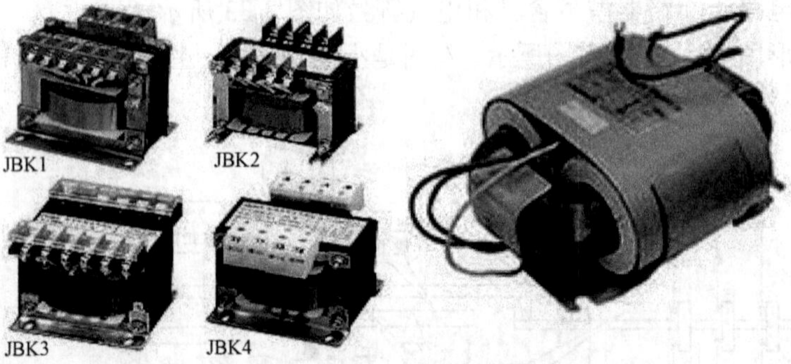

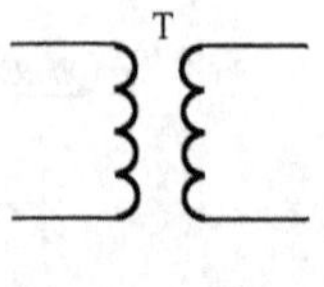

图 3-35　机床控制变压器外形图　　　　图 3-36　单相变压器图形符号

现在普遍采用的三相交流系统中，三相电压的变换可用三台单相变压器也可用一台三相变压器，从经济性和缩小安装体积等方面考虑，可优先选择三相变压器，三相变压器外形图如图 3-37 所示。图 3-38 是三相变压器图形及文字符号，在数控机床中三相变压器主要是给伺服动力等供电。

（3）开关电源

开关电源被称为高效节能电源，因为内部电路工作在高频开关状态，所以自身消耗的能量很低，电源效率可达 80%左右，比普通线性稳压电源提高近一倍。开关电源的外形图和图形及文字符号分别如图 3-39 和 3-40 所示。

图 3-37　三相变压器外形图

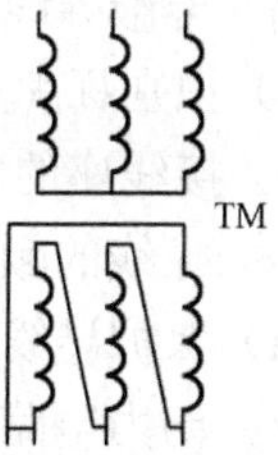

图 3-38　三相变压器图形及文字符号

目前生产的无工频变压器式小功率开关电源，仍普遍采用脉冲宽度调制器（简称脉宽调制器 PWM）或脉冲频率调制器（简称脉频调制器 PFM）专用集成电路。它们利用体积很小的高频变压器来实现电压变化及电网隔离，因此能省掉体积笨重且损耗较大的工频变压器。

图 3-39　开关电源的外形图

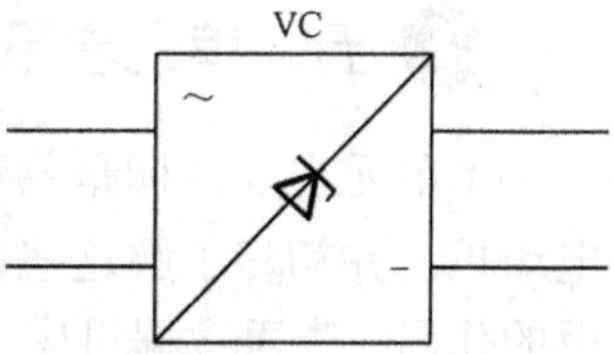

图 3-40　开关电源的图形及文字符号

（4）各类导线

① 数控机床上主要有三种导线：动力线、控制线和信号线。

选择导线应考虑下面几方面因素。

工作条件：如电压、电流、电击的防护。

外界影响：如环境温度、湿度或存在腐蚀物质或燃烧危险和机械应力（包括安装期间的应力）。

导线的横截面积、材质（铜或铝等）、绝缘材料等都是设计时需要考虑的，可以参照相关书籍手册。

② 连线和布线一般要求：

a）所有连接，尤其是保护接地电路的连接应牢固，没有意外松脱的危险。

b）连接方法应与被连接导线的截面积及导线的性质相适应。对铝或铝合金导线，应特别考虑电蚀问题。

c）只有专门设计的端子，才允许一个端子连接两根或多根导线。但一个端子只应连接一根保护导线。

d）只有提供的端子适用于焊接工艺要求才允许焊接连接。

e）接线座的端子应清楚做出与电路图一致的标记。

f）软导线管和电缆的敷设应使液体能排离该装置。

g）当器件或端子不具备端接多股芯线的条件时，应提供拢合绞线束的办法。不允许用焊锡来达到此目的。

h）屏蔽导线的端接应防止绞合线磨损并应容易拆卸。

i）识别标牌应清晰、耐久，适合于实际环境。

j）接线座的安装和接线应使用内部和外部配线，不跨越端子。

③ 导线的颜色标志。

a）保护导线（PE）必须采用黄绿双色。

b）动力电路的中线（N）和中间线（M）必须是浅蓝色。

c）交流或直流动力电路应采用黑色。

d）交流控制电路采用红色。

e）直流控制电路采用蓝色。

f）用于控制电路联锁的导线，如果是与外边控制电路连接，而且当电源开关断开仍带电时，应采用橘黄色或黄色。

g）与保护导线连接的电路采用白色。

五、单元学习活动

本单元主要目标是熟悉并掌握数控系统接口的应用和连接框图，查看数控机床上的各种电动机，并初步了解这些电动机的铭牌含义。通过自学、教师讲授获取 PLC 输入/输出转接板的作用，查看数据机床上输入/输出信号的安装位置；再采用案例教学的方式，各组针对电源模块电气原理图自主分析电源模块的作用，分析 4 个空气开关的作用并向全班解读，比较各组分析的结果以达到共同提高的目的；最后要求各组认真完成课业工作页的内容，本单元学习活动计划见表 3-3。

表 3-3　本单元学习活动计划

学习阶段	工作（学习）任务	行为类别	工作学习方法与手段
入题阶段	明确本单元工作学习任务目标及主要学习内容	资讯	自主阅读本单元教学材料
计划阶段	介绍本单元学习活动安排及学习要点； 划分小组和分解任务，预定学习目标	计划	教师综述后自由组合，并分配任务
实施阶段	熟悉并掌握数控系统各接口的应用及系统接口连接图	实施/资讯	按引导问题自主学习后由教师集中解读
	熟悉数控机床上电动机的名称和型号，了解电动机铭牌参数的含义	实施	以自主学习为主，教师集中讲解共性问题及提供答疑指导
	了解 PLC 输入/输出转接板的功能，查找数控机床上的输入/输出信号及地址分配	实施/训练	按引导问题自主学习后由教师集中解读
	掌握电源模块的功能，熟悉电源模块里用到的电气元件功能和使用方法，掌握机床电气原理图的绘制原则	实施/训练	采用案例教学的方式，各组自主分析电路原理后向全班解读，教师做最后点评和讲解
交流汇报阶段	小组交流，解读汇报上述各个知识点， 针对本课业文本的练习答案点评	检查评价	评价每个小组代表的汇报发言，教师针对学习的重点、难点进行总结

六、单元学习的资源要求

1．学习所需的场所、设备及工具

本单元学习不涉及车间机床设备，整个学习活动可在数控原理实训室开展。

数控原理实训室应配置工具展柜和资料柜，以提供常用电工工具和仪器仪表、机床常用电气元件实物和阅读学习所需要的各类资料。

根据个性教学的特殊需要，最好配置能进行网络资料查询的计算机。

2．技术资料

设备使用说明书、维护保养手册、电气原理图、电气元件安装图和接线图，安全操作规程、岗位职能要求及相关管理资料等；开展单元学习活动所需的学习指南、卡片纸及课业工作页（课业练习）等。

七、单元学习的考核评价

单元学习的考核评价不要仅仅局限于对学习结果的考评，更要注重工作学习活动的参与过程。考评围绕学习活动的各个环节，根据参与程度、工作学习态度、学习方法与技巧、小组合作情况、目标实现状况等全面考评，本单元主要考评项目组成参考如下。

成果评定：根据课业学习及工作页内容完成的质量情况进行评定，占 60%；

学生自评：学生根据评分标准，对实施过程进行自评，给出相应的成绩，占 10%；

学生互评：学生间互相交流，互相评价，占 10%；

教师评价：教师根据学生的学习态度、工作态度、团队协作精神、出勤率、敬业爱岗和职业道德等情况，结合工作任务实施过程的各个环节进行评价，占 20%。

单元四　典型数控机床电气结构和组成识读

一、单元学习任务

1．掌握教学用 CJK6032 型数控车床的电气结构和组成。

2．掌握教学用 ZJK7352 型数控铣床的电气结构和组成。

3．了解数控机床电气元件安置的方法和注意事项。

二、单元学习目标

1．知道 CJK6032 型数控车床的规格和技术参数。

2．知道 ZJK7352 型数控铣床的规格和技术参数。

3．了解数控机床常用的电动机及其驱动器的类型和参数意义。

4．可以独立分析 CJK6032 型数控车床的电气结构。

5．可以独立分析 ZJK7352 型数控铣床的电气结构。

三、着重关注的引导性问题

1．CJK6032 型数控车床有几个电动机？在机床上分别指出电动机安装的位置。

2．仔细查看 CJK6032 型数控车床各个电动机的铭牌，将其抄写在课业文本页上，解释铭牌上各个参数的含义。

3．打开 CJK6032 型数控车床的电气柜，认真查看电气柜内的各种电气元件，在课业文本页上写下这些元件的名称和序号。

4．CJK6032 型数控车床电气柜有 6 个外部信号输入接口，分析这些输入信号的含义，了解数控系统、各个电动机及电源信号是如何接入机床电气柜的。

5．查看 CJK6032 型数控车床每个进给轴行程开关的安装位置，理解行程开关对数控机床的保护作用。

6．分析 CJK6032 型数控车床的电气柜内电动机驱动器的数量和类型，在课业文本页上写下这些驱动器的铭牌数据，并上网查找这些驱动器的使用说明书，了解它们的使用方法。

7．ZJK7352 型数控铣床有几个电动机？在机床上分别指出电动机安装的位置。

8．仔细查看 ZJK7352 型数控铣床各个电动机的铭牌，将其抄写在课业文本页上，解释铭牌上各个参数的含义。

9．打开 ZJK7352 型数控铣床的电气柜，认真查看电气柜内的各种电气元件，在课业文本页上写下这些元件的名称和序号。

10．分析 ZJK7352 型数控铣床电气柜是如何将数控系统、各个电动机及电源等信号接入机床电气柜的。

11．查看 ZJK7352 型数控铣床每个进给轴行程开关的安装位置，理解行程开关对数控机床的保护作用。

12．分析 ZJK7352 型数控铣床的电气柜内电动机驱动器的数量和类型，在课业文本页上写下这些驱动器的铭牌数据，并上网查找这些驱动器的使用说明书，了解它们的使用方法。

13．在课业文本页上分别画出 CJK6032 型数控车床和 ZJK7352 型数控铣床的电气元件布置图。

四、单元学习知识基础

（一）CJK6032 型数控车床的电气结构和组成

数控车床的整体结构组成基本与普通车床相同，同样具有床身、主轴、刀架及其拖板、尾座等基本部件，但数控柜、操作面板及显示监控器等却是数控机床特有的部件。即使对于机械部件，数控车床和普通车床也具有很大的区别。如数控车床的主轴采用变频或伺服实现无级调速，主轴箱内的机械式齿轮变速部件进行了简化，车螺纹不再另配丝杆和挂轮；刀架移动拖板箱的横、纵向运动由数字脉冲控制的电动机进行驱动，刻度盘式的手摇移动调节机构也已被脉冲触发计数装置所取代。CJK6032 型数控车床外形图如图 4-1 所示。

图 4-1　CJK6032 型数控车床外形图

如图 4-1 所示 CJK6032 型数控车床为两坐标联动的经济型变频主轴数控车床，适用于金属及其他材料的车削加工。CJK6032 型数控车床采用世纪星 HNC-21T 型数控系统，主轴由变频电动机驱动，其中有高、低两挡变速，四刀位电动回转刀架，对各种盘类、轴类零件，可自动完成内、外圆柱面、圆弧面、螺纹等工序的切削加工，并能进行切槽、钻、扩、铰孔等工作。CJK6032-4 型数控车床的技术参数见表 4-1。

表 4-1　CJK6032-4 型数控车床的技术参数表

规格名称		单位	参数
床身上最大工件回转直径		mm	ϕ320
拖板上最大工件直径		mm	ϕ160
最大工件车削长度		mm	750
主轴转速范围		r/min	35~2500 无级变速
主轴孔锥度/通孔直径		mm	ϕ38
主轴内孔锥度			莫氏 5 号
主轴端外锥体锥度			D4
刀架刀位数			4
刀架刀杆最大尺寸（宽×高）		mm	18×18
工作进给最小设定单位	纵向（z）	mm	0.0075
	横向（x）	mm	0.004
刀架快移速度	纵向（Z）	m/min	3
	横向（X）	m/min	2
尾架顶尖套内孔锥度			莫氏 3 号
尾架顶尖套最大移动距离		mm	100
主电动机功率		kW	2.2
横向（X）步进电动机		N・m	10

续表

规格名称	单位	参数
纵向（Z）步进电动机	N·m	5
机床外形尺寸（长×宽×高）	mm	1735×803×1360
机床电压	ACV	三相交流 380V
数控系统		HNC-21T
机床净重	kg	450

CJK6032-4 型数控车床电气元件分布图如图 4-2 所示。

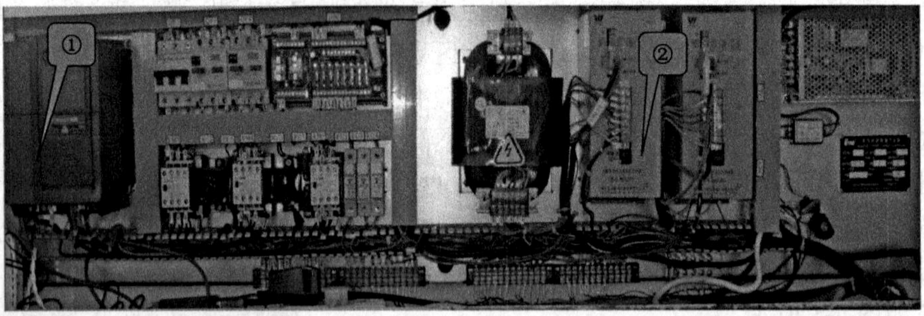

图 4-2　CJK6032-4 型数控车床的电气元件分布图

根据第三单元的学习方法，认真记录电气柜内的各种电气元件，特别是各个电动机的驱动器，如图 4-2 中①、②所示，分析驱动器各个接口的作用，并上网查询这些型号驱动器的使用说明书，了解不同驱动器的相同点和不同点。

如图 4-3 所示为 CJK6032-4 型数控车床的电气柜外部信号的输入接口图，一共有 9 根电缆线输入，如图 4-3 中①~⑨所示，认真查看这些电缆线的出处，分析这些电缆线的含义，了解数控机床电气柜的互换性。

图 4-3　CJK6032-4 型数控车床的电气柜外部信号输入接口图

如图 4-4 所示为 CJK6032-4 型数控车床行程开关的安装位置图，如图 4-5 所示为机床 Z 轴行程开关上触点按压下的状态，当工作台移到撞块位置，行程开关的触点会被撞块压下，PLC 状态会发生改变，由此检测是否超程。

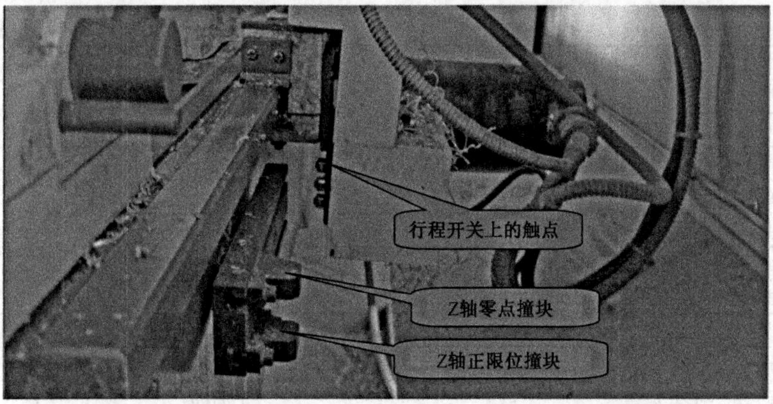

图 4-4　CJK6032-4 型数控车床行程开关的安装位置图

图 4-5　机床行程开关上触点按压下的状态

（二）ZJK7532 型数控钻铣床的电气结构和组成

ZJK7532 型数控钻铣床是华中数控公司研制的一种经济型数控铣床，主要由 CNC 系统、主轴电动机、各进给轴电动机、控制电柜、轴拖板及机床本体等组成，如图 4-6 所示。各进给轴用步进电动机驱动，是典型的开环控制机床，采用通用 PC 和华中数控公司开发的 HNC-M 控制软件直接联机控制。该机床可实现钻削、铣削、铣孔、扩孔、铰孔等多工序的自动工作循环，既可进行铣孔，又可精确、高效地在光线平面内自动加工具有各种复杂曲线的凸轮、样板、压模、弧形槽等零件，是集钻、铣、镗等多功能于一体的金属加工机床。

ZJK7532 型数控钻铣床的技术参数见表 4-2。

表 4-2　ZJK7532 型数控钻铣床的技术参数表

项目		单位	参数
工作台尺寸（X×Y）		mm	1000×300
工件最大重量		kg	100
T 型槽（槽数×宽）		mm	3×14
进给步进电动机扭距		N·m	10（五相混合式）
行程	X	mm	600
	Y	mm	300
	Z	mm	450

续表

项目	单位	参数
快速移动	mm/min	3000
切削进给速度	mm/min	0~2000
最小进给量	mm	0.012
主轴转速	r/min	60~2000（6 级）
主轴切削转速	r/min	90~2000（6 级）
主轴电动机功率	kW	1.5（变频）
主轴套筒移动距离	mm	主套筒不能移动
主轴端至工作台面	mm	100~550
机床尺寸	mm	1500×1200×2100
机床重量（毛重）	kg	1100
供电电压		380V AC 三相
数控系统		HNC-21M

图 4-6　ZJK7532 型数控钻铣床外形图

下面这些图（图 4-7~图 4-11）是 ZJK7532 型数控钻铣床的电气柜外部信号的输入接口图，一共有 9 根电缆线输入，如图中①~⑨所示，认真查看这些电缆线的出处，分析这些电缆线的含义，了解数控机床电气柜的互换性。

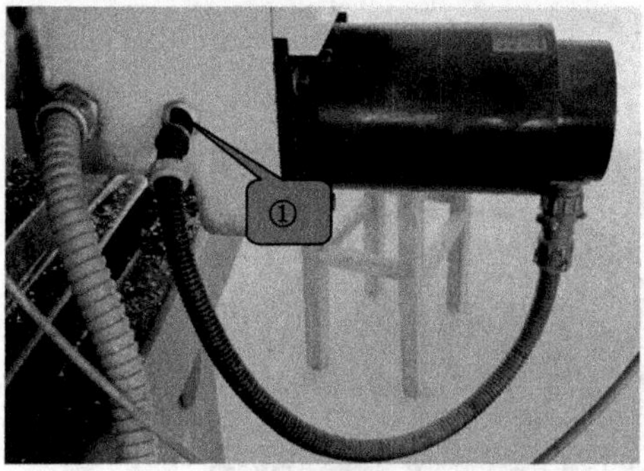

图 4-7　X 轴电动机电缆输入接口图

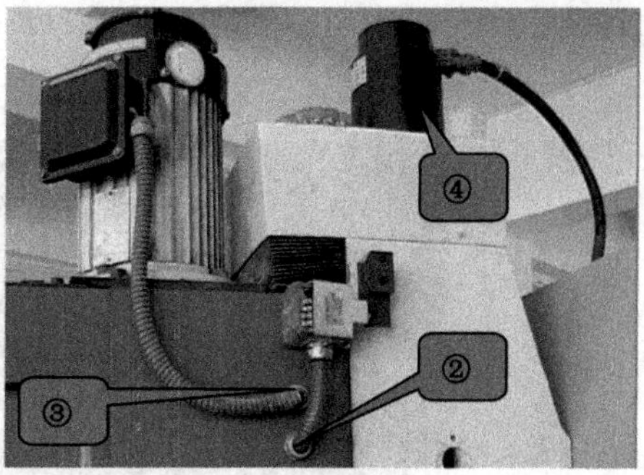

图 4-8　各种信号输入接口图

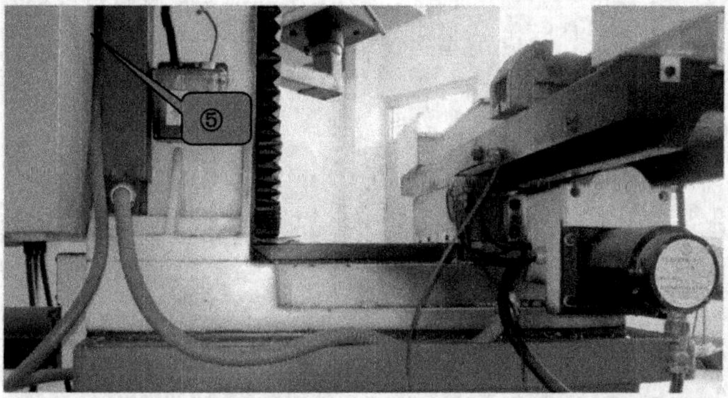

图 4-9　X 轴电动机电缆输入电柜接口图

图 4-10　Y 轴电动机等电缆输入电柜接口图

图 4-11　NC 系统电缆输入电柜接口图

如图 4-12 所示为 ZJK7532 型数控钻铣床电气元件分布图，分析这些元器件的功能和作用。

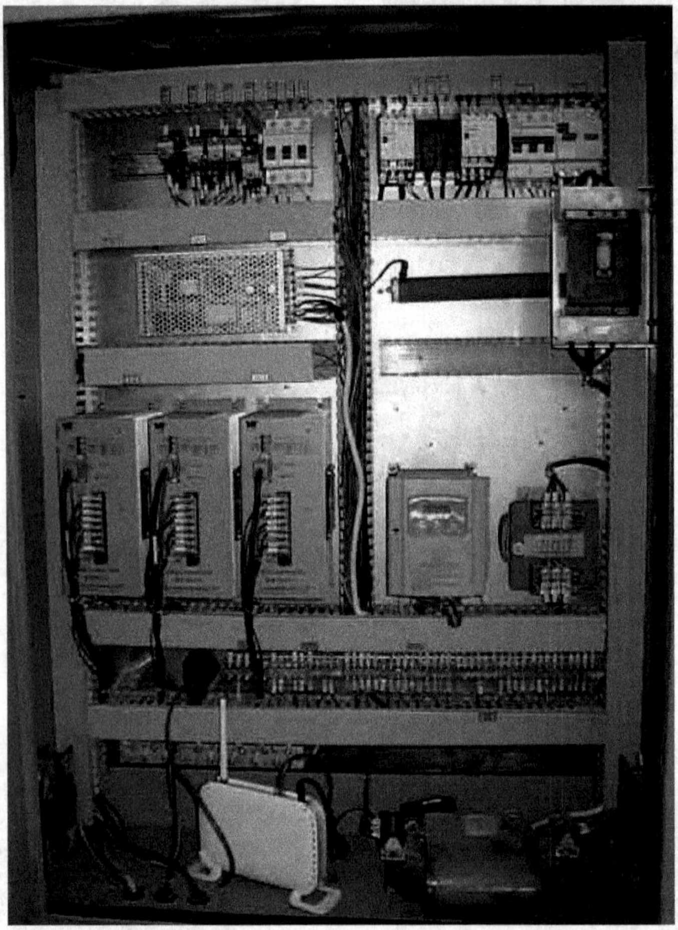

图 4-12　ZJK7532 型数控钻铣床电器的元件分布图

根据第三单元的学习方法，认真记录电气柜内的各种电气元件的型号，特别是各个电动机驱动器的型号，如图 4-12 所示，分析驱动器各个接口的作用，并上网查询这些型号驱动器的使用说明书，了解不同驱动器的相同点和不同点。

五、单元学习活动

本单元主要是以小组自学的形式，通过对实际机床的亲身查看较为细致地记录数控机床上常用的各种电气元件及各种电动机和驱动器的型号，每个小组要认真思考数控机床上各个电动机、行程开关、CNC 系统等是如何和电气柜连接的，了解数控机床电气结构设计方法，并根据电气柜内元件的实际位置画好机床电气元件分布图，了解数控机床电气柜元件安置的方法和注意事项。学习活动计划见表 4-3。

表 4-3　单元学习活动计划

学习阶段	工作（学习）任务	行为类别	工作学习方法与手段
入题阶段	明确本单元工作学习任务目标及主要学习内容	资讯	自主阅读本单元教学材料
计划阶段	小组分工，分别记录车铣两台机床的电气元件的型号，还要分析电气连接方式	计划/决策	初步描述自己相对熟悉的岗位工作特点，并选择扮演的角色
实施阶段	查看机床的各个电动机安装位置及这些电动机的型号，查看行程开关的安置位置	实施	小组每个成员都要分配具体的任务，根据引导性问题认真完成各自任务，从完成任务的过程中亲身体会机床电气结构的设计形式，小组成员互相交流，完成课业文本页内容
	认真记录机床电气柜内的各种电气元件		
	认真查看安装在机床上的各部件是如何将信号引入电气柜的，如行程开关、电动机等		
	对照实物画好每个电气柜的元件分布图		
总结阶段	整理归纳各个小组的学习成果，在课堂上和其他小组交流，取长补短	检查	汇报、交流、讨论、总结等形式
	结合课业要求，对各岗位的工作内容及具体方法步骤进行小结	评价	独立或小组合作完成课业，提交给教师审阅后进行点评

六、单元学习的资源要求

（一）学习所需的场所、设备及工具

本单元学习实践部分涉及数控实训车间的机床设备，计划和总结阶段可在数控原理实训室开展。

数控原理实训室应配置工具展柜和资料柜，以提供常用电工工具和仪器仪表、机床常用电气元件实物和阅读学习所需要的各类资料。

根据个性教学的特殊需要，最好配置能进行网络资料查询的计算机。

（二）技术资料

设备使用说明书、维护保养手册、电气原理图、电气元件安装图和接线图，安全操作规程、岗位职能要求及相关管理资料等；开展单元学习活动所需的学习指南、卡片纸及课业工作页（课业练习）等。

七、单元学习的考核评价

单元学习的考核评价不要仅仅局限于对学习结果的考评，更要注重工作学习活动的参与过程。考评围绕学习活动的各个环节，根据参与程度、工作学习态度、学习方法与技巧、小组合作情况、目标实现状况等全面考评，本单元主要考评项目组成参考如下。

成果评定：根据课业学习及工作页内容完成的质量情况进行评定，占 60%；

学生自评：学生根据评分标准，对实施过程进行自评，给出相应的成绩，占 10%；

学生互评：学生间互相交流，互相评价，占 10%；

教师评价：教师根据学生的学习态度、工作态度、团队协作精神、出勤率、敬业爱岗和职业道德等情况，结合工作任务实施过程的各个环节进行评价，占 20%。

学习情境二　华中数控车床的电气控制与安装调试

情境学习总述

一、本情境学习目标与任务单元组成

<table>
<tr><td>建议学时</td><td>60</td><td>开课学期</td><td>4</td></tr>
<tr><td colspan="2">学习目标：
熟悉急停与超程解除电路的设计原理；
掌握急停与超程解除电路故障的排查方法；
掌握行程开关的电气符号和文字符号；
正确绘制急停与超程解除电路的电气安装图；
掌握接触器、霍尔传感器的基本结构、工作原理、图形符号和文字符号、主要技术参数及其应用；
掌握三相交流异步电动机的工作原理、结构和机械特性；
熟悉三相交流异步电动机常用控制电路；
掌握步进电动机的工作原理和常用术语含义；
掌握步进驱动器接口的功能并能正确使用；
理解步进驱动器细分的概念</td><td colspan="2">理解交流伺服电动机的工作原理；
掌握交流伺服驱动器各个接口的功能并能正确使用；
能够正确设置交流伺服驱动器的重要参数；
能够正确连接交流伺服模块线路并排除故障；
掌握感应电动机的变频调速方法和特性；
了解数控车床各主轴系统的特点和使用范围；
了解变频器内部各种参数的含义和种类，会设置基本参数；
掌握变频器各个端子的功能和用法；
正确绘制步进模块、交流伺服模块、主轴模块的电气连接图</td></tr>
<tr><td colspan="2">学习内容：
数控机床行程开关的作用和安装位置；
急停和超程电路的设计原理和连接方法；
刀架传感器的原理和安装位置；
三相交流异步电动机的工作原理；
步进电动机的工作原理；
交流伺服电动机的工作原理；
三相异步电动机的接触器正/反转控制电路；
步进电动机步距角和脉冲当量的含义和计算方法；
步进驱动器接口的含义及正确使用；
交流伺服驱动器接口的含义及正确使用</td><td colspan="2">交流伺服驱动器多功能端子的灵活应用；
交流伺服驱动器参数的设置；
变频器的工作原理和正确使用；
变频器参数的种类和正确设置；
感应电动机的变频调速方法和特性；
交流伺服电动机和单相交流异步电动机的主要区别；
数控车床各类主轴系统的特点和使用范围；
各种电动机模块的电气原理图和故障原因；
各种电动机机械特性的含义；
正确连接各模块线路，并绘制电气连接图</td></tr>
<tr><td colspan="4">企业工作情境描述：
数控机床的配套资料有很多，机床电气说明书是其中重要的资料，正确分析数控机床电气原理是电气维修维护人员必备的素质，能够根据电气原理图正确连接机床电气线路，更是一种能力的表现，本情境就是围绕学生看图、解图、动手接线这些能力展开的，具备了这些能力，当机床电气出现故障时，学生就可以独立分析故障原因，并动手排查故障</td></tr>
<tr><td colspan="4">使用工具：
电工工具：试电笔、尖嘴钳、电烙铁、斜口钳、剥线钳、压线钳、各种规格的一字和十字螺丝刀、电工刀、校验灯、手电钻、各种尺寸的内六角扳手等。
仪表：数字式万用表、兆欧表、数字转速表、示波器、相序表、常用的长度测量工具等。
器材：各种规格电线和紧固件、针形和叉形轧头、金属软管、号码管、线套等。
化学用品：松香、纯酒精、润滑油等</td></tr>
<tr><td colspan="4">教学资源：
教材、教学课件、动画视频文件、PPT 演示文档、各类手册、各种电气元件等；
数控原理实训室、机电一体化实训室，电动机控制实训室，数控加工实训室</td></tr>
</table>

续表

<table>
<tr><td>建议学时</td><td>60</td><td>开课学期</td><td>4</td></tr>
<tr><td colspan="4">教学方法：
考察调研、讲授与演示、引导文及讨论、角色扮演、传帮带现场学练做、展示与讲评等</td></tr>
<tr><td colspan="4">考核与评价：
技能考核：1. 技术水平　　2. 操作规程　　3. 操作过程及结果
方法能力考核：1. 制订计划　　2. 实训报告
职业素养：根据工作过程情况综合评价团队合作精神，根据团队成员的平均成绩
总成绩比例分配：项目功能评价 40%，工作单 20%，期末 40%</td></tr>
</table>

二、教学设计和组织

<table>
<tr><td>情境 2</td><td colspan="5">华中数控车床的电气控制与安装调试</td></tr>
<tr><td>主要
教学
载体</td><td colspan="5">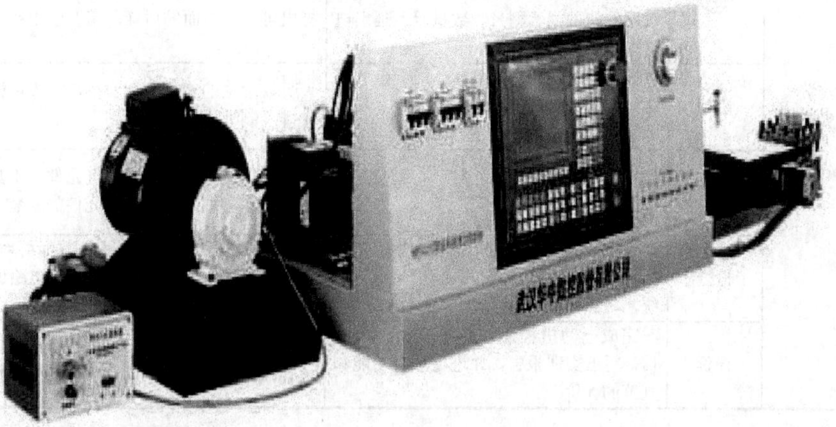</td></tr>
<tr><td>重点</td><td colspan="5">本情境每个单元用到的电气元件的工作原理和正确使用；
步进电动机的工作原理和控制方法；
交流伺服电动机的工作原理和控制方法；
主轴变频器的工作原理和正确使用；
三相交流异步电动机的工作原理和控制方法</td></tr>
<tr><td>难点</td><td colspan="5">理解各种电动机工作原理和差异；
根据原理图正确连接各模块线路；
正确绘制机床电气元件连接图；
根据电气原理分析机床的电气故障并排查故障</td></tr>
<tr><td colspan="6">学习任务单元</td></tr>
<tr><td colspan="2">单元一</td><td>单元二</td><td>单元三</td><td>单元四</td><td>单元五</td></tr>
<tr><td colspan="2">急停与超程解除电路的电气控制与安装调试</td><td>刀架电动机控制线路的电气控制与安装调试</td><td>步进电动机控制线路的电气控制与安装调试</td><td>交流伺服电动机控制线路的电气控制与安装调试</td><td>主轴电动机控制线路的变频电气控制与安装调试</td></tr>
</table>

三、基于工作过程的教学设计和组织

学习情境	情境2 华中数控车床的电气控制与安装调试		学时	60
学习目标	通过本学习情境的学习，要求达到以下目标： 掌握常用低压电气元件的选择与应用；掌握步进电动机、交流伺服电动机、三相异步电动机常用的基本控制电路的选型、安装、调试与维护。具备能根据电动机的控制要求，进行控制方案的设计、安装接线、设备调试、检修维护等能力			
教学方法	采用以工作过程为导向的六步教学法，融“教、学、做”为一体			
教学手段	多媒体辅助教学，分组讨论，现场教学、角色扮演等			

教学实施	工作过程	工作内容	教学组织
教学实施	资讯	学生获取任务要求；获取与任务相关联的知识：常用电气控制元件的使用、电动机的基本控制电路、电气原理图的识读与设计等	教师采用多媒体教学手段，向学生介绍情境的任务和相关联的低压电气元件的功能和原理、电动机典型控制电路及电气控制原理图的识读和设计，并为学生提供获取资讯的一些方法
	决策	根据对电动机控制要求的分析，设计和选择合理的控制电路，并列出所选电气元件的种类、型号、数量等，画出电气控制原理图	学生分组讨论形成初步方案，教师听取学生的决策意见，提出可行性方面的质疑，帮助学生纠正不合理的决策
	计划	根据电动机的控制要求，结合电气控制原理图，提出实施计划方案，并与教师讨论，确定实施方案	听取学生的实施计划安排，审核实施计划，并根据其计划安排，制订进度检查计划
	实施	根据已确定的方案，选择电气元件，并进行元件的布置、安装、接线，完成电路的安装与连接	组织学生领取相关的电气元件、工具、导线、仪表等，指导学生在实训室进行电气元件的安装、接线和调试电路
	检查	学生通过自查互查，完成电气控制系统的调试、故障排查，不断优化电路系统，教师再做系统功能和规范检查	组织学生自查互查电路，教师再对学生所接电路进行检查，考查学生元件安装、接线和电路调试的能力，并考查其安全意识和质量意识，做好记录
	评价	完成电动机控制线路的安装、调试后，写出实训报告，并进行项目功能和规范的评价	根据学生完成的实训报告，并结合其所完成任务的技术要求和规范，以及在工作过程中的表现进行综合评价

四、课业学习及工作页的内容组成与要求

本情境学习过程中的学生工作页设计成工作学习小结的形式，见本教材附录。课业学习及工作页的内容与要求如下：

① 在各单元学习的同时寻求本情境各任务单元给定的引导性问题的答案。

② 按给定的课业工作页要求，整理编写本课业的工作学习小结。

课业工作页主要包括以下内容：

① 绘制电气控制原理图，并分析电路的控制过程。

② 根据原理图分析电气元件的功能。包括电气元件的文字符号、电气符号、代号和规格、数量等。

③ 绘制电气元件布置图。

④ 绘制电气元件接线图。

⑤ 线路的安装与调试。

⑥ 线路故障的排查。

⑦ 学习感受及疑难问题等。

单元一　急停与超程解除电路的电气控制与安装调试

一、单元学习任务

1．通过讲授，了解急停与超程解除电路的设计原理。
2．通过观看教学设计与组织表，了解本单元的学习方法和学习步骤。
3．通过现场考察，掌握急停与超程解除电路的连接方式。
4．通过演示，掌握急停与超程解除电路故障的排查方法。

二、单元学习目标

1．掌握行程开关的电气符号和文字符号。
2．理解数控机床行程开关的作用。
3．能够正确分析急停与超程解除电路的工作原理。
4．正确绘制急停与超程解除电路的电气安装图。

三、着重关注的引导性问题

1．在零件加工过程中，同学们是否遇到超程的情况呢？如果超程，机床会出现什么样的报警？

2．为了解除超程，一般该如何操作机床？认真观察解除超程时，机床状态的变化并记录下来。

3．行程开关有什么作用？在华中数控车床试验台上，观察每个进给轴行程开关安装的位置，分析这样安装的原因。

4．能正确画出行程开关的电气和文字符号，分析各个行程开关每根引出线的电气含义和颜色分配，正确记录在课业文本页上。

5．数控机床上一般有几个急停按键，安装在什么位置？想想急停按键是常开类型还是常闭类型，为什么？

6．机床面板上的“急停”和“超程解除”按键是如何接入机床电器安装柜内的，演示说明。

7．分析中间继电器 KA9 的功能。

8．能够正确分析急停与超程解除电路的工作原理，理解机床超程时能够正确报警的电气原理，并举例说明。

9．能够正确分析急停不能解除的原因，并能排查故障使机床正常运行。

10．正确绘制急停与超程解除电路的电气安装图。

四、单元学习知识基础

进入本单元学习之前，要求学习者应具有数控机床操作加工的经历，对数控机床出现的各类故障有一定的了解和接触，理解“急停”功能键的作用，对机床的超程可以正确解除。

勤于思考，能在阅读下述知识基础时善于发现及归纳问题，分析机床能够正确对各轴超程报警的原因，并敢于提出自己的见解。

（一）数控机床的各种极限保护

在校验程序时，常常会遇到“超程”的报警提示，而超程有硬超程和软超程之分，要了解两者的区别；在操作机床时，粗心的同学也会经常使机床超程而报警。超程的时候，仔细观察机床操作面板，会发现“超程报警”键左上角的指示灯点亮了，为了解除超程，要按住此键不放，操作机床向超程相反的方向移动，直到报警解除再松开。

机床超程报警目的是为了保护机床运行在正确的范围内，防止撞刀。而硬超程是由限位开关控制的，软超程是由机床参数控制的，软超程设在硬超程附近，既可以提示机床超程报警，又起到保护机床限位开关的作用，所以机床常常设置软超程。图 5-1 给出了机床坐标系、工件坐标系、软限位、硬限位之间的位置关系。

如图 5-1 所示，当机床确定了软极限后，机床的运行范围也就确定了，如图 5-1 中“软极限运行范围”所示，X 轴和 Z 轴各有一个正负软极限，这四个位置确定了刀架的运行范围，如图 5-1 中虚线框所示，当刀架超出了这个范围，机床就会报警。

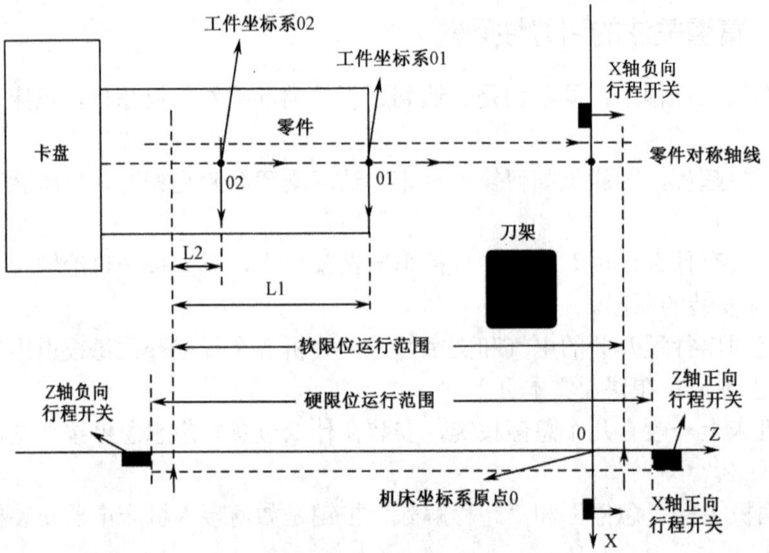

图 5-1　机床软硬限位的位置关系

（二）行程开关种类和图形符号

1. 行程开关

行程开关是用来反映工作机械的行程并发布命令以控制其运动方向或行程大小的主令电器。如果将行程开关安装在工作机械各种行程终点处，限制其行程，它就被称为限位开关或终端开关。因此，行程开关、限位开关和终端开关是同一开关。它们被广泛用于各类机床和起重机械以控制这些机械的行程。当工作机械运动到某一预定位置时，行程开关就通过机械可动部分的动作将机械信号变换为电信号，以实现对机械的电气控制，限制它们的动作或位置，从而对机构提供必要的保护。各种行程开关图片如图 5-2 所示。

行程开关的工作原理如图 5-3 所示。推杆①由楔形撞块的运动控制其轴向，在预行程阶段，复位弹簧②是受压的。预行程阶段完成时，伸缩自如的推杆机构的开关销③触动微动开关，到达规定的开关点实现开关的切换。销钉③的预行程范围受到导向架④限制，这个精密设定而且伸缩自如的弹簧系统避免了操动系统发生堵塞。开关切换动作完成后（推杆退动），达到反向切换点，开关复位。复位弹簧②将推杆机构送回原始位置。脊形推杆的角度是 120°，楔形撞块和脊形推杆之间的传动比是 2∶1，即楔形撞块运动 2mm 的行程（箭头所指方向），推杆运行 1mm 的行程。为此，楔形撞块的操动斜面角为 26.5°。

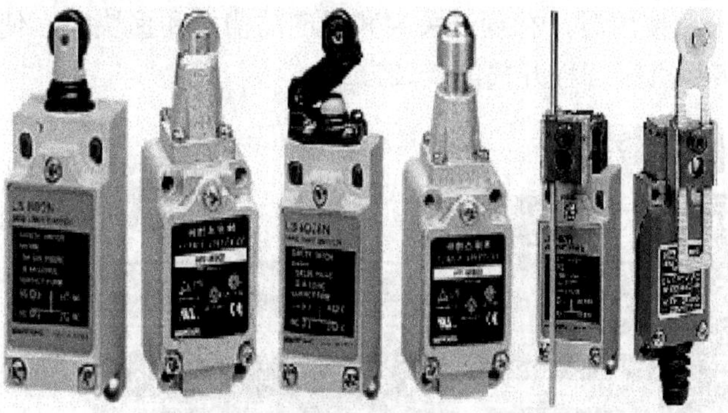

图 5-2　各种行程开关图片

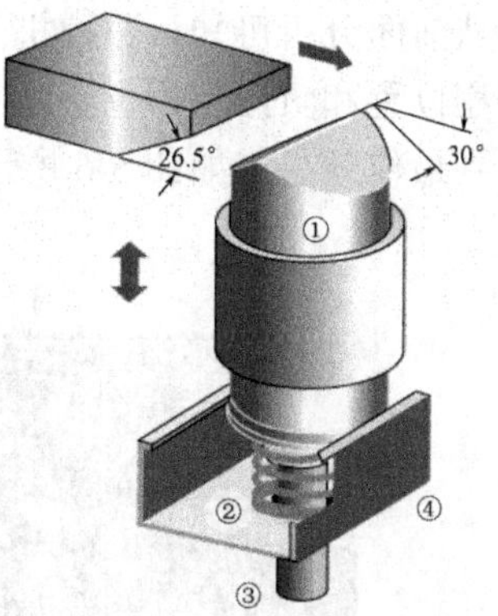

图 5-3　行程开关的工作原理

开关操动过程用可伸缩的顶杆执行，利用顶杆推动对应的微动开关元件，行程开关的结构示意图如图 5-4 所示，图 5-4 中两种行程开关的触点结构不同，图 5-4（a）的常开常闭触点是电气独立的，而图 5-4（b）是单极转换触点。注意顶杆机构在使用时要防止开关元件过载，保护顶杆不致因故障而被卡住，顶杆的形状要根据具体要求进行选择，有如图 5-5 所示几种。

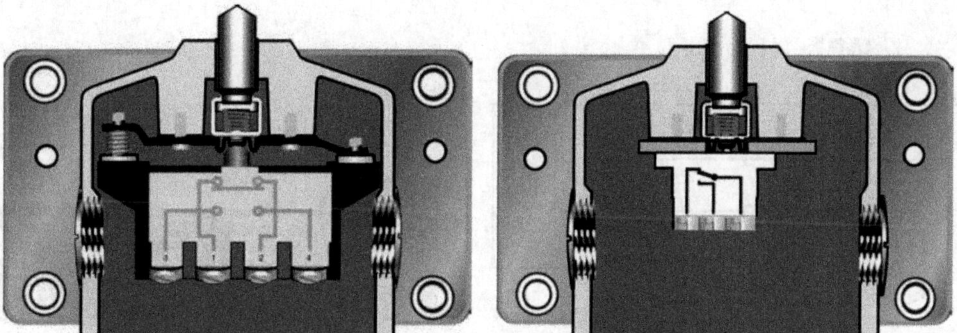

（a）标准触头系统　　（b）单极转换触头（常开或常闭）

图 5-4　行程开关结构示意图

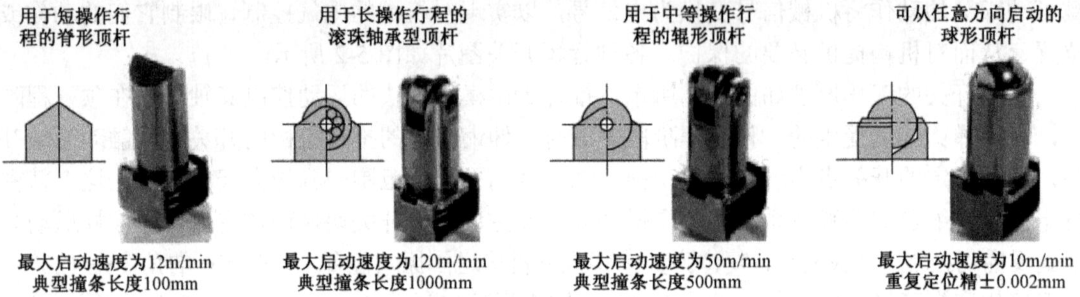

图 5-5　行程开关顶杆形状图

从前面分析可知，数控机床每个进给轴上装有 3 个行程开关，分别控制零点的位置、正向超程位置和负向超程位置。在机床上使用时，行程开关要和对应的槽板和撞块配套使用，以达到最佳效果。如图 5-6 所示为实际机床行程开关的安装方式。

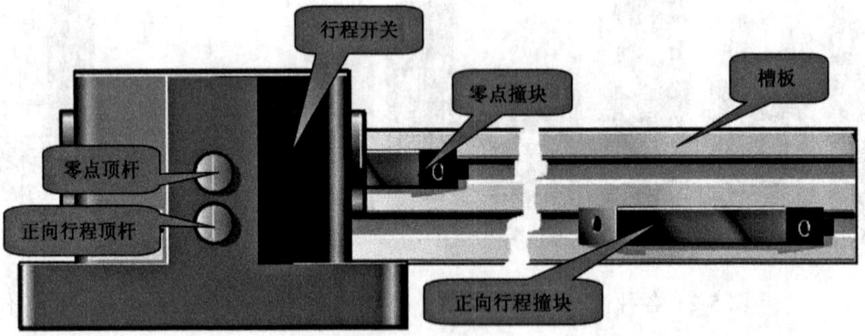

图 5-6　实际机床行程的安装方式

为保证开关功能，开关元件在出厂时已经调整好了。在安装或更换开关元件时，一定要保证撞块与开关基准面之间尺寸符合一定要求，如图 5-7 所示为某种型号行程开关的安装位置尺寸图，这些要求在产品的使用说明书里有详细介绍，如图 5-8 所示为槽板和各种撞块的图片。

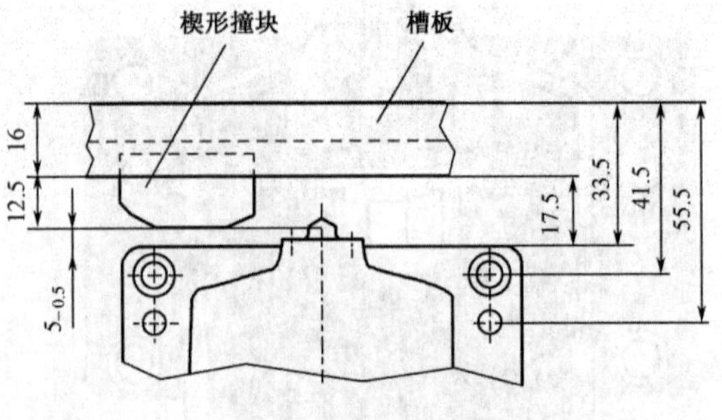

图 5-7　某种型号行程开关的安装位置尺寸图

图 5-8　槽板和各种撞块的图片

2．接近开关

接近开关是一种无须与运动部件进行机械接触而可以操作的位置开关，当物体接近开关感应面的动作距离时，不需要机械接触及施加任何压力即可使开关动作，驱动交流或直流电器或给计算机装置提供控制指令。接近开关是种开关型传感器（即无触点开关），它既有行程开关、微动开关特性，同时具有传感性能，且动作可靠、性能稳定、频率响应快、使用寿命长、抗干扰能力强，并具有防水、防震、耐腐蚀等特点，而且其定位精度、操作频率、使用寿命、安装调整方便性和对恶劣环境适用能力，是一般机械式行程开关所不能相比的。它广泛应用于机床、冶金、化工、轻纺和印刷等行业。自动控制系统中可作为限位、计数、定位控制和自动保护环节。

从工作原理看，接近开关有高频振荡型、感应电桥型、霍尔效应型、光电型、永磁及磁敏元件型、电容型、超声波型等多种形式。

如图 5-9 所示为电感式接近开关的工作示意图，它通过对工作过程中进行定位检测，实现各种自动监控，这种接近开关结构紧凑，结实耐用，可以识别有无金属部件存在。电感式接近开关属于一种有开关量输出的位置传感器，它由 LC 高频振荡器和放大处理电路组成，金属物体在接近这个能产生电磁场的振荡感应头时，内部会产生涡流。这个涡流反作用于接近开关，使接近开关振荡能力衰减，内部电路的参数发生变化，由此识别出有无金属物体接近，进而控制开关的通或断。这种接近开关所能检测的物体必须是金属物体。接近开关工作是非接触式的，所以是无磨损的，常常用在各种自动金属切削机床、塑料加工机械、组装流水线及木工机械和汽车制造工业，凡是必须实行自动化的地方均可使用。

（a）物体没有靠近状态

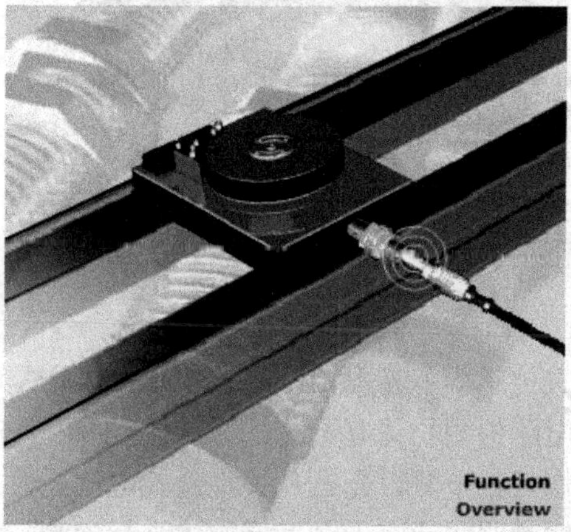

（b）物体靠近时的状态

图 5-9　电感式接近开关的工作示意图

电容式接近开关也属于一种具有开关量输出的位置传感器，它的测量头通常是构成电容器的一个极板，而另一个极板是物体的本身，当物体移向接近开关时，物体和接近开关的介电常数发生变化，使得和测量头相连的电路状态也随之发生变化，由此便可控制开关的接通和关断。这种接近开关的检测物体，并不限于金属导体，也可以是绝缘的液体或粉状物体，如图 5-10 和图 5-11 所示。

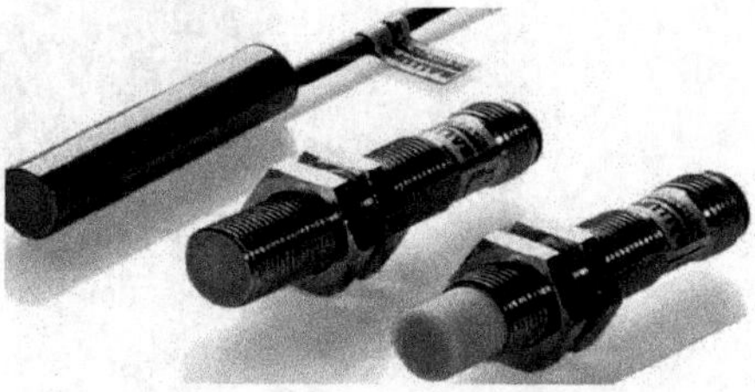

图 5-10　电容接近开关外形图

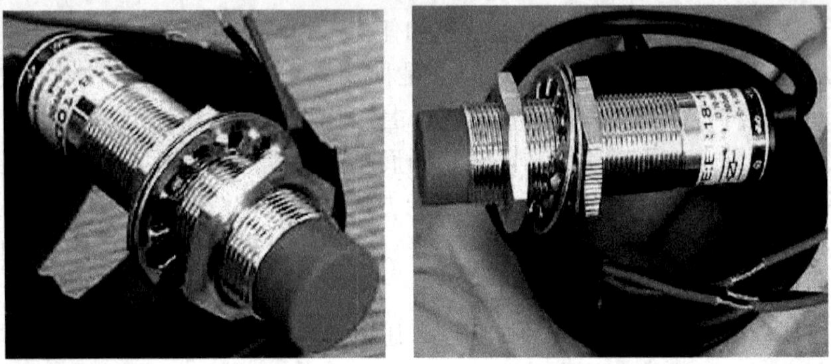

图 5-11　电容接近开关实物图

图 5-12 和图 5-13 列举了电容接近开关的两种应用，图 5-12 是用来检测烟草与滤嘴长度是否正常，图 5-13 是通过上下两个接近开关保证每次灌装的液体不太多也不太少，保持一定的液面高度。

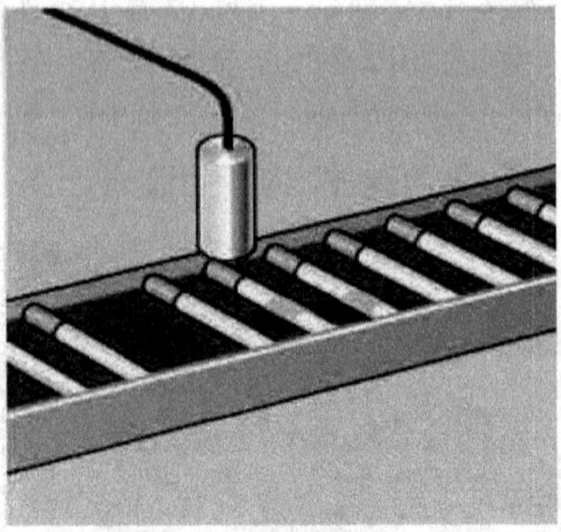

图 5-12　卷烟厂的品质控制

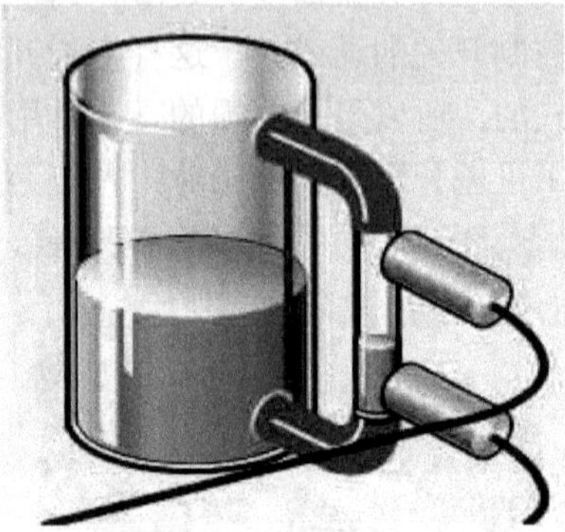

图 5-13　液体储罐的灌装控制

光电式传感器是光电接近开关的别称，它是利用被检测物对光束的遮挡或反射，由同步回路选通电路检测物体有无的，如图 5-14 和图 5-15 所示。物体不限于金属，所有能反射光线的物体均可被检测。光电开关将输入电流在发射器上转换为光信号射出，接收器再根据接收到的光线的强弱或有无对目标物体进行探测。多数光电开关选用的是波长接近可见光的红外线。

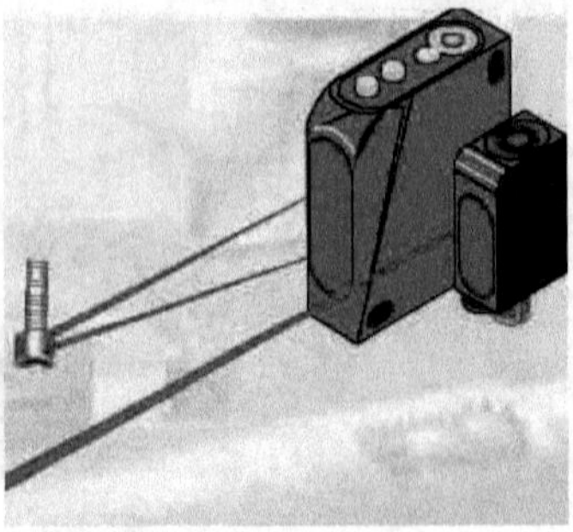

图 5-14　检测到物体的光电开关

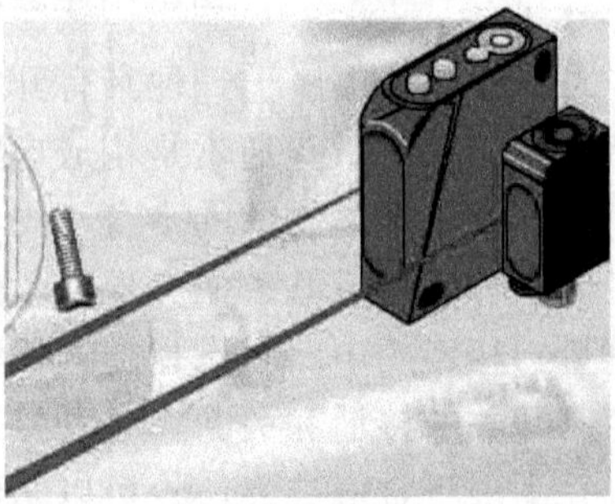

图 5-15　没检测到物体的光电开关

3. 试验台用到的行程开关

仔细查看华中数控车床试验台行程开关的安装位置，找到机床上的六个行程开关，如图 5-16 所示。分析它们的位置关系，根据行程开关的引出线，找到这些行程开关接入电气柜的接线排位置，并记录行程开关引出线颜色与线套的含义，写在课业文本页上。本车床上使用的行程开关型号是欧姆龙生产的 V-105-1A5 型开关，上网查找这种行程开关的使用资料。

图 5-16　华中数控车床安装的行程开关

（二）数控机床急停与超程电气设计

HNC-21 型数控装置操作面板和手持单元上，均设有急停按钮，用于以下两种情况。

① 当数控系统或数控机床出现紧急情况时，需要使数控机床立即停止运动或切断动力装置（如伺服驱动器等）的主电源；

② 当数控系统出现自动报警信息后，需按下急停按钮。待查看报警信息并排除故障后，再松开急停按钮，使系统复位并恢复正常。该急停按钮及相关电路所控制的中间继电器（KA）的一个常开触点应该接入 HNC-21 型数控装置的开关量输入接口，以便为系统提供复位信号。

HNC-21 型数控装置操作面板设有超程解除按钮，用于机床压下超程限位开关后，手工操作解除超程状态。

急停与超程报警电路的设计如图 5-17 所示。

除数控装置操作面板和手持单元处的急停按钮外，系统还可根据实际需要，设置更多急停按钮。所有急停按钮的常闭触点以串联方式，连接到系统的急停回路中。

在正常情况下，急停按钮处于松开状态，其触点处于常闭状态。按下急停按钮后，其触点断开，使得系统的急停回路所控制的中间继电器 KA 断电，而切断移动装置（如进给轴电动机、主轴电动机、刀库/架电动机等）的动力电源。同时，连接在 PLC 输入端的中间继电器 KA 的一组常开触点，向系统发出急停报警。此信号在打开急停按钮时则作为系统的复位信号。

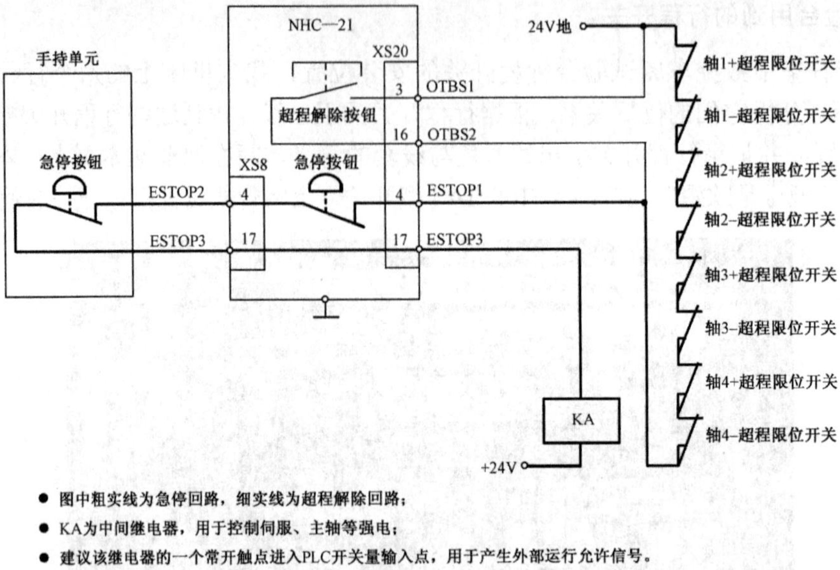

图 5-17　急停与超程报警电路的设计

系统中，各轴的正向、负向的超程限位开关的常闭触点以串联方式，连接到系统的超程回路中。同时，每个超程限位开关另有一个常开触点连接到 PLC 输入端，使系统能够判断各超程限位开关的状态，如图 5-18 所示。

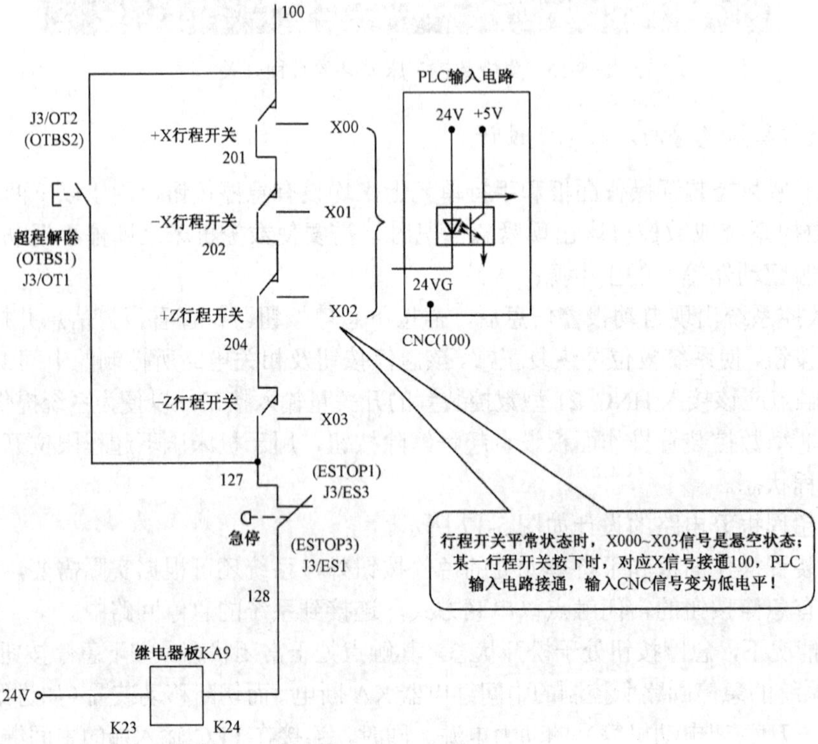

图 5-18　急停与超程电气原理图

在正常情况下，超程限位开关处于松开状态。若用户操作机床，不慎将某轴的超程限位开关压下，则常闭触点断开，使得系统的超程回路断开，同时使急停回路中的中间继电器KA断电，而自动切断移动装置的动力电源。超程限位开关连接在PLC输入端的常开触点向系统发出超程报警信息（发生超程的坐标轴及超程方向），并使超程解除按钮上的指示灯发光。

与急停报警一样，发生超程时，中间继电器KA线圈也会断电，中间继电器KA的一组常开触点也会通过PLC输入端，如图5-19所示，向系统发出急停报警信号。但系统的PLC除检测中间继电器KA的常开触点外，还检测各超程限位开关的常开触点的状态，以此区分急停报警和超程报警。

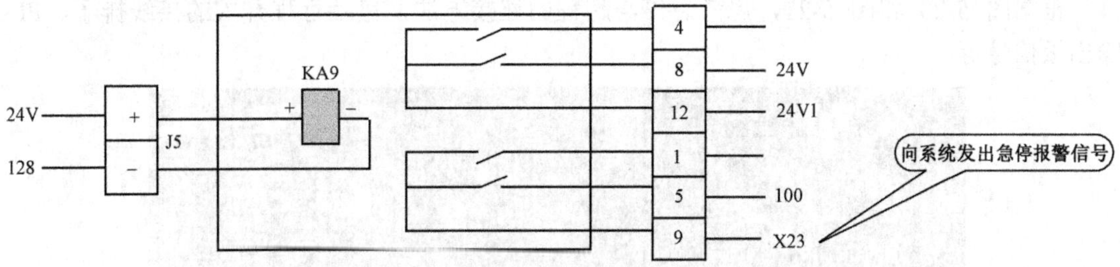

图5-19　急停PLC输入信号的设计

发生超程后，系统处于超程报警状态，各进给装置的动力电源已被切断。为了解除超程，用户应按以下步骤操作：

① 按住数控装置操作面板上的超程解除按钮，使系统复位。在解除超程前，不得松开超程解除按钮；

② 手动操作机床的进给轴按正确的方向移动，使被压下的超程限位开关松开（此时，超程解除按钮上的指示灯将熄灭）；

③ 松开超程解除按钮。

注意事项：

① 以上涉及的如系统复位信号、超程按钮灯点亮与熄灭、超程的坐标轴及方向的判断需要由PLC程序实现。

② 用户在编制PLC程序时，应保证操作者解除超程时，若按错解除超程的方向，其进给轴不得移动。只有操作者按解除超程的正确方向时，进给轴才会移动。否则，可能会出现滚珠丝杠严重损坏的故障。

（四）急停与超程电路的连接

急停和超程按键设置在数控系统的面板上，为了将这两个按键信号线接入电气柜，HNC-21型数控装置为此设计了接口电路，相关信号见表5-1。手持盒上的急停按键，通过手持接口XS8的4和17引脚接出来，如果没有设计手持盒，手持接口XS8的4和17引脚必须在内部短接，否则根据图5-17可知，外部运行允许电路会断开。而面板上的急停和超程信号，是通过PLC输出接口XS20接出的，4和17引脚表示急停按键，3和16引脚表示超程解除按键，然后通过电缆线再接入PLC输出接口板的相关端子，如图5-20所示。

表 5-1　急停与超程解除回路相关信号

序号	信号名	信号说明	所在接口	接口引脚号	接口说明	接口型号
1	ESTOP2	急停回路端子	XS8	4	手持接口	DB25（头孔座针）
2	ESTOP3	急停回路端子		17		
3	ESTOP3	急停回路端子	XS20	17	00~015 开关量输出接口	DB25（头针座孔）
4	ESTOP1	急停回路端子		4		
5	OTBS1	超程解除端子		3		
6	OTBS2	超程解除端子		16		

根据图 5-20 和图 5-21，思考急停与超程的连接方法，包括行程开关的接线排子、PLC 输出板信号等。

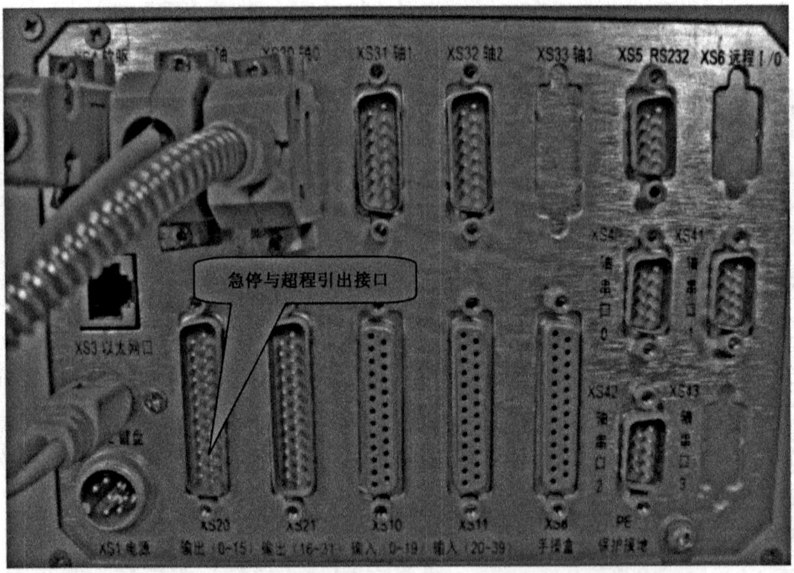

图 5-20　急停与超程解除按键的数控系统引出接口图

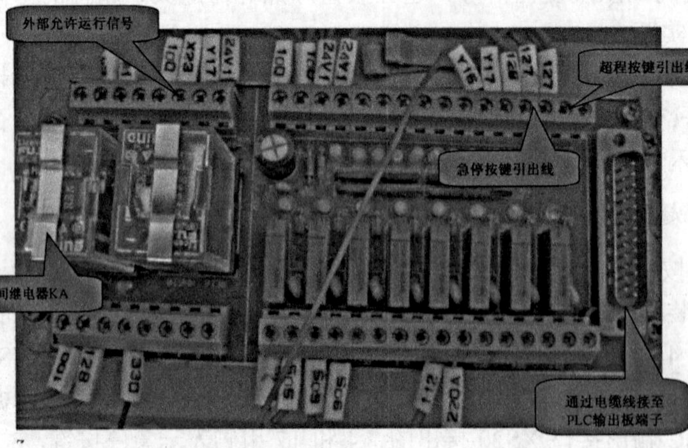

图 5-21　急停与超程在输出接口板上的位置

根据图 5-21，思考如何检测机床急停和超程解除按键的功能好坏，并在课业文本页上正确绘制急停与超程解除电路的电气安装图。

五、单元学习活动设计和组织

单元学习活动的计划见表 5-2。

表 5-2　单元学习活动的计划

学习阶段	工作（学习）任务	行为类别	工作学习方法与手段
入题阶段	明确本单元工作学习任务目标及主要学习内容	资讯	发放学习资料、自主阅读和理解
	演示数控机床急停与超程解除的功能		利用网络查找相关传感器资料
计划阶段	划分小组，规划任务，制订工作计划；围绕学习目标准备考察学习的议题	计划 决策	师生互动、头脑风暴提出考察议题，小组讨论制订工作计划
实施阶段	分析行程开关的安装位置、引出线的颜色和含义、接入电气柜的位置	实施	根据机床实物自主学习
	了解数控机床限位开关和接近开关的种类、原理和功能	实施	结合教师的讲解，自己上网查找相关资料加深理解
	掌握机床急停与超程解除电气设计原理	实施	主要是教师讲解并设置故障，抽查小组进行考核，掌握其理解情况
	查看急停与超程解除电气连接线路，并正确绘制电气连接图	实施	组织学生领取相关的工具、导线、仪表等，指导学生在实训室进行接线安装和调试
总结阶段	整理学习材料； 在教室由师生互动进行问题解析	检查	自主完成课业 师生互动、答疑解惑
交流阶段	组内、组间的学习总结和交流汇报	评价	小组互动学习 讨论与交流汇报

六、单元学习的资源要求

（一）学习所需的场所、设备及工具

数控原理实训室，华中数控车床电气结构试验台。

数控机床电气维护的常用电工工具和仪器仪表，如以下三大类。

① 电工工具：试电笔、尖嘴钳、电烙铁、斜口钳、剥线钳、压线钳、各种规格的一字和十字螺丝刀、电工刀、校验灯、手电钻、各种尺寸的内六角扳手等。

② 仪表：数字式万用表、兆欧表、数字转速表、示波器、相序表、常用的长度测量工具等。

③ 器材：各种规格电线和紧固件、针形和叉形轧头、金属软管、号码管和线套等。

④ 化学用品：松香、纯酒精和润滑油等。

数控机床常用的电气元件，空气开关、接触器、继电器、开关电源、变压器、熔断器等。

（二）技术资料

设备使用说明书、维护保养手册、电气原理图、电气元件安装图和接线图，安全操作规程、岗位职能要求及相关管理资料等；开展单元学习活动所需的学习指南、卡片纸及课业工作页（课业练习）等。

七、单元学习的考核评价

单元学习的考核评价不要仅仅局限于对学习结果的考评，更要注重工作学习活动的参与过程。考评围绕学习活动的各个环节，根据参与程度、工作学习态度、学习方法与技巧、小组合作情况、目标实现状况等全面考评，本单元主要考评项目组成参考如下。

成果评定：根据课业学习及工作页内容完成的质量情况进行考评，占 60%；

学生自评：学生根据厂家评分标准，对实施过程进行自评，给出相应的成绩，占 10%；

学生互评：学生间互相交流，互相评价，占 10%；

教师评价：教师根据学生的学习态度、工作态度、团队协作精神、出勤率、敬业爱岗和职业道德等情况，结合工作任务实施过程的各个环节进行评价，占 20%。

单元二　刀架电动机控制线路的电气控制与安装调试

一、单元学习任务

1．接触器、霍尔传感器的基本结构、工作原理、图形符号和文字符号、主要技术参数及其应用。

2．三相交流异步电动机的工作原理、结构和机械特性含义。

3．三相异步电动机的接触器正/反转控制线路分析。

4．刀架不能正常运行的故障分析和排查。

二、单元学习目标

1．掌握接触器、霍尔传感器的工作原理、图形符号和文字符号，常用低压电器的用途。

2．了解接触器、霍尔传感器的的基本结构，主要技术参数。能根据控制要求正确选择低压电器。

3．掌握三相异步电动机的接触器正/反转控制电路的原理。

4．掌握查阅电气控制手册的方法，掌握利用电气手册分析控制回路的方法。

5．撰写符合实验过程、内容的实验报告。

6．培养安全、认真、踏实、严谨、一丝不苟的工作作风。

三、着重关注的引导性问题

1．观察机床面板上和换刀有关的按键，分析它们的功能。

2．观察刀架换刀时的过程，分析刀架正转和反转的目的分别是什么。

3．观察刀架传感器的安装位置，分析霍尔元件的工作原理。

4．观察刀架的引出线，分析各种颜色的导线代表的含义，并记录这些导线引入电气柜的位置。

5．根据刀架换刀的电气原理图正确分析一个完整的换刀过程。

6．根据电气原理图正确连接刀架模块的线路。

7．正确分析刀架各种故障的原因并能正确排查故障。

8．正确绘制刀架模块的线路连接图。

9．掌握三相交流异步电动机的工作原理，理解旋转磁场是如何形成的。

10．掌握三相交流异步电动机机械特性的特点，理解转矩和速度的关系，以及电动机的自适应过程。

11．理解三相交流异步电动机常用术语的含义，如极对数、转差率和转速等。

四、单元学习知识基础

在数控机床操作面板上有两个按键

，通过操作这两个按键可以对数控车床的

刀架进行控制。数控车床采用的一般是四工位刀架，在加工零件时根据不同的工序选择不同的刀具，一般有外圆车刀、螺纹刀、切槽刀等。“刀位选择”键可以选择 T01、T02、T03、T04 中任意一把刀，在显示屏上会显示选择的刀位 CT02 ST02 。而“刀位转换”键来实现换刀的动作。

通过本任务的学习，让学生掌握刀架自动换刀的原理，当遇上刀架相关故障，如刀架不转或刀架找不到刀位等情况，学生可以自行解决。在学习过程中，要重点掌握三相交流异步电动机的各种运行状态控制线路原理，掌握刀架控制线路里用到的各种机床电器的原理和功能，掌握 PLC 点控制刀架正/反转的原理，培养对故障分析和排查的能力。

（一）三相交流异步电动机

实现电能与机械能相互转换的电工设备总称为电机。电机利用电磁感应原理实现电能与机械能的相互转换。将机械能转换成电能的设备称为发电机，而将电能转换成机械能的设备称为电动机。在生产上主要用的是交流电动机，特别是三相异步电动机，由于它具有结构简单、坚固耐用、运行可靠、价格低廉、维护方便等优点，被广泛地用来驱动各种金属切削机床、起重机、锻压机、传送带、铸造机械、功率不大的通风机及水泵等。

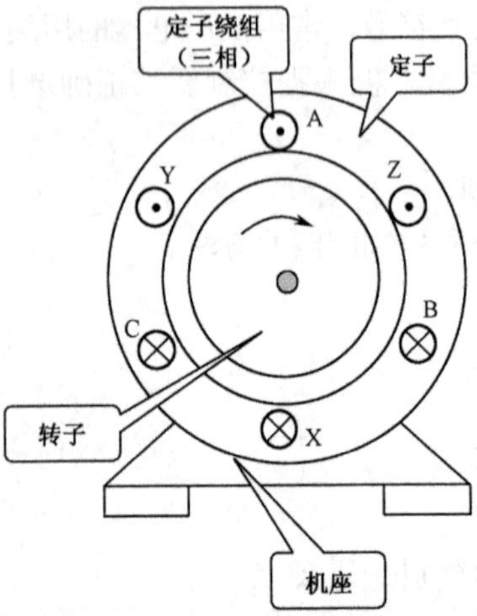

图 6-1　三相电动机的结构示意图

对于各种电动机应该了解下列几个方面的内容：① 基本构造；② 工作原理；③ 表示转速与转矩之间关系的机械特性；④ 启动、调速及制动的基本原理和基本方法；⑤ 应用场合及如何正确使用。

1．基本构造

三相异步电动机的两个基本组成部分为定子（固定部分）和转子（旋转部分）。此外还有端盖、风扇等附属部分，如图 6-1 所示。

（1）定子

三相异步电动机的定子由三部分组成（见表 6-1）。

表 6-1　三相异步电动机定子组成

定子	定子铁芯	由厚度为 0.5mm 相互绝缘的硅钢片叠成，硅钢片内圆上有均匀分布的槽，其作用是嵌放定子三相绕组 AX、BY、CZ
	定子绕组	三组用漆包线绕制好的、对称地嵌入定子铁芯槽内的相同的线圈。这三相绕组可接成星形或三角形
	机座	机座用铸铁或铸钢制成，其作用是固定铁芯和绕组

（2）转子

三相异步电动机的转子由三部分组成（见表 6-2）。

表 6-2　三相异步电动机转子组成

转子	转子铁芯	由厚度为 0.5mm 相互绝缘的硅钢片叠成，硅钢片外圆上有均匀分布的槽，其作用是嵌放转子三相绕组
	转子绕组	转子绕组有两种形式： 鼠笼式——鼠笼式异步电动机； 绕线式——绕线式异步电动机
	转轴	转轴上加机械负载

鼠笼式电动机由于构造简单、价格低廉、工作可靠、使用方便，成为生产上应用得最广泛的一种电动机。为了保证转子能够自由旋转，在定子与转子之间必须留有一定的空气隙，中小型电动机的空气隙约在 0.2~1.0mm 之间。

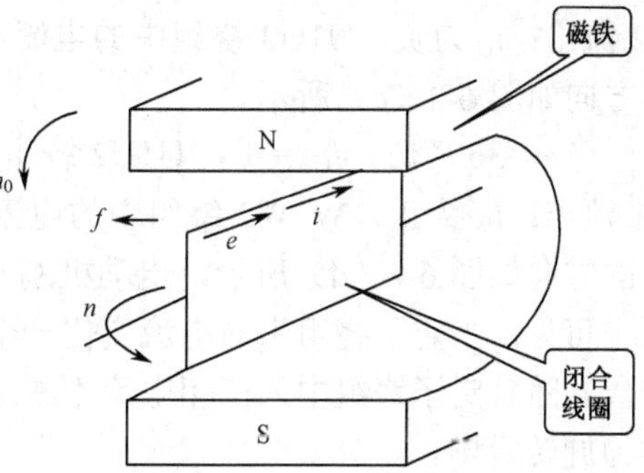

图 6-2　三相异步电动机的工作原理

2．工作原理

（1）基本原理

三相异步电动机的工作原理，如图 6-2 所示。

现象解释：当磁铁旋转时，磁铁与闭合的导体发生相对运动，鼠笼式导体切割磁力线而在其内部产生感应电动势和感应电流。感应电流又使导体受到一个电磁力的作用，于是导体就沿磁铁的旋转方向转动起来，这就是异步电动机的基本原理。

转子转动的方向和磁极旋转的方向相同。

结论：欲使异步电动机旋转，必须有旋转的磁场和闭合的转子绕组。

（2）旋转磁场

① 旋转磁场的产生。

图 6-3 表示最简单的三相定子绕组 U1U2、V1V2、W1W2，它们在空间按互差 120° 的规律对称排列。并接成星形与三相电源 U、V、W 相连。则三相定子绕组便通过三相对称电流：随着电流在定子绕组中通过，在三相定子绕组中就会产生旋转磁场，如图 6-4 所示。

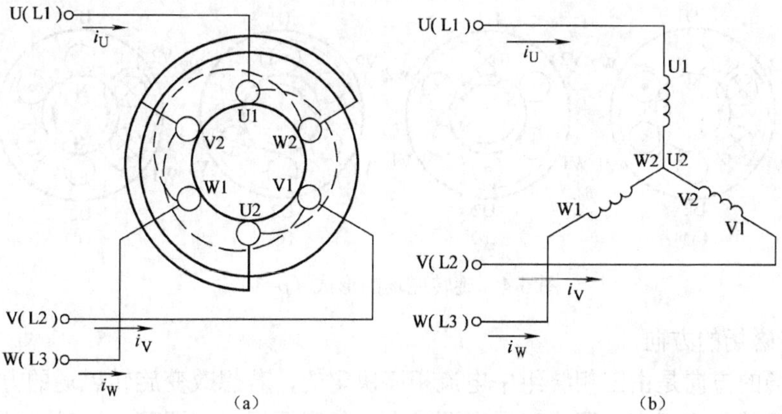

图 6-3　三相异步电动机定子接线（p=1）

当ωt=0°时，$i_U = 0$，U1U2绕组中无电流；i_V为负，V1V2绕组中的电流从V2流入V1流出；i_W为正，W1W2绕组中的电流从W1流入W2流出；由右手螺旋定则可得合成磁场的方向如图6-4（a）所示。

当ωt=120°时，$i_V = 0$，V1V2绕组中无电流；i_U为正，U1U2绕组中的电流从U1流入U2流出；i_W为负，W1W2绕组中的电流从W2流入W1流出；由右手螺旋定则可得合成磁场的方向如图6-4（b）所示。

当ωt=240°时，$i_W = 0$，W1W2绕组中无电流；i_V为正，V1V2绕组中的电流从V1流入V2流出；i_U为负，U1U2绕组中的电流从U2流入U1流出；由右手螺旋定则可得合成磁场的方向如图6-4（c）所示。

当ωt=360°时，$i_U = 0$，U1U2绕组中无电流；i_V为负，V1V2绕组中的电流从V2流入V1流出；i_W为正，W1W2绕组中的电流从W1流入W2流出；由右手螺旋定则可得合成磁场的方向如图6-4（d）所示，电动机刚好转过一周。

可见，当定子绕组中的电流变化一个周期时，合成磁场也按电流的相序方向在空间旋转一周。随着定子绕组中的三相电流不断地周期性变化，产生的合成磁场也不断地旋转，因此称为旋转磁场。

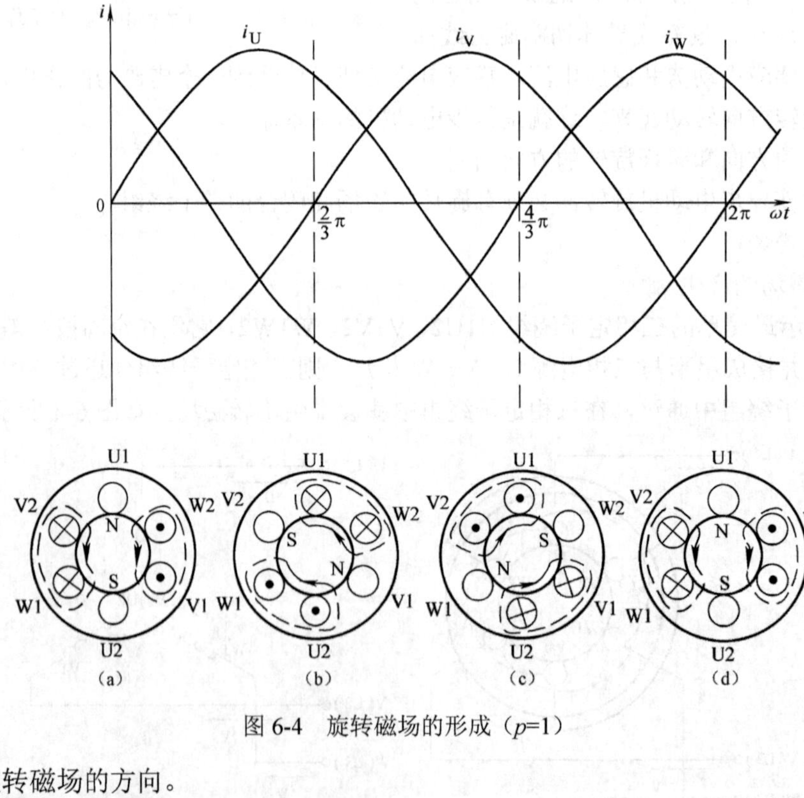

图6-4　旋转磁场的形成（p=1）

② 旋转磁场的方向。

旋转磁场的方向是由三相绕组中电流相序决定的，若想改变旋转磁场的方向，只要改变通入定子绕组的电流相序，即将三根电源线中的任意两根对调即可。这时，转子的旋转方向也跟着改变。

（3）级数和转速

① 极数（磁极对数 p）。

三相异步电动机的极数就是旋转磁场的极数。旋转磁场的极数和三相绕组的安排有关。

当每相绕组只有一个线圈，绕组的始端之间相差 120° 空间角时，产生的旋转磁场具有一对极，即 p=1；当每相绕组为两个线圈串联，绕组的始端之间相差 60° 空间角时，产生的旋转磁场具有两对极，即 p=2；同理，如果要产生三对极，即 p=3 的旋转磁场，则每相绕组必须有均匀安排在空间的串联的三个线圈，绕组的始端之间相差 40°（=120° /p）空间角。

极数 p 与绕组的始端之间的空间角 θ 的关系为：θ=120° /p。

② 转速 n。

三相异步电动机旋转磁场的转速 n_0 与电动机磁极对数 p 有关，它们的关系是：

$$n_0 = 60 f_1 / p$$

由上式可知，旋转磁场的转速 n_0 决定于电流频率 f_1 和磁场的极数 p。对某一异步电动机而言，f_1 和 p 通常是一定的，所以磁场转速 n_0 是个常数。在我国，工频 f_1=50Hz，因此对应于不同极对数 p 的旋转磁场转速 n_0，见表 6-3。

表 6-3　极对数和转速的对应关系

p（Hz）	1	2	3	4	5	6
n_0（r/min）	3000	1500	1000	750	600	500

如图 6-5 所示为 p=2 时，定子的接线方式和旋转磁场的运行方式，从图 6-6 中很容易分析出 p=2 时旋转磁场的运动速度是 p=1 时的一半。

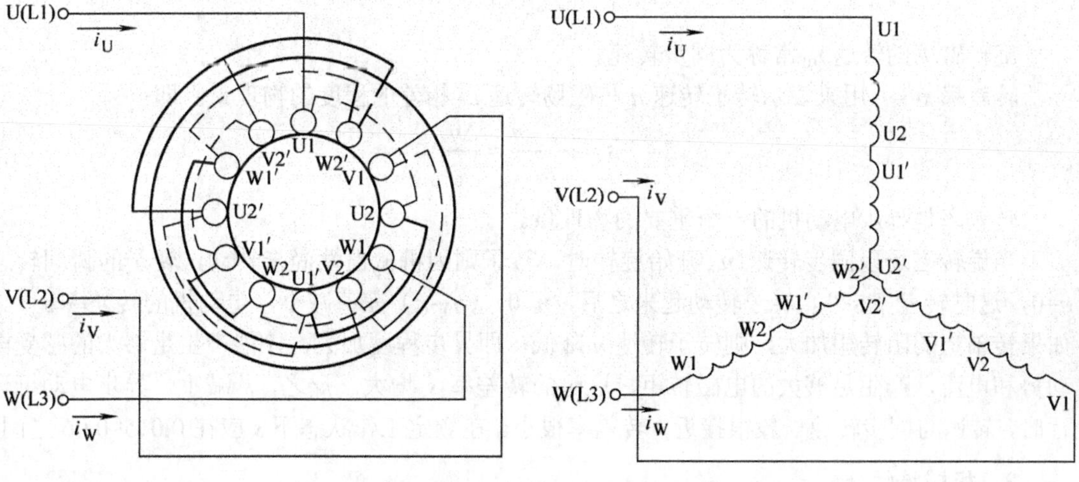

图 6-5　三相异步电动机定子接线（p=2）

③ 转差率 s。

电动机转子转动方向与磁场旋转的方向相同，但转子的转速 n 不可能达到与旋转磁场的转速 n_0 相等，否则转子与旋转磁场之间就没有相对运动，因而磁力线就不切割转子导体，转子转差率 s、电动势、转子电流及转矩也就都不存在。也就是说旋转磁场与转子之间存在转速差，因此我们将这种电动机称为异步电动机，又因为这种电动机的转动原理是建立在电磁感应基础上的，故又称为感应电动机。

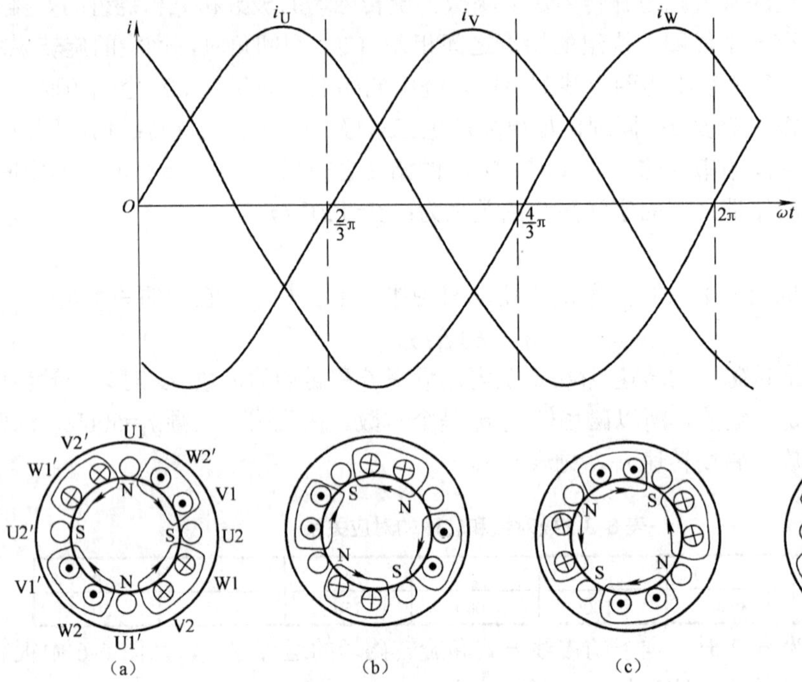

图 6-6　旋转磁场的形成（p=2）

旋转磁场的转速 n_0 常称为同步转速。

转差率 s——用来表示转子转速 n 与磁场转速 n_0 相差的程度的物理量。即

$$s = \frac{n_0 - n}{n_0} = \frac{\Delta n}{n_0}$$

转差率是异步电动机的一个重要的物理量。

当旋转磁场以同步转速 n_0 开始旋转时，转子则因机械惯性尚未转动，转子的瞬间转速 n=0，这时转差率 s=1。转子转动起来之后，n>0，（n_0−n）差值减小，电动机的转差率 s<1。如果转轴上的阻转矩加大，则转子转速 n 降低，即异步程度加大，才能产生足够大的感受电动势和电流，产生足够大的电磁转矩，这时的转差率 s 增大。反之，s 减小。异步电动机运行时，转速与同步转速一般很接近，转差率很小。在额定工作状态下 s 应在 0.015~0.06 之间。

3．机械特性

（1）电磁转矩（简称转矩）

异步电动机的转矩 T 是由旋转磁场的每极磁通Φ与转子电流 I_2 相互作用而产生的。电磁转矩的大小与转子绕组中的电流 I 及旋转磁场的强弱有关。

经理论证明，它们的关系是：

$$T = K_{\mathrm{T}} \Phi I_2 \cos\varphi_2$$

式中　T——电磁转矩；

K_T——与电动机结构有关的常数；

Φ——旋转磁场每个极的磁通量；

I_2——转子绕组电流的有效值；

φ_2——转子电流滞后于转子电动势的相位角。

若考虑电源电压及电动机的一些参数与电磁转矩的关系，上式可修正为

$$T = K'_T \frac{sR_2U_1^2}{R_2^2 + (sX_{20})^2}$$

式中　K'_T——常数；

U_1——定子绕组的相电压；

s——转差率；

R_2——转子每相绕组的电阻；

X_{20}——转子静止时每相绕组的感抗。

由上式可知，转矩 T 还与定子每相电压 U_1 的平方成比例，所以当电源电压有所变动时，对转矩的影响很大。此外，转矩 T 还受转子电阻 R_2 的影响。根据上式可以画出异步电动机的转矩特性曲线，如图 6-7 所示。

（2）机械特性曲线

在一定的电源电压 U_1 和转子电阻 R_2 下，电动机的转矩 T 与转差率 s 之间的关系曲线 $T=f(s)$ 或转速与转矩的关系曲线 $n=f(T)$，称为电动机的机械特性曲线，如图 6-7 所示。

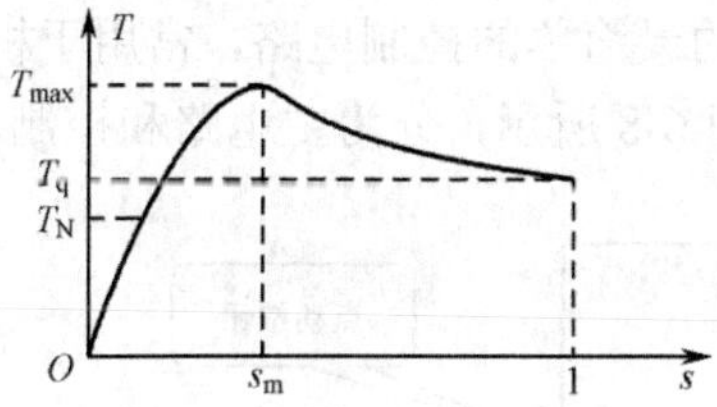

（a）$T=f(s)$曲线

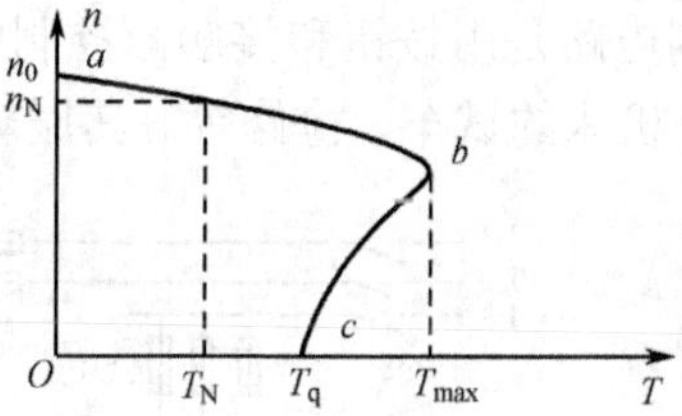

（b）$n=f(T)$曲线

图 6-7　三相异步电动机的机械特性曲线

在机械特性曲线上我们要讨论三个转矩。

额定转矩 T_N：额定转矩 T_N 是异步电动机带额定负载时，转轴上的输出转矩。

$$T_N = 9550\frac{P_2}{n}$$

式中 P_2 是电动机轴上输出的机械功率，其单位是瓦特，n 的单位是转/分，T_N 的单位是牛•米。

当忽略电动机本身机械摩擦转矩 T_0 时，阻转矩近似为负载转矩 T_L，电动机等速旋转时，电磁转矩 T 必与阻转矩 T_L 相等，即 $T= T_L$。额定负载时，则有 $T_N= T_L$。

最大转矩 T_m：T_m 又称为临界转矩，是电动机可能产生的最大电磁转矩。它反映了电动机的过载能力。最大转矩的转差率为 S_m，此时的 S_m 称为临界转差率，如图 6-7 所示。

最大转矩 T_m 与额定转矩 T_N 之比称为电动机的过载系数 λ，即

$$\lambda = T_m / T_N$$

一般三相异步电动机的过载系数在 1.8~2.2 之间。在选用电动机时，必须考虑可能出现的最大负载转矩，而后根据所选电动机的过载系数算出电动机的最大转矩，它必须大于最大负载转矩。否则，就要重选电动机。

启动转矩 T_{st}：T_{st} 为电动机启动初始瞬间的转矩，即 n=0，s=1 时的转矩。为确保电动机能够带额定负载启动，必须满足：$T_{st}>T_N$，一般的三相异步电动机有 T_{st}/T_N=1~2.2。

电动机在工作时，它所产生的电磁转矩 T 的大小能够在一定的范围内自动调整以适应负载的变化，这种特性称为自适应负载能力。自适应过程如下：$T_L\uparrow \rightarrow n\downarrow \rightarrow S\uparrow \rightarrow I_2\uparrow \rightarrow T\uparrow$，直至新的平衡。此过程中，$I_2\uparrow$ 时，$I_1\uparrow \Rightarrow$ 电源提供的功率自动增加。

4．三相交流异步电动机的运行控制

三相交流异步电动机是数控机床上常用的一种电动机，在数控机床上对它的控制有两种，一种是继电器—接触器控制，如刀架电动机；另外一种用变频器控制，如主轴电动机的变频调速。在本节主要介绍三相交流异步电动机的前一种控制方式。

转位刀架是一种刀具储存装置，可以同时安装 4、6、8、12 把刀具不等，主要用于数控车床，是数控车床中的一种专用的自动化机械。它不仅可以储存刀具，而且在切削时要连同刀具一起承受切削力，在加工过程中完成刀具交换转位、定位夹紧等动作。本数控车床采用的转位刀架是四工位刀架，可同时安装四把刀具，通过三相交流异步电动机旋转，带动涡轮、蜗杆、螺杆运动实现刀架的正转和锁紧。

（1）三相异步电动机的点动控制电路

点动控制电路是用按钮和接触器控制电动机的最简单的控制电路，常用于机床主轴或工作台的调整，机床的试车、检修等。其原理图如图 6-8 所示，分为主电路和控制电路两部分。

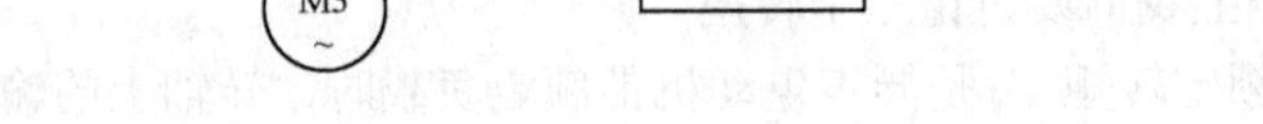

图 6-8　点动控制电路原理图

工作过程：先接通电源开关 QS

按下SB ⟶ KM线圈得电 ⟶ KM主触点闭合 ⟶ 电动机M通电启动；

松开SB ⟶ KM线圈断电 ⟶ KM主触点复位 ⟶ 电动机M断电停转。

这种当按钮按下时电动机就运转，按钮松开后电动机就停止的控制方式，称为点动控制。

（2）三相异步电动机的连续运行控制电路

如图 6-9 所示，在点动控制电路的基础上，在控制回路中增加了一个停止按钮 SB1，还在启动按钮 SB2 的两端并接了接触器的一对辅助动合触点 KM。

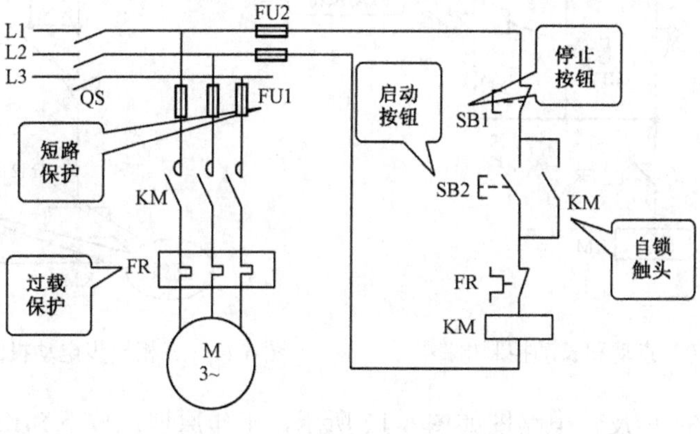

图 6-9　连续运行控制电路

电路工作原理如下：首先合上电源开关 QS

按下SB2 → KM线圈得电 → { **KM主触点闭合→电动机运转**；**KM动合辅助触点闭合自锁** }

按下SB1 → KM线圈断电 → 电动机停

当松开 SB2 后，由于 KM 辅助动合触点闭合，KM 线圈仍得电，电动机 M 继续运转。这种依靠接触器自身辅助动合触点使其线圈保持通电的现象称为自锁（或称自保），起自锁作用的辅助动合触点，称为自锁触点（或称自保触点），这样的控制线路称为具有自锁（或自保）的长动控制电路。

保护环节有三种：短路保护 FU1、FU2；过载保护 FR；欠压失压保护：KM 自锁环节。

（3）三相异步电动机既能长动又能点动的控制电路

电路工作原理如图 6-10 所示。首先合上电源开关，按下 SB2，KM 得电自锁，电动机连续运转。按下 SB1，KM 断电，电动机停转。按下点动按钮 SB3，KM 得电，电动机运转。松开 SB3，KM 断电，电动机停转。

点动按钮 SB3 的作用：

① 使接触器线圈 KM 通电；

② 使线圈 KM 不能自锁。

（4）三相异步电动机的正/反转控制电路

原理图如图 6-11 所示，电路工作原理：

按下 SB2，KM1 得电，电动机正转；

按下 SB3，KM1 断电，KM2 得电，电动机反转。

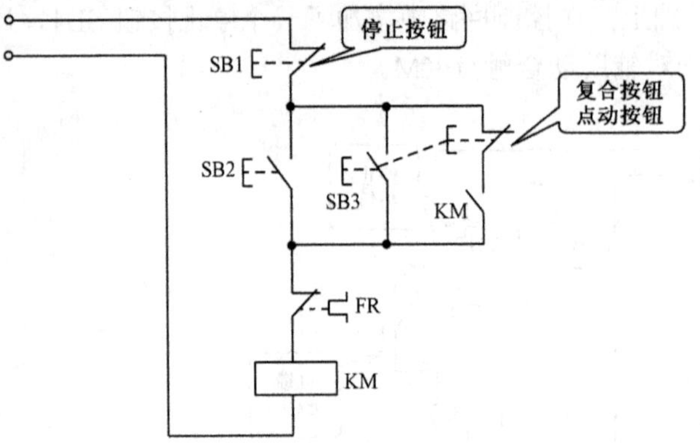

图 6-10　点动和长动控制电路

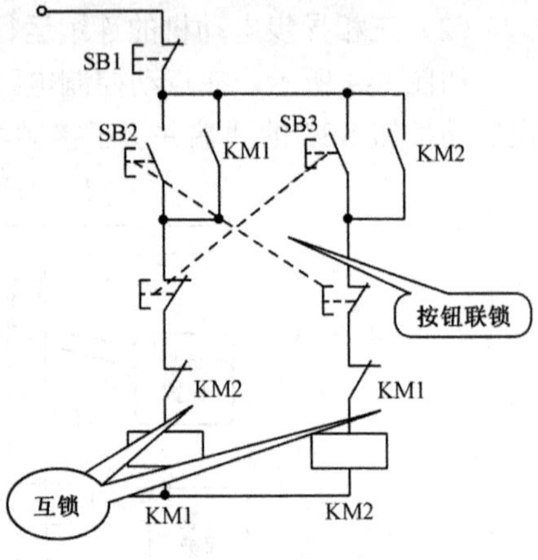

图 6-11　三相异步电动机的正反转控制电路图

行程开关控制的正/反转电路图如图 6-12 所示，工作原理：按下 SB2，KM1 得电，电动机正转，工作台前进。到达预定位置挡铁 1 撞击 SQ1，KM1 断电，停止正转。同时 KM2 得电，电动机反转，工作台后退。

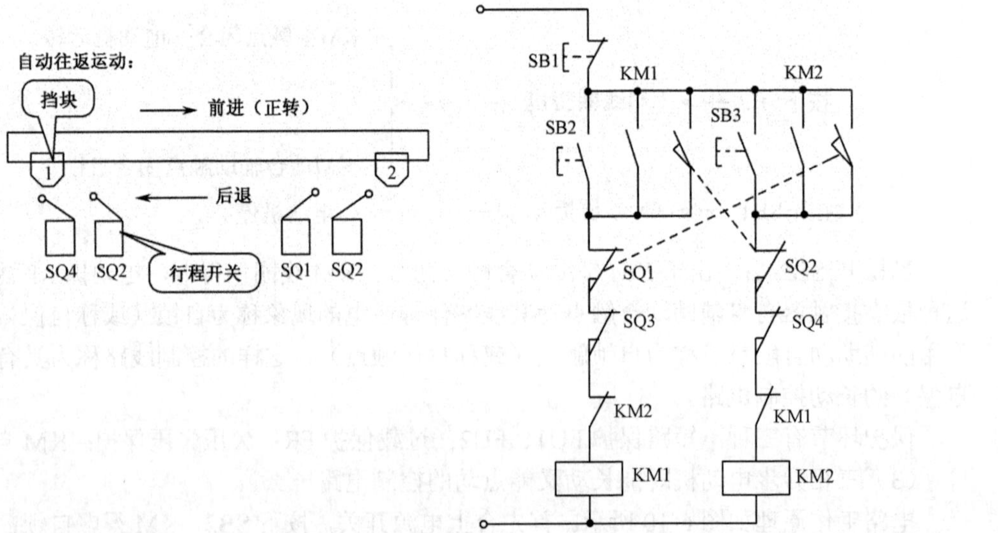

图 6-12　行程开关控制的正/反转电路图

（二）霍尔传感器

霍尔传感器是一种磁传感器。用它可以检测磁场及其变化，可在各种与磁场有关的场合中使用。霍尔传感器以霍尔效应为其工作基础，是由霍尔元件和它的附属电路组成的集成传感器。霍尔传感器在工业生产、交通运输和日常生活中有着非常广泛的应用。

当一块通有电流的金属或半导体薄片垂直地放在磁场中时，薄片的两端就会产生电位差，这种现象就称为霍尔效应。两端具有的电位差值称为霍尔电动势 U，其表达式为 $U=K\cdot I\cdot B/d$，

其中 K 为霍尔系数，I 为薄片中通过的电流，B 为外加磁场（洛伦兹力 Lorrentz）的磁感应强度，d 为薄片的厚度。

由此可见，霍尔效应的灵敏度高低与外加磁场的磁感应强度成正比，根据霍尔效应，人们用半导体材料制成的元件叫霍尔元件。它可方便地将磁输入信号转换成实际应用中的电信号，同时又具备工业场合实际应用易操作和可靠性的要求，因此，在测量、自动化、计算机和信息技术等领域得到广泛的应用。

由于霍尔元件产生的电动势差很小，故通常将霍尔元件与放大器电路、温度补偿电路及稳压电源电路等集成在一个芯片上，称为霍尔传感器。霍尔传感器也称为霍尔集成电路，其外形较小，如图 6-13 所示为其中一种型号的外形图。图 6-14 是开关型霍尔传感器的特性图，其中 B_{np} 为工作点“开”的磁感应强度，B_{RP} 为释放点“关”的磁感应强度。当外加的磁感应强度超过动作点 B_{np} 时，传感器输出低电平，当磁感应强度降到动作点 B_{np} 以下时，传感器输出电平不变，一直要降到释放点 B_{RP} 时，传感器才由低电平跃变为高电平。

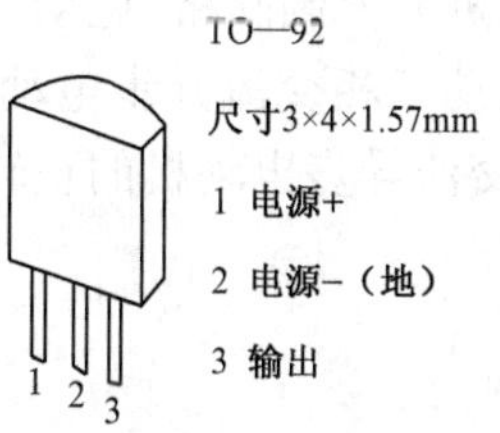

图 6-13　霍尔元件外形图

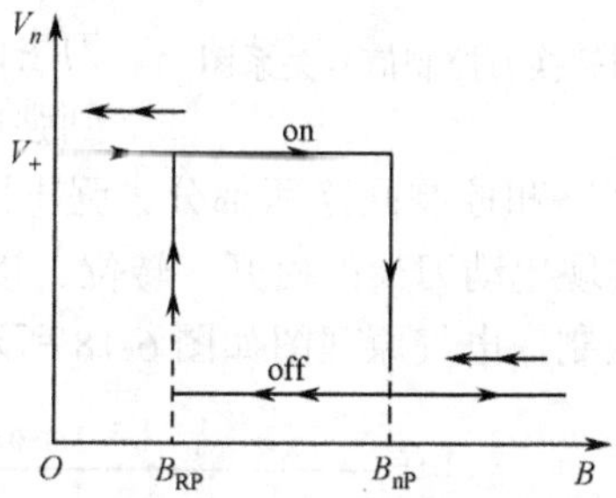

图 6-14　开关型霍尔传感器的特性图

在刀架内部安装了一个霍尔传感器，如图 6-15 所示，根据刀架的形状，传感器设计成环形，在圆周上均匀分布着四个霍尔元件，在刀座上安置了一个磁性元件，刀架旋转时，磁性元件随着刀架一起旋转，旋转过程中磁性元件分别对准四个方位的霍尔元件，由霍尔元件的特性知道，当磁性元件靠近其中一个霍尔元件时，该霍尔元件输出低电平，而其他三个霍尔元件输出高电平，将这些电平信号通过 PLC 接口板输入至 CNC 系统，CNC 系统通过检测这些电平从而判断当前刀位的具体位置。如图 6-16 所示为传感器图形及文字符号。

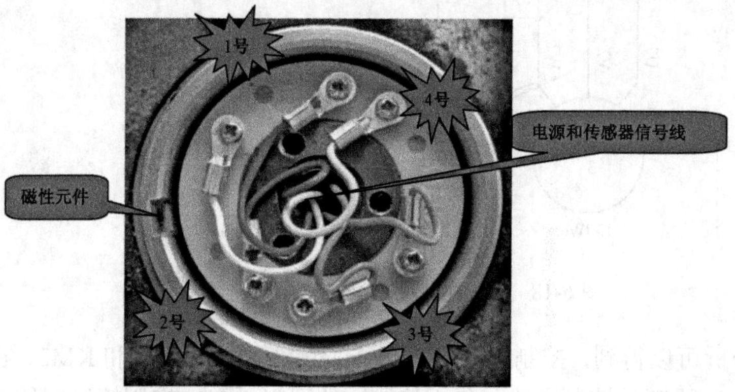

图6-15　刀架传感器外形图

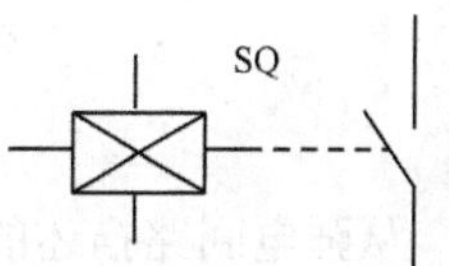

图6-16　传感器图形及文字符号

（三）刀架电动机正/反转控制电路分析

刀架电动机正/反转电气控制原理图。

刀架换刀的原理涉及三方面的知识，第一是电气设计原理，包括强电回路和控制回路两部分；第二是和刀架有关的系统参数，共有 3 个，参数的设置不当也会影响刀架的运行；第三是和 PLC 有关的输入/输出点的设置，PLC 内部软件输入/输出点的设置应和硬件的接线对应。有关参数的设置在以后章节有具体讲解，这里主要介绍刀架的电气控制原理。

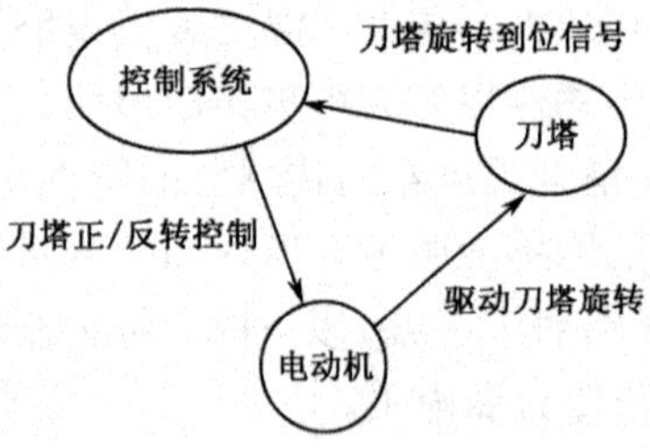

图 6-17　刀架换刀控制信号关系图

电动机的旋转指令由 PLC 发出，通过一系列外围电路后，驱动电动机带动刀塔旋转。刀塔旋转到位以后，反馈一个信号给控制系统，然后控制系统停止电动机的旋转，各种控制信号关系如图 6-17 所示。

从以上的分析可以看出，刀塔旋转的直接驱动力来自刀塔的驱动电动机。电动机本身是一个强电设备。所以可到强电回路中查找电动机的控制回路。电动刀架的电气控制分强电回路和控制回路两部分。强电回路由三相电源驱动三相交流异步电动机正/反向旋转，从而实现电动刀架的松开、转位、锁紧等动作。三相交流异步电动机的正转和反转由两个接触器控制，电气原理图如图 6-18 所示。

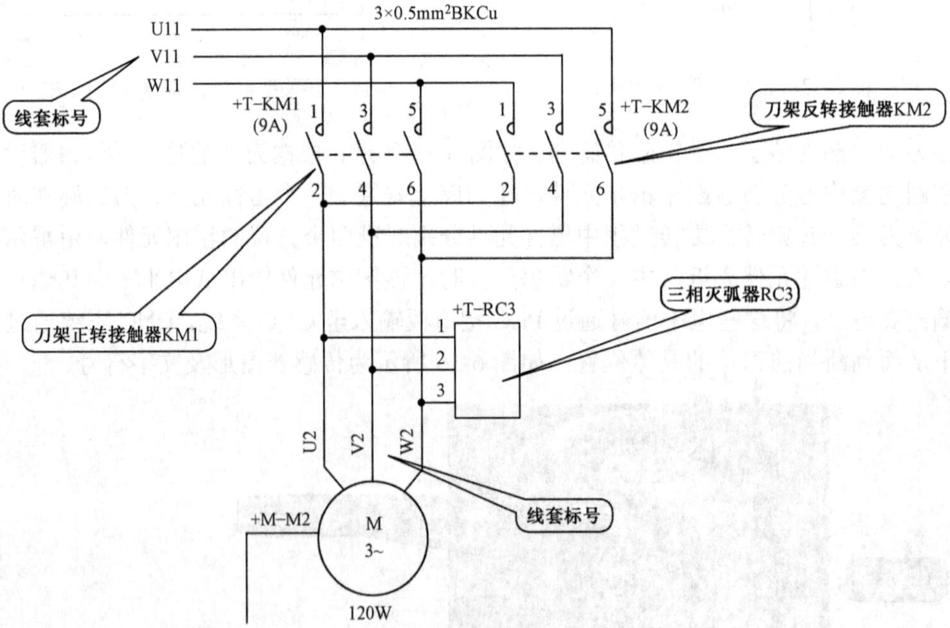

图 6-18　强电回路图

从强电回路描述的分析可以得到，控制电动机正/反转的是接触器 KM1 和 KM2，在电路图上找到控制 KM1、KM2 线圈的控制回路，分析控制回路可以看到，控制接触器线圈的是两个继电器 KA4、KA5。控制原理图如图 6-19 所示。

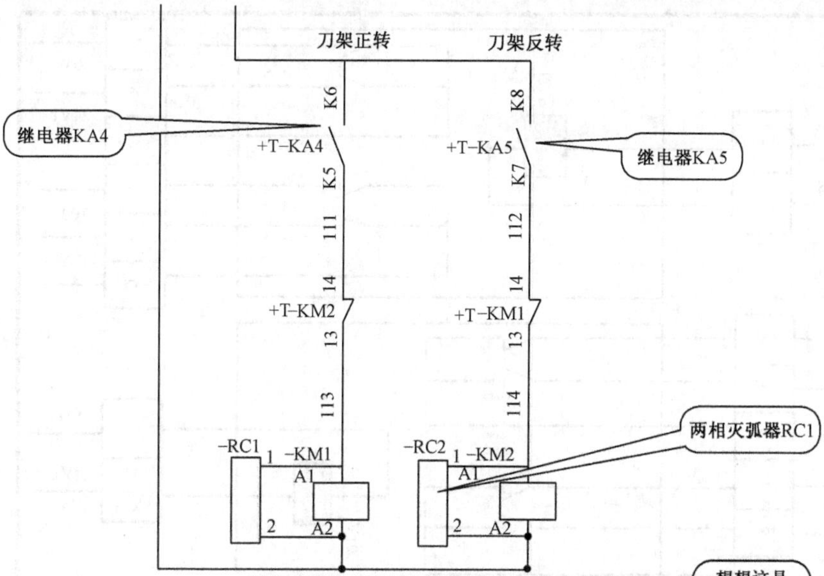

触点	位置
1-2	01/01/C5
3-4	01/01/C5
5-6	01/01/C5
13-14	01/01/C9

触点	位置
1-2	01/01/C6
3-4	01/01/C6
5-6	01/01/C6
13-14	01/01/C8

图 6-19　刀架控制原理图

（四）根据电气原理图连接电气元件

① 根据对电动机控制回路的分析查找到控制台上的实物，如图 6-20 所示。

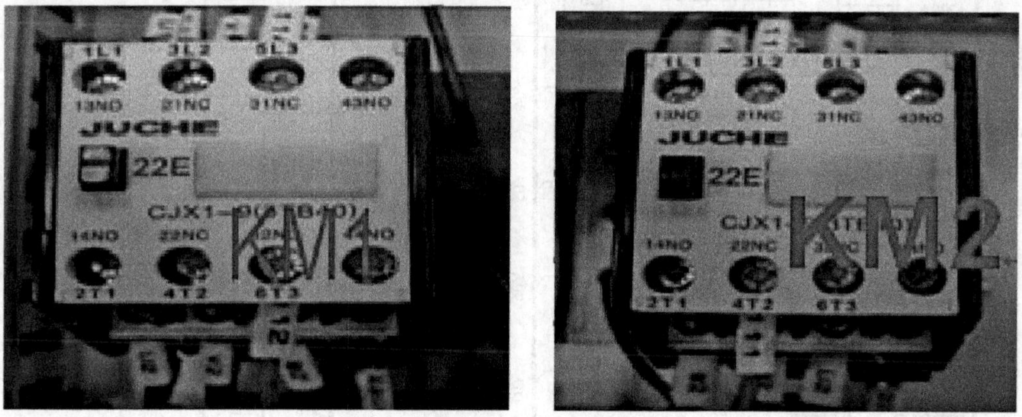

图 6-20　接触器实物图

② 如图 6-21 所示为继电器电气原理图，根据原理图的描述，在实验台上找到对应的实物 KA4、KA5，如图 6-22 所示。

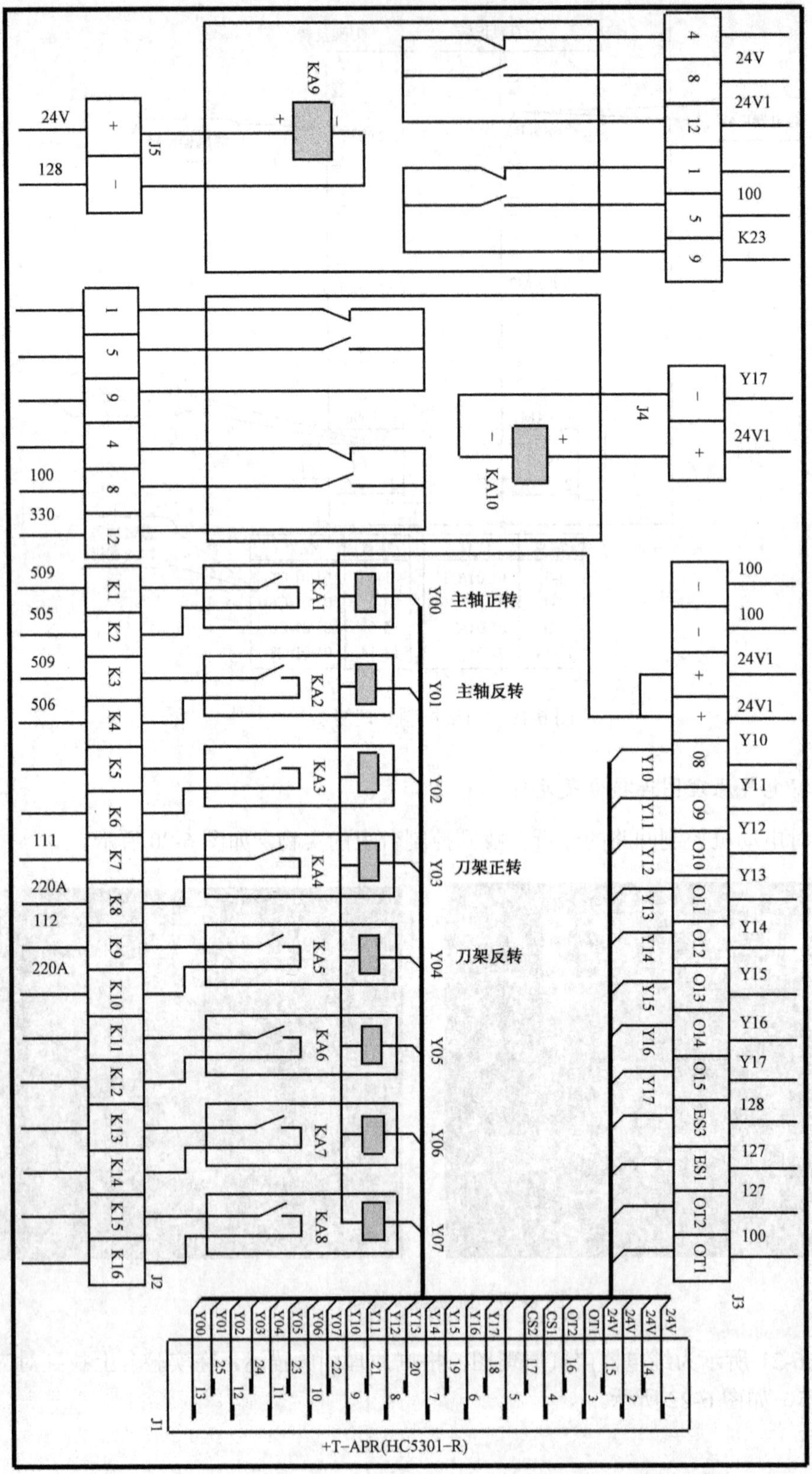

图6-21 继电器电气原理图

图 6-22　继电器实物图

③ 拆掉与刀塔旋转相关的电缆线，如图 6-23 所示。

④ 按照电路图的说明指示，将与刀塔旋转有关的回路调试接通，如图 6-24 所示。

图 6-23　接触器上的接线

图 6-24　正确连接线路

（五）刀架换刀的完整过程

根据原理图分析，可以画出 PLC 信号流向图，如图 6-25 所示。换刀过程包含以下几步。

① 通过操作面板上的“刀位选择”键选定刀位，数控系统存储此刀位号，当“换刀”键按下时，发出控制信号使 KA4 闭合，KA5 断开。

② KA4 闭合后，因为 KA5 是断开的，所以接触器 KM1 的线圈得电，从而接触器 KM1 的常开触点闭合，刀架电动机的正转三相电源接通，刀架电动机正转开始选刀。

③ 在选刀过程中，位置传感器不断检测刀架到位信号，并将信号通过输入信号接口板送给数控系统，数控系统将输入的刀位信号和系统存储的刀位号进行比较。

④ 若换刀信号到位，数控系统发出控制信号使 KA5 闭合，KA4 断开，此时刀架电动机的反转三相电源接通，刀架电动机反转准备锁紧刀架，刀架锁紧。

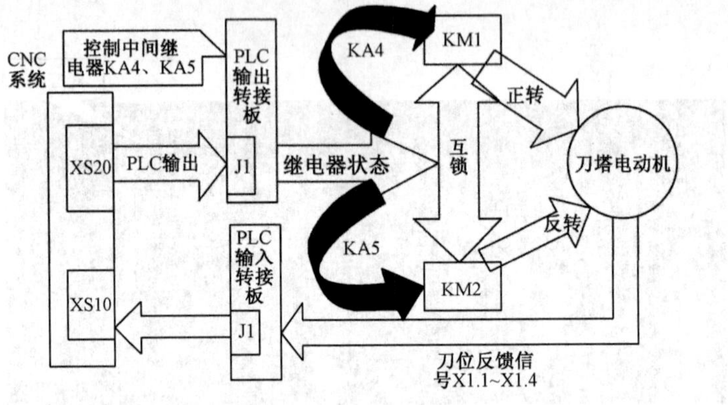

图 6-25　PLC 信号流向图

输入 PLC 信号在电气图中的表现如图 6-26 所示。

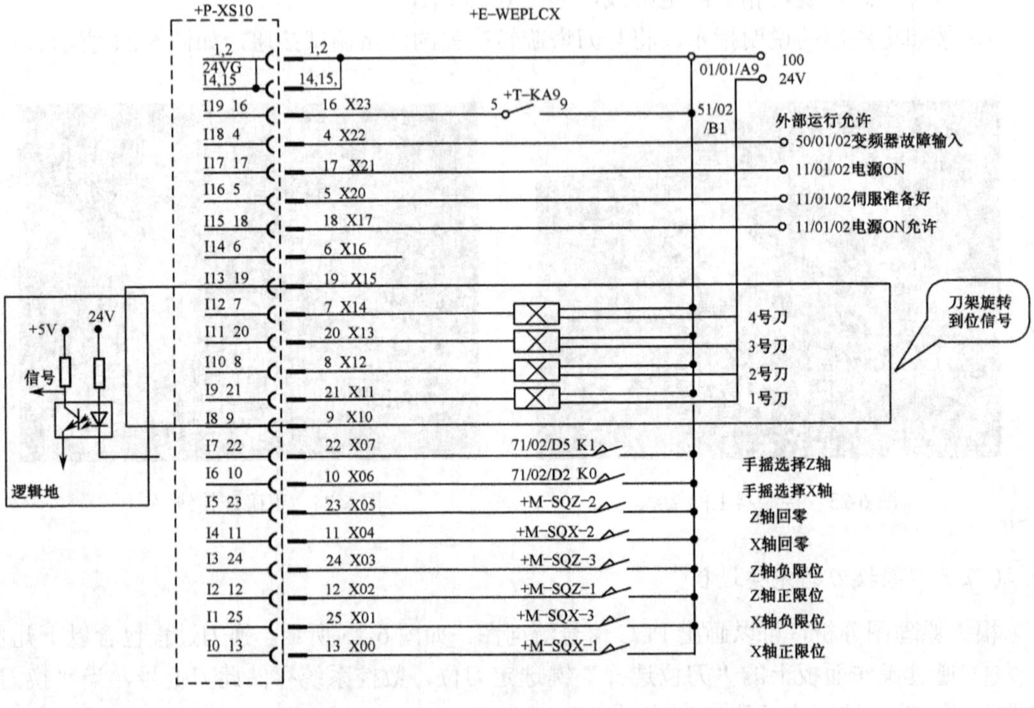

图 6-26　PLC 信号输入

（六）刀架电动机故障分析和排查

当刀架出现故障时，首先应检查电气线路，这里有一个好的办法，能够马上检查出是强电回路的故障，还是控制回路的故障。方法如下：

① 首先判断出试验台上的两个接触器哪个是 KM1，哪个 KM2。手动控制接触器使其触点闭合，刀架旋转的是 KM1，刀架不动的是 KM2。如果刀架能够转动，说明强电没有问题，如图 6-27 所示。

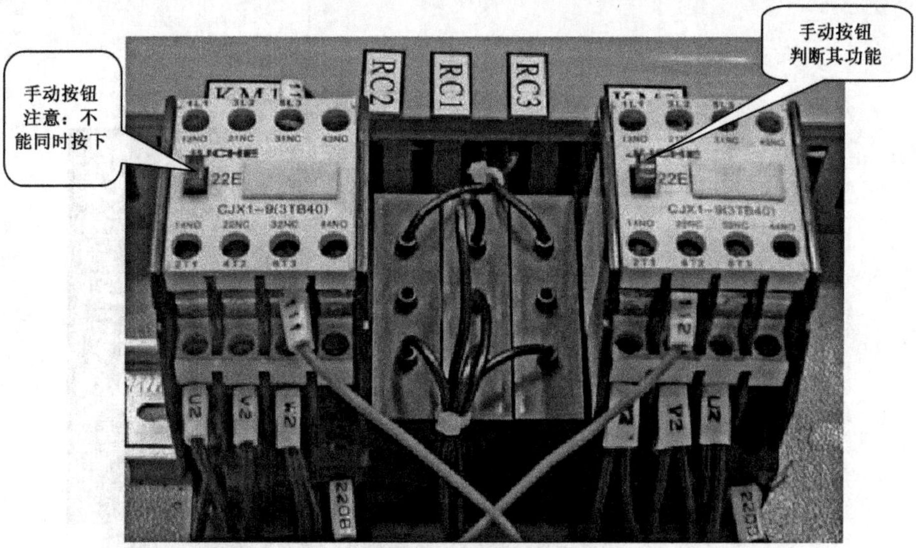

图 6-27　手动判断接触器的功能

② 然后检查控制线路。控制KM1的应该是继电器KA4，控制KM2的应该是继电器KA5。如果接线没有问题，说明弱电接线也是对的，注意互锁电路的连接。

③ 如果前两步都没问题，那就要检查 PLC 了，先查看数控系统是否输出了 PLC 信号以控制 KA4 和 KA5。可以查看 KA4、KA5 对应的二极管指示灯是否亮，或者查看 PLC 状态的 Y0.3 和 Y0.4 是否输出，如图 6-28 所示。

④ 如果刀架旋转，开始换刀，表示数控系统输出了换刀信号，在旋转过程中，霍尔传感器要反馈刀位到位信号，以便发出刀架锁紧信号 KA5。如果刀位信号不能到达 CNC 系统，刀架就会旋转不停，直到数控系统报警，换刀超时。所以在刀架旋转过程中，要查看刀位的反馈情况，查看步骤如图 6-29 所示。

一般来说系统参数在出厂时就已设置好，不会轻易修改。当刀架换刀出现故障时，按照上述步骤来检查，一般问题都可以迎刃而解。

五、单元学习活动

本单元主要针对数控车床四工位刀架的工作原理进行讲解，四工位刀架是数控车床常用的一种刀架，在很多机床上得到广泛应用。刀架上电气主要有两部分，一是电动机的强电控制，通过继电器控制接触器再控制电动机的正/反转；二是刀架上霍尔传感器的反馈信号，通过 PLC 输入接口板输入 CNC 系统，以监控换刀过程中的刀位，而换刀的过程就是围绕这两部分进行的。在本单元学习过程中一定要理解各种信号的先后关系及相互之间的联系，能够正确分析电气原理图，并根据原理图连接该部分的线路。线路接好后，通电调试，保证刀架能够正确换刀，调试过程中遇到各种故障，可以自行分析原因并排查。本单元学习活动计划见表 6-4。

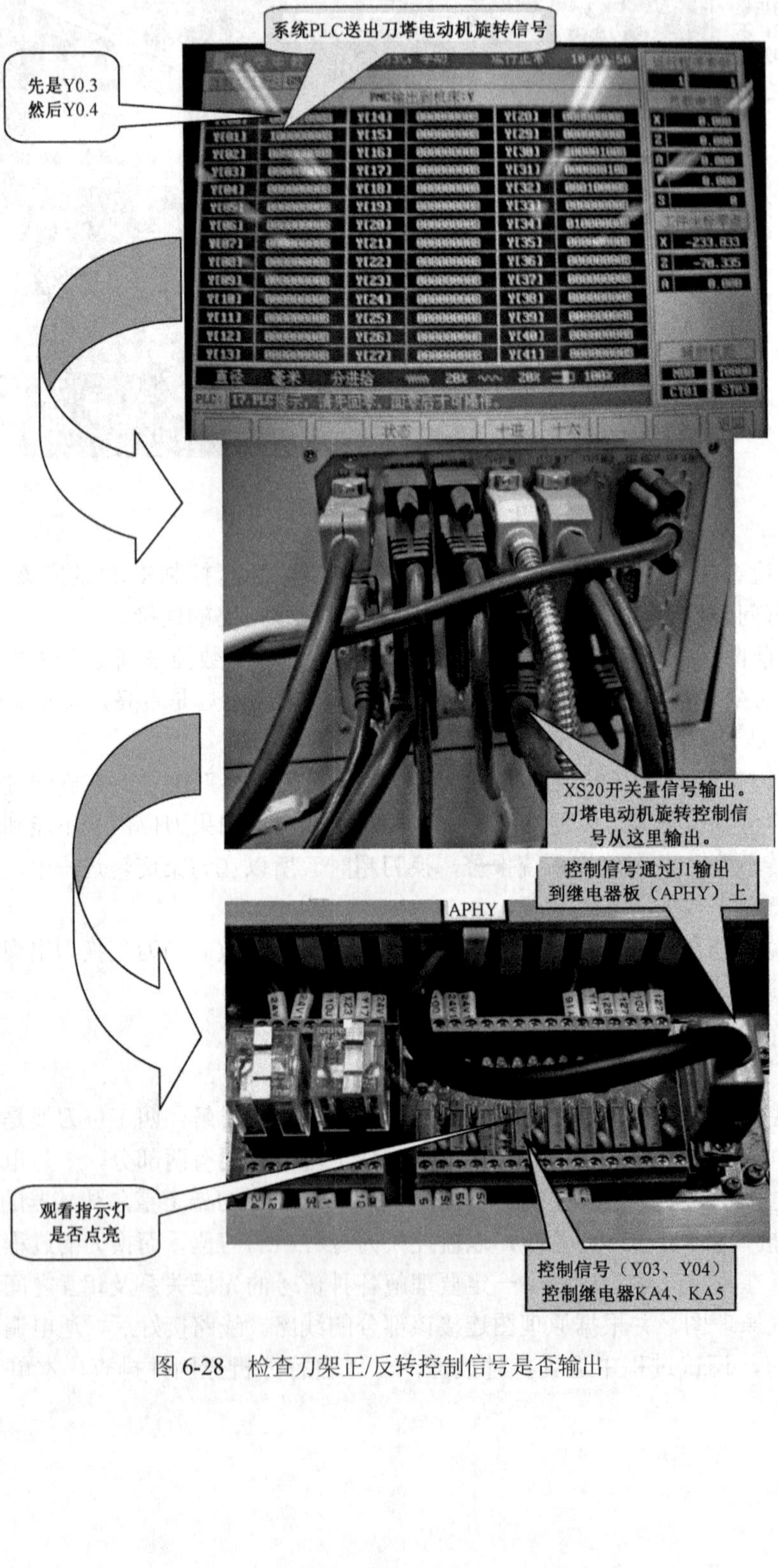

图 6-28　检查刀架正/反转控制信号是否输出

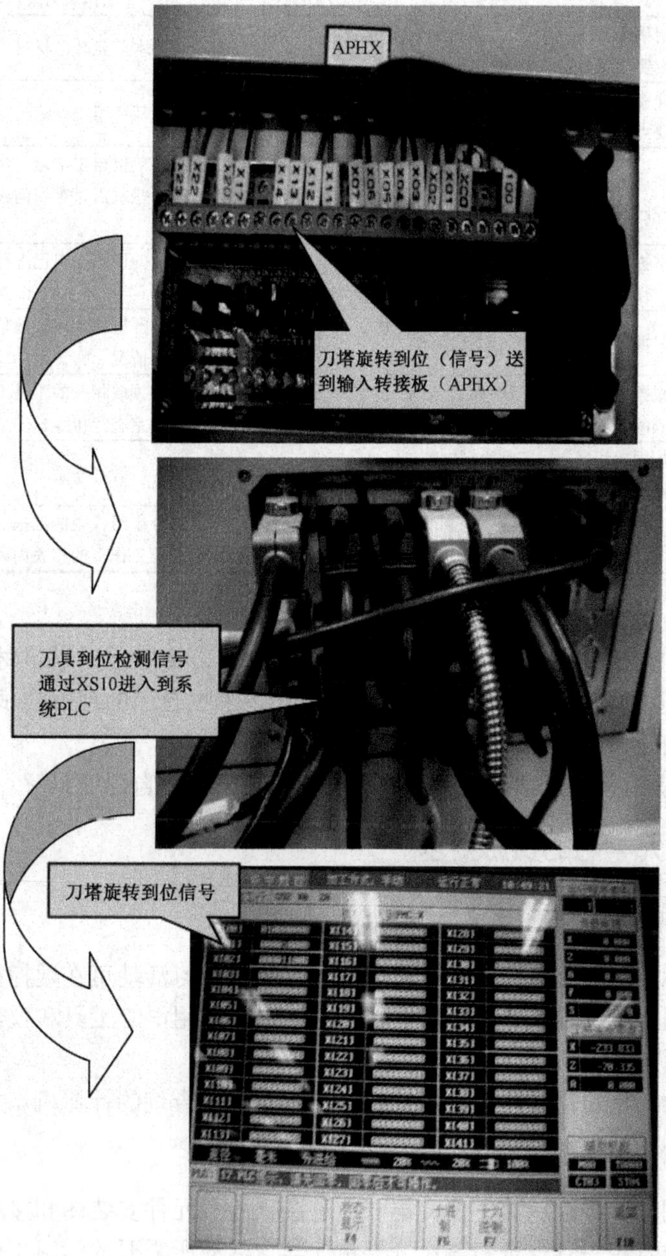

图 6-29　检查刀位传感器信号是否反馈到 CNC 系统

表 6-4　本单元学习活动计划

学习阶段	工作（学习）任务	行为类别	工作学习方法与手段
入题阶段	明确本单元工作学习任务目标及主要学习内容	资讯	自主阅读本单元教学材料
计划阶段	介绍本单元学习活动安排及学习要点	计划	由指导教师或组长介绍
实施阶段	熟悉三相交流异步电动机的各种控制线路	实施	以小组为单位自主学习，然后教师随机抽取几个小组回答一些重点、难点问题，根据结果进行点评和综合讲解
	掌握该模块用到的各种电气元件工作原理和应用		结合教师的讲解，自己上网查找相关资料，加深理解
	掌握刀架换刀的电气设计原理		主要是教师讲解并设置故障，抽查小组进行考核，掌握其理解情况
	根据电气原理图正确接线，记录遇到的故障和解决方法		组织学生领取相关的工具、导线、仪表等，指导学生在实训室进行接线、安装和调试
	根据接线经历，正确绘制电气连接图	实施	学生自主，教师答疑
交流汇报阶段	小组交流，解读连线时遇到的各种故障及解决办法	检查评价	评价每个小组代表的汇报发言； 完成课业工作页的相关内容

在本单元的阅读学习时，注意如下学习要点：

① 标记其中提到但并未进行相关解释的专业概念，查阅以前的学习材料后加注释义；

② 对尚不熟悉而又难以查阅到的概念着重标记，根据自己的理解尝试对其加注释义；

③ 对有疑虑的问题，尽量提出产生疑虑的因果关系；

④ 对基础知识中某些概念表述有不同见解的，尝试提出自己的见解。

六、单元学习的资源要求

（一）学习所需的场所、设备及工具

本单元学习不涉及车间机床设备的电气操作，整个学习活动可在数控原理实训室开展。

数控原理实训室应配置工具展柜和资料柜，以提供常用电工工具和仪器仪表、机床常用电气元件实物和阅读学习所需要的各类资料。

根据个性教学的特殊需要，最好配置能进行网络资料查询的计算机。

（二）技术资料

设备使用说明书、维护保养手册、电气原理图、电气元件安装图和接线图，安全操作规程、岗位职能要求及相关管理资料等；开展单元学习活动所需要的学习指南、卡片纸及课业工作页（课业练习）等。

七、单元学习的考核评价

单元学习的考核评价不要仅仅局限于对学习结果的考评，更要注重工作学习活动的参与过程。考评围绕学习活动的各个环节，根据参与程度、工作学习态度、学习方法与技巧、小

组合作情况、目标实现状况等全面考评，本单元主要考评项目组成参考如下。

成果评定：根据课业学习及工作页的内容完成的质量情况进行评定，占 60%;

学生自评：学生根据评分标准，对实施过程进行自评，给出相应的成绩，占 10%;

学生互评：学生间互相交流，互相评价，占 10%;

教师评价：教师根据学生的学习态度、工作态度、团队协作精神、出勤率、敬业爱岗和职业道德等情况，结合工作任务实施过程的各个环节进行评价，占 20%。

单元三　步进电动机控制线路的电气控制与安装调试

一、单元学习任务

1．阅读单元基础知识，通过自学、讨论掌握步进电动机的常见术语含义和分类。
2．通过教师讲解掌握步进电动机的工作原理。
3．通过教师讲解和自行查看机床线路熟悉步进电动机的驱动电路及控制方式。
4．通过查找资料和教师讲解了解步进电动机的主要特性。
5．通过演示了解步进电动机的常见故障及解决方法。

二、单元学习目标

1．掌握步进电动机的工作原理。
2．具有正确计算步进电动机步距角的能力。
3．具有正确使用步进电动机驱动器的能力。
4．能够根据电气控制原理图对步进电动机、驱动器和数控系统的线路进行连接及调试。
5．能够根据步进电动机的特性对步进电动机故障进行简单分析。

三、着重关注的引导性问题

1．掌握步进电动机的工作原理，说说三相步进电动机三拍和六拍的区别。
2．常用的步进电动机根据相数分类有哪几类？它们对应的步距角分别是多少？
3．步进电动机根据工作原理分为哪几类？说说它们的区别。
4．掌握试验台使用的步进电动机的型号，包括步距角、生产厂家及相数等。
5．掌握步进电动机的步距角和机床的脉冲当量的含义，并能正确计算。
6．掌握试验台使用的步进电动机驱动器的型号，包括驱动器各个端子的含义、拨码开关的含义和设置、驱动器的工作电源等。
7．掌握步进驱动器细分的概念和作用。
8．根据步进电动机的引出线，写出步进电动机 8 根引线的颜色和含义，掌握步进电动机并联和串联的接法及各自的适用场合。
9．掌握步进电动机、驱动器与 HNC-21 型数控系统的连接方法，并能进行调试运行。在调试过程中，能够对步进电动机的各类故障进行分析，找出故障原因。
10．正确绘制步进电动机模块的电气接线图。
11．熟悉步进电动机的特性，举例说明步进电动机两条重要特性曲线的含义，从而了解步进电动机的选用原则。

四、单元学习知识基础

步进电动机是一种将电脉冲信号转换成机械角位移的转换装置，是开环伺服系统的执行元件。由于所用的电源是脉冲电源，所以也称为脉冲电动机。步进电动机是一种特殊的电动机，一般电动机通电后连续旋转，而步进电动机则跟随输入脉冲按节拍一步一步地转动。每施加一个电脉冲信号，步进电动机就旋转一个固定的角度，称为一步，每一步所转过的角度称为步距角。常见步进电动机的步距角有 0.36° /0.72° ，0.75° /1.5° ，0.9° /1.8° 等，斜线前面的角度表示半步距角度，斜线后面的角度表示全步距角度。步进电动机的角位移量和输入脉冲的个数严格地成正比例，在时间上和输入脉冲同步。因此，只需控制输入脉冲的数量、频率及电动机绕组通电相序，便可获得所需的转角、转速及旋转方向。无脉冲输入时，在绕组电源激励下，气隙磁场能使转子保持原有位置而处于定位状态。

步进电动机按其输出扭矩大小，可分为快速步进电动机和功率步进电动机；按其励磁相数可分为三相、四相、五相、六相甚至八相步进电动机等；按其工作原理又分为励磁式、反应式和混合式步进电动机。

由于步进电动机的角位移量和输入脉冲的个数成正比，旋转方向与通电相序有关，因此只要控制输入脉冲的数量、频率和电动机绕组的通电相序，即可获得所需的转角大小、转速和方向。其调速范围广，响应快，灵敏度高，控制系统简单，且有一定的精度，所以被广泛应用于开环伺服系统中。

（一）步进电动机的工作原理

下面以反应式步进电动机为例说明步进电动机的结构和工作原理。三相反应式步进电动机的原理结构图如图 7-1 所示，定子内圆周均匀分布着六个磁极，磁极上有励磁绕组，每两个相对的绕组组成一相。磁极上的绕组分为 A、B、C 三相，分别通以单极性电流激磁。转子有四个齿。

A 相绕组通电，如图 7-2 所示，B、C 相不通电。由于在磁场作用下，转子总是力图旋转到磁阻最小的位置，故在这种情况下，转子必然转到如图 7-2 所示位置：1、3 齿与 A、A′ 极对齐。

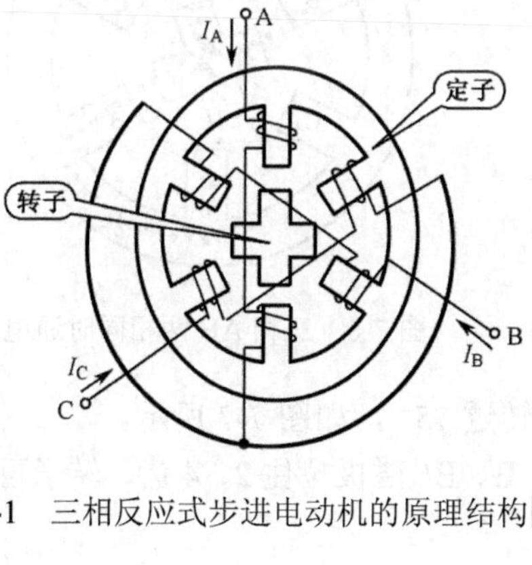

图 7-1　三相反应式步进电动机的原理结构图

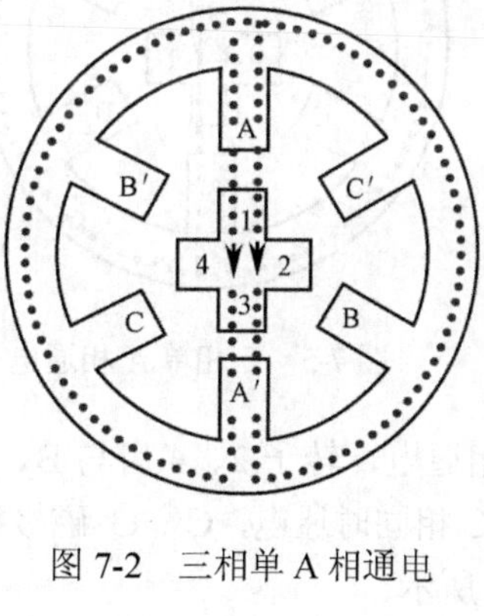

图 7-2　三相单 A 相通电

1．三相单三拍

同理，B 相通电时，如图 7-3 所示，转子会转过 30° 角，2、4 齿和 B、B′ 磁极轴线对齐；当 C 相通电时，如图 7-4 所示，转子再转过 30° 角，1、3 齿和 C′、C 磁极轴线对齐。

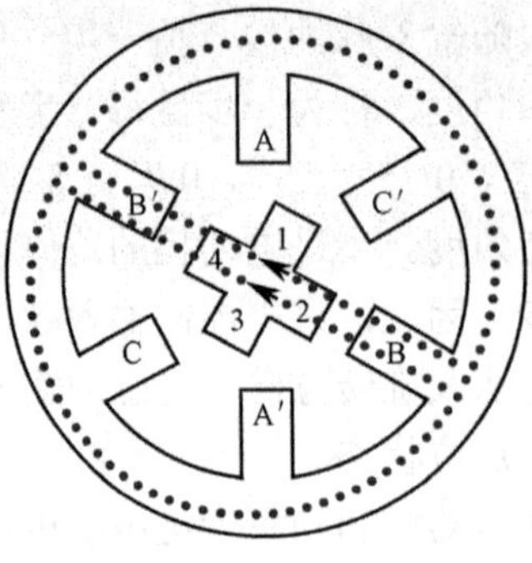

图 7-3　三相单 B 相通电

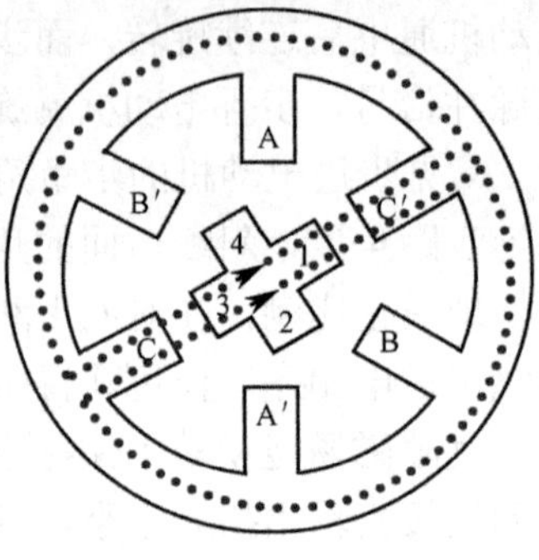

图 7-4　三相单 C 相通电

在这种工作方式下，三个绕组依次通电一次为一个循环周期，一个循环周期包括三个工作脉冲，所以称为三相单三拍工作方式。

按 A→B→C→A→……的顺序给三相绕组轮流通电，转子便一步一步转动起来。每一拍转过 30°（步距角），每个通电循环周期（3 拍）转过 90°（一个齿距角）。

2．三相六拍

按 A→AB→B→BC→C→CA 的顺序给三相绕组轮流通电。这种方式可以获得更精确的控制特性。

A 相通电，转子 1、3 齿与 A、A′ 对齐，如图 7-5 所示。A、B 相同时通电，A、A′ 磁极拉住 1、3 齿，B、B′ 磁极拉住 2、4 齿，转子转过 15°，到达如图 7-6 所示位置。

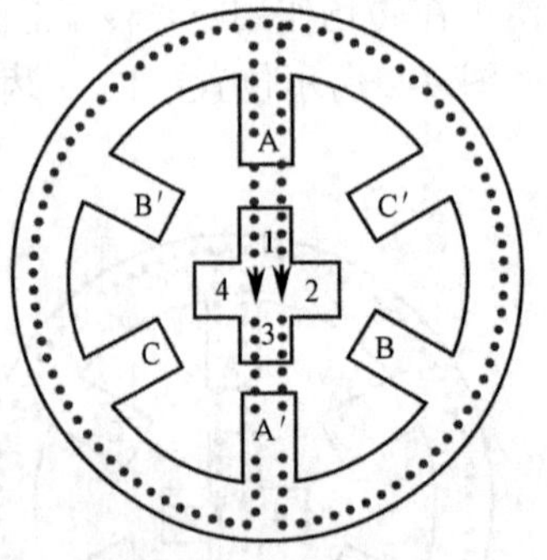

图 7-5　三相单 A 相通电

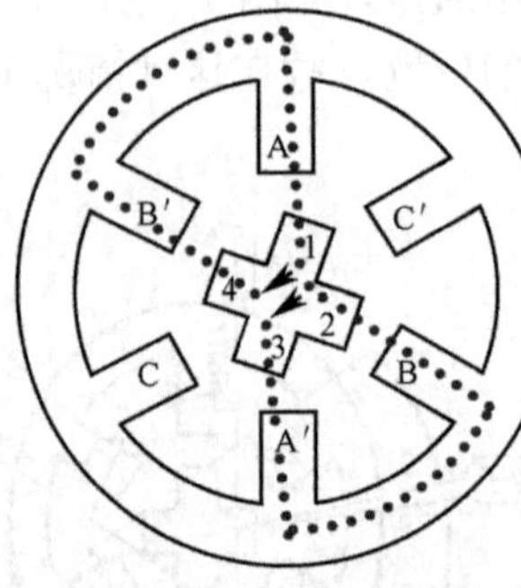

图 7-6　三相 AB 两相同时通电

B 相通电，转子 2、4 齿与 B、B′ 对齐，又转过 15°，如图 7-7 所示。

B、C 相同时通电，C′、C 磁极拉住 1、3 齿，B、B′ 磁极拉住 2、4 齿，转子再转过 15°，如图 7-8 所示。

三相反应式步进电动机的一个通电循环周期如下：A→AB→B→BC→C→CA，每个循环周期分为六拍。每拍转子转过 15°（步距角），一个通电循环周期（6 拍）转子转过 90°（齿距角）。与单三拍相比，六拍驱动方式的步进角更小，更适用于需要精确定位的控制系统。

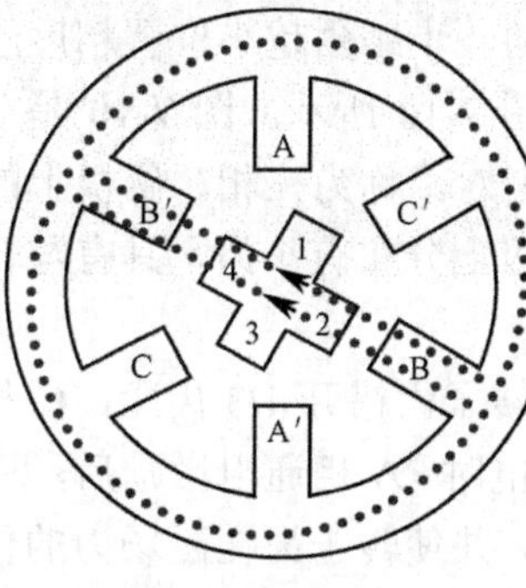

图 7-7　三相单 B 相通电

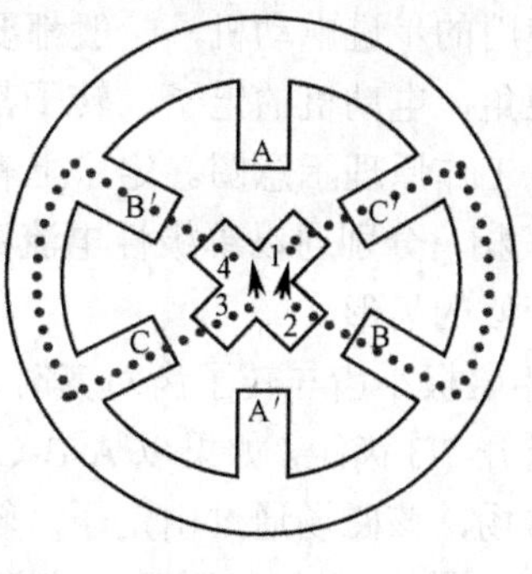

图 7-8　三相 BC 两相同时通电

3．三相双三拍

按 AB→BC→CA 的顺序给三相绕组轮流通电。每拍有两相绕组同时通电。与单三拍方式相似，双三拍驱动时每个通电循环周期也分为三拍。每拍转子转过 30°（步距角），一个通电循环周期（3 拍）转子转过 90°（齿距角），如图 7-9 所示。

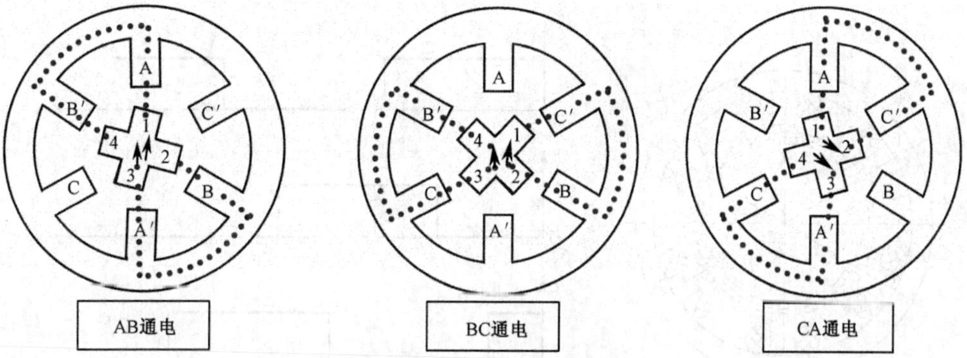

图 7-9　三相双三拍运行模式

从以上对步进电动机三种驱动方式的分析可得步距角计算公式

$$\theta=\frac{360^{\circ}}{Z_{\mathrm{r}}m}$$

式中　θ ——步距角；

Z_{r} ——转子齿数；

m——每个通电循环周期的拍数。

步进电动机转速计算公式为：

$$n=\frac{\theta}{360^{\circ}}\times 60f=\frac{\theta f}{6}$$

式中　n——转速（r/min）；

f ——控制脉冲频率，即每秒输入步进电动机的脉冲数；

θ ——用度数表示的步距角。

实际使用的步进电动机，一般都要求有较小的步距角，步距角越小位置精度越高。为了获得小步距角，电动机的定子、转子都做成多齿的，如图 7-10 所示。图 7-10 是三相反应式步进电动机工作原理示意图。定子上有六个磁极，分成三对，称为三相。磁极上的绕组分为 A、B、C 三相，分别通以单极性电流激磁。定子每相磁极上分布有小齿，具有与转子齿相同的齿距和相似的齿形。

当 A 相磁极小齿与转子齿对齐时，B 相磁极小齿与转子齿错开 1/3 齿距，C 相磁极小齿与转子齿错开 2/3 齿距。如果以 A-B-C-A（三拍）方式通电时，A 相通电激励后，即建立 A-A′为轴线的磁场，该磁场通过由定子、转子所组成的磁路，并使转子齿在磁场力的作用下与定子齿对齐，如图 7-10（a）所示。接着，在 A 相切断的同时，B 相通电，建立 B-B′为轴线的磁场，此时转子齿在磁场力的作用下与 B 相定子齿对齐。同理，在 B 相切断的同时，C 相接通，转子齿在磁场力的作用下与 C 相定子齿对齐。在这样一次通电循环之后，转子转过一个齿距角，由此可以计算出步距角 θ = 360/（$3\times Z$）。其中 Z 为转子总齿数，3 为循环拍数。若按如图 7-10（b）的通电时序 CA-A-AB-B-BC-C-CA（六拍方式），一次通电循环之后，转子也转过一个齿距，其步距角 θ= 360/（$6\times Z$）。

由于 Z 可以取较大值，如 Z=50−100，θ 可以达到 1° 以下。

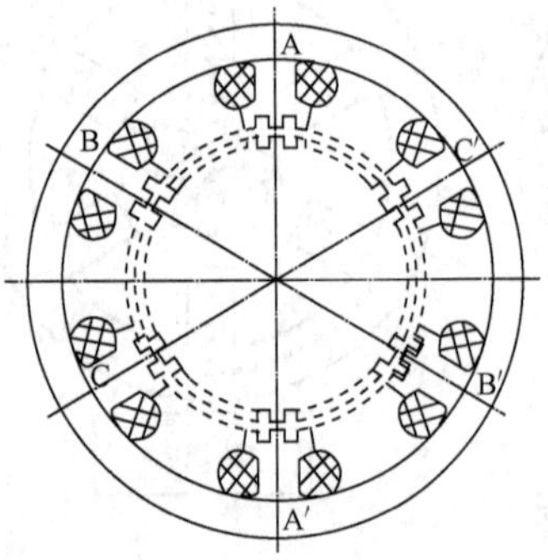

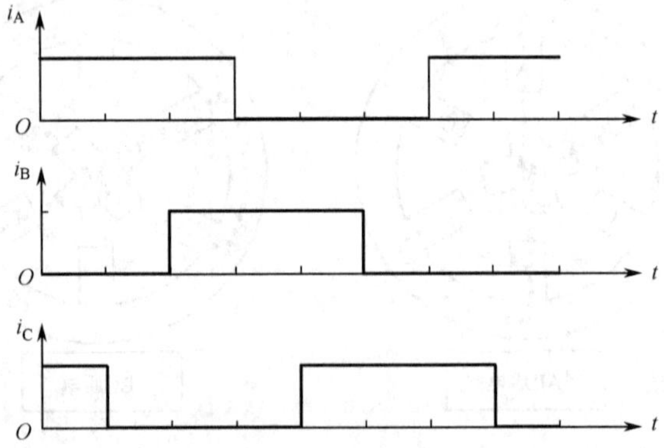

图 7-10　三相反应式步进电动机工作原理图

（二）步进电动机的常见术语和特性

1．相数

产生不同对极 N、S 磁场的激磁线圈对数，常用 m 表示。

2．拍数

完成一个磁场周期性变化所需脉冲数或导电状态，用 n 表示，或指电动机转过一个齿距角所需脉冲数，以四相电动机为例，有四相四拍运行方式即 AB-BC-CD-DA-AB，四相八拍运行方式即 A-AB-B-BC-C-CD-D-DA-A。

3．步距角

对应一个脉冲信号，电动机转子转过的角位移，用θ 表示。θ=360°/（转子齿数 $J\times$运行拍数），以常规二、四相，转子齿为 50 齿电动机为例：

四拍运行时步距角为：θ=360°/(50×4)=1.8°（俗称整步）

八拍运行时步距角为：θ=360°/(50×8)=0.9°（俗称半步）

4．步距角精度

步进电动机每转过一个步距角的实际值与理论值的误差，称为步距角精度。用百分比表示：

步距角精度=误差/步距角×100%

不同运行拍数其值不同，四拍运行时应在 5%之内，八拍运行时应在 15%以内。

5．失步

电动机运转时运转的步数，不等于理论上的步数，称为失步。

6．电动机正/反转控制

当电动机绕组通电时序为 AB-BC-CD-DA 时为正转，通电时序为 DA-CA-BC-AB 时为反转。

7．静态矩角特性和最大静转矩特性

所谓静态是指电动机不改变通电状态，转子不动时的工作状态。空载时，步进电动机某相通以直流电流时，该相对应的定、转子齿对齐，这时转子无转矩输出。如在电动机轴上加一顺时针方向的负载转矩，步进电动机转子则按顺时针方向转过一个小角度θ，称为失调角，这时转子电磁转矩 T 与负载转矩相等。矩角特性是描述步进电动机稳态时，电磁转矩与失调角θ 之间关系的曲线，或称为静转矩特性，步进电动机矩角特性如图 7-11 所示。

8．步进电动机矩频特性

矩频特性是用来描述步进电动机连续稳定运行时输出转矩与连续运行频率之间关系的曲线。矩频特性曲线上每一频率所对应的转矩称为动态转矩。动态转矩除了和步进电动机结构及材料有关外，还与步进电动机绕组连接、驱动电路、驱动电压有密切的关系。如图 7-12 所示为混合式步进电动机连续运行时的典型矩频特性曲线。

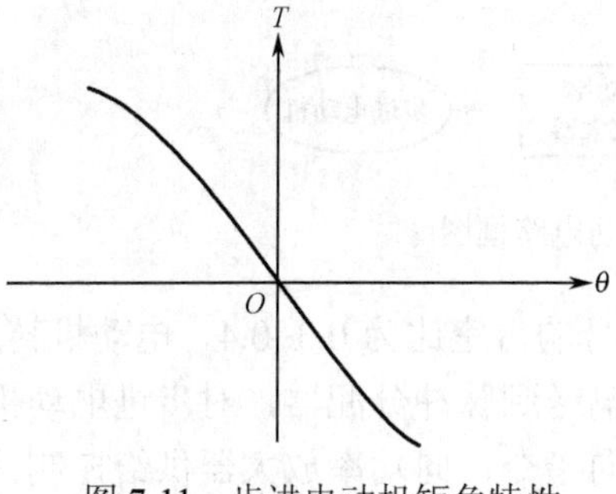

图 7-11　步进电动机矩角特性

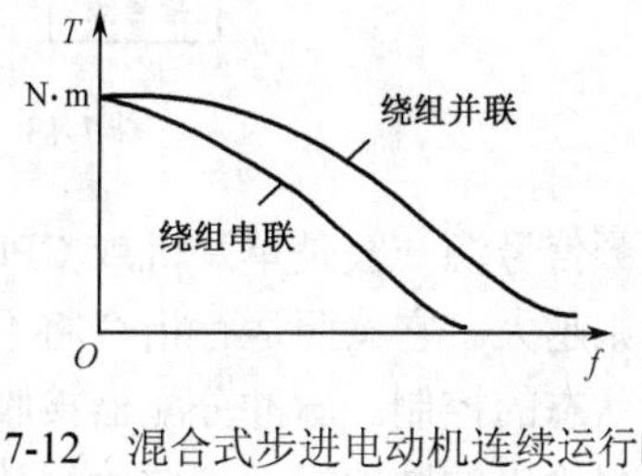

图 7-12　混合式步进电动机连续运行时的典型的矩频特性曲线

以上两条特性曲线是步进电动机两条重要的特性曲线，即反映失调角与负载转矩之间关系的曲线和反映转矩与连续运行频率之间关系的曲线。在选用步进电动机时，通常希望其输出转矩大，启动频率和运行频率高，步距误差小，性能价格比高。但增大转矩与快速运行存

在一定矛盾、高性能和低成本也存在矛盾，因此实际选用时，必须全面考虑。

已知负载转矩，可以在启动矩频特性曲线中查出启动频率，这是启动频率的极限值。实际使用时，只要启动频率小于或等于这一极限值，步进电动机就可以直接带负载运行。

若已知步进电动机的连续运行频率 f，就可以从工作矩频特性曲线中查出转矩 M，这也是转矩的极限值，有时称其为失步转矩。也就是说，若步进电动机以频率 f 运行，它所拖动的负载转矩必须小于 M，否则就会导致失步。数控机床的运行可分为两种情况：快速运行和切削运行。在这两种情况下，对转矩和进给速度有不同要求。我们在选用步进电动机时应注意使其在两种情况下都能满足要求。根据下面公式进行选用：

$$f=\frac{1000v}{60\delta}$$

式中　f——步进电动机工作频率（Hz）；

v——进给速度（m/min）；

δ——脉冲当量（mm）。

（三）步进电动机的驱动装置

1．步进驱动器工作原理

步进电动机各励磁绕组是按一定节拍，依次轮流通电工作的，为此，需将 CNC 发出的控制脉冲按步进电动机规定的通电顺序分配到定子各励磁绕组中。完成脉冲分配的功能元件称为环形分配器。环形分配器可由硬件实现，也可由软件完成。环形脉冲分配器发出的脉冲功率很小，不能直接驱动步进电动机，必须经驱动电路将信号电流放大到若干安培，才能驱动电动机。因此，步进电动机驱动器通常由环形脉冲分配器和功率放大器组成，加到环形脉冲分配器输入端的指令脉冲是 CNC 插补器输出的分配脉冲，经过加减速控制，使脉冲频率平滑上升和下降，以适应步进电动机的驱动特性。环形脉冲分配器将脉冲信号按一定顺序分配，然后送到驱动电路中进行功率放大，驱动步进电动机工作。

如图 7-13 所示为步进电动机的驱动电路框图，它由变频信号源、脉冲分配器、功率放大器和步进电动机等组成。

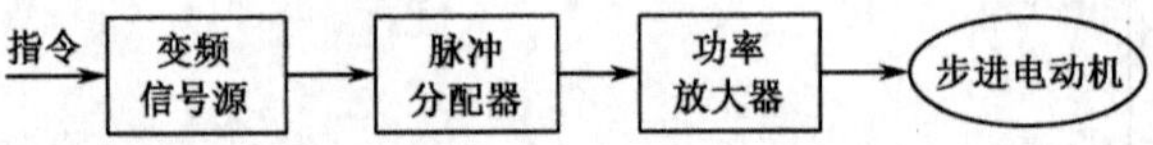

图 7-13　步进电动机的驱动电路框图

变频信号源一般是单片机或 CPU，一般脉冲信号的占空比为 0.3~0.4，电动机转速越高，占空比则越大。它按照运行指令将不同频率的脉冲输送到脉冲分配器，对步进电动机实行各种运行状态的控制。脉冲分配器接收输入脉冲和方向指令，向功率放大器供给控制信号。脉冲分配器输出的脉冲经功率放大器放大后驱动步进电动机工作。

2．雷塞 M535 型步进驱动器使用说明

雷塞 M535 型步进驱动器是采用 IMS 公司先进技术生产的细分型高性能步进驱动器，适合驱动中小型的任何相电流为 3.5A 以下的两相或四相混合式步进电动机，如图 7-14 所示为

M535 型步进驱动器接口含义图。该驱动器有两排接口，一排是驱动器的输入接口，连接弱电信号，共三对，分别为 PUL+/–、DIR+/–和 ENA+/–，信号含义见表 7-1；另一排是驱动器的电源和输出接口，也有三对，分别为+V/GND、A+/–和 B+/–，信号含义见表 7-2。由于采用新型的双极型恒流斩波驱动技术，使用同样的电动机时可以比其他驱动方式获得更大的速度和功率。其细分功能使步进电动机运转精度提高，震动减小，噪声降低。

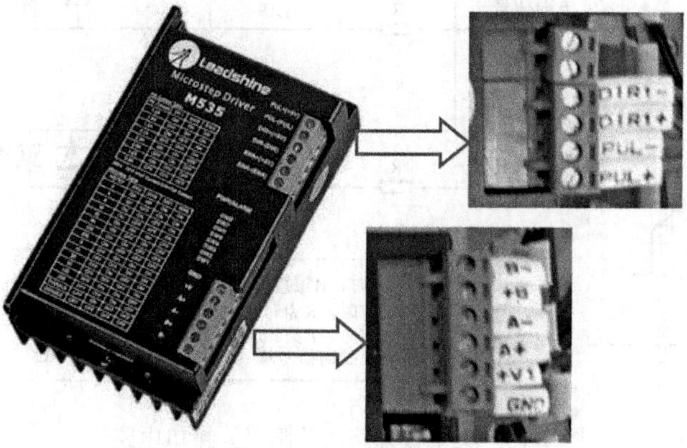

图 7-14　M535 型步进驱动器接口含义图

（1）接口说明

弱电、强电接线信号含义分别见表 7-1、表 7-2。

表 7-1　弱电接线信号含义

信号	功能
PUL+（+5V）	脉冲信号：单脉冲控制方式时为脉冲控制信号，此时脉冲上升沿有效；双脉冲控制方式时为正转脉冲信号，脉冲上升沿有效。为了可靠响应，脉冲的低电平时间应大于 3μs
PUL–（PUL）	
DIR+（+5V）	方向信号：单脉冲控制方式时为高/低电平信号，双脉冲控制时为反转脉冲信号。脉冲上升沿有效。单/双脉冲控制方式设定由驱动器内部跳线排 JMP1 实现。为保证电动机可靠响应，方向信号应先于脉冲信号至少 5μs 建立，电动机的初始运行方向与电动机的接线有关，互换任一相绕组（如 A+、A–交换）可以改变电动机初始运行的方向
DIR–（DIR）	
ENA+（+5V）	使能信号：此输入信号用于使能/禁止，高电平使能，低电平时驱动器不能工作
ENA–（ENA）	

表 7-2　强电接线信号含义

信号	功能
GND	直流电源地
+V	直流电源正极，+24~+46V 间任何值均可，但推荐理论值（对应 220V AC）+40V DC 左右
A	电动机 A 相，A+、A–互调，可更换一次电动机运转方向
B	电动机 B 相，B+、B–互调，可更换一次电动机运转方向

（2）输入电气接口

M535 型驱动器采用差分式接口电路，内置高速光电耦合器，允许接收长线驱动器、集电极开路和 PNP 输出电路的信号。推荐用长线驱动器电路，抗干扰能力强，接口完全匹配。现以集电极开路和 PNP 输出为例，说明电路的连接方法，接口电路分别如图 7-15 和图 7-16 所示。

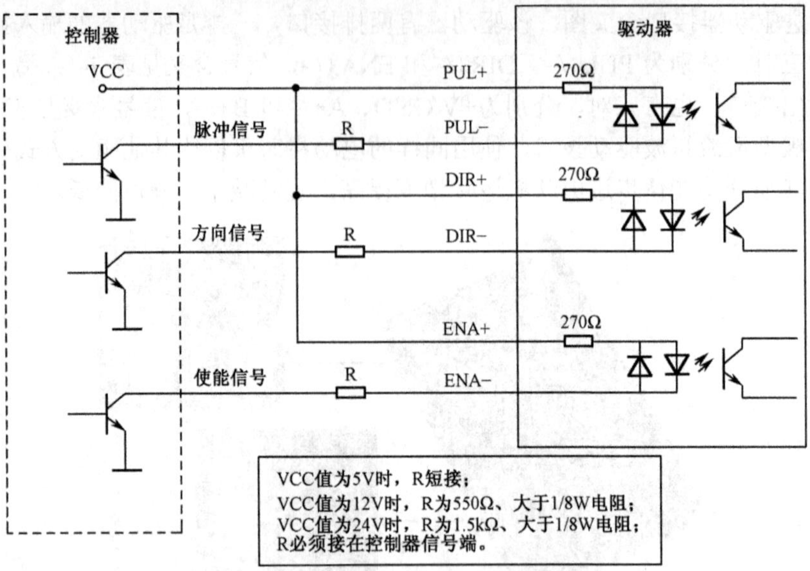

图 7-15　集电极开路（共阳极）接口电路

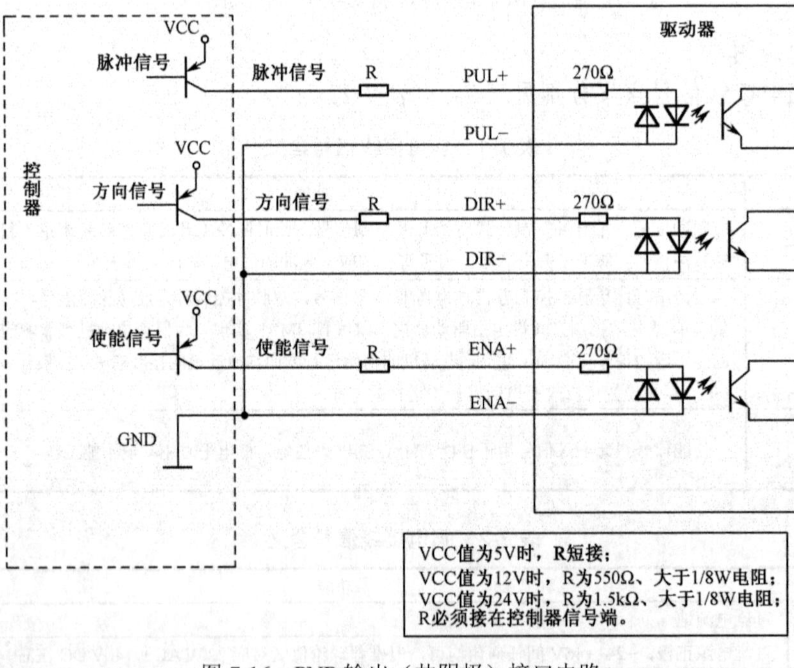

图 7-16　PNP 输出（共阴极）接口电路

（3）参数说明及设置

M535 型驱动器采用八位拨码开关设定细分精度、动态电流和半流/全流功能，详细描述如下：

① 细分设定。

要了解步进电动机驱动器的“细分”，先要弄清步进电动机“步距角”这个概念。步距角表示控制系统每发出一个步进脉冲信号，电动机所转动的角度。电动机出厂时给出了一个步距角的值，如 57HS13 型电动机给出的值为 0.9°/1.8°（表示半步工作时为 0.9°、整步工作时为 1.8°），这个步距角可以称为“电动机固有步距角”，它不一定是电动机实际工作时的真正步距角，真正的步距角和驱动器有关。

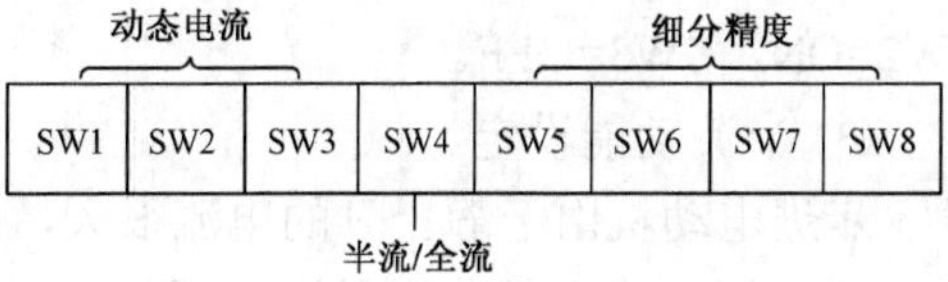

图 7-17　拨码开关功能

步进电动机通过细分驱动器的驱动，其步距角变小了，如驱动器工作在 10 细分状态时，其步距角只为“电动机固有步距角”的十分之一，也就是说：当驱动器工作在不细分的整步状态时，控制系统每发一个步进脉冲，电动机转动 1.8°；而用细分驱动器工作在 10 细分状态时，电动机只转动了 0.18°，这就是细分的基本概念。细分功能完全是由驱动器靠精确控制电动机的相电流所产生的，与电动机无关。

本驱动器提供 2~256 细分，在步进电动机步距角不能满足使用的条件下，可采用细分驱动器来驱动步进电动机，细分驱动器的原理是通过改变相邻相（A，B）电流的大小，以改变合成磁场的夹角来控制步进电动机的运转。

按驱动器前面板表格将细分数设置为 16，将电流设置为 57HS13 型步进电动机的额定电流。驱动器的 SW5~SW8 是选择细分数，设置方法见表 7-3。

表 7-3　细分数设定表

细分倍数	步数/圈（1.8°/整步）	SW5	SW6	SW7	SW8
2	400	ON	ON	ON	ON
4	800	ON	OFF	ON	ON
8	1600	ON	ON	OFF	ON
16	3200	ON	OFF	OFF	ON
32	6400	ON	ON	ON	OFF
64	12800	ON	OFF	ON	OFF
128	25600	ON	ON	OFF	OFF
256	51200	ON	OFF	OFF	OFF

注意：如果驱动器的细分数发生了改变，那么系统轴参数中的脉冲当量分子、分母也要相应地发生改变。

② 电流设定。

步进电动机驱动器电流选择，拨码开关 1、2、3 可以选择驱动器的电流大小，表 7-4 不同的拨码方式对应的电流大小也不同，通过表 7-4 可以看出其对应关系。

表 7-4　电流设定表

电流值	SW1	SW2	SW3
1.3A	ON	ON	ON
1.6A	OFF	ON	ON
1.9A	ON	OFF	ON
2.2A	OFF	OFF	ON
2.5A	ON	ON	OFF
2.9A	OFF	ON	OFF
3.2A	ON	OFF	OFF
3.5A	OFF	OFF	OFF

根据步进电动机额定电流的大小，将驱动器的电流设为 2.9A，因此拨码开关 SW1=OFF，SW2=ON，SW3=OFF。

③ 半流功能设定。

步进电动机由于静止时的电流很大，所以一般驱动器都提供半流功能，如果步进电动机在一段时间内没有接收到脉冲，那么它就会自动将电流减半，用来防止电动机过热，M535 型驱动器也提供本功能，将拨码开关 SW4 拨至 OFF，半流功能开；将拨码开关 SW4 拨至 ON，半流功能关。

首先将半流功能打开，让驱动器在带电的情况下静止 30min，测出此时的电动机温度，并记录下来；待电动机冷却后，将半流功能关闭，让驱动器在带电的情况下静止 30min，测出此时的电动机温度，并记录下来，与上次所测的温度进行比较。

（四）步进电动机的电气控制原理

华中 HNC-21 型世纪星数控装置是通过 XS30~XS33 脉冲接口控制步进电动机驱动器的，最多可控制 4 个步进电动机驱动装置。在数控机床上进给驱动装置根据来自 CNC 的指令，控制电动机运行，以满足数控机床工作的要求。因此进给驱动装置至少要求具备工作电源接口、接收 CNC 设备指令接口及控制电动机运行的接口。图 7-18 和图 7-19 分别是数控系统与两相步进电动机和五相步进电动机的连线图。

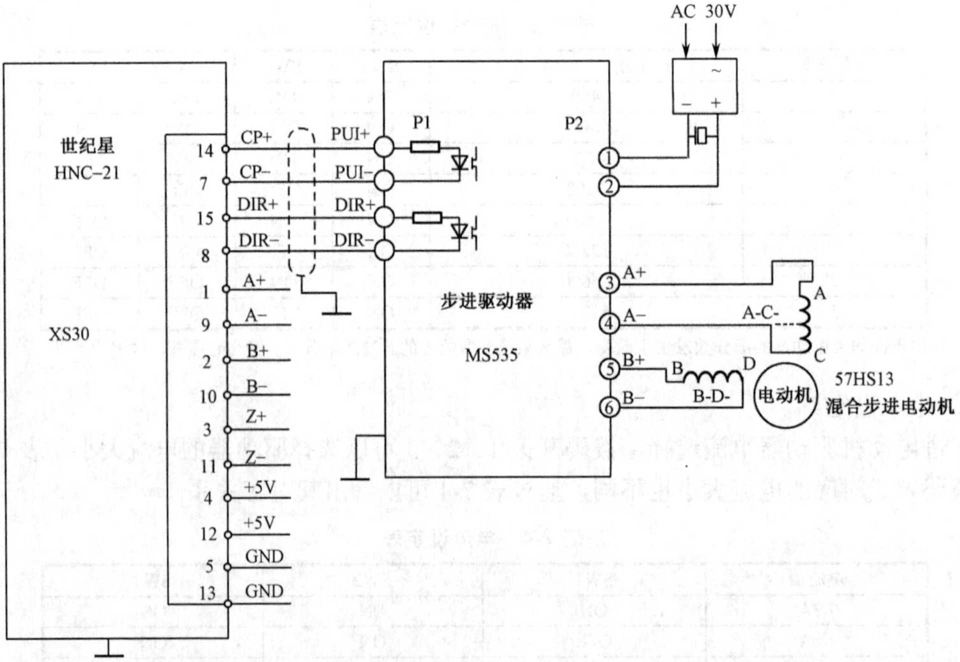

图 7-18　两相步进电动机与数控系统连接图（以 MS535 型两相步进驱动器为例）

电源接口：步进电动机驱动器一般采用单相交流电源或者直流电源，对于采用直流电源的步进电动机驱动装置，允许的电源电压范围比较宽，以本试验台使用的 M535 为例，允许的电压是 DC 24V~DC 48V，步进驱动装置一般不推荐使用稳压电源或开关电源。本试验台步进驱动器的电源电压是直流 36V，外部 AC 380V 经控制变压器得到 AC 24V，然后经整流桥交流变直流得 36V。

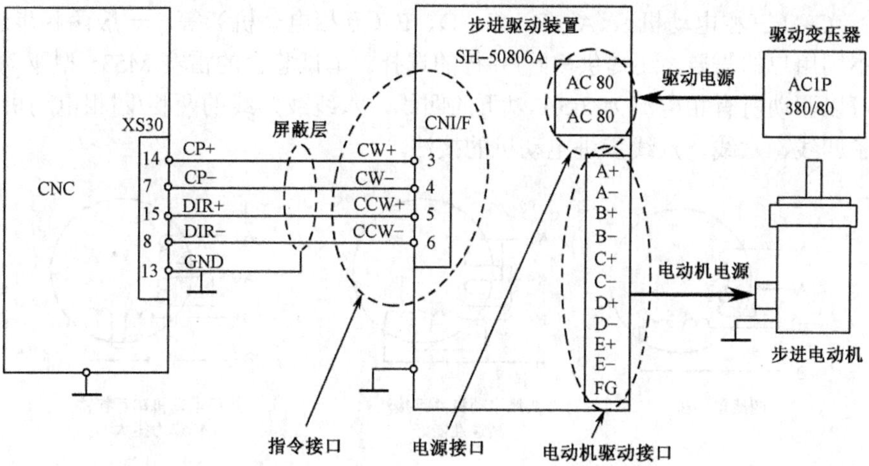

图 7-19　五相步进电动机与数控系统连接图（以 SH−50806A 型五相步进驱动器为例）

指令接口：进给驱动装置一般采用脉冲接口或模拟量接口作为指令接口，本试验台的步进驱动器采用脉冲接口。脉冲指令接口有三种类型，见表 7-5。单脉冲（脉冲+方向）方式，正交脉冲方式，双脉冲方式。步进电动机驱动装置一般只提供单脉冲方式，伺服驱动装置则三种方式都提供。假设 CP、DIR 为驱动装置的脉冲指令接口，则不同的工作模式下 CP、DIR 的含义如下：

表 7-5　脉冲方式对应表

脉冲方式	电动机正转	电动机反转
单脉冲	CP DIR	CP DIR
正交脉冲	CP DIR	DIR CP
正反向脉冲	CP DIR	DIR CP

注意：① 单脉冲：CP 为脉冲信号，DIR 为方向信号。

② 正交脉冲：CP 与 DIR 的相位差为脉冲信号，CP 与 DIR 的相位超前与落后关系决定电动机的旋转方向。

③ 正/反向脉冲：CP 为正转脉冲信号，DIR 为反转脉冲信号。

本试验台步进电动机采用是单脉冲的方式，CP 的频率决定了步进电动机的转速，DIR 的电平决定了电动机的转向。信号传输过程中均采用双绞线，可提高信号抗干扰能力。

电动机运行接口：步进电动机一般输出信号是 A、A−、B、B−（两相电动机），A、A−、B、B−、C、C−（三相电动机），A、B、C、D、E（五相电动机）等。一般两相步进电动机，为了适应不同用户的需要，还提供串行/并行的选择。本试验台的雷赛 M535 型驱动器就是两相的，它可以驱动所有相电流为 3.5A 以下的四线、六线或八线的两相/四相电动机，图 7-20 详细列出了四线、六线、八线步进电动机的接法。

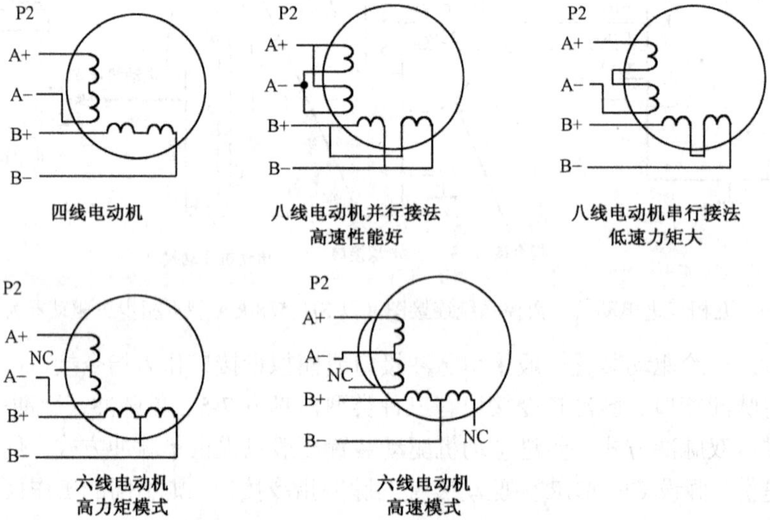

图 7-20　驱动器和各种电动机的接法

两相步进电动机的绕组出线不是通常的两组，而是四组：A、A−、B、B−、C、C−、D、D−，如图 7-21（a）所示的连接方式是串联。并联接线法是将电动机绕组的 A 和 A−分别接电动机绕组的 C−和 C，形成两个端子，再分别接驱动器的 A 和 A−；B、D 的接法同理，将电动机绕组的 B 和 B−分别接电动机绕组的 D−和 D，形成两个端子，再分别接驱动器的 B 和 B−，如图 7-21（b）所示。

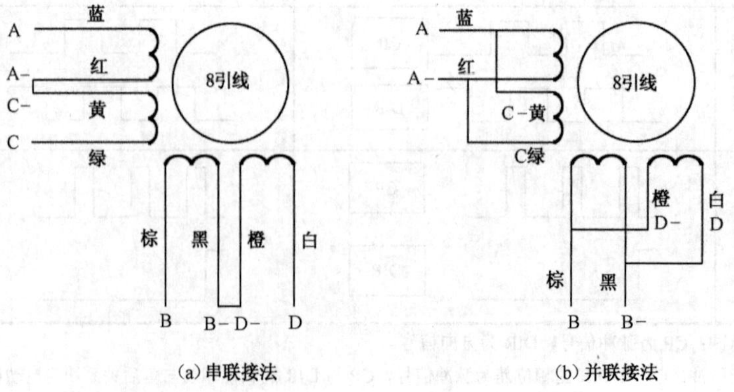

图 7-21　电动机并联和串联的接法

串联连接力矩较大，但高速特性较差，一般在电动机转速较低的场合使用，此时需要的驱动器输出电流为电动机相电流的 0.7 倍，电动机发热小；并联连接低速扭矩较差，但高速特性较好，一般在电动机转速较高的场合使用，所需要的驱动器输出电流为电动机相电流的 1.4 倍，因而电动机发热较大。注意：并联连接要适当增加驱动装置的输出电流，才能不降低低频段的输出转矩。

（五）步进电动机的选用和主要故障

1. 步进电动机的选择

选用步进电动机主要考虑步距角（涉及相数）、静转矩及电流三大要素。三大要素确定后，步进电动机的型号便确定下来了。

（1）步距角的选择

电动机的步距角取决于负载精度的要求，将负载的最小分辨率（当量）换算到电动机轴上，每个当量电动机应走多少角度（包括减速）。电动机的步距角应等于或小于此角度。目前市场上步进电动机的步距角一般有 0.36°/0.72°（五相电动机）、0.9°/1.8°（二、四相电动机）、1.5°/3°（三相电动机）等。

（2）静力矩的选择

步进电动机的动态力矩很难确定，往往先确定电动机的静力矩。静力矩选择的依据是电动机工作的负载，而负载可分为惯性负载和摩擦负载两种。单一的惯性负载和单一的摩擦负载是不存在的。直接启动（一般由低速）时两种负载均要考虑，加速启动时主要考虑惯性负载，恒速运行时只考虑摩擦负载。一般情况下，静力矩应为摩擦负载的 2~3 倍。静力矩选定后，便能确定电动机的机座及长度（几何尺寸）。

（3）电流的选择

静力矩相同的电动机，由于电流参数不同，其运行特性差别很大，可依据矩频特性曲线图，判断电动机的电流（参考驱动电源及驱动电压）。

综上所述选择电动机一般应按如图 7-22 所示步骤进行选择。

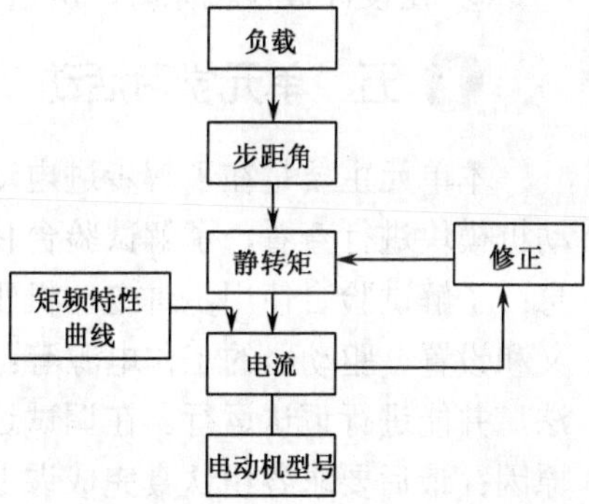

图 7-22　电动机选用原则

（4）力矩与功率换算

步进电动机一般在较大范围内调速使用，其功率是变化的，一般只用力矩来衡量，力矩与功率换算关系如下：

$$P=\Omega \cdot M$$

$$\Omega=2\pi \cdot n/60$$

$$P=2\pi nM/60$$

式中　P——功率，单位为瓦；

Ω——每秒角速度，单位为弧度；

n——每分钟转速，单位为转/分钟；

M——力矩，单位为牛顿·米。

$$P=2\pi fM/400 \text{（半步工作）}$$

式中　f——每秒脉冲数（简称 PPS）。

2．应用中的注意点

① 步进电动机应用于低速场合——每分钟转速不超过 1000 转，可通过减速装置使其在此间工作，此时电动机工作效率高，噪声低。

② 步进电动机最好不使用整步状态，因为整步状态时震动大。

③ 由于历史原因，只有标称为 12V 电压的电动机使用 12V，其他电动机的电压值不是驱动电压伏值，可根据驱动器选择驱动电压（建议：57BYG 型采用直流 24~36V，86BYG 型采用直流 50V，110BYG 型采用高于直流 80V），当然 12V 的电压除 12V 恒压驱动外也可以采用其他驱动电源，不过要考虑温升。

④ 转动惯量大的负载应选择大机座电动机。

⑤ 电动机在较高速或带动大惯量负载时，一般不在工作速度启动，而采用逐渐升频提速。这是因为：一电动机不失步；二可以减少噪声；三可以提高停止时的定位精度。

⑥ 当需要提高数控系统的精度时，应通过机械减速、提高电动机速度，或采用高细分数的驱动器来解决，也可以采用 5 相电动机，不过由于其整个系统的价格较贵，生产厂家少，其被淘汰的说法是外行话。

⑦ 步进电动机不应在震动区内工作，如若必须在其震动区内工作，可通过改变电压、电流或加一些阻尼的方法解决。

⑧ 电动机在 600 脉冲/秒（0.9°）以下工作时，应采用小电流、大电感、低电压驱动。

⑨ 在设计数控机床时，应遵循先选电动机后选驱动的原则。

五、单元学习活动

本单元主要是在了解步进电动机工作原理的基础上，根据电气原理图对试验台的步进电动机模块进行查看，了解试验台使用步进电动机的型号，包括步距角、生产厂家及相数等信息；了解试验台使用步进电动机驱动器的型号，包括驱动器各个端子的含义、拨码开关的含义和设置、驱动器的工作电源等；掌握步进电动机、驱动器与 HNC-21 型数控系统的连接方法，并能进行调试运行。在调试过程中，能够对步进电动机的各类故障进行分析，找出故障原因；最后要求各组认真完成课业工作页的内容，本单元学习活动计划见表 7-6。

表 7-6　本单元学习活动计划

学习阶段	工作（学习）任务	行为类别	工作学习方法与手段
入题阶段	明确本单元工作学习任务目标及主要学习内容	资讯	自主阅读本单元教学材料
计划阶段	介绍本单元学习活动安排及学习要点	计划	由指导教师或组长介绍
实施阶段	熟悉步进电动机的工作原理，掌握其常见术语和特性曲线	实施	以小组为单位自主学习，然后教师随机抽取几个小组回答一些重点、难点问题，根据回答情况进行点评和综合讲解
	了解该模块用到的电动机和驱动器的型号和使用说明		结合教师的讲解，自己上网查找相关资料，加深理解

续表

学习阶段	工作（学习）任务	行为类别	工作学习方法与手段
实施阶段	掌握步进驱动器各个接口的含义，特别是细分的概念	实施	主要是教师讲解并抽查小组进行考核，掌握其理解情况
	根据电气原理图正确接线，记录遇到的故障和解决方法		组织学生领取相关的工具、导线、仪表等，指导学生在实训室进行接线安装和调试
	根据接线经历，正确绘制电气连接图	实施	学生自主，教师答疑
交流汇报阶段	小组交流，解读连线时遇到的各种故障及解决办法	检查评价	评价每个小组代表的汇报发言； 完成课业工作页的相关内容

六、单元学习的资源要求

（一）学习所需的场所、设备及工具

本单元学习不涉及车间机床设备的电气部分，整个学习活动可在数控原理实训室开展。

数控原理实训室应配置工具展柜和资料柜，以提供常用电工工具和仪器仪表、机床常用电气元件实物和阅读学习所需要的各类资料。

根据个性教学的特殊需要，最好配置能进行网络资料查询的计算机。

（二）技术资料

设备使用说明书、维护保养手册、电气原理图、电气元件安装图和接线图，安全操作规程、岗位职能要求及相关管理资料等；开展单元学习活动所需的学习指南、卡片纸及课业工作页（课业练习）等。

七、单元学习的考核评价

单元学习的考核评价不要仅仅局限于对学习结果的考评，更要注重工作学习活动的参与过程。考评围绕学习活动的各个环节，根据参与程度、工作学习态度、学习方法与技巧、小组合作情况、目标实现状况等全面考评，本单元主要考评项目组成参考如下。

成果评定：根据课业学习及工作页的内容完成的质量情况进行评定，占 60%；

学生自评：学生根据评分标准，对实施过程进行自评，给出相应的成绩，占 10%；

学生互评：学生间互相交流，互相评价，占 10%；

教师评价：教师根据学生的学习态度、工作态度、团队协作精神、出勤率、敬业爱岗和职业道德等情况，结合工作任务实施过程的各个环节进行评价，占 20%。

单元四 交流伺服电动机控制线路的电气控制与安装调试

一、单元学习任务

1．交流伺服电动机的工作原理。
2．交流伺服电动机的驱动电路及控制方式。
3．交流伺服驱动器的参数设置。
4．交流伺服驱动系统的常见故障及分析。

二、单元学习目标

1．能够正确分析伺服驱动器一个完整上电的过程。
2．具有正确使用交流伺服电动机驱动器的能力。
3．能够根据电气原理图对交流伺服电动机、驱动器和数控系统的线路进行连接与调试。
4．能够根据交流伺服系统的特性对交流伺服驱动器参数进行正确设置。

三、着重关注的引导性问题

1．伺服电动机又称什么电动机，在自动控制系统中的主要作用是什么？
2．交流伺服电动机的转子常有两种类型，分别是哪两种，各自有什么特点？
3．空心杯形转子式的交流伺服电动机由哪些部分组成，画出它的结构图。
4．交流伺服电动机和单相交流异步电动机的主要区别是什么？
5．脉动磁场和旋转磁场的区别是什么？
6．交流伺服电动机是如何实现控制信号消失，立即停止转动的功能的？
7．比较交流伺服电动机和步进电动机的性能差异。
8．掌握 Sanyo Denki Q 交流伺服驱动器各个接口的功能。
9．掌握 Sanyo Denki Q 交流伺服驱动器制动电阻的接法。
10．了解 Sanyo Denki Q 交流伺服驱动器多功能端子的接法，根据试验台实际情况，分析驱动器的一个完整上电过程。
11．掌握伺服准备好和伺服使能信号的含义和功能。
12．掌握伺服驱动器三个重要参数的含义，以及它们对机床性能的影响，能够合理设置这些参数。
13．能够根据原理图正确连接该部分电路并能分析伺服电动机故障的原因。
14．正确绘制交流伺服模块的电气连接图。

四、单元学习知识基础

“伺服”一词源于希腊语“奴隶”的意思。“伺服电动机”可以理解为绝对服从控制信号指挥的电动机，在控制信号发出之前，转子静止不动；当控制信号发出时，转子立即转动；当控制信号消失时，转子能即时停转。伺服电动机又称执行电动机，在自动控制系统中作为执行元件，将所收到的电信号转化成电动机轴上的角位移或角速度输出。

（一）交流伺服电动机工作原理

伺服电动机分为直流和交流两大类，主要特点是，当信号电压为零时无自转现象，转速随着转矩的增加而匀速下降。

交流伺服电动机定子的构造基本上与单相异步电动机相似，其定子上装有两个位置互差90°的绕组，一个是励磁绕组 R_f，它始终接在交流电压 U_f 上；另一个是控制绕组 L，连接控制信号电压 U_c。所以交流伺服电动机又称两个伺服电动机。

交流伺服电动机的转子通常做成鼠笼式，但为了使伺服电动机具有较宽的调速范围、线性的机械特性、无“自转”现象和快速响应的性能，与普通电动机相比，它应具有转子电阻大和转动惯量小这两个特点。目前应用较多的转子结构有两种形式：一种是采用高电阻率的导电材料做成的高电阻率导条的鼠笼转子，为了减小转子的转动惯量，转子做得细长；另一种是采用铝合金制成的空心杯形转子，杯壁很薄，仅 0.2~0.3mm，为了减小磁路的磁阻，要在空心杯形转子内放置固定的内定子，杯形转了交流伺服电动机的结构如图 8-1 所示，由内定子、外定子、杯形转子、励磁绕组和控制绕组五部分组成。空心杯形转子的转动惯量很小，反应迅速，而且运转平稳，因此被广泛采用。

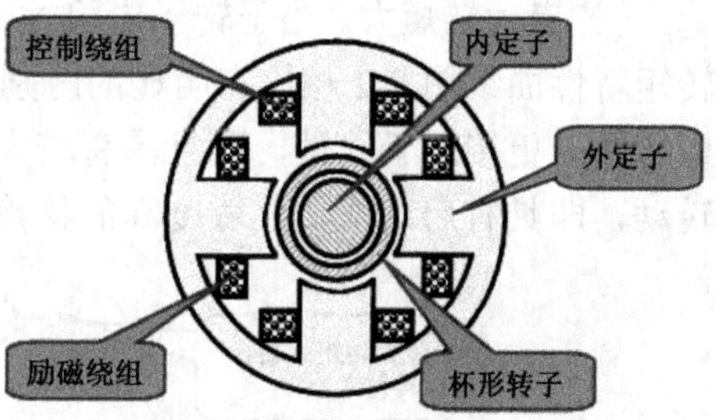

图 8-1　交流伺服电动机的内部结构

它的外定子和笼形转子交流伺服电动机相同，转子则由非磁性导电材料（如铜或铝）制成空心杯形状，杯子底部固定在转轴上。空心杯的壁很薄（小于 0.5mm），因此转动惯量很小。内定子由硅钢片叠压而成，固定在一个端盖上，内定子上没有绕组，仅作为磁路。电动机工作时，内、外定子都不动，只有杯形转子在内、外定子之间的气隙中转动。对于输出功率较小的交流伺服电动机，常将励磁绕组和控制绕组分别安放在内、外定子铁芯的槽内。

交流伺服电动机的定子上有励磁绕组和控制绕组，这两个绕组在空间相差 90° 电角度。若在两相绕组上加以幅值相等、相位差 90° 电角度的对称电压，则在电动机的气隙中产生圆形的旋转磁场。若两个电压的幅值不等或相位不为 90° 电角度，产生的磁场将是一个椭圆形旋转磁场。加在控制绕组上的信号不同，产生的磁场椭圆度也不同。例如，负载转矩一定，改变控制信号，就可以改变磁场的椭圆度，从而控制伺服电动机的转速。

当电动机原来处于静止状态时，如控制绕组不加控制电压，此时只有励磁绕组通电产生脉动磁场。可以将脉动磁场看成两个圆形旋转磁场。这两个圆形旋转磁场以同样的大小和转速，向相反方向旋转，所建立的正、反转旋转磁场分别切割笼形绕组（或杯形壁）并感应出大小相同、相位相反的电动势和电流（或涡流），这些电流分别与各自的磁场作用产生的力矩也大小相等、方向相反，合成力矩为零，伺服电动机转子转不起来。一旦控制系统有偏差信号，控制绕组就要接收与之相对应的控制电压。在一般情况下，电动机内部产生的磁场是椭圆形旋转磁场。一个椭圆形旋转磁场可以看成是由两个圆形旋转磁场合成起来的。这两个圆形旋转磁场幅值不等（与原椭圆旋转磁场转向相同的正转磁场大，与原转向相反的反转磁场小），但以相同的速度，向相反的方向旋转。它们切割转子绕组感应的电动势和电流，以及产生的电磁力矩也方向相反、大小不等（正转者大，反转者小），合成力矩不为零，所以伺服电动机就朝着正转磁场的方向转动起来，随着信号的增强，磁场接近圆形，此时正转磁场及其力矩增大，反转磁场及其力矩减小，合成力矩变大，如负载力矩不变，转子的速度就增加。如果改变控制电压的相位，即移相 180°，旋转磁场的转向相反，因而产生的合成力矩方向也相反，伺服电动机将反转。若控制信号消失，只有励磁绕组通入电流，伺服电动机产生的磁场将是脉振磁场，转子很快停下来。

必须指出，普通的两相和三相异步电动机正常情况下都在对称状态下工作，不对称运行属于故障状态。而交流伺服电动机则可以靠不同程度的不对称运行来达到控制目的。这是交流伺服电动机在运行上与普通异步电动机的根本区别。

交流伺服电动机的工作原理与分相式单相异步电动机虽然相似，但前者的转子电阻比后者大得多，所以伺服电动机与单相异步电动机相比，有三个显著特点：

① 启动转矩大。由于转子电阻大，其转矩特性曲线如图 8-3 所示，与普通异步电动机的转矩特性曲线图 8-2 相比有明显的区别。它可使临界转差率 $s>1$，这样不仅使转矩特性（机械特性）更接近于线性，而且具有较大的启动转矩。因此，当定子一有控制电压，转子立即转动，即具有启动快、灵敏度高的特点。

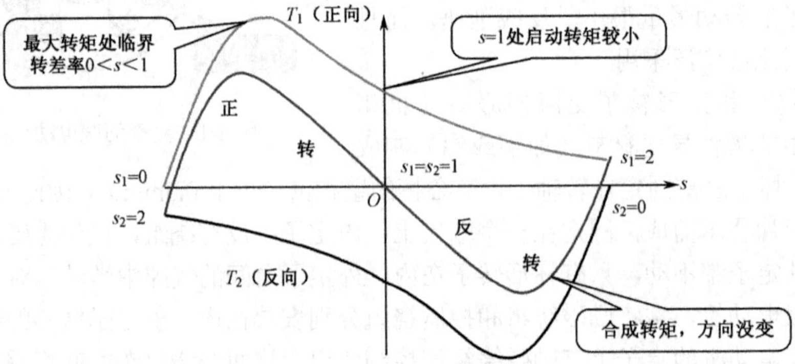

图 8-2　普通异步电动机的转矩特性曲线

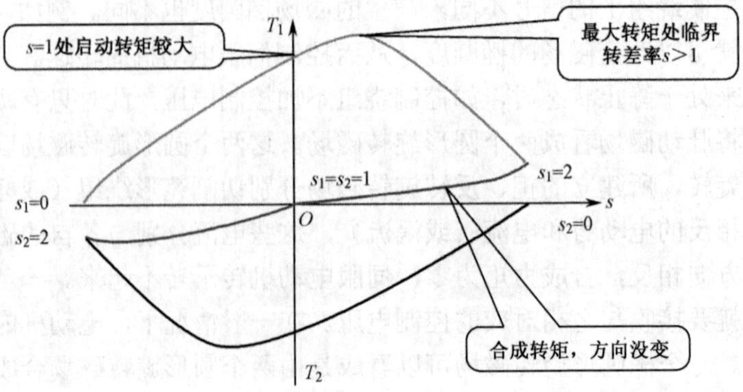

图 8-3　交流伺服电动机的转矩特性曲线

② 运行范围较广。电动机的正常运行范围是从 s=0 到最大转矩处，由于交流伺服电动机可使临界转差率 s>1，所以其运行范围比普通异步电动机更广。

③ 无自转现象。从单相异步电动机理论可知，单相绕组通过电流产生的脉振磁场可以分解成正向旋转磁场和反向旋转磁场，正向旋转磁场产生正转矩 T_1，起拖动作用，反向旋转磁场产生负转矩 T_2，起制动作用，正转矩 T_1 和负转矩 T_2 与转差率的关系如图 8-2 所示，电动机的电磁转矩 T 应为正转矩和负转矩的合成。如果交流伺服电动机的电动机参数与一般的单相异步电动机一样，那么转子电阻较小，其机械特性如图 8-2 所示，当电动机正向旋转时，合成转矩即电动机电磁转矩 T>0，所以，即使控制电压消失后，电动机在只有励磁绕组通电的情况下运行，仍有正向电磁转矩，电动机转子仍会继续旋转，于是产生自转现象而失控。

自转的原因是控制电压消失后，电动机仍有与原转速方向一致的电磁转矩。消除自转的方法是消除与原转速方向一致的电磁转矩，同时产生一个与原转速方向相反的电磁转矩，使电动机的控制电压为零时停止转动。可以通过增加转子电阻的办法来消除自转。

增加转子电阻后，正向旋转磁场所产生的最大转矩 T_{max} 时的临界转差率 s 随转子电阻的增加而增加，而反向旋转磁场所产生的最大转矩所对应的电磁转矩则相应减小，如果继续增加转子电阻，使正向磁场产生最大转矩时的转差率 s>1，正向旋转的电动机在控制电压消失后的电磁转矩为负值，即为制动转矩，电动机制动到停止；若电动机反向旋转，则在控制电压消失后的电磁转矩为正值，也为制动转矩，也使电动机制动到停止，从而消除自转现象，如图 8-3 所示。

所以要消除交流伺服电动机的自转现象，在设计电动机时必须增大转子电阻，使 s>1，在负载力矩和制动力矩的作用下使转子迅速停止。

总之，交流伺服电动机的转速和方向是这样来控制的：加在控制绕组上的控制电压反相时（保持励磁电压不变），由于旋转磁场的旋转方向发生变化，使电动机转子反转；加在控制绕组上的控制电压大小变化时，其产生的旋转磁场的椭圆度不同，从而产生的电磁转矩也不同，从而改变电动机的转速。不同控制电压下的交流伺服电动机的机械特性曲线如图 8-4 所示，励磁电压为常数，n 和 T 的关系。

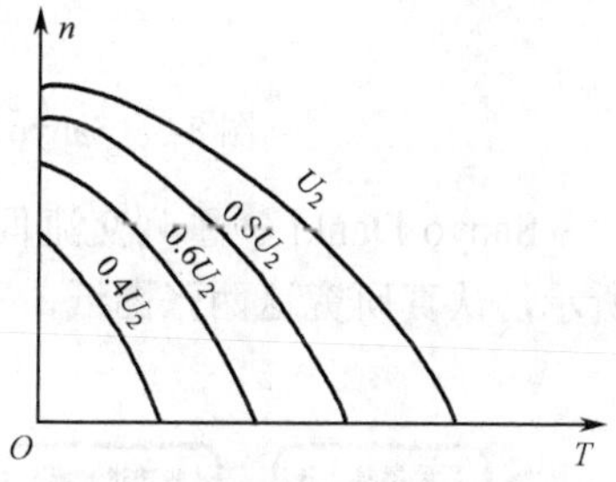

图 8-4　不同控制电压下的交流伺服电动机的机械特性曲线

（二）三洋 Q 系列伺服驱动器简介

了解了交流伺服电动机的工作原理后，我们要根据电气原理图对试验台的伺服电动机模块进行查看，了解试验台使用的伺服电动机及其驱动器的型号，并正确使用。

华中数控车床试验台采用的交流伺服驱动器是 Sanyo Denki Q 系列交流伺服驱动器，它是最早进入国内的伺服系统之一，以其卓越的性能，高速、灵活、使用寿命长、性价比高等特点，闻名于世。Sanyo Denki 伺服电动机可以实现不同控制方式的切换、全闭环控制、具有输出检测功能、自动滤波功能、实时自整定功能，另外具有再生处理功能可以和电脑进行通信，进行伺服参数的编辑、设定和执行各种监视，广泛应用于冶金高炉、印刷机械、包装机械、纺织机械、塑胶机械、医疗设备及自动化生产线等领域。

Sanyo Denki Q 系列交流伺服驱动器外形图和接口功能如图 8-5 所示，该驱动器一共有 6 个接口，分别是：CNA 电源接口；CNB 制动电阻接口，驱动器内置了制动电阻，如果是小负载，直接短接 RB1 和 RB2，如果需要使用外部再生电阻时，应拆下 RB1 和 RB2 之间的短路片，再接制动电阻；CNC 接口是驱动器输出到伺服电动机的接口；PC 接口是和电脑的通信接口，可以对伺服参数进行编辑、设定和各种监控；CN2 接口是编码器的反馈接口；CN1 接口包含两部分功能，一是位置控制方式或速度控制方式或转矩控制方式输入，二是驱动器的 8 个多功能输入端子，需要注意，这些多功能端子，需要自行准备电源，可选择 DC 5V 或 DC 24V。

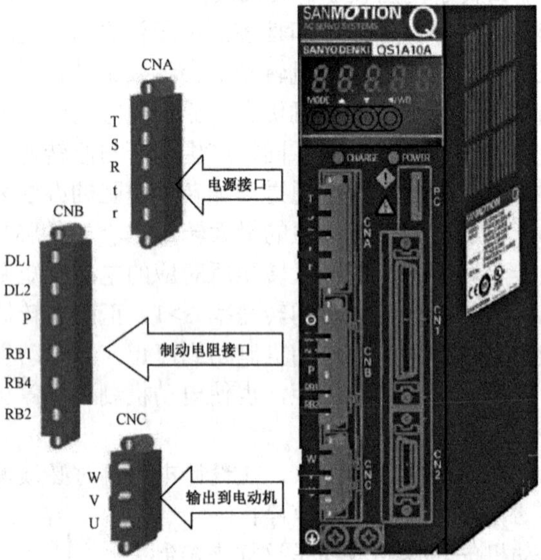

图 8-5　Sanyo Denki Q 系列交流伺服驱动器外形图及接口功能

Sanyo Denki Q 系列交流伺服驱动系统结构图及各接口内部电路图分别如图 8-6 和图 8-7 所示，认真研究这两张图纸，了解驱动器的用法。

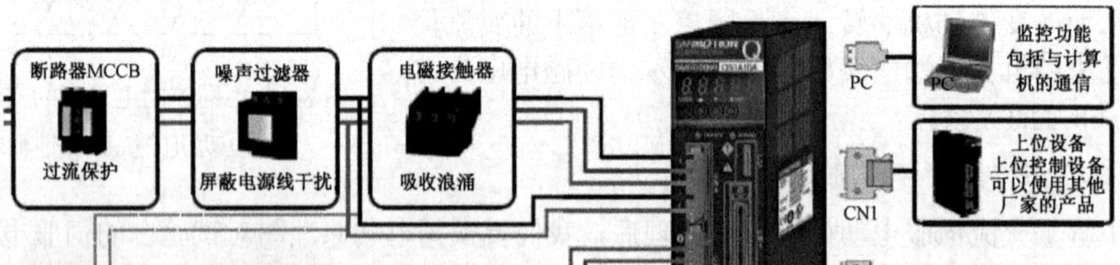

图 8-6　Sanyo Denki Q 系列交流伺服驱动系统结构图

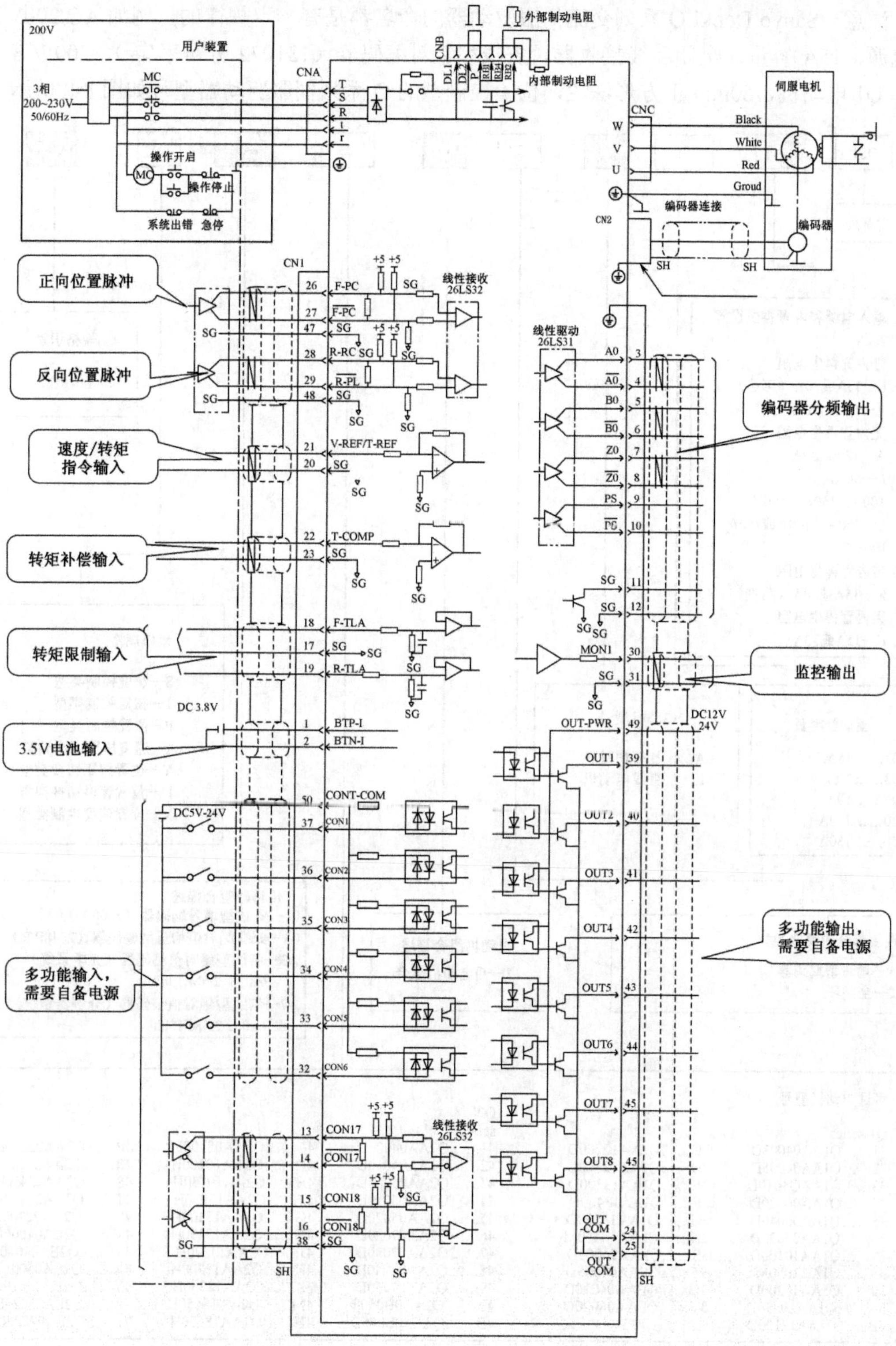

图 8-7　Sanyo Denki Q 系列交流伺服驱动器接口内部电路图

注意，Sanyo Denki Q 系列交流伺服驱动器的命名都是有一定规律的，例如 AC 200V 输入电源，15A 容量，全闭环线接收器，省线型绝对编码器（131072 分辨率/转），200W 额定功率 Q1 电动机，60mm 正方形法兰，位置控制型的 Q 系列伺服驱动器型号如图 8-8 所示。

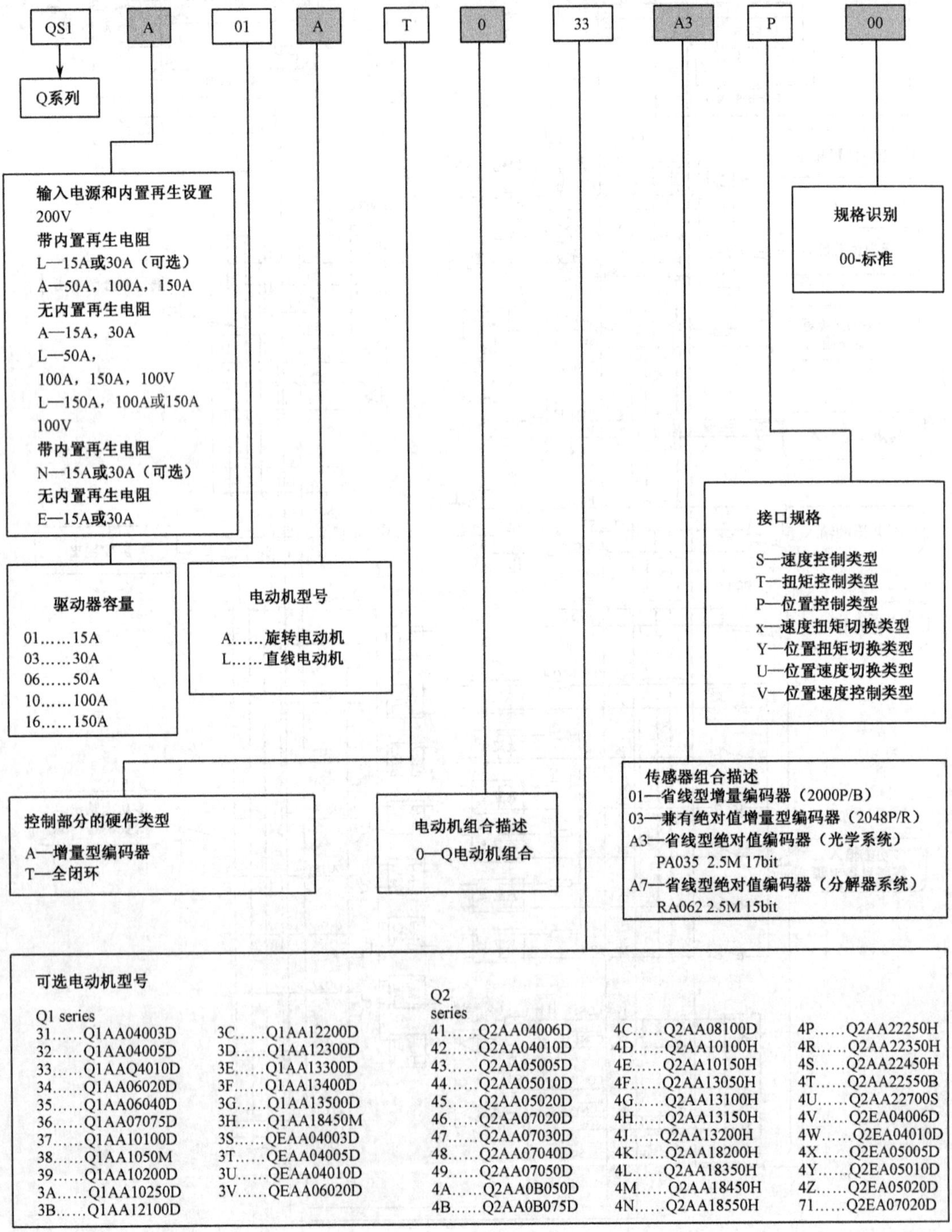

图 8-8　Sanyo Denki Q 系列交流伺服驱动器型号说明

Sanyo Denki Q 系列交流伺服驱动器匹配的电动机命名也是有规律的，如 60mm 正方形法兰，200W 额定输出，最大转速 5000r/min，制动器（24V），绝对编码器（131072 分辨率/转），符合 CE 标准 A 型三分之一齿轮，此种伺服电动机的型号如图 8-9 所示。

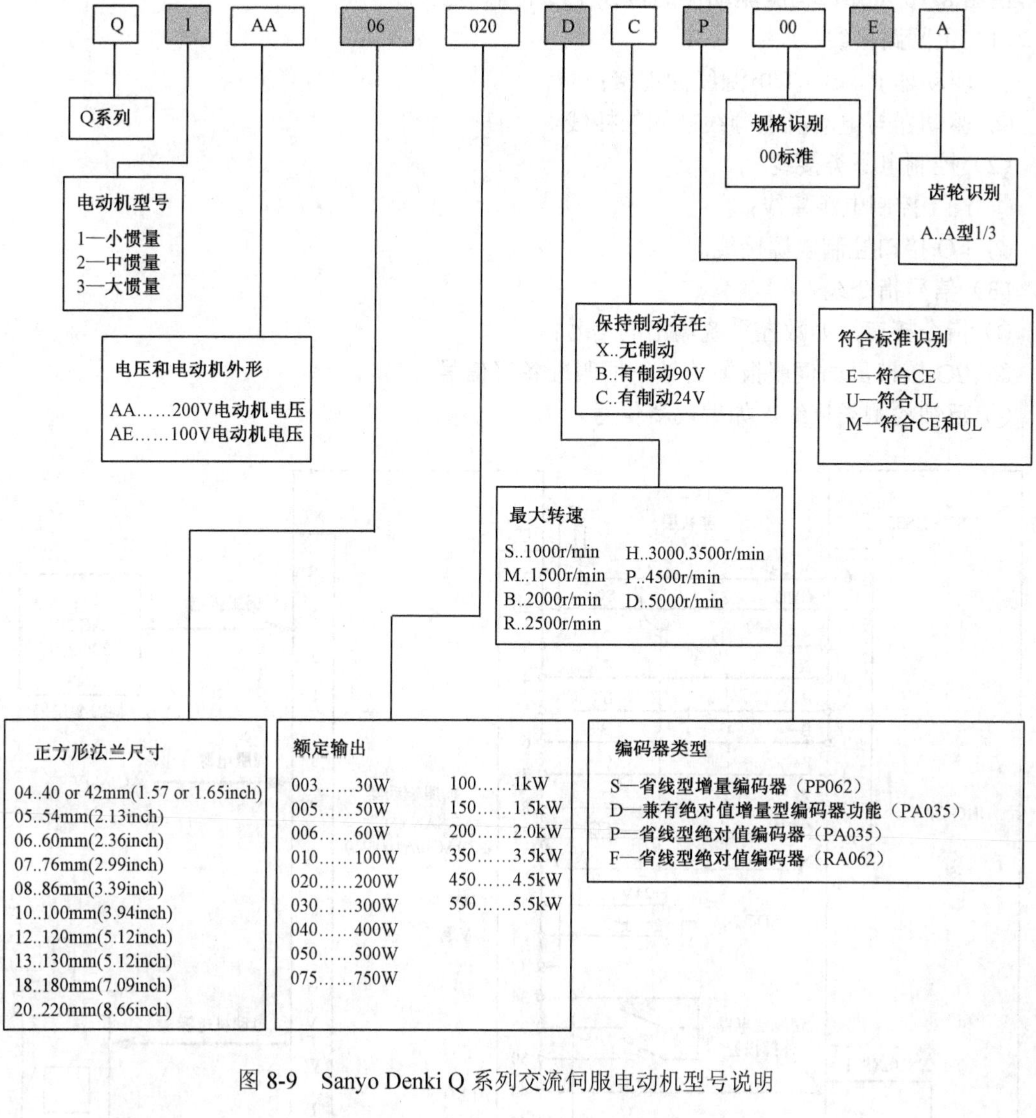

图 8-9 Sanyo Denki Q 系列交流伺服电动机型号说明

（三）三洋伺服驱动器的接线

华中 HNC-21 型世纪星数控装置是通过 XS30~XS33 脉冲接口控制进给电动机驱动器的，最多可控制 4 个进给电动机驱动装置。在数控机床上进给驱动装置根据来自 CNC 指令，控制电动机运行，以满足数控机床工作的要求。因此进给驱动装置至少要求具备工作电源接口、接收 CNC 设备指令接口及控制电动机运行的接口。

本车床试验台两个进给轴 X 轴、Z 轴的控制方式不同，X 轴由步进电动机驱动器带动步进电动机实现进给运动，不带反馈，是开环控制；而 Z 轴通过交流伺服驱动器带动交流伺服电动机实现进给运动，通过编码器或光栅尺实现闭环控制。如图 8-10 所示为三洋驱动器和 CNC 装置及交流电动机的连线图，各接口介绍如下：

由图 8-10 可知，伺服驱动器的接线主要有下列三种：

（1）主回路接线

① 驱动器 R、S、T 电源线的连接；

② 驱动器与电动机电源线之间的接线。

（2）控制电源类接线

① r、t 控制电源接线；

② I/O 接口控制电源接线。

（3）信号指令线

① 指令接口，如数控系统输出的信号；

② I/O 接口，如伺服报警信号，伺服准备好信号；

③ 反馈检测类接线，如编码器信号。

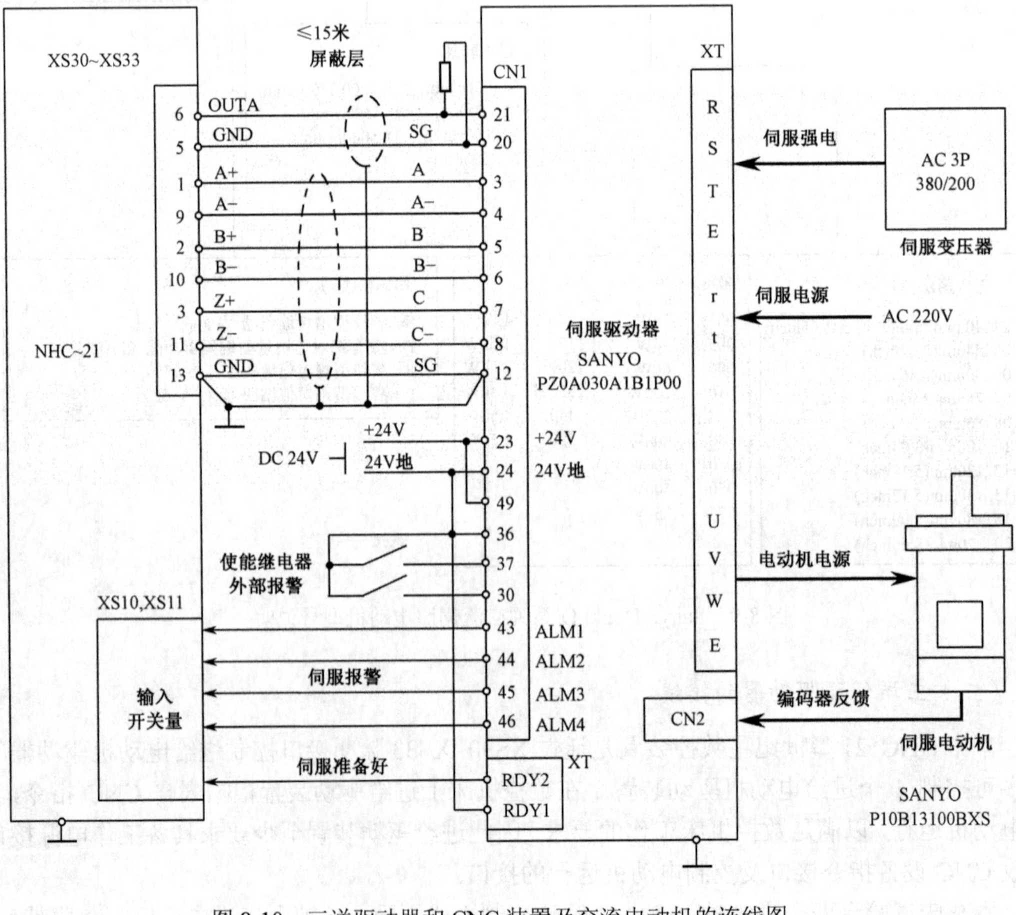

图 8-10　三洋驱动器和 CNC 装置及交流电动机的连线图

电源接口：对于交流伺服进给驱动系统，驱动装置的电源一般分为动力电源、控制电源和逻辑电路电源。动力电源是指进给驱动装置用于变换以驱动电动机进给的电源，典型的供电方式是三相交流 200V；控制电源是指进给驱动装置自身的控制板卡、面板显示等内部电路工作用的电源，一般为单向，电压与动力电源相同；逻辑电路电源是指进给驱动装置的开关量、模拟量等逻辑接口电路工作或电平匹配的电源，一般为直流 24V。

交流伺服驱动装置一般由隔离变压器供电，以提高抗干扰能力和减小对其他设备的干扰，有时还需要增加电抗器以减少启/停时对电源和电源控制器件的冲击，电源干扰较强时还要增加高压瓷片电容、磁环、低通滤波器等。交流伺服进给驱动装置典型的供电线路如图 8-11 所示。

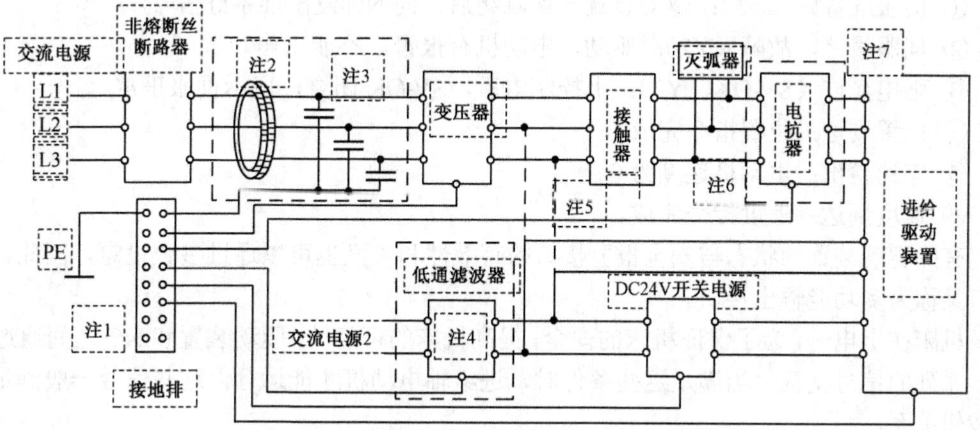

图 8-11　交流伺服进给驱动装置典型的供电线路

注 1：整机必须可靠接地，接地电阻小于 4Ω，并在控制柜内最近的位置接入 PE 接地排；各器件必须单独接在接地排上；接地排采用不低于 3mm 厚的铜板制作，保证良好的接触、导通。

注 2：各线在磁环上绕 3~5 圈，抗干扰。

注 3：电源线进入变压器的位置各相对地接高压（2000V）瓷片电容，可非常明显地减少电源线进入的干扰（脉冲、浪涌）。

注 4：采用低通滤波器，减少工频电源上的高频干扰信号。

注 5：进给驱动装置的控制电源可以由另外的隔离变压器供电，也可以从伺服变压器取一相电源供电（注意在接触器前端）。

注 6：大电感负载（交流接触器线圈、接触器直接控制启/停的三相异步电动机、交流电磁阀线圈等）要采用 RC（灭弧器）吸收高压反电动势，抑制干扰信号。

注 7：虚线框内为非必须的抗干扰措施。

控制接口：控制接口对进给驱动装置而言是输入信号接口，用于接收 CNC、PLC 及其他设备的控制指令，以便调整驱动装置的工作状态、工作特性或对驱动装置和电动机驱动的机床设备进行保护。控制接口常用的信号如下：

① 伺服 ON（X1）：进给驱动装置接收 NC 输出的脉冲指令开始工作。

② 复位（清除报警）（X2）：进给驱动装置恢复到初始状态（清除可自恢复性故障报警）。

③ 强电允许（X3）：通过 PLC 控制接触器的触点闭合接通伺服驱动器的三相强电。

④ 伺服抱闸（X4）：对于垂直进给轴，一般安装抱闸电动机，当电动机停止时，通过电动机内部的制动装置抱住转子，防止由于丝杠的重力带动电动机运转；当电动机需要运转时，应输出打开伺服抱闸信号，转子才可旋转。

⑤ 控制方式选择：运行进给驱动装置在两种工作方式之间切换，这两种工作方式可以通过参数设置成位置控制模式、速度控制模式、转矩控制模式。

⑥ CW 驱动禁止和 CCW 驱动禁止：禁止电动机正/反向旋转，可以应用于机床的限位保护功能。

在进给驱动装置内，可以通过参数对控制接口的各位信号进行如下设定：设定某位控制接口信号是否有效；设定某位控制接口信号是常闭有效，还是常开有效；修改某位控制接口信号的含义。因此这些接口又称为多功能输入接口。

安全与状态报警接口：安全与状态报警接口对进给驱动装置而言是输出信号接口，用于通知 CNC、PLC 及其他设备驱动装置目前的工作状态。安全与状态报警接口常用的信号如下：

① 伺服准备好（Y1）：驱动装置一切就绪后，向 NC 发出准备好信号。

② 伺服报警、故障（Y2）：驱动、电动机有报警，不能工作。

③ 强电允许（SV-OK，Y3）：上控制电后，SV-OK 闭合，表示伺服正常。

④ 位置到达：位置指令完成。

⑤ 零速检出：电动机速度为 0。

⑥ 速度到达：速度指令完成。

有些驱动装置的状态与安全报警接口的有效性和含义也可以通过参数设定，因此，这些接口又称为多功能输出接口。

机床在上电时，为了保证机床的安全，提高机床的可靠性，驱动装置和 NC 之间通过 PLC 有一系列的信号交互，当满足这些条件时，进给轴电动机才能运行，这些信号一般满足下面的逻辑关系。

驱动器先上控制电，输出伺服故障信号 Y2，如果驱动、电动机没有报警，输出强电允许信号 Y3，NC 接收到这些信号后，输出报警复位信号 X2，再输出强电允许信号 X3，延时，然后 NC 再输出伺服 ON 信号 X1，伺服驱动器接收到 X1 信号后，输出伺服准备好信号 Y1 给 NC，NC 再输出松开伺服抱闸信号 X4，这样伺服驱动电动机才能运行。

需要注意的是，上面提到的输入/输出信号都是针对驱动器而言，在机床电气设计时并不一定用到所有的上述信号，但有两个信号是很重要的，一般都会用到，就是伺服 ON 信号 X1 和伺服准备好信号 Y1，驱动器只有接收到 NC 输出的伺服 ON 信号，伺服驱动器才应答，发出伺服准备好信号 Y1。

（四）三洋伺服驱动器的参数设置

数控系统控制伺服驱动器时，需要对系统参数进行必要的设置，才能够正常地控制伺服驱动器，按表 8-1 对伺服电动机有关参数设置坐标轴参数，按表 8-2 设置硬件参数。

表 8-1 坐标轴参数

参数名	参数值
外部脉冲当量分子	5
外部脉冲当量分母	2
伺服驱动型号	45
伺服驱动器部件号	2
最大定位误差	20

续表

参数名	参数值
最大跟踪误差	12000
电动机每转脉冲数	2000
伺服内部参数[0]	0
伺服内部参数[1]	1
伺服内部参数[2]	1
伺服内部参数[3][4][5]	0
快移加减速时间常数	100
快移加速度时间常数	64
加工加减速时间常数	100
加工加速度时间常数	64

表 8-2　硬件配置参数

参数名	型号	标识	地址	配置[0]	配置[1]
部件 0	5301	带反馈 45	0	50	0

上面两个表是数控系统内部的参数，在实际应用中还需要设定驱动器的参数，使进给伺服系统达到最佳状态。为了正确设置驱动器参数，需要掌握驱动器按键的功能。三洋驱动器操作面板有 5 个按键，其功能见表 8-3，可以通过这 5 个按键来进行参数的修改和调试。

表 8-3　按键功能表

键名	标志	输入时间	功能
确认键	WR	1s 以上	确认选择和写入后的编辑数据
光标	►	1s 以内	选择光标位
上键	▲	1s 以内	在正确的光标位置，按键改变数据，当按下 1s 或更长时间，数据上下移动
下键	▼	1s 以内	
模式键	MODE	1s 以内	选择显示模式

1. 空载下调试及运转

在没有控制系统的情况下，为了判断伺服驱动系统的功能是否正常，可以直接利用伺服驱动器对电动机进行控制。实验台的 Z 轴采用的是伺服电动机，可以完成此项功能的测试。

① 按下“MODE”键显示测试模式<Ad--->，然后选择页面<Ad　0>，通过上下键来增加和减少数值。

② 按下（WR）键 1s，显示起初屏幕页面。按下（MODE）键，返回到页面选择屏幕。再次按下（MODE）键，转换到下一组模式。

③ 监控模式各页码说明见表 8-4。

表 8-4　监控模式说明表

页码	功能描述
00	速度模拟指令/转矩指令自动变换
01	转矩模拟指令自动提升
02	报警复位
03	编码器清除
04	固定励磁
05	手动操作
06	自整定限波滤波器

（4）进入选择测试调整模式“Ad05”手动操作，按“WR”键 1s 以上，D 数码显示为“y__ _n”后选择 yes。D 数码显示为“rdy”；然后按“WR”键 1s 以上，按“up”键电动机按正方向运转，按“down”键时电动机按反向运转；松开手电动机则停止动转。

2．通过修改伺服驱动器的通用参数，改变驱动器的性能

注意：在实验时如果发生 Z 轴啸叫、抖动或其他不良情况，请务必将急停按钮按下或将伺服强电断路，然后将参数恢复，以防损坏设备。

（1）位置环比例增益 PA000

① 设定位置环调节器的比例增益。

② 设置值越大，增益越高，刚度越大，相同频率指令脉冲条件下，位置滞后量越小，动态误差越小。但数值太大可能会引起振荡或超调。

③ 参数数值由具体的伺服系统型号和负载情况确定，应根据机械惯量的大小和需要的伺服刚性选择。下面对驱动器的此参数进行修改，然后让系统以一个固定的频率给驱动器发送脉冲，即让 Z 轴以一个固定的速度进行，然后选择系统跟踪误差显示模式，记录运行稳定时的跟踪误差值，填入表 8-5。

表 8-5　位置环增益实验情况表

位置比例增益值	5	20	30	200	500	1000	1500
系统跟踪误差值							

（2）速度环比例增益 PA002

① 设定速度调节器的比例增益。

② 设置值越大，增益越高，刚度越大。参数数值根据具体的伺服驱动系统型号和负载值情况确定。一般情况下，负载惯量越大，设定值越大。

③ 在系统不产生振荡的条件下，尽量设定较大的值。下面对驱动器的此参数进行修改，根据表 8-6 的数据逐渐增大速度比例增益值，测定系统产生振荡的临界值。注意实验完成后，要改回系统的初始设置值。

表 8-6　速度环增益实验情况表

速度比例增益值	5	20	30	200	500	1000	1500
系统跟踪误差值							

（3）速度积分时间常数 PA003

① 设定速度调节器的积分时间常数。

② 设置值越小，积分速度越快。参数数值根据具体的伺服驱动系统型号和负载情况确定。一般情况下，负载惯量越大，设定值越大。

③ 在系统不产生振荡的条件下，尽量设定较小的值。下面对驱动器的此参数进行修改，根据表 8-7 的数据逐渐减小速度积分时间常数，测定系统产生振荡的临界值。注意实验完成后，要改回系统的初始设置值。

表 8-7　速度积分时间常数实验情况表

速度积分时间常数	800	500	200	50	20	6	1
系统跟踪误差值							

通过修改参数，观察电动机的运行性能，观察什么情况下电动机会出现抖动、啸叫、超调，在参数不同的情况下，电动机运转时观察系统坐标的变化情况，系统跟踪误差的大小，回零时的不同现象，将电动机调到比较理想的状态，观察电动机动作时的不同现象。

（4）根据表 8-8 对伺服进行调试，将观察到的工作台的运行状态、伺服电动机的运行状态及系统的状态填入表 8-8。

表 8-8　综合实验情况表

位置环比例增益值	5	15	30	150	600	1200	1500
速度环比例增益值	5	20	50	140	300	400	800
速度积分时间常数	1000	500	20	12	7	5	1
系统跟踪误差							
Z 轴运行状态							
伺服电动机运行状态							

从以上实验可以得出什么样的结论：

____

____

3. 数控系统与伺服驱动器的指令脉冲的匹配实验

数控系统可以提供三种脉冲指令形式：单脉冲、双脉冲与 AB 相脉冲的指令控制类型，数控系统采用什么类型的控制指令，要根据所控制的伺服系统需要什么类型的控制指令。

综合实验台所提供的伺服驱动器可以接收的指令为单脉冲、双脉冲与 AB 相脉冲，所以可以通过调节数控系统与伺服驱动器的参数，对数控系统与伺服系统的指令类型进行匹配。具体的做法如下。

① 系统参数的修改，定义系统控制指令类型的参数是硬件配置参数中的配置 0，配置 0 的大小是一个字节，这个字节用二进制表示共有八位，每一位都有不同的功能定义：

D7	D6	D5	D4	D3	D2	D1	D0

对于脉冲接口伺服驱动器来说：

D0~D3：是指伺服电动机的轴号，在这里定义它为 2 号轴，数值为 0010。

D4~D5：指数控系统脉冲指令形式。

00——（默认）单脉冲输出；　01——单脉冲输出；

10——双脉冲输出；　11——AB 相输出。

D6~D7：数控系统接收反馈脉冲的指令形式。

00——（默认）AB 相反馈；　01——单脉冲反馈；

10——双脉冲反馈；　11——AB 相反馈。

② 现在伺服驱动器运行指令与反馈指令都采用 AB 相脉冲，那么配置 0 的数值为：

0	0	1	1	0	0	1	1

或

1	1	1	1	0	0	1	0

换算成十进制为：50 或 242。将其输入到配置 0 中，数控系统输出指令与反馈指令脉冲形式为 AB 相脉冲。

③ 伺服参数的修改，伺服可以通过修改参数 PA400 的数值来改变伺服驱动器的指令脉冲接收形式，如下表：

数值	功能
00H	双脉冲
10H	AB 相脉冲
20H	单脉冲

④ 如果数控系统脉冲输出指令采用单脉冲。反馈信号采用 AB 相脉冲，

系统硬件配置参数设为（　　），

伺服参数 PA400 设为（　　），

系统才能够正常运行，并用实验进行验证是否正确。

⑤ 如果数控系统脉冲输出指令采用双脉冲。反馈信号 AB 相脉冲，系统硬件配置参数设为（　　）；如果此时伺服系统指令信号采用单脉冲，伺服参数 PA400 设为（　　）；这时运行 Z 轴，会发生什么现象，并分析其原因：____

____。

五、单元学习活动

本单元主要是在了解伺服电动机工作原理的基础上，根据电气原理图对试验台的伺服电动机模块进行查看，了解伺服电动机的型号和工作原理；熟悉试验台使用的伺服驱动器的型号，包括驱动器各个端子的含义，特别是多功能端子伺服使能的含义和应用；掌握伺服电动机、伺服驱动器和数控系统的电气连接，并能进行调试运行。在调试过程中，能够对伺服电动机的各类故障进行分析，找出故障原因；最后要求各组认真完成课业工作页的内容，本单元学习活动计划见表 8-9。

表 8-9　本单元学习活动计划

学习阶段	工作（学习）任务	行为类别	工作学习方法与手段
入题阶段	明确本单元工作学习任务目标及主要学习内容	资讯	自主阅读本单元教学材料
计划阶段	介绍本单元学习活动安排及学习要点	计划	由指导教师或组长介绍
实施阶段	熟悉交流伺服电动机的工作原理，掌握其常见术语和特性曲线	实施	以小组为单位自主学习，然后教师随机抽取几个小组回答一些重点、难点问题，根据回答结果进行点评和综合讲解
	了解该模块用到的电动机和驱动器的型号和使用说明		结合教师的讲解，自己上网查找相关资料加深理解
	了解交流伺服驱动器各个接口的含义，特别是多功能端子伺服使能的含义和应用		主要是教师讲解并抽查小组进行考核，掌握其理解情况

续表

学习阶段	工作（学习）任务	行为类别	工作学习方法与手段
实施阶段	根据电气原理图正确接线，记录遇到的故障和解决方法	实施	组织学生领取相关的工具、导线、仪表等，指导学生在实训室进行接线安装和调试
	根据接线经历正确绘制电气连接图	实施	学生自主绘图，教师答疑
交流汇报阶段	小组交流，解读连线时遇到的各种故障及解决办法	检查评价	评价每个小组代表的汇报发言 完成课业工作页的相关内容

六、单元学习的资源要求

（一）学习所需的场所、设备及工具

本单元学习不涉及车间机床设备的电气操作，整个学习活动可在数控原理实训室开展。

数控原理实训室应配置工具展柜和资料柜，以提供常用电工工具和仪器仪表、机床常用电气元件实物和阅读学习所需要的各类资料。

根据个性教学的特殊需要，最好配置能进行网络资料查询的计算机。

（二）技术资料

设备使用说明书、维护保养手册、电气原理图、电气元件安装图和接线图，安全操作规程、岗位职能要求及相关管理资料等；开展单元学习活动所需的学习指南、卡片纸及课业工作页（课业练习）等。

七、单元学习的考核评价

单元学习的考核评价不要仅仅局限于对学习结果的考评，更要注重工作学习活动的参与过程。考评围绕学习活动的各个环节，根据参与程度、工作学习态度、学习方法与技巧、小组合作情况、目标实现状况等全面考评，本单元主要考评项目组成参考如下。

成果评定：根据课业学习及工作页的内容完成的质量情况进行评定，占60%;

学生自评：学生根据评分标准，对实施过程进行自评，给出相应的成绩，占10%;

学生互评：学生间互相交流，互相评价，占10%;

教师评价：教师根据学生的学习态度、工作态度、团队协作精神、出勤率、敬业爱岗和职业道德等情况，结合工作任务实施过程的各个环节进行评价，占20%。

单元五 主轴电动机的变频电气控制与安装调试

一、单元学习任务

1. 数控机床主传动系统的要求。
2. 感应电动机的调速方法和特性。
3. 主轴换挡、螺纹加工等功能的控制方法。
4. 日立变频器的接口含义及使用。

二、单元学习目标

1. 了解主轴电动机变频调速的原理。
2. 了解变频器在数控车床上的应用方式。
3. 具有正确使用变频器的能力。
4. 能够根据电气原理图对三相交流异步电动机、变频器和数控系统的线路进行连接和调试。
5. 能够自主分析主轴电动机故障原因并排查故障。

三、着重关注的引导性问题

1. 数控车床主传动系统有哪些特点？
2. 调速范围是指什么？目前主轴驱动装置的调速范围达到了多少？
3. 主轴的位置控制有哪些功能？理解这些功能和主轴的关系。
4. 结合车床加工实际谈谈数控车床主传动系统机械特性。
5. 了解数控车床各类主轴系统的特点和使用范围，掌握经济型数控车床主轴系统的配置方法。
6. 掌握感应电动机的变频调速特点和基本原理。
7. 掌握主轴电动机的特性，理解什么是恒功率输出，什么是恒转矩输出，以及它们的关系。
8. 为了实现主轴低速时的功率达到切削要求，不至于闷车，一般采取什么措施？
9. 以螺纹加工为例，理解数控系统主轴旋转与轴向进给的关联控制功能。
10. 以日立 SJ-100 型变频器为例，掌握变频器各种端子的功能和用法。
11. 了解变频器内部各种参数的含义和种类，会设置基本参数。
12. 通过实验掌握变频器的 3 种频率给定方式和智能端子的灵活应用。
13. 能够根据原理图正确连接该部分电路并能分析主轴电动机故障的原因。
14. 正确绘制主轴模块的电气连接图。

四、单元学习知识基础

（一）数控机床主轴的传动特点

数控机床主轴及其控制系统的性能在某种程度上决定了机床的性能及其档次，因此在数控机床的发展过程中被高度地重视。

机床的主轴驱动和进给驱动有较大的差别。机床主轴的工作运动通常是旋转运动，不像进给驱动需要丝杠或其他直线运动装置，是往复运动。数控机床通常通过主轴的回转与进给轴的进给实现刀具与工件的快速的相对切削运动。在 20 世纪 60 年代至 70 年代，数控机床的主轴一般采用三相感应电动机配上多级齿轮变速箱实现有级变速的驱动方式。随着刀具技术、生产技术、加工工艺及生产效率的不断发展，上述传统的主轴驱动已不能满足生产的需要，现代数控机床对主轴传动提出了更高的要求。

1．调速范围宽

保证加工时选用合适的切削用量，以获得最佳的生产率、加工精度和表面质量。特别对于具有自动换刀功能的数控加工中心，为适应各种刀具、工序和各种材料的加工要求，对主轴的调速范围要求更高，要求主轴能在较宽的转速范围内根据数控系统的指令自动实现无级调速，并减少中间传动环节，简化主轴箱。调速范围α由最高转速N_{max}与最低转速N_{min}比值决定，$\alpha=N_{max}/N_{min}$。

目前主轴驱动装置的恒转矩调速范围已达到 1:100，恒功率调速范围也可达 1:30，一般过载 1.5 倍时可持续工作达到 30min。

主轴变速分为有级变速、无级变速和分段无级变速三种形式，其中有级变速仅用于经济型数控机床，大多数数控机床均采用无级变速或分段无级变速。在无级变速中，变频调速主轴一般用于普及型数控机床，交流伺服主轴则用于中、高档数控机床。

2．恒功率范围要宽

主轴在全速范围内均能提供切削所需功率，并尽可能在全速范围内提供主轴电动机的最大功率。由于主轴电动机与驱动装置的限制，主轴在低速段均为恒转矩输出。为满足数控机床低速、强力切削的需要，常采用分段无级调速的方法（即在低速段采用机械减速装置），以扩大输出转矩。

3．具有四象限驱动能力

要求主轴在正、反向转动时均可进行自动加、减速控制，并且加、减速时间要短。目前一般伺服主轴可以在 1s 内从静止加速到 6000r/min。

4．具有位置控制能力

位置控制能力，即进给功能（C 轴功能）和定向功能（准停功能），以满足加工中心自动换刀、刚性攻丝、螺纹切削及车削中心的某些加工工艺的需要。

以数控车床为例，了解数控车床的主传动系统的机械特性图。数控车床主传动系统的负载特性为：在小于某转速范围内，低速运行常用于粗加工，为提高工作效率，切削深度和进

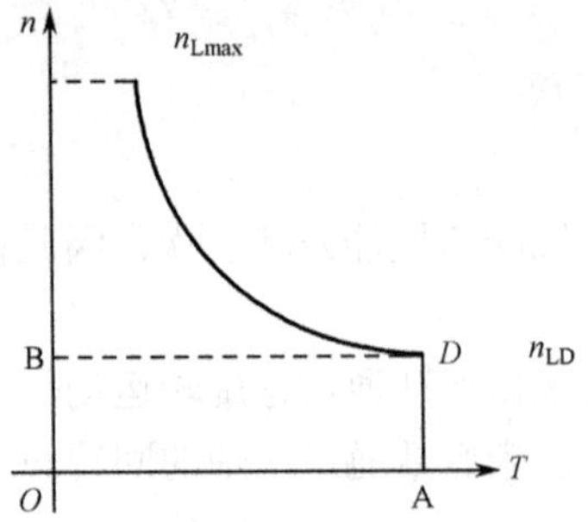

图 9-1 车床的机械特性

刀量都较大，因此低速时对过载能力要求较高，具有恒转矩的特点；高于某转速后，由于受床身机械强度及振动等因素的影响，速度越高，允许的切削深度和进刀量越小，阻转矩也越小，因而具有恒功率的性质，另外高速时常用于精加工，不但切削深度小，进刀量也往往不大，在正常情况下出现过载的可能性极小。

综上所述，车床的机械特性如图 9-1 所示。图 9-1 中，*D* 点以下为恒转矩区，*D* 点以上为恒功率区。*D* 点为分界点，一般 $n_{LD}=n_{Lmax}/4$（n_{LD} 是分界点转速，n_{Lmax} 是最高转速）。

（二）各类主轴系统的特点和使用范围

1．普通笼形异步电动机配齿轮变速箱

这是最经济的一种主轴配置方式，但只能实现有级调速，由于电动机始终工作在额定转速下，经齿轮减速后，在主轴低速时输出力矩大，重切削能力强，非常适合粗加工和半精加工的要求。如果加工产品比较单一，对主轴转速没有太高的要求，配置在数控机床上也能起到很好的效果；它的缺点是噪声比较大，由于电动机工作在工频下，主轴转速范围不大，不适合有色金属和需要频繁变换主轴速度的加工场合。

2．普通笼形异步电动机配简易型变频器

可以实现主轴的无级调速，主轴电动机只有工作在约 500r/min 以上才能有比较满意的力矩输出，否则，特别是车床很容易出现堵转的情况，一般会采用两挡齿轮或皮带变速，但主轴仍然只能工作在中高速范围，另外因为受到普通电动机最高转速的限制，主轴的转速范围受到较大的限制。

这种方案适用于需要无级调速但对低速和高速都不要求的场合，如数控钻铣床。国内生产的简易型变频器较多。

3．普通笼形异步电动机配通用变频器

目前进口的通用变频器，除了具有 *U/f* 曲线调节，一般还具有无反馈矢量控制功能，会对电动机的低速特性有所改善，配合两级齿轮变速，基本上可以满足车床低速（100~200r/min）小加工余量的加工，但同样受电动机最高转速的限制。这是目前经济型数控机床比较常用的主轴驱动系统。

4．专用变频电动机配通用变频器

变频电动机主要是针对普通三相异步电动机存在的缺陷，在电磁和结构方面进行特别设计。它具有启动扭矩大，过载能力强，还可在临界转差率接近 1 时直接启动，调速范围宽，震动小，噪声低，效率高等特点。因此比普通电动机更为安全可靠，从根本上解决了普通电动机启动时过载能力差，启动扭矩不足等主要缺点，并能确保电动机在低速或高速的情况下长时间运行。

主轴系统一般采用有反馈矢量控制，低速甚至零速时都可以有较大的力矩输出，有些还具有定向甚至分度进给的功能，是非常有竞争力的产品。以先马 YPNC 系列变频电动机为例，电压：三相 200V、220V、380V、400V 可选；输出功率：1.5~18.5kW；变频范围：2~200Hz；30min 150%的过载能力；支持 *V*/*f* 控制、*V*/*f*+PG（编码器）控制、无 PG 矢量控制、有 PG 矢量控制。提供通用变频器的厂家以国外公司为主，如西门子、安川、富士、三菱及日立等公司。

中档数控机床主要采用这种方案，主轴传动两挡变速甚至仅一挡即可实现转速在 100~200r/min 左右时车、铣的重力切削。一些有定向功能的还可以应用于要求精镗加工的数控镗铣床。若应用在加工中心上，还不很理想，必须采用其他辅助机构完成定向换刀的功能，而且也不能达到刚性攻丝的要求。

5．伺服主轴驱动系统

伺服主轴驱动系统具有响应快、速度高、过载能力强的特点，还可以实现定向和进给功能，当然价格也是最高的，通常是同功率变频器主轴驱动系统的 2~3 倍。伺服主轴驱动系统主要应用于加工中心上，用以满足系统自动换刀、刚性攻丝、主轴 C 轴进给功能等对主轴位置控制性能要求很高的加工。

6．电主轴

电主轴是主轴电动机的一种结构形式，驱动器可以是变频器或主轴伺服，也可以不要驱动器。电主轴由于电动机和主轴合二为一，没有传动机构，因此，大大简化了主轴的结构，并且提高了主轴的精度，但是抗冲击能力较弱，而且功率还不能做得太大，一般在 10kW 以下。由于结构上的优势，电主轴主要向高速方向发展，一般在 10000r/min 以上。

安装电主轴的机床主要用于精加工和高速加工，如高速精密加工中心。另外，在雕刻机和有色金属及非金属材料加工机床上应用较多，这些机床由于只对主轴高转速有要求，因此，往往不用主轴驱动器。

在本单元主要讨论经济型数控机床比较常用的主轴驱动系统，也就是普通笼形异步电动机配通用变频器。普通笼形异步电动机的工作原理前面已有具体介绍，本单元主要介绍主轴变频无级调速的原理和变频器的使用。

（三）感应电动机的变频调速特点和基本原理

在普及型数控车床主轴中，主轴控制装置通常是采用交流变频器来控制交流主轴电动机，它具有调速范围宽，速度稳定高，过载能力强，加减速时间短，噪声低，振动小，寿命长等特点。

由异步电动机理论可知，主轴电动机的转速公式为：

$$n=(1-s)\cdot n_1=(1-s)\cdot 60\times\frac{f_1}{p}=n_0-\Delta n$$

式中　p——电动机的极对数；

s——转差率；

n_0——同步转速；

f_1——供电电源的频率。

从上式可以看出，改变转差率 s 或变更极对数 p 或变化供电频率 f_1 都可以实现感应电动机的调速。变更电动机定子绕组的连接来改变电动机极对数 p，则电动机的转速可进行有级变速，称为变级多速电动机，它们一般只有双速或三速，不能实现平滑的无级调速，只有变化 f_1 才能获得平滑的无级变速。

在忽略定子阻抗压降的情况下，异步电动机定子电路的电压平衡方程为：

$$E_1=4.44f_1N_1\Phi_m$$

由上式可得感应电动机的每极磁通：

$$\Phi_m = E_1/(4.44\,f_1N_1)\cong U_1/f_1$$

式中　Φ_m——每极气隙磁通；

N_1——定子相绕组的有效匝数；

E_1——每相感应电动势，其值接近外施加相电压 U_1。

从上式可看出，当频率发生变化时，不仅影响电动机的运行速度，而且也影响电动机内部磁通量和各部分磁路磁通密度的变化。Φ_m 过大，会使铁芯饱和，导致激磁电流剧增；Φ_m 过小，会导致转矩下降。

当然变频调速是通过改变电源频率实现调速的，但这也会引起气隙磁通量的变化，从而影响电动机的性能。但如果变频调速时，随着电源频率的改变同时改变电源电压，对 E_1 和 f_1 进行适当的控制，以保持气隙磁通量 Φ_m 不变，电动机将获得良好的运行性能，便可有效地实现变频调速的功能。

因此在变频调速过程中，希望维持 Φ 不变，实现恒转矩控制，就要协调 f_1 和 U_1 的变化，即在中频区维持频压比等于常数，而在低频区还要提升定子电压 U_1，补偿定子的阻抗压降。当 f_1 超过感应电动机铭牌的基本频率时，由于电源电压的限制，U_1 已达到逆变器输出的最大值，U_1/f_1 将随 f_1 增加成反比例地减少，即感应电动机的每极磁通 Φ 成反比例下降，故电动机的输出转矩也相应地减少，电动机的输出功率在此区域内维持不变，称其为恒功率区域，而前者则为恒转矩区域。当频率在 0~10Hz 范围内时，E_1 也很小，而定子的阻抗压降不能忽略，即必须适当地增加 U_1/f_1 之比值，如图 9-2 所示。

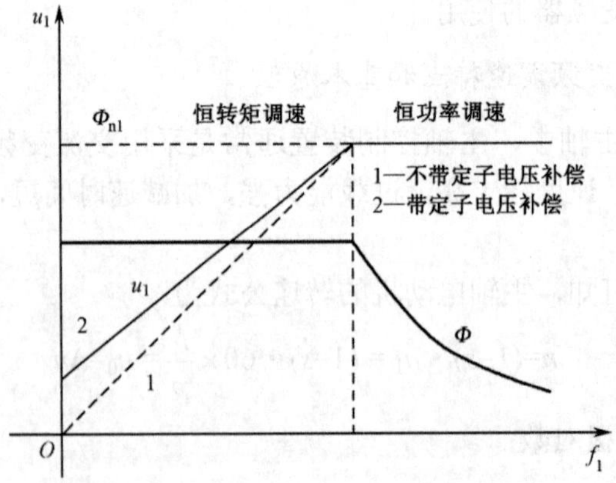

图 9-2　感应电动机电压、磁通特性

在描述主轴特性的参数中，有一个重要的数据——额定转速。图 9-3 为某一型号 3.5kW

主轴电动机的特性曲线。在特性曲线图中可以看出，当主轴的转速小于额定转速时，主轴工作在恒转矩区；当主轴的转数大于额定转速时，主轴工作在恒功率区。主轴的额定转速越低，表示主轴进入恒功率区的速度越低。

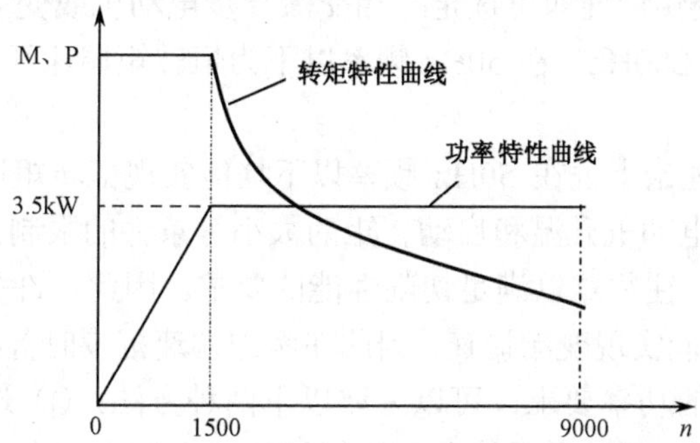

图 9-3　某主轴电动机的特性曲线

在机床设计时，需要根据机床切削的指标定义机床的技术指标。其中，主轴的输出功率和主轴的调速范围为关键的技术指标。例如，主轴的输出功率为 3.5kW，调速范围为 1500~8000r/min。

根据图 9-3 所示的主轴电动机的特性曲线可以看出，主轴与主轴电动机之间采用 1:1 的直连方式，即可实现上述技术指标。虽然主轴电动机的速度可以在零速到指定的最大速度之间连续变化，但在额定输出功率下的调速范围，为额定转速到最大转速。当主轴在低于额定转速下工作时，主轴的输出功率不能达到主轴电动机的额定功率。即使在低于额定转速的工作区主轴电动机可以在过载状态运行，输出更高的功率，甚至输出功率可高于额定功率，在过载的状态下主轴也不能长时间工作。

因此在数控机床的设计阶段，必须明确主轴的输出功率和调速范围等技术指标，否则，用户在切削时可能出现由于主轴输出功率不够造成主轴“闷车”而不能完成用户加工程序中所要求的切削用量。就以主轴与主轴电动机 1:1 直连的机床为例，如果加工工艺要求主轴需要在 500r/min 时进行切削，根据主轴电动机的特性曲线，此时主轴的实际输出功率只有额定功率的 1/3。如果用户需要机床的主轴在 500r/min 下能够产生 3.5kW 的功率输出，根据该主轴电动机的特性曲线，可确定在该转速下主轴电动机不能产生所需要的功率。这时就需要考虑更改机床的设计。方案之一是主轴机械结构不变，主轴与主轴电动机之间仍然采用 1:1 指令方式，而选择另一型号的主轴电动机，使其在 500r/min 下可以产生不小于 3.5kW 的输出功率。解决方案之二是改变主轴的接线结构，增加主轴减速机构，如采用 3:1 的减速器，主轴电动机运转在 1500r/min 时就可以输出 3.5kW 的功率。但是减速器影响了主轴的最高速度。主轴电动机的最高转速为 9000r/min，增加 3:1 的减速器后，主轴的最高转速只能达到 3000r/min。这时主轴的调速范围就变为 500~3000r/min。还有一种方案是采用主轴换挡机构，需要低速加工时采用 3:1 挡，而需要高速加工时，采用 1:1 挡。这样不仅满足低速状态下可以产生足够的转矩，而且可以保证主轴的调速范围。

因此在选择电动机类型时首先需确定基本转速及最高转速，然后根据式 $n=(1-s)n1 = (1-s)$

$60f_1/p$，将基本转速转换为基本频率（简称基频），如目前在大多数控车床中将基频确定为50Hz或60Hz。以此为基点，接着按主轴的最高转速计算出最高调速频率，最终确定变频调速的范围。现以某CK 6140型数控车床变频调速特性为例：功率为5.5kW，要求变速范围为1500~6000r/min。根据变频特性即可选定三相交流异步电动机或变频电动机，变频调速的基频为50Hz，最高频率为200Hz，在50Hz频率以下为恒转矩调速区，在50Hz频率以上为恒功率调速区。

另外要注意，虽然理论上说在50Hz频率以下均能实现恒转矩调速，但在频率很低时，如在5Hz以下，由于受电动机升温和启动转矩的大小等条件的限制，此时电动机很容易引起发热，且此时功率很小，往往难以满足切削性能的要求。因此，许多变频电动机上都明确标注在5Hz或6Hz以上才能实现变频调速。因此在考虑调速范围时务必认识到这一点，不过有时为了满足主轴低速时的功率要求，可以采取以下两种方法：① 选择基本速度较低或额定功率高一挡的主轴电动机；② 采用特种的绕组切换式主轴变频电动机，这时电动机的三相绕组在低速运行时接成星形，而在高速运行时接成三角形，从而提高了主轴电动机的低速功率特性，降低主轴机械部件的成本。

主轴电动机同样具有很强的过载能力。有些错误的观点认为，在恒转矩区工作时，可通过主轴电动机的过载提高其输出功率。这种观点的错误之处是主轴不能长时间过载。伺服主轴所允许的过载只是短时的，特别是在主轴电路达到驱动器的最大设计电流时，所允许的驱动电流过载的时间就更短。

所以在设计主轴性能指标时，一定要正确选择主轴的工作点。数控机床出厂时，应为用户提供主轴的功率特性，以指导用户正确地使用主轴。作为机床的使用者，也需要了解数控机床主轴的特性，以便在加工程序中正确地选择切削用量，保证主轴的输出功率得到充分利用。

（四）主轴换挡原理及螺纹加工原理

主轴换挡是指通过改变主轴电动机至主轴的传动比来获得更宽的主轴转速范围及更高的转矩输出的过程。对于普通三相异步主轴电动机，通常其转速是固定的，必须通过主轴换挡才能获得不同的主轴转速以满足加工的需要。

目前数控机床比较常用的主轴驱动系统是采用通用变频器配普通笼形三相异步电动机。通用变频器除了具有 U/f 曲线调节，可实现主轴的无级调速，一般还具有无反馈矢量控制功能，会对电动机的低速特性有所改善。采用无级调速主轴机构，主轴箱的结构可以得到大大简化，但其低速段输出转矩常无法满足机床强力切削的要求。如单纯追求无级调速，势必要增大主轴电动机的功率，从而使主轴电动机与驱动装置的体积、重量及成本增加，电动机的运行效率也会大大降低。因此，数控机床常采用1~4挡齿轮变速与无级调速相结合的方式，即分段无级变速方式，同时满足低速转矩与最高主轴转速的要求。

电动机的扭矩、功率和转速有如下关系：$M=9545W/n$，例如在功率 W 不变的情况下，若转速 n 降低一倍，则扭矩 M 增加1倍。采用齿轮减速虽然可增大低速时的输出特性，但同时降低了最高主轴转速。因此需采用齿轮自动换挡，达到既能满足低速转矩，又能满足最高主轴转速的要求。数控系统一般均提供4挡自动变速功能，而数控机床通常使用两挡即可满足要求。在数控系统参数区设置M41~M44四挡对应的最高主轴转速后，即可用M41~M44指令控制齿轮自动换挡。控制过程中，数控系统将根据当前S指令值，自动判断挡位，向PLC输出相应的M41~M44指令，由PLC控制变换齿轮位置；数控装置同时输出相应的模拟电压或数字信号设定对应的速度。

例如，M41对应的主轴最高转速为1000r/min，M42对应的主轴最高转速为3500r/min，当S指令在0~1000r/min范围时，M41对应的齿轮啮合。S指令在1001~3500r/min范围时，M42对应的齿轮啮合。此例中M42对应的齿轮传动比为1:1，而M41对应的齿轮比为3.5:1，此时主轴输出的最大转矩为主轴电动机最大输出转矩的3.5倍。

通过数控系统的机床参数可以设定主轴每个挡位的速度范围，如图9-4所示。相邻两挡的速度范围既可以相接，也可以重叠。从图9-4中可以看出，如果设定的速度范围有叠加，升速时从第一挡换到第二挡的换挡速度是第一挡的高速。减速时，从第三挡换到第二挡的换挡速度是第三挡的低速。数控系统的默认设定是自动换挡，即换挡是根据主轴的零件程序中的主轴速度指令S，以及机床参数中定义的主轴每挡调速范围来确定的。辅助指令M41~M44用于强制换挡，M41表示换到第一挡，M44表示换到第四挡。

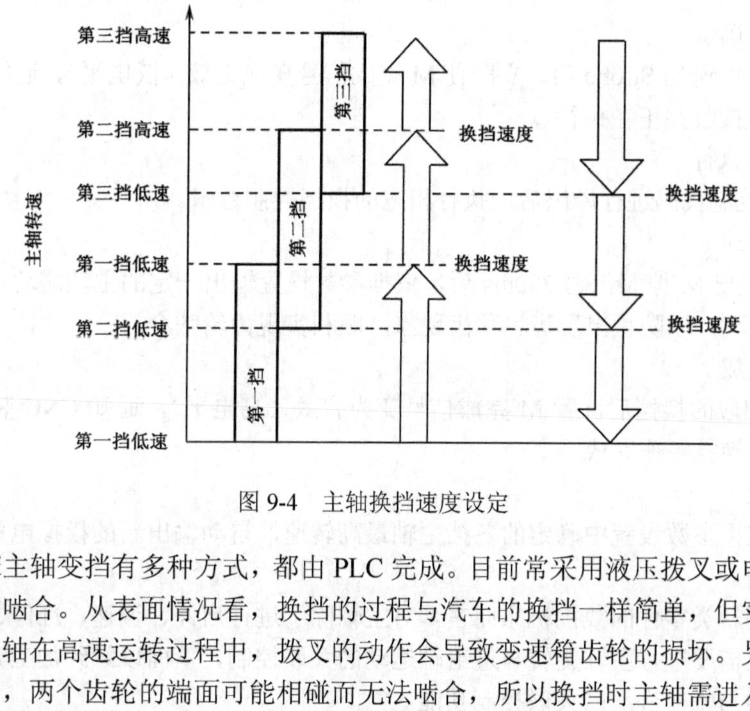

图9-4　主轴换挡速度设定

数控机床主轴变挡有多种方式，都由PLC完成。目前常采用液压拨叉或电磁离合器来带动不同齿轮的啮合。从表面情况看，换挡的过程与汽车的换挡一样简单，但实际情况要复杂得多。如果主轴在高速运转过程中，拨叉的动作会导致变速箱齿轮的损坏。另外，在主轴停止状态下换挡，两个齿轮的端面可能相碰而无法啮合，所以换挡时主轴需进入蠕动状态。主轴电动机低速转动或蠕动的速度可在数控系统参数区设定。

在设计主轴换挡控制逻辑时，必须严格遵循主轴换挡的时序要求。对不同的数控系统，主轴换挡的时序也不尽相同。但就某一种数控系统而言，无论机床的主轴设置几个挡位，每次换挡过程的控制时序都是相同的。某种数控系统自动变速动作控制时序分解如图9-5所示。

（1）M代码输出

当数控系统遇到挡位变化的S指令时，即向PLC输出相应的M41~M44换挡控制代码。

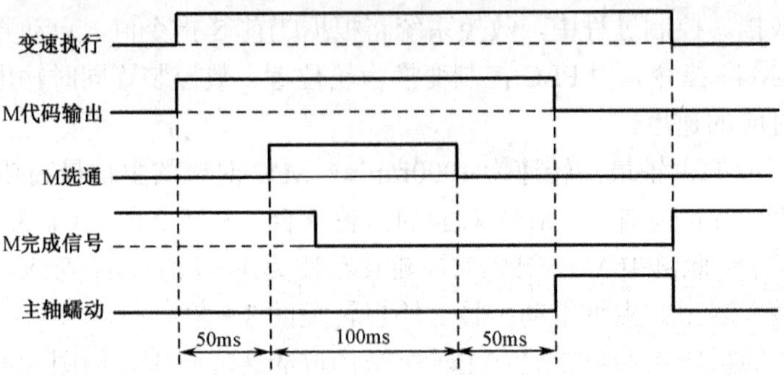

图 9-5　自动变速动作控制时序分解

（2）M 选通

为使输出的 M 控制代码稳定，保证 PLC 正确读取，在 M 控制代码输出 50ms 后，CNC 装置向 PLC 发出 M 选通信号（M Strobe），指示 PLC 读取并执行 M 代码。M 选通信号 100ms 后自动撤销。

（3）M 代码确认

PLC 正确接收到 M Strobe 后，立即使 M 完成信号变成无效（低电平），通知 CNC 装置，M 控制代码已经接收并正在执行。

（4）M 代码执行

PLC 对 M 控制代码进行译码后，执行相应的换挡控制逻辑。

（5）主轴蠕动

CNC 装置输出 M 控制代码 200ms 后，依据参数设置输出一定的主轴蠕动量，从而使主轴慢速转动或震动，以防止出现齿轮顶齿现象，顺利实现齿轮啮合。

（6）换挡完成

PLC 完成相应的换挡后，置 M 完成信号变为有效（高电平），通知 CNC 装置，M 控制代码已经执行，换挡工作完成。

（7）转速设定

数控系统依据参数设置中确定的各挡主轴最高转速，自动输出新的模拟电压，使主轴转速为给定的 S 值。

对于加工回转类零件的数控机床而言，对主轴除了进行启停、调速、准停、转向等方面的控制以外，还需要进行主轴旋转与进给轴运动的关联控制，下面以螺纹加工为例，介绍数控系统主轴旋转与轴向进给的关联控制功能。

（1）进给轴与主轴转速关联控制

在数控车床上加工圆柱螺纹时，无论螺纹是等距螺纹还是变距螺纹，都要求主轴转速与刀具轴向进给保持一定的协调关系，数控系统必须具有主轴转速与轴向进给量关联控制功能。在主轴上安装脉冲编码器可以检测主轴转角、相位、零位等信号，在主轴旋转过程中，脉冲编码器不断向数控装置发送脉冲信号，根据插补计算结果，控制进给坐标轴伺服系统，使进给量与主轴转速保持螺纹加工所需的比例关系，从而实现螺纹的精确加工。

（2）主轴旋转方向控制

通过改变主轴旋转方向，可以加工出左螺纹或右螺纹，主轴旋转方向可通过脉冲编码器正交的 A 相、B 相脉冲信号的顺序判断。

（3）主轴绝对位置定位

脉冲编码器的零位脉冲信号 C，刚好对应主轴旋转一周，可用于主轴绝对位置定位检测和控制。在多次循环切削同一螺纹时，该零位信号可作为刀具切入点，以保证螺纹螺距不出现乱扣现象。即在每次螺纹切削进给前，刀具必须经过零位脉冲定位后才能切削，以确保刀具在工件圆周同一点切入。

（五）变频器

变频器是利用电力半导体器件的通断作用将工频电源变换为另一频率的电能控制装置，其功能是将电网电压提供的恒压、恒频的交流电转换为变频变压交流电。在数控车床中采用变频器的最主要目的是为了提高调速特性，使被调的交流电动机在低转差率运行状态下，减少转子损耗和启动电流冲击，有利于系统及电网的稳定运行，且调速范围宽，精度高，速度稳定性好。

在数控车床中选用变频器除了正常考虑调速范围、静态速度精度、启动转矩、负载情况外，更重要的是控制方式的选择。目前，在数控车床中运用的主轴变频器有标量控制和矢量控制两种。标量控制因其在低频时转矩不够、速度稳定性差（调速范围 1∶10），在数控车床主轴变频中已逐步淘汰，而矢量控制的变频器正在逐渐推广应用。矢量控制的目的是使鼠笼式异步电动机像直流电动机那样具有优秀的运行性能及很高的控制性能，通过控制变频器输出电流的大小、频率及其相位，用以维持电动机内部的磁通设定值，产生所需的转矩。它控制特性非常优良，可以与直流电动机的电枢电流加励磁电流调节相媲美，能适应要求高速响应的场合，调速范围大（1∶100），还可进行转矩控制。矢量控制分为无速度传感器和有速度传感器两种。有速度传感器的精度更高，但在数控车床中无速度传感器就能满足控制要求。无速度传感器既具有矢量控制高性能的优点，又具有通用变频器没有速度传感器的长处，其最大特点是不仅改善了转矩控制的特性，而且改善了针对负载变化产生的不特定环境下的速度可控性，即使在低速范围时同样可以产生强大的转矩。目前，西门子、艾默生、东芝、LG、日立、森兰等厂家都有成熟的产品，可供各制造厂家选用。

系统效率等于变频器与电动机效率的乘积，只有二者都在较高效率下工作系统效率才是最佳的。因此，在通常情况下，变频器的功率与电动机功率值相当，以利于变频器在高效率下运转。如果电动机频繁启动、制动或处于重载启动且较频繁时，可选取大一级的变频器，以利于变频器长期、安全运行。

目前，通用变频器几乎都是交—直—交型变频器，其是将恒压恒频的交流电通过整流电路变换成直流，然后再经过逆变电路将直流变换成调压调频的交流电。本节以交—直—交电压型变频器为例，讲述变频器的基本结构。变频器由主电路和控制电路组成，如图 9-6 所示。

（1）主电路

电压型交—直—交型变频器的主电路由整流电路、中间直流电路和逆变电路三部分组成。主电路的基本结构如图 9-7 所示。

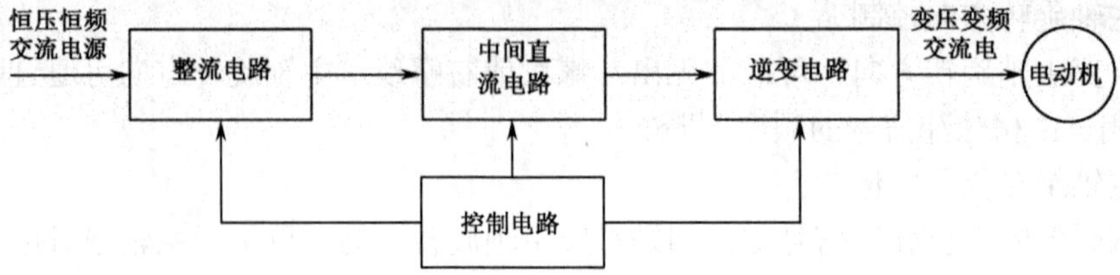

图 9-6　变频器的基本构成

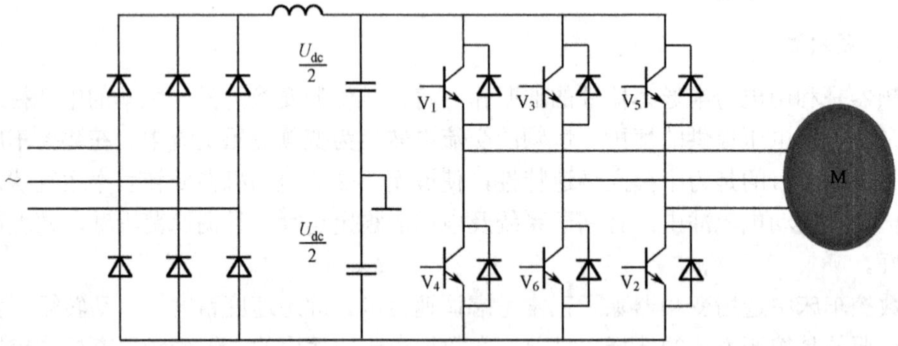

图 9-7　电压型交—直—交型变频器的基本结构

（2）控制电路

控制电路主要由电源板、主控板、键盘与显示板、外接控制电路等构成。主控板是变频器运行的控制中心，其主要功能如下：

① 接收从键盘输入的各种信号。

② 接收从外部控制电路输入的各种信号。

③ 接收内部的采样信号，如主电路中电压与电流的采样信号、各部分温度的采样信号、各逆变器管工作状态的采样信号等。

④ 完成 SPWM 调制，将接收的各种信号进行判断和综合运算，产生相应的 SPWM 调制指令，并分配给各逆变器管的驱动电路。

⑤ 发出显示信号，向显示板和显示屏发出各种显示信号。

⑥ 发出保护指令，变频器必须根据各种采样信号随时判断其工作是否正常，一旦发现异常工况，必须发出保护指令进行保护。

⑦ 向外部发出控制信号及显示信号，如正常运行信号、频率到达信号、故障信号等。

一般三相输入、三相输出变频器的基本电气接线原理图如图 9-8 所示。

在图 9-8 中，主电路接入口 R、S、T 处应按常规动力线路的要求预先串接符合该电动机功率容量的空气断路器和交流接触器，以便对电动机工作电路进行正常的控制和保护。断路器的时间特性要充分考虑变频器的过热保护的时间特性，一般为达到额定输出电流的 150% 而且超过 1min。可以通过断开接触器断开主回路电源，电动机自由滑行停止，但频繁开闭会引起变频器故障，接触器的容量常选为变频器额定电流的 1.5~2 倍。

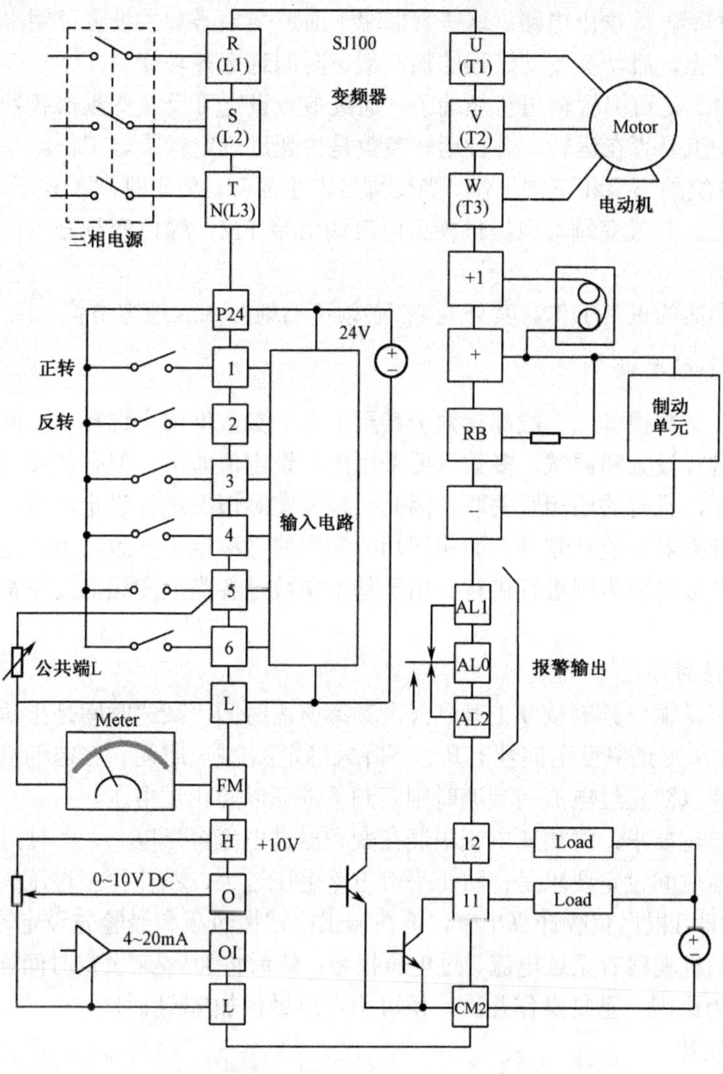

图 9-8　三相输入/输出变频器的基本电气接线原理图

经过变频后的三相动力接出口为 U、V、W，在它们和电动机之间可安排热继电器以防止电动机过长时间过载或单相运行等问题。电动机的转向仍然靠外接的线头换相来确定或控制。绝对禁止将输入电源 R、S、T 接入输出端子 U、V、W 或将输出端子短路或接地。

+、–用来连接外部制动电阻，在制动力矩不能满足要求时使用，改变制动电阻值的大小可调节制动的程度，运用于大惯性负载、频繁制动或快速刹车的情况。

工作频率的模拟输入端为 O 和 OI，分别表示电压输入还是电流输入，模拟量地端 L 为零电位点。电压或电流模拟方式的选择一般通过变频器参数设定。电压模拟输入也可以从外部接入电位器实现（有些变频器将此环节设定在内部），电位器的参考电压从 L 端获取。

端子 1~6 为相同的可编程输入智能端子，输入电路可以使用变频器内部隔离的+24V（P24）供电，输入电路内部已连接至电源地。如使用外接电源，其接地端需连接至变频器的

L 端子，完成逻辑输入/输出电路。这些智能端子通过变频器参数设置可用来分别控制电动机电源的启动、停止，启动及制动过程的加、减速时间选定等功能。

端子 11、12 是可编程输出智能端子，通过参数设定可反映变频器各种状态，如变频器有无故障、电动机是否在运转、各种运转参数是否超过规定极限、工作频率是否符合给定数据，便于整个系统的协调和正常工作。当变频器产生故障，处于跳闸模式下，报警信号 AL0、AL1、AL2 有效。一般变频器也提供模拟电流输出端 FM，输出变频器工作频率，便于建立外部的控制系统。

为保证变频器的正常工作，其外壳 PE 必须可靠地接入大地零电位。

（六）变频器的参数

变频器功能参数很多，一般都有数十甚至上百个参数供用户选择。实际应用中，没必要对每一参数都进行设置和调试，多数只要采用出厂设定值即可。但有些参数由于和实际使用情况有很大关系，且有的还相互关联，因此要根据实际情况进行设定和调试。

因各类型变频器功能有差异，而相同功能参数的名称也不一致，为叙述方便，下面以富士变频器基本参数名称为例进行讲解。由于基本参数是各类型变频器几乎都有的，完全可以做到触类旁通。

（1）加/减速时间

加速时间就是输出频率从 0 上升到最大频率所需时间，减速时间是指从最大频率下降到 0 所需时间。通常用频率设定信号上升、下降来确定加/减速时间。在电动机加速时须限制频率设定的上升率以防止过电流，减速时则限制下降率以防止过电压。

加速时间设定要求：将加速电流限制在变频器过电流容量以下，不使过流失速而引起变频器跳闸；减速时间设定要求是：防止平滑电路电压过大，不使再生过压失速而使变频器跳闸。加/减速时间可根据负载计算出来，但在调试中常按负载和经验先设定较长加/减速时间，通过启、停电动机观察有无过电流、过电压报警；然后将加/减速设定时间逐渐缩短，以运转中不发生报警为原则，重复操作几次，便可确定出最佳加/减速时间。

（2）转矩提升

转矩提升又叫转矩补偿，是为补偿因电动机定子绕组电阻所引起的低速时转矩降低，而将低频率范围 f/V 增大的方法。设定为自动时，可使加速时的电压自动提升以补偿启动转矩，使电动机加速顺利进行。如采用手动补偿时，根据负载特性，尤其是负载的启动特性，通过试验可选出较佳曲线。对于变转矩负载，如选择不当会出现低速时的输出电压过高，而浪费电能的现象，甚至还会出现电动机带负载启动时电流大，而转速上不去的现象。

（3）电子热过载保护

本功能为保护电动机过热而设置，它是变频器内 CPU 根据运转电流值和频率计算出电动机的温升，从而进行过热保护。本功能只适用于“一拖一”场合，而在“一拖多”时，则应在各台电动机上加装热继电器。

电子热保护设定值(%)=(电动机额定电流/变频器额定输出电流)×100%。

（4）频率限制

频率限制即变频器输出频率的上、下限幅值。频率限制是为防止误操作或外接频率设定信号源出故障，而引起输出频率的过高或过低，以防损坏设备的一种保护功能。在应用中按实际情况设定即可。此功能还可用于限速，如有的皮带输送机，由于输送物料不太多，为减少机械和皮带的磨损，可采用变频器驱动，并将变频器上限频率设定为某一频率值，这样就可使皮带输送机运行在一个固定、较低的工作速度上。

（5）偏置频率

偏置频率有的又叫偏差频率或频率偏差设定。其用途是当频率由外部模拟信号（电压或电流）进行设定时，可用此功能调整频率设定信号最低时输出频率的高低。有的变频器当频率设定信号为 0%时，偏差值可作用在 $0\sim f_{max}$ 范围内，有的变频器（如明电舍、三垦）还可对偏置极性进行设定。如在调试中当频率设定信号为 0%时，变频器输出频率不为 0Hz，而为 xHz，则此时将偏置频率设定为负的 xHz 即可使变频器输出频率为 0Hz。

（6）频率设定信号增益

此功能仅在用外部模拟信号设定频率时才有效。它用来解决外部设定信号电压与变频器内电压（+10V）的不一致问题；同时方便模拟设定信号电压的选择。设定时，当模拟输入信号为最大时（如 10V、5V 或 20mA），求出可输出 f/V 图形的频率百分数并以此为参数进行设定即可；如外部设定信号为 0~5V 时，若变频器输出频率为 0~50Hz，则将增益信号设定为 200%即可。

（7）转矩限制

可分为驱动转矩限制和制动转矩限制两种。它是根据变频器输出电压和电流值，经 CPU 进行转矩计算，其可对加/减速和恒速运行时的冲击负载恢复特性有显著改善。转矩限制功能可实现自动加速和减速控制。当加/减速时间小于负载惯量时间时，也能保证电动机按照转矩设定值自动加速和减速。

驱动转矩功能提供了强大的启动转矩，在稳态运转时，转矩功能将控制电动机转差，而将电动机转矩限制在最大设定值内，当负载转矩突然增大时，甚至在加速时间设定过短时，也不会引起变频器跳闸。当加速时间设定过短时，电动机转矩也不会超过最大设定值。驱动转矩大对启动有利，以设置为 80%~100%较妥。

制动转矩设定数值越小，其制动力越大，适合急加/减速的场合，如果制动转矩设定数值设置过大会出现过压报警现象。若制动转矩设定为 0%，可使加到主电容器的再生总量接近于 0，从而使电动机在减速时，不使用制动电阻也能减速至停转而不会跳闸。但在有的负载上，如制动转矩设定为 0%时，减速时会出现短暂空转现象，造成变频器反复启动，电流大幅度波动，严重时会使变频器跳闸，应引起注意。

（8）加/减速模式选择

加/减速模式选择又叫加/减速曲线选择。一般变频器有线性、非线性和 S 三种曲线，通常大多选择线性曲线；非线性曲线适用于变转矩负载，如风机等；S 曲线适用于恒转矩负载，其加/减速变化较为缓慢。设定时可根据负载转矩特性，选择相应曲线，但也有例外，笔者在调试一台锅炉引风机的变频器时，先将加/减速曲线选择非线性曲线，变频器启动运转后就跳闸，调整改变许多参数无效果，后改为 S 曲线后就正常了。究其原因是：启动前引风机由于烟道烟气流动而自行转动，且反转而成为负向负载，这样选取了 S 曲线，使刚启动时的频率上升速度较慢，从而避免了变频器跳闸的发生，当然这是针对没有启动直流制动功能的变频器所采用的方法。

（9）转矩矢量控制

矢量控制是基于理论上认为：异步电动机与直流电动机具有相同的转矩产生机理。矢量控制方式就是将定子电流分解成规定的磁场电流和转矩电流，分别进行控制，同时将两者合成后的定子电流输出给电动机。因此，从原理上可得到与直流电动机相同的控制性能。采用转矩矢量控制功能，电动机在各种运行条件下都能输出最大转矩，尤其是电动机在低速运行区域。

现在的变频器几乎都采用无反馈矢量控制，由于变频器能根据负载电流大小和相位进行转差补偿，使电动机具有很硬的力学特性，对于多数场合已能满足要求，不需在变频器的外部设置速度反馈电路。这一功能的设定，可根据实际情况在有效和无效中选择一项即可。

与之有关的功能是转差补偿控制，其作用是为补偿由负载波动而引起的速度偏差，可加上对应于负载电流的转差频率。这一功能主要用于定位控制。

（10）节能控制

风机、水泵都属于减转矩负载，即随着转速的下降，负载转矩与转速的平方成比例减小，而具有节能控制功能的变频器设计有专用 *V*/*f* 模式，这种模式可改善电动机和变频器的效率，其可根据负载电流自动降低变频器输出电压，从而达到节能目的，可根据具体情况设置为有效或无效。

要说明的是，（9）、（10）这两个参数是很先进的，但有一些用户在设备改造中，根本无法启用这两个参数，即启用后变频器跳闸频繁，停用后一切正常。究其原因有：① 原用电动机参数与变频器要求配用的电动机参数相差太大；② 对设定参数功能了解不够，如节能控制功能只能用于 *V*/*f* 控制方式中，不能用于矢量控制方式中；③ 启用了矢量控制方式，但没有进行电动机参数的手动设定和自动读取工作，或读取方法不当。

另外，变频器的参数输入项目中有一些是电动机基本参数的输入，如电动机的功率、额定电压、额定电流、额定转速、极数等。这些参数的输入非常重要，将直接影响变频器中一些保护功能的正常发挥，一定要根据电动机的实际参数正确输入，以确保变频器的正常使用。

（七）日立 SJ100 型变频器的使用

操作面板的各个按键如图 9-9 所示，各键作用定义如下。

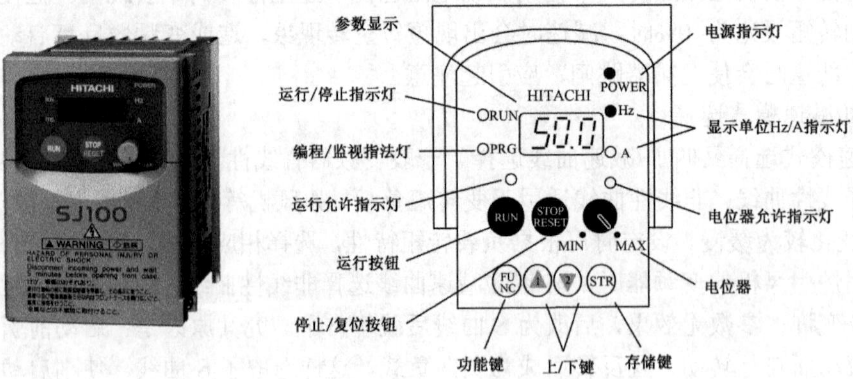

图 9-9 日立变频器外形和操作面板图

RUN——给变频器提供一个运行的指令：按此键可以启动电动机的运转，前提是变频器处在键盘控制方式下。

STOP——给变频提供一个停止运行的指令；按此键可以停止电动机的运转，前提是变频器处在键盘控制方式下。

FUN——功能键，修改变频器时，可以选择参数模式及在设置参数时使用。

▲——修改参数时增大参数值。

▼——修改参数时减少参数值。

STR——可以对变频器的修改参数进行保存。

电位器——操作者可以通过这个变频器所带的电位器来改变变频器的输入模拟电压指令。

在使用变频器时，应了解变频器运行的两个基本条件：运行/停止指令和运行频率指令。

运行/停止指令可来自操作面板或智能控制端子；而变频器频率给定的方法有三种：① 面板给定：可通过“▲”或“▼”键改变参数的参数值来增加或减小给定频率；② 预置设定：利用智能端子控制变频器的输出频率；③ 外接给定：通过变频器上的控制端子进行频率控制。这三种方法，在下面的实验中都会提到。如图 9-10 所示为变频器智能端子的排列图，表 9-1 是各个智能端子的含义说明。

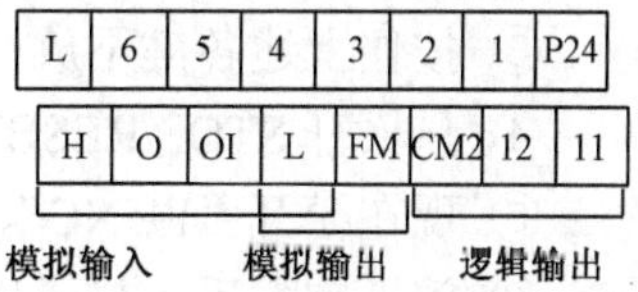

图 9-10　变频器智能端子排列图

表 9-1　智能端子含义表

引脚号	描述	说明
P24	为逻辑输入提供+24V	直流 24V，最大电流 30mA （禁止与端子 L 短接）
1,2,3,4,5,6	独立的逻辑输入	使用 P24 或相当于 L 的外部输入
L（上端）	逻辑输入地	输入 1~6 的电流和（流入）
11,12	分离逻辑输出	闭合状态下最大电流为 50mA
CM2	逻辑输出地	100mA：11、12 的电流和（流入）
FM	PWM（模拟/数字）输出	0~10V DC，1mA，PWM 和占空比为 50%的数字量
L（下端）	模拟输入地	OI、O、H 的电流和（流入）
OI	模拟电流输入	范围为 4~19.6mA，标称值为 20mA
O	模拟电压流入	范围为 0~9.6V DC，标称值为 10V DC，输入阻抗为 10k
H	+10V 模拟基准源	标称值为 10V，最大电流为 10mA

日立 SJ-100 型变频器参数主要分为以下几组：

D 组——监视功能参数：无论变频器处在运行或者是停止状态。都可以使用本组参数来获取系统的重要参数，如电动机电流、输出频率、旋转方向等。

F 组——主要常用参数：用来设定变频器的常用参数，如加/减速时间常数、电动机的输出频率等。

A 组——标准功能参数的设定：这些参数的设定直接影响到变频器输出的最基本的特性。如变频器控制方式的选择，输出最大频率的设定，控制特性的选择等。

B 组——微调功能参数：可以调节变频器控制系统与电动机匹配上的一些细微的功能。如重启的方式、报警功能的设置等。

C 组——智能端子功能：对变频器所提供的智能端子功能进行定义。如主轴正/反转、多段速度选择等功能端子的定义等。

H 组——电动机相关参数设置及无传感器矢量功能参数的设置：可以设置电动机的一些特征参数及采用无传感器矢量功能所需要的一些参数。

（八）变频器的初始化实验

一般来说，变频器的参数在出厂时已经设置好，不需要改动，如果在调节变频器的过程中参数出现紊乱，可以利用此方法将参数恢复到出厂值，具体的操作过程如下：

① 接通变频器三相（380V）输入电源，用基本操作面板（OPE-S）进行调试。将变频器所有的参数复位为出厂时的默认设置值。设置时首先将 B85 设置为 01（选择初始化模式），将 B84 设置为 01（初始化有效）。

② 首先同时按下“FUNC”、“▲”与“▼”键不放。

③ 按住上述各键不放，然后再按下“STOP/RESET”键达 3s 以上。

④ 只松开 STOP/RESET，直至显示 D01 并闪烁为止。

⑤ 现在松开“FUNC”、“▲”与“▼”键，001 显示功能开始闪烁。

⑥ 闪烁完成后，显示出一个游动的浮标，最后停止游动，显示 D01，表示初始化完成。

注意：变频器的参数在进行初始化完成以后，请勿运行变频器和电动机，需要将变频器的参数重新设置，使变频器的参数与所带负载电动机的各种参数相匹配，然后再运行电动机。

下面列举本实验所用电动机的参数，将其输入到变频器的 ROM 中。

电动机额定电压	A28=380V
电动机额定功率	H03=0.55kW
电动机的磁极数	H04=4 级
电动机额定频率	A03=50Hz
电动机最小频率	A15=01(0Hz)
电动机最大频率	A04=60Hz
斜坡上升时间	F02=10s
斜坡下降时间	F03=10s

（九）数控装置与变频器的连接

华中 HNC-21 型数控系统通过 XS9 主轴控制接口和 PLC 输入/输出接口，连接各种主轴驱动器，连接图如图 9-11 所示，实现正/反转、定向、调速等控制，还可以外接主轴编码器，实现螺纹车削和铣床上的刚性攻螺纹功能。

（1）主轴的启/停

主轴的启/停控制由 PLC 承担，标准铣床 PLC 和标准车床 PLC 程序中关于主轴启/停控制的信号见表 9-2。

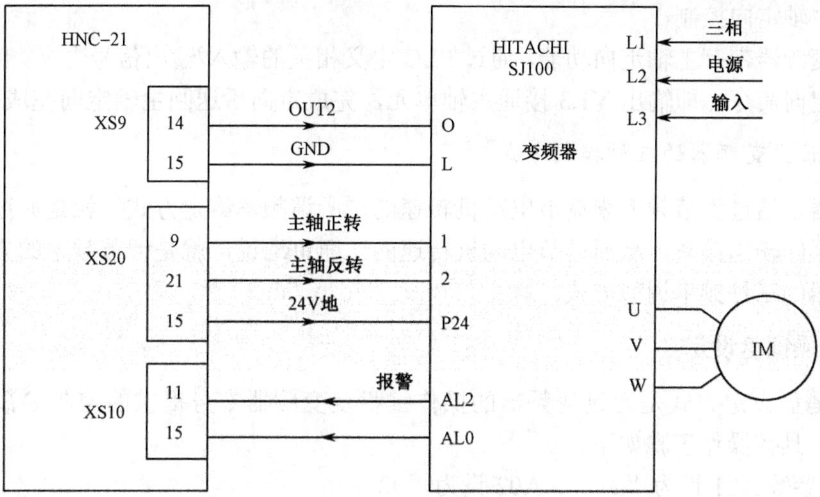

图 9-11　数控系统与变频器连接图

表 9-2　与主轴启/停有关的输入/输出开关量信号

信号说明	标号（X/Y 地址）		所在接口	信号名	引脚号
	铣	车			
主轴速度到达	X3.1	X3.1	XS11	I25	23
主轴零速	X3.2			I26	10
主轴正转	Y2.0	Y1.0	XS20	O08	9
主轴反转	Y1.1	Y1.1		O09	21

利用 Y1.0、Y1.1 输出即可控制主轴装置的正、反转及停止，一般定义接通有效；当 Y1.0 接通时，主轴装置正转；Y1.1 接通时，主轴装置反转；二者都不接通时，主轴装置停止旋转。在使用某些主轴变频器或主轴伺服单元时，也可用 Y1.0、Y1.1 作为主轴单元的使能信号。

部分主轴装置的运转方向由速度给定信号的正、负极性控制，这时可将主轴正转信号用做使能信号，主轴反转信号不用。部分主轴控制器有速度到达和零速信号，由此可使主轴速度到达和主轴零速输入，实现 PLC 对主轴运转状态的监控。

（2）主轴速度控制

华中 HNC-21 型数控系统通过 XS9 主轴接口中的模拟量输出可控制主轴转速，当主轴模拟量的输出范围为-10~+10V 时，用于双极性速度指令输入主轴驱动单元或变频器，这时采用使能信号控制主轴的启、停。当主轴模拟量的输出范围为 0~+10V 时，用于单极性速度指令输入的主轴驱动单元或变频器，这时采样主轴正、反转信号控制主轴的正、反转。模拟电压值由用户 PLC 程序送到相应接口的数字量决定。

（3）主轴编码器连接

通过主轴接口 XS9 可外接主轴编码器，用于螺纹切削、攻螺纹等。华中 HNC-21 型数控装置可接入两种输出类型的编码器，即差分 TTL 方波或单极性 TTL 方波。一般使用差分编码器，确保长的传输距离的可靠性及提高抗干扰能力。

（4）主轴定向控制

有的变频器带有主轴定向功能，通过 PLC 定义相关的输入/输出信号含义。例如，由 PLC 发出主轴定向命令，即输出 Y1.3 接通主轴单元，完成定向后送回主轴定向完成信号 X3.3。

（十）日立变频器的三种控制方式

变频器是通过调节频率来调节电动机转速的，所谓频率给定方式，就是通过何种方式来调节变频器的输出频率，从而调节电动机转速的。简单地说，就是调节频率的方法。现介绍日立变频器的三种频率调节方式。

1．手操键盘设定

手操键盘设定方式是通过变频器的操作键盘及变频器本身提供的控制参数来对变频器进行控制。具体操作步骤如下：

① 将参数 A01 设为“2”、A02 设为“02”；

② 通过“▲”或“▼”键改变参数 F01（变频器频率给定）的参数值来增加或减小给定频率；

③ 完成上述步骤后，变频器已经进入待命状态。按“RUN”键，电动机运转；

④ 按“STOP/RESET”键，停止电动机；

⑤ 设置参数 F04 的参数值为“00”（正转）或“01”（反转），改变电动机的旋转方向。

⑥ 按“RUN”键，电动机运转，但方向已经改变。

2．电位器的给定

日立 SJ100 型变频器面板上配有调速电位器，可通过该电位器来调节变频器需要的指令电压，来控制变频器的输出频率，改变电动机的运行速度。采用这种控制方式的具体操作步骤如下：

① 将参数 A01 设为“00”、A02 设为“02”、A04（设定最大频率）设为“60”；

② 通过调节电位器来控制电动机的转速，将电位器旋过一定的角度；

③ 按“RUN”键，这时电动机应该可以旋转，通过改变电位器的旋转角度来改变变频器的输出频率，控制电动机的旋转速度。

3．数控系统给定（控制端子）

数控机床常见的控制方式是通过变频器上的控制端子进行控制，变频器上的频率给定与运行指令给定都是利用数控系统进行控制，将 SJ100 型变频器与世纪星数控系统正确连接，采用数控系统控制时具体做法如下：

① 按照图 9-8 将变频器与数控系统正确连接确认无误后，接通各部分电源；

② 参照手操键盘给定方式的步骤，将参数 A01 和 A02 均恢复为 01（默认值）；

③ 通过由华中世纪星的主轴控制命令，控制变频器的运行。例如：在 MDI 下执行 M03S500，电动机就会以 500r/min 的速度正转。

（十一）变频器智能端子的使用

对于一般变频器来说，都具备一些智能端子，方便变频器在控制的时候使用，日立

SJ-100 型变频器提供了 6 个智能端子，表 9-3 列出了变频器的控制端子的代号，其中 1~6 控制端子就是变频器的智能端子，各端子的功能都可以通过 C 组参数进行定义，参数 C01~C06 分别对应端子 1~6，可以通过修改 C01 的参数数值来改变端子 1 的功能。

表 9-3　智能端子位置图

L	6	5	4	3	2	1	P24
H	O	OI	L	FM	CM2	12	11

1．利用智能端子控制主轴正/反转运行

本变频器具有 6 个智能端子，可以利用其中任意两个提供正/反转信号。

例如，我们想使用端子 1 和 2 来进行控制，那么可以将参数 C01 和 C02 的数值分别修改成 00 和 01，然后将控制主轴正/反转信号线 505、506 接到端子 1 和 2 上，如图 9-12 所示，当 505 接通时，主轴正转，506 接通时，主轴反转。

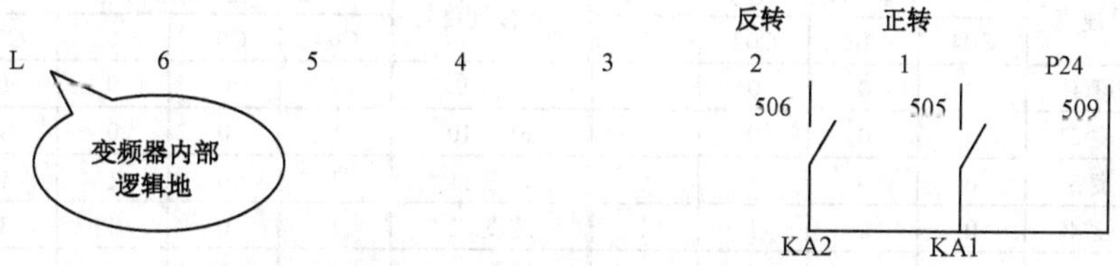

图 9-12　正/反转智能端子接线图

如果想利用智能端子 5 和 6 来控制主轴正/反转，那么将参数 C05 和 C06 分别设为 00 和 01，然后将控制主轴正/反转的信号线 505、506 接到端子 5 和 6 上，如图 9-13 所示，当 505 接通时，主轴正转，506 接通时，主轴反转。

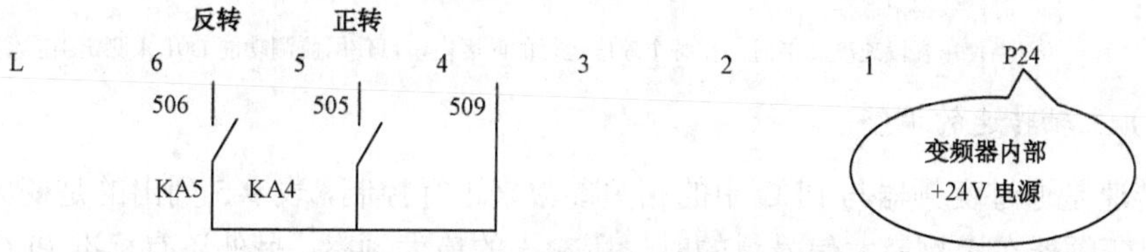

图 9-13　正/反转智能端子接线图

2．利用智能端子控制变频器的速度

一般情况下变频器是通过模拟电压对变频器的输出频率进行调节的，也可以通过变频器的参数对变频器的输出频率进行控制，从而改变电动机的速度。下面我们介绍另外一种控制方式，利用变频器的智能端子来对变频器的速度进行控制。

我们可以利用 4 个智能端子提供 16 个目标频率进行选择，这 16 个目标频率由参数 A20~A35 进行设定，参数 A20~A35 分别对应速度 1~速度 16，选择哪个速度是由控制速度的智能端子状态进行确定。

① 将智能端子的 C01~C04 的数值分别设为 02、03、04、05，这 4 个智能端子就可以对速度进行控制了。

② 利用参数 A20~A35，设定 16 种不同的速度；

③ 按照图 9-14，利用实验台提供的乒乓开关进行连线；

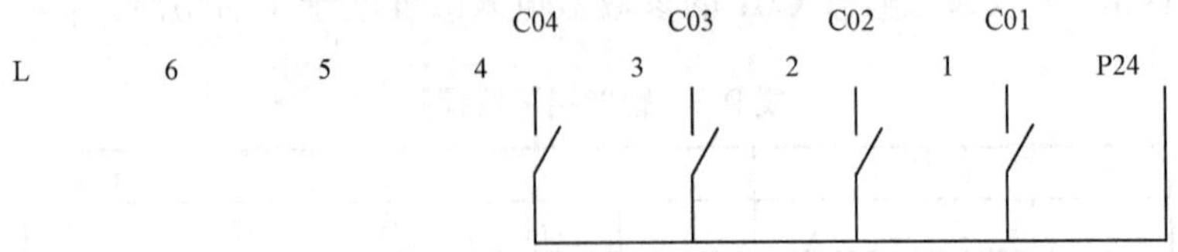

图 9-14 智能端子控制速度接线图

④ 利用乒乓开关给变频器的智能端子提供不同的状态，见表 9-4。不同的状态应对应不同的速度。进行实际操作观察变频器的输出频率是否和智能端子给定的一致。

表 9-4 速度挡位和端子状态对应表

多段速度	输入端子状态				多段速度	输入端子状态			
	C04	C03	C02	C01		C04	C03	C02	C01
速度 1	0	0	0	0	速度 9	1	0	0	0
速度 2	0	0	0	1	速度 10	1	0	0	1
速度 3	0	0	1	0	速度 11	1	0	1	0
速度 4	0	0	1	1	速度 12	1	0	1	1
速度 5	0	1	0	0	速度 13	1	1	0	0
速度 6	0	1	0	1	速度 14	1	1	0	1
速度 7	0	1	1	0	速度 15	1	1	1	0
速度 8	0	1	1	1	速度 16	1	1	1	1

注意：① 检查两个参数的设定 A01=2，A02=2；

② 当多段速度设定编程时，确认每次设定后按（STORE）键，然后再设定下一速度。未按（STORE）键时，数据未保存。

③ 当使用多段速度功能时，在每个速度运行的时区内，可使用监测功能 D01 来测定当前频率。

（十二）主轴转速的调整

主轴转速是通过变频器与 PLC 中的相关参数来进行控制，表 9-5 列出的是变频器最大输出频率，即变频器在接收最大信号量的时候所输出的最大频率。另外还有标准 PLC 中的主轴转速设定的一些参数，主要包括：电动机最大转速，设定转速下限/上限，实测电动机下限/上限。变频器的输出频率和主轴转速可以通过变频器的输出频率显示（D1）来读出。

通过填写表 9-5，了解主轴转速控制是如何实现的。

表 9-5 主轴转速频率对应表

变频器最大频率 A4	电动机最大转速	设定转速下限/上限	实测电动机下限/上限	系统给定转速（S）	变频器输出频率 D1	系统模拟电压值 V
100	3000	50/3000	50/3000	1000		
100	1500	50/1500	50/1500	1000		
50	3000	50/3000	50/3000	1000		
50	1500	50/1500	50/1500	1000		

五、单元学习活动

本单元主要是要了解感应电动机的变频调速特点和基本原理，了解变频器在数控车床上的应用。并根据电气原理图对试验台的变频主轴电动机模块进行查看，了解试验台使用的变频器的型号，包括驱动器各个端子的含义、智能端子的含义和设置、驱动器的工作电源等；熟悉变频器常用参数含义，能正确设置基本参数；掌握三相交流异步电动机、变频器与HNC-21型数控系统的连接方法，并能进行调试运行。在调试过程中，能够对主轴电动机的各类故障进行分析，找出故障原因；最后要求各组认真完成课业工作页的内容，本单元学习活动计划见表9-6。

表9-6　本单元学习活动计划

学习阶段	工作（学习）任务	行为类别	工作学习方法与手段
入题阶段	明确本单元工作学习任务目标及主要学习内容	资讯	自主阅读本单元教学材料
计划阶段	介绍本单元学习活动安排及学习要点	计划	由指导教师或组长介绍
实施阶段	熟悉感应电动机的变频调速特点和基本原理，了解变频器在数控车床上的应用	实施	以小组为单位自主学习，然后教师随机抽取几个小组回答一些重点难点问题，根据结果进行点评和综合讲解
	熟悉变频器的参数种类，能正确设置常用参数		结合教师的讲解，自己上网查找相关资料加深理解
	掌握变频器各个接口的含义，特别是智能端子的含义和应用		主要是教师讲解并抽查小组进行考核，掌握其理解情况
	根据电气原理图正确接线，记录遇到的故障和解决方法		组织学生领取相关的工具、导线、仪表等，指导学生在实训室进行接线安装和调试
	根据接线经历正确绘制电气连接图	实施	学生自主，教师答疑
交流汇报阶段	小组交流，解读连线时遇到的各种故障及解决办法	检查评价	评价每个小组代表的汇报发言 完成课业工作页的相关内容

六、单元学习的资源要求

（一）学习所需的场所、设备及工具

本单元学习不涉及车间机床设备的电气模块，整个学习活动可在数控原理实训室开展。

数控原理实训室应配置工具展柜和资料柜，以提供常用电工工具和仪器仪表、机床常用电气元件实物和阅读学习所需要的各类资料。

根据个性教学的特殊需要，最好配置能进行网络资料查询的计算机。

（二）技术资料

设备使用说明书、维护保养手册、电气原理图、电气元件安装图和接线图，安全操作规程、岗位职能要求及相关管理资料等；开展单元学习活动所需的学习指南、卡片纸及课业工作页（课业练习）等。

七、单元学习的考核评价

单元学习的考核评价不要仅仅局限于对学习结果的考评，更要注重工作学习活动的参与过程。考评围绕学习活动的各个环节，根据参与程度、工作学习态度、学习方法与技巧、小组合作情况、目标实现状况等全面考评，本单元主要考评项目组成参考如下。

成果评定：根据课业学习及工作页的内容完成的质量情况进行评定，占 60%；

学生自评：学生根据评分标准，对实施过程进行自评，给出相应的成绩，占 10%；

学生互评：学生间互相交流，互相评价，占 10%；

教师评价：教师根据学生的学习态度、工作态度、团队协作精神、出勤率、敬业爱岗和职业道德等情况，结合工作任务实施过程的各个环节进行评价，占 20%。

学习情境三　华中数控车床的参数和 PLC 修改

情境学习总述

一、本情境的教学设计和组织

<table>
<tr><td>情境三</td><td colspan="3">华中数控车床的参数和 PLC 修改</td></tr>
<tr><td>主要教学载体</td><td colspan="3"></td></tr>
<tr><td>重点</td><td colspan="3">华中数控车床系统参数的种类和含义；
正确查看数控系统的各类参数；
正确设置数控系统的进给轴参数、参考点参数、主轴参数及刀架参数等重要参数；
理解数控车床标准 PLC 的作用</td></tr>
<tr><td>难点</td><td colspan="3">华中数控 PLC 程序的调试方法；
华中数控常见 PLC 程序的编写</td></tr>
<tr><td colspan="4">学习任务单元</td></tr>
<tr><td colspan="2">单元一</td><td>单元二</td><td>单元三</td></tr>
<tr><td colspan="2">数控系统的参数查看及修改</td><td>数控车床标准 PLC 的查看和修改</td><td>数控车床简单功能程序的编译和编写</td></tr>
</table>

二、基于工作过程的教学设计和组织

<table>
<tr><td>学习情境</td><td>情境三华中数控车床的参数和 PLC 修改</td><td>学时</td><td>30</td></tr>
<tr><td>学习目标</td><td colspan="3">通过本学习情境的学习，要求达到以下目标：
掌握华中数控系统参数的分类和含义，掌握重要参数的正确设置及其对系统运行的影响；
了解华中数控车床标准 PLC 文件的作用，能根据实际硬件接线正确设置 PLC；
了解华中数控系统功能程序的编写编译方法，能看懂简单的 C 语言程序，如主轴正/反转程序、刀架自动换刀程序等</td></tr>
<tr><td>教学方法</td><td colspan="3">采用以工作过程为导向的六步教学法，融“教、学、做”为一体</td></tr>
<tr><td>教学手段</td><td colspan="3">多媒体辅助教学，分组讨论，现场教学、角色扮演等</td></tr>
</table>

续表

	工作过程	工作内容	教学组织
教学实施	资讯	学生获取任务要求；获取与任务相关联的知识：参数的分类、PLC 头文件的作用等	教师采用多媒体教学手段，向学生介绍情境的任务和华中数控车床参数的分类，并为学生提供获取资讯的一些方法
	计划	根据对资讯的理解，结合每单元引导性问题，提出实施计划方案，并与教师讨论，确定实施方案	听取学生的实施计划安排，审核实施计划，并根据其计划安排，制订进度检查计划
	实施	根据已确定的方案，修改参数的设置，理解参数对系统功能的影响。	指导学生在试验台上正确修改参数，在华中数控系统底层编写编译 C 语言程序
	检查	学生通过自查互查，完成对参数功能的检验，仔细检查底层程序的错误，教师再做系统功能和规范检查	检查学生对引导性问题的完成情况，并考查其安全意识和质量意识，做好记录
	评价	完成参数实验和底层程序编译后，写出实训报告，并进行项目功能和规范的评价	根据学生完成的实训报告，并结合其所完成任务的技术要求和规范，以及在工作过程中的表现进行综合评价

三、课业学习及工作页的内容组成与要求

本情境学习过程中的学生工作页是以实验报告的形式，设计在单元文本的第五部分。本情境需要完成的作业内容与要求如下：

① 在各单元学习的同时寻求本情境各任务单元给定的引导性问题的答案。

② 按照每个单元第五部分实验的要求，认真操作这些实验，并写出实验报告。

单元一　数控系统的参数查看及修改

一、单元学习任务

1．通过讲授，了解华中数控系统的参数结构和种类。

2．通过演示和练习，掌握参数的快速查看。

3．通过实验，掌握重要参数的含义和正确设置。

二、单元学习目标

1．熟悉并掌握数控系统参数的含义。

2．能够正确查看数控系统各类参数。

3．掌握数控系统参数的备份和恢复。

4．熟悉参数设置对数控系统运行的作用和影响。

三、着重关注的引导性问题

1．数控系统的参数繁多，了解参数的分类，能够正确查看各类参数。

2．能够正确备份和恢复系统参数。

3．机床软极限设置的目的是什么，如何设置机床软极限的相关参数？

4．数控机床回零有几种方式，掌握这些方式的完整过程，并比较差异。

5．机床回零是一个复杂的过程，和回零有关的参数有哪些，如何设置？如果设置不当，会有哪些故障和影响？试举例说明。

6．掌握和刀架换刀有关的三个参数的存放位置、具体含义及正确设置。举例说明由于参数设置不当而引起的各种刀架故障。

7．轴参数中脉冲当量分子、分母的比值的变化对整个系统有什么影响？

8．操作机床时，如果让机床朝正方向运行，但机床却朝负方向移动，和此故障相关的参数是什么，如何修改？

9．能够根据步进驱动器的细分数，正确计算电子齿轮比的大小。

10．本试验台 X 和 Z 轴的丝杠螺距都是 5mm，如果在 MDI 方式下，分别运行：G91G01X20F50 和 G91G01Z20F50，X 和 Z 轴的丝杠应该分别旋转多少圈？在试验台上运行这些代码，如果不对，应如何修改参数？

11．X 轴接在系统接口 XS30 上，若 XS30 损坏，必须将 X 轴接到其他预留的接口如 XS31 上，怎么办？需要修改哪些参数？如何设置？

12．数控系统轴接口 XS30~XS33 的功能是等同的，可否将 X 轴（控制步进电动机）接在 XS32 上，Z 轴（控制伺服电动机）接在 XS30 上？如果可以，应该修改哪些轴参数？

13．一般普通数控车床的两个进给轴是采用相同型号的驱动器和对应电动机。在机床的运行过程中，如果其中一个轴出现故障，不运动并且跟踪误差过大，这时该如何分析故障产生的原因，是驱动器的原因，还是数控系统的原因呢？

四、单元学习知识基础

在华中 HNC-21TF 型数控系统中的主操作界面下，查看数控系统中的各类参数，掌握各个参数存放的位置，并能理解各类参数之间的关系，这些内容是本单元的重要组成部分。通过本单元的学习，要求学生熟悉和理解数控系统重要参数的含义，及其在数控系统中所起的作用；并能掌握其中部分参数的计算。例如，机床软极限的设置目的是什么，如何设置机床软极限的相关参数？机床回零是一个复杂的过程，和回零有关的参数有哪些，如何设置？设置不当会有哪些故障和影响？认真阅读应该关注的引导性问题，仔细分析，理解重要参数的含义和设置。参数是数控机床能正常运转的重要部分，因此，要求学生能够掌握如何来查看和修改参数，以及领会因参数的修改所出现的现象和产生的故障，从而能将机床调试到理想状态。

（一）参数的说明

数控机床的正常工作离不开数控系统内部参数的正确设置，因此，必须弄清楚参数的结构和每一个参数的具体含义及设置的方法。修改参数前，必须理解参数的功能和熟悉原设定值，不正确的参数设置与更改，可能造成严重的后果。

另外，华中数控系统在进行参数修改后，必须重新启动数控装置方能生效。所以，更改参数后，一定要重新启动数控装置。

1. 参数输入权限

为了使数控装置能够正常运行，对系统内部参数的修改都设置了权限，以此对重要参数进行保护，防止因误操作而引起故障或事故。按功能和重要性划分了参数的级别，数控装置设置了三种级别的权限，允许用户修改不同级别的参数，即数控厂家、机床厂家及用户。不同级别的权限，可以修改的参数是不同的。数控厂家权限级别最高，机床厂家权限次之，用户权限的级别最低。查看参数和备份参数不需要口令。数控机床在最终用户处安装调试后，一般不需要修改参数。但在特殊情况下，如需要修改参数，首先应输入参数修改的权限口令，另外修改前建议先将参数备份。如果在系统内部只能修改部分参数，要想对所有参数进行修改，则需要退出系统，在系统外部进行修改。

2. 参数结构及其之间关系

数控系统内部参数很多，要了解和查看这么多参数，首先要清楚这些参数的分类及其之间的关系，图 10-1 和图 10-2 所示分别是华中数控系统参数结构图和主要参数之间的关系图。

逻辑轴：X、Y、Z、A、B、C、U、V、W。在每一通道中，逻辑轴不可同名。在不同通道中，逻辑轴可以同名。例如：每个通道都可以有 X 轴。

实际轴：轴 0~轴 15，在整个系统中是惟一的，不能重复。

以①为例：在硬件配置参数中通过将部件 3 的型号设为 5301，标识设为 49，配置[0]设为 0 将由 XS40 控制的 11 型伺服分配到系统硬件清单中的 3 号部件；

在坐标轴参数中通过将轴 2 的部件号设为 3，而使得系统实际轴 2 控制的轴为部件 3 指定的轴，即 XS40 控制的 11 型伺服轴；

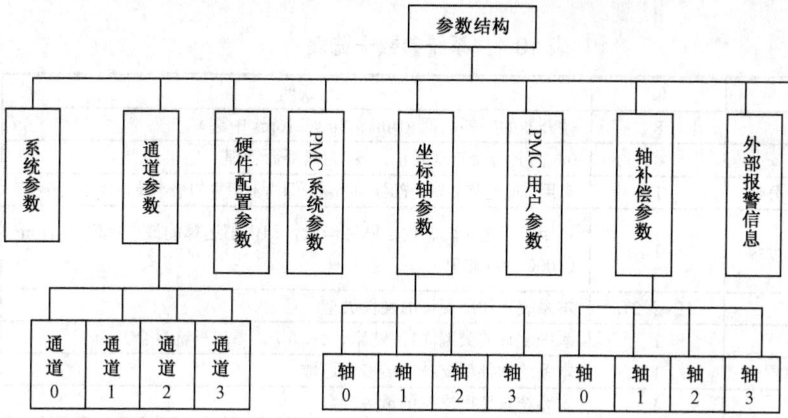

图 10-1　华中数控系统参数结构图

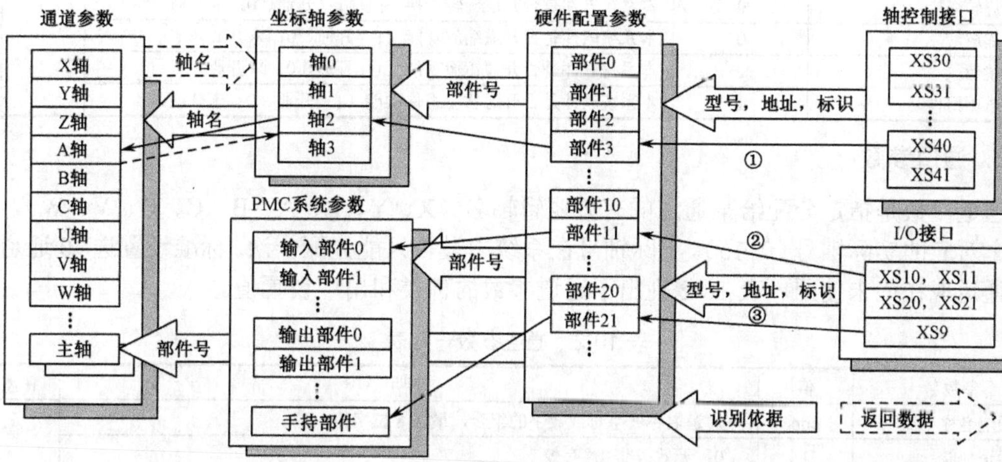

图 10-2　华中数控系统主要参数关系图

在通道参数中通过将 A 轴的轴号设为 2，使得轴 2 成为逻辑 A 轴，相应的轴 2 的名称即为 A。

综合起来：用户在编零件程序时的 A 轴即为 XS40 控制的轴，而对系统底层程序来说是轴 2，对系统硬件设备来说是第 3 号部件。

（二）各类参数的详细信息

1．系统参数

系统参数主要是对系统软件所工作的环境进行设置，正确设置系统参数是正常运行系统的前提条件，表 10-1 列出了系统参数的种类和出厂设置值。

表 10-1　系统参数一览表

参数名	值	说明	备注
插补周期	8	插补器的插补周期（4ms、8ms、16ms 中选）	数控厂家
刀具寿命管理	0	0：刀具寿命管理禁止，1：刀具寿命管理	
移动轴脉冲当量分母	1	用以确定移动轴内部脉冲当量，即内部运算的最小单位为 1μm/此值	机床厂家
旋转轴脉冲当量分母	1	用以确定旋转轴内部脉冲当量，即内部运算的最小单位为 1μm/（1000 乘以此值）	
数控系统的型号	HNC-21	本系统软件所支持的硬件类型	数控厂家
数控系统的类型	1	系统软件的类型（1：铣床、2：车床、3：车铣复合）	
最多允许的通道数	1	本系统软件所支持的最多通道数	
最多允许的轴数	4	本系统软件所支持的最多轴数	
最多允许的联动轴数	3	本系统软件所支持的最多联动轴数	
极坐标编程	0	本系统软件是否开通极坐标功能（1：开通、0：未开通）	
圆柱插补	0	本系统软件是否开通圆柱插补功能（1：开通、0：未开通）	
旋转变换	0	本系统软件是否开通旋转变换功能（1：开通、0：未开通）	
缩放	0	本系统软件是否开通缩放功能（1：开通、0：未开通）	
镜像	0	本系统软件是否开通镜像功能（1：开通、0：未开通）	
软驱组件	1	本系统软件是否开通软驱组件功能（1：开通、0：未开通）	

2．通道参数

通道参数是指定分配给某通道的有效逻辑轴名（X、Y、Z、A、B、C、U、V、W），以及与之对应的实际轴号（0~15）。实际轴号在系统中最多只能分配一次。标准设置选“0 通道”，其余通道现在尚未使用。表 10-2 列出了通道参数的种类和出厂设置值。

表 10-2　通道参数一览表

参数名	值	说明	备注
通道名称	cpp	通道名称（字母或数字的组合，最多 8 位字符）	机床厂家
通道使能	1	0：无效；非 0：有效	
X 轴轴号	0	分配到本通道的逻辑轴 X 的实际轴轴号，–1 为无效。（0~15 有效，–1 无效）	
Y 轴轴号	1	分配到本通道的逻辑轴 Y 的实际轴轴号，–1 为无效。（0~15 有效，–1 无效）	
Z 轴轴号	2	分配到本通道的逻辑轴 Z 的实际轴轴号，–1 为无效。（0~15 有效，–1 无效）	
A 轴轴号	3	分配到本通道的逻辑轴 A 的实际轴轴号，–1 为无效。（0~15 有效，–1 无效）	
B 轴轴号	–1	分配到本通道的逻辑轴 B 的实际轴轴号，–1 为无效。（0~15 有效，–1 无效）	
C 轴轴号	–1	分配到本通道的逻辑轴 C 的实际轴轴号，–1 为无效。（0~15 有效，–1 无效）	
U 轴轴号	–1	分配到本通道的逻辑轴 U 的实际轴轴号，–1 为无效。（0~15 有效，–1 无效）	
V 轴轴号	–1	分配到本通道的逻辑轴 V 的实际轴轴号，–1 为无效。（0~15 有效，–1 无效）	
W 轴轴号	–1	分配到本通道的逻辑轴 W 的实际轴轴号，–1 为无效。（0~15 有效，–1 无效）	
主轴编码器部件号	–1 或 23	指定主轴编码器部件号，以便在硬件配置参数中找到相应编号的硬件设备。若没有安装主轴编码器，则设置位–1。（23 有效，–1 无效）	数控厂家
主轴编码器每转脉冲数	0	主轴每旋转一周，编码器反馈到数控装置的脉冲数。（根据实际设定）	
移动轴拐角误差	20	移动轴在进行插补运动时相临两线段进行轨迹补偿的最大限制夹角	机床厂家
旋转轴拐角误差	20	旋转轴在进行插补运动时相临两线段进行轨迹补偿的最大限制夹角	
通道内部参数	0	禁止更改	数控厂家

3．轴参数

轴参数见表 10-3。

表 10-3　轴参数一览表

参数名	值		说明	备注
轴名	轴 0	X	轴 0 的逻辑轴名与通道参数中轴号设为 0 的逻辑轴轴名相同。一般直线用轴 X、Y、Z、U、V、W 等命名，旋转轴用 A、B、C 等命名	机床厂家
	轴 1	Y		
	轴 2	Z		
	轴 3	A		
所属通道号	0		0~3 通道供选择，该实际轴（轴 0）在通道参数中指定的所属于的通道号（0~3）	
轴类型	0		0：未安装； 1：移动轴； 2：旋转轴，坐标值不受角度限制，即可以大于 360°也可以小于 0°； 3：坐标范围只能在 0°到 360°之间	数控厂家
外部脉冲当量分子	1		两者的商为坐标轴的实际脉冲当量与电子齿轮比，分子单位为μm，分母无单位。21/22 系列 D 型“世纪星”数控装置使用步进驱动时，数控装置细分数为 16；使用交流驱动时，数控装置反馈信号具有 4 倍频	机床厂家
外部脉冲当量分母	1			
正软极限位置	2000000		软件规定的正方向极限软件保护位置。只有当机床回参考点后，此参数才有效	
负软极限位置	−2000000		软件规定的负方向极限软件保护位置。只有当机床回参考点后，此参数才有效	
回零方式	2		0：无；1：＋ －；2：＋ － ＋；3：Z（Z 脉冲回零）	
回参考点方向	+或-		发出回参考点指令后，坐标轴寻找参考点的初始移动方向。若发出回参考点指令时，坐标轴已经压下了参考点开关，则初始移动方向与回参考点方式有关	
参考点位置	0		设置参考点在机床坐标系中的坐标位置。一般将机床坐标系零点定为参考点位置，通常将其设置为 0	
参考点开关偏差	0		回参考点时，坐标轴找到了 Z 脉冲后，并不作为参考点，而是继续走过一个参考点开关偏差值，才将其坐标设置为参考点	
回参考点快移速度	500		回参考点时，在压下参考点开关前的快速移动速度，该值必须小于最高快移速度	
回参考点定位速度	200		回参考点时，在压下参考点开关后，减速定位移动的速度，mm/min 或°/min。该参数必须小于回参考点快移速度	
单向定位偏移值	1000		工作台 G60 单向定位时，在接近定位点从快移速度转换为定位速度时，减速点与定位点之间的偏差（即减速移动的位移值）。单向定位偏移值>0：正向定位；单向定位偏移值<0：负向定位	
最高快移速度	1000		当快移修调为最大时，G00 快移定位的最大速度。注意：最高快移速度必须是该轴所有速度设定参数里设定值为最大的。它与外部脉冲当量分子和分母的比值密切相关，一定要合理设置此参数，以免超出电动机的转速范围。例：电动机的额定转速为 2000r/min，电动机通过一对传动比 1:1.5 的同步齿形带，与螺距为 6mm 的滚珠丝杆连接，则最高快移速度≤2000×(1/1.5)×6=8000mm/min	
最高加工速度	500		在一定精度条件下，数控系统执行加工指令如 G01、G02 等，所允许的最大加工速度。最高加工速度必须小于最高快移速度	

续表

<table>
<tr><th colspan="2">参数名</th><th>值</th><th colspan="2">说明</th><th>备注</th></tr>
<tr><td colspan="2">快移加/减速时间常数</td><td>100</td><td>G00 快移定位时，从 0 加速到 1m/min 或从 1m/min 减速到 0 的时间。时间常数越大，加减速越慢。一般在 32~250 之间选，一般交流伺服驱动设为 32、64，步进驱动设为 100，14N・m 电动机带负载时设为 64</td><td rowspan="4">四个常数均是根据电动机转动惯量、负载转动惯量和驱动器加速度能力来确定的</td><td rowspan="5">机床厂家</td></tr>
<tr><td colspan="2">快移加/减速捷度时间常数</td><td>60</td><td>本参数设置在快移过程中加速度的变化速率一般设置为 32、64、100 等，时间常数越大，加速度越平缓。一般交流伺服驱动设为 32/2、64/2，步进驱动设为 100，14N・m 电动机设为 60</td></tr>
<tr><td colspan="2">加工加/减速时间常数</td><td>150</td><td>加工过程中，从 0 加速到 1m/min 或从 1m/min 减速到 0 的时间。时间常数越大，速度变化越平缓。一般在 32~250 之间选，一般交流伺服驱动设为 32、64，步进驱动设为 100，14N・m 电动机带负载时设为 64</td></tr>
<tr><td colspan="2">加工加/减速捷度时间常数</td><td>100</td><td>本参数设置在加工过程中加速度的变化速率。一般设置为 32、64、100 等，时间常数越大，加速度越平缓。一般在 20~150 之间。14N・m 电动机带负载时设为 60 左右</td></tr>
<tr><td colspan="2">定位允差</td><td>20</td><td colspan="2">坐标轴定位时，所允许的最大偏差。根据机床定位精度及脉冲当量确定，若该参数太小，系统容易因达不到定位允差而停机；若该参数太大，则会影响加工精度。一般来说，可选择机床定位精度的一半，并大于该脉冲当量</td></tr>
<tr><td rowspan="4">伺服驱动器型号</td><td>串行接口式</td><td>49</td><td colspan="2" rowspan="4">系统据此参数确定伺服驱动装置的类型及驱动程序。在硬件配置参数中，部件标识的设置量应与此参数相对应</td><td rowspan="10">数控厂家</td></tr>
<tr><td>步进式</td><td>46 无反馈</td></tr>
<tr><td>脉冲接口式</td><td>45 有反馈</td></tr>
<tr><td>模拟接口式</td><td>41 或 42</td></tr>
<tr><td colspan="2" rowspan="4">伺服驱动器部件号</td><td>0</td><td colspan="2" rowspan="4">根据此部件号，系统在硬件配置参数中确定该轴指向的部件，并由所指向的部件对应到具体的外部接口和接口板卡驱动程序。注意：数控装置有四个进给轴接口（XS30~XS33 或 XS40~XS43），在硬件配置参数中，一般安排为部件 0~部件 3，且一一对应。所以轴 0 伺服驱动装置的部件号一般设为 0，即对应外部轴控制接口 XS30 或 XS40（X 轴）</td></tr>
<tr><td>1</td></tr>
<tr><td>2</td></tr>
<tr><td>3</td></tr>
<tr><td colspan="2">位置环开环增益</td><td>3000</td><td>根据机械惯性和所需伺服刚性选，该值越大增益越高，刚性越高，动态误差越小。但太大易超调、不稳定（拉普拉斯变换中的比例系数）</td><td rowspan="3">4 个参数一般在保持速度环比例系数为标准值的基础上，调试位置环开环增益。调好后，保持位置环开环增益不变，再调速度环比例系数的值。
注意：4 个参数只有在使用 HSV-11 型伺服驱动装置时才有效</td></tr>
<tr><td colspan="2">位置环前馈系数</td><td>0</td><td>用于设置伺服位置环前馈系数。增强增益即响应速度，设置不合理会导致振荡、超调（脉冲接口式驱动单元在驱动单元中设置）</td></tr>
<tr><td colspan="2">速度环比例系数</td><td>2000</td><td>本参数设定速度环调节器的比例增益，设定值越大，增益越高，刚性越大，但太大会造成振荡甚至不稳定。一般情况下可选择 3000~7000，原则是负载惯量越大设定值越大</td><td></td></tr>
<tr><td colspan="2">速度环积分时间常数</td><td>100</td><td>本参数设定速度环调节器的积分时间常数，该值越小积分设定越快，刚性越大，但太小易振荡不稳定。该值越大积分速度越慢，跟踪稳定性越好，过大导致跟踪误差过大。一般是速度环比例系数的 1/20 或更小。（拉普拉斯变换中的 I 值，另 D 值为增强响应速度）</td><td>4 个参数一般在保持速度环比例系数为标准值的基础上，调试位置环开环增益，调好后，保持位置环开环增益不变，再调速度环比例系数的值。
注意：4 个参数只有在使用 HSV-11 型伺服驱动装置时才有效</td><td>机床厂家</td></tr>
</table>

续表

<table>
<tr><th colspan="3">参数名</th><th>值</th><th colspan="2">说明</th><th>备注</th></tr>
<tr><td colspan="3">最大力矩值</td><td>150</td><td>用于设置伺服驱动装置的最大力矩值（瞬时运行）。根据伺服驱动器型号和所带电动机的型号正确设置。设为 255 时，电动机的最大电流为伺服单元额定电流的 100%。设置错误会损坏电动机</td><td rowspan="2">这 2 个参数只有在使HSV-11 型伺服驱动装置时才有效</td><td rowspan="26">数控厂家</td></tr>
<tr><td colspan="3">最大额定力矩值</td><td>100</td><td>用于设置伺服驱动装置的最大额定力矩值（连续运行）。根据伺服驱动型号和所带电动机的型号正确设置。设为 255 时，电动机的额定电流为伺服单元额定电流的 100%，一般应小于最大力矩值的 70%。设置错误会损坏电动机</td></tr>
<tr><td colspan="3">最大跟踪误差</td><td>12000</td><td colspan="2">本参数用于“跟踪误差过大”报警，设置为 0 时无“跟踪误差过大报警”功能，使用时应根据最高速度和伺服环路滞后性能合理选取</td></tr>
<tr><td colspan="3">电动机每转脉冲数</td><td>2500</td><td colspan="2">所使用的电动机旋转一周，数控装置所接收到的脉冲数。一般为伺服电动机位置编码器的实际脉冲数</td></tr>
<tr><td rowspan="5">伺服内部参数[0]</td><td rowspan="2">串行式</td><td>STZ 电动机</td><td>2</td><td colspan="2">电动机极对数</td></tr>
<tr><td>1FT6 电动机</td><td>3</td><td colspan="2">电动机极对数</td></tr>
<tr><td colspan="2">步进电动机</td><td></td><td colspan="2">步进电动机拍数</td></tr>
<tr><td colspan="2">脉冲式</td><td>0</td><td colspan="2">电动机极对数</td></tr>
<tr><td colspan="2">模拟式</td><td></td><td colspan="2">电动机最高转速时对应的 D/A 值</td></tr>
<tr><td rowspan="4">伺服内部参数[1]</td><td colspan="2">串行式</td><td>0</td><td colspan="2">未使用</td></tr>
<tr><td colspan="2">步进电动机</td><td>0</td><td colspan="2">未使用</td></tr>
<tr><td colspan="2">脉冲式</td><td>0</td><td colspan="2">反馈电子齿轮分子</td></tr>
<tr><td colspan="2">模拟式</td><td>0</td><td colspan="2">电动机零速时对应的 D/A 值</td></tr>
<tr><td rowspan="4">伺服内部参数[2]</td><td colspan="2">串行式</td><td>1 或 5</td><td colspan="2">反馈信息</td></tr>
<tr><td colspan="2">步进电动机</td><td>0</td><td colspan="2">未使用</td></tr>
<tr><td colspan="2">脉冲式</td><td>0</td><td colspan="2">反馈电子齿轮分母</td></tr>
<tr><td colspan="2">模拟式</td><td>0</td><td colspan="2">所允许的电动机最高转速</td></tr>
<tr><td rowspan="4">伺服内部参数[3]</td><td colspan="2">串行式</td><td>0</td><td colspan="2">未使用</td></tr>
<tr><td colspan="2">步进电动机</td><td>0</td><td colspan="2">未使用</td></tr>
<tr><td colspan="2">脉冲式</td><td>0</td><td colspan="2">未使用</td></tr>
<tr><td colspan="2">模拟式</td><td>0</td><td colspan="2">位置环延时时间常数</td></tr>
<tr><td rowspan="4">伺服内部参数[4]</td><td colspan="2">串行式</td><td>0</td><td colspan="2">未使用</td></tr>
<tr><td colspan="2">步进电动机</td><td>0</td><td colspan="2">未使用</td></tr>
<tr><td colspan="2">脉冲式</td><td>0</td><td colspan="2">未使用</td></tr>
<tr><td colspan="2">模拟式</td><td>0</td><td colspan="2">位置环零漂补偿时间（ms）</td></tr>
<tr><td colspan="3">伺服内部参数[5]</td><td>0</td><td colspan="2">未使用</td></tr>
</table>

4. 轴补偿参数

轴补偿参数见表 10-4。

表 10-4　轴补偿参数一览表

<table>
<tr><th>参数名</th><th>参数值</th><th>说明</th><th>备注 1</th><th>备注 2</th></tr>
<tr><td>反向间隙</td><td>0</td><td>一般设置为机床常用工作区的测量值。如果采用双向螺距补偿，则此值可以设为 0</td><td rowspan="6">偏差值：若为双向螺补，应先输入正向螺距偏差数据，再紧随其后输入负向螺距偏差数据</td><td rowspan="6">机床厂家</td></tr>
<tr><td>螺补类型</td><td>0、1、2、3、4</td><td>0：无；1：单向；2：双向；3：单向扩展；4：双向扩展</td></tr>
<tr><td>补偿点数</td><td>0~5000</td><td>螺距误差补偿的补偿点数：单向补偿时，最多可补偿 128 点；双向补偿时，最多可补偿 64 点；扩展方式下，所有轴总点数可达 5000 点</td></tr>
<tr><td>参考点偏差号</td><td>0~5000</td><td>参考点在偏差表中的位置。排列原则：按照各补偿点在坐标轴的位置从负向往正向排列，由 0 开始编号</td></tr>
<tr><td>补偿间隙</td><td>0~4294967295</td><td>单位：内部脉冲当量。指两个相邻补偿点之间的距离</td></tr>
<tr><td>偏差值</td><td>−32768~+32767</td><td>单位：内部脉冲当量。偏差值=指令机床坐标值－实际机床坐标值</td></tr>
</table>

5. 硬件配置参数

硬件配置参数可以看做是系统内部所有硬件设备的清单，共可配置 32 个部件（部件 0~部件 31）。对系统中相应的硬件进行设置，包括每个硬件的功能、控制方式及每个硬件模块所对应的接口。

（1）进给轴硬件配置参数

进给轴硬件配置参数见表 10-5。

表 10-5　进给轴硬件配置参数一览表

<table>
<tr><th>部件号</th><th>部件说明</th><th colspan="2">伺服类型</th><th>标识</th><th>配置[0]</th><th>备注</th></tr>
<tr><td rowspan="14">部件 0
部件 1
部件 2
部件 3</td><td rowspan="14">1. 部件 0~3 为进给轴的部件号；
2. 各轴接口形式可在串口、步进、脉冲、模拟四种形式中选；
3. 配置[0]值中 A 为所设轴的轴号</td><td rowspan="4">串行伺服接口</td><td>XS40</td><td rowspan="4">49</td><td>0</td><td rowspan="14">数控厂家</td></tr>
<tr><td>XS41</td><td>1</td></tr>
<tr><td>XS42</td><td>2</td></tr>
<tr><td>XS43</td><td>3</td></tr>
<tr><td rowspan="10">其他进给驱动接口 XS30~XS33</td><td rowspan="3">步进驱动</td><td rowspan="3">46</td><td>A+0（单脉冲输出[默认]）</td></tr>
<tr><td>A+32（双脉冲输出）</td></tr>
<tr><td>A+48（A B 相输出）</td></tr>
<tr><td rowspan="4">脉冲接口伺服</td><td rowspan="4">45</td><td>A+0（单脉冲输出，AB 相反馈[默认]）</td></tr>
<tr><td>A+64（单脉冲输出，单脉冲反馈）</td></tr>
<tr><td>A+160（双脉冲输出，双脉冲反馈）</td></tr>
<tr><td>A+48（AB 相输出，AB 相反馈）</td></tr>
<tr><td rowspan="3">模拟接口伺服</td><td rowspan="3">41 或 42</td><td>A+0（AB 相反馈[默认]）</td></tr>
<tr><td>A+64（单脉冲反馈）</td></tr>
<tr><td>A+128（双脉冲反馈）</td></tr>
</table>

（2）输入/输出模块硬件配置参数

输入/输出模块硬件配置参数见表 10-6。

表 10-6　输入/输出模块硬件配置参数一览表

部件号	部件说明	组数	备注 1	标识	配置[0]	备注 2
部件 20	编程键盘与机床操作面板，输入开关量	16	输入模块 1 部件	13	0	数控厂家
	编程键盘与机床操作面板，输出开关量	8	输出模块 2 部件			
部件 21	外部输入开关量，（XS10~XS11）	30	输入模块 0 部件	13	1	
	外部输出开关量，（XS20~XS21）	28	输出模块 0 部件			
部件 22	主轴模拟电压输出接口（XS9）	2	输出模块 1 部件	15	4	
部件 23	主轴编码器反馈接口（XS9）			32	4	
部件 24	手摇脉冲发生器接口（XS8）			31	5	

硬件配置参数包括每个进给轴的硬件配置参数、输入/输出模块硬件配置参数及主轴、手摇等其他部件的硬件配置参数，每个部件包含 5 个参数。

① 部件型号。

指定接口板卡的型号。不同的数控装置所规定的接口板卡型号也不同，在 HNC-21 型数控装置中，板卡型号为 5301。

② 标识值：0、13、15、31、32、41、42、45、46、49。

标识外部设备的型号。通过更改参数值，对外部设备的型号进行设定。

③ 地址。

指定外部设备占用的地址。在数控装置中，有可能采用多块板卡，不同的板卡应该具有一个相应的地址，外部设备占用的地址设置不同，所对应的内部板卡也不同。HNC-21 型数控装置只有一块 NC 板卡，其地址设为 0。

④ 配置[0]值：0~255。

区别 HNC-21 型数控装置中相同类型的接口；调整所接外部设备的功能。对于不同功能的硬件，配置[0]的设置也有所不同，其参数大小为一字节。

步进驱动：　D0~D3：轴号，0000~1111
　　　　　　D4~D5：00——单脉冲输出（默认）　01——单脉冲输出
　　　　　　　　　　10——双脉冲输出　　　　　11——A B 相输出

脉冲接口伺服：D0~D3：轴号，0000~1111
　　　　　　　D4~D5：00——单脉冲输出（默认）　01——单脉冲输出
　　　　　　　　　　　10——双脉冲输出　　　　　11——AB 相输出
　　　　　　　D6~D7：00——A B 相反馈（默认）　01——单脉冲反馈
　　　　　　　　　　　10——双脉冲反馈　　　　　11——A B 相反馈

模拟接口伺服：D0~D3：轴号，0000~1111
　　　　　　　D6~D7：00——A B 相反馈（默认）　01——单脉冲反馈
　　　　　　　　　　　10——双脉冲反馈　　　　　11——A B 相反馈

⑤ 配置[1]值：0~255：暂未使用。

6．PMC 系统参数

PMC 系统参数对 PLC 的输入/输出模块接口进行定义，PMC 系统参数见表 10-7。

表 10-7　PMC 系统参数一览表

参数名	值	备注	
开关量输入总组数	46	开关量输入总字节数第 0~4 字节，所代表的 40 位为 HNC－21 型数控装置自带的基本外部开关量输入；第 5~29 字节为预留扩展的开关量输入；第 30~45 字节为 HNC-21 型编程键盘和机床操作面板上各按键的开关量输入	机床厂家
开关量输出总组数	38	开关量输出总字节数第 0~3 字节，所代表的 32 位为 HNC－21 型数控装置自带的基本外部开关量输出；第 4~27 字节为预留扩展的开关量输出；第 28、29 字节所代表 16 位为主轴 D/A 的数字量输出；第 30~37 字节为 HNC-21 型编程键盘和机床操作面板上各按键指示灯等的开关量输出	
输入模块 0，部件号	21	外部输入开关量：第 0~4 字节共 5 组为 HNC-21 型数控装置自带基本外部输入开关量（XS10、XS11 口）；第 5~29 字节共 25 组，为预留扩展的外部输入开关量（远程端子板 XS6 口）	数控厂家
组数	30		
输入模块 1，部件号	20	第 30~45 字节共 16 组，为编程键盘与工程面板按钮输入开关量	
组数	16		
输出模块 0，部件号	21	外部输出开关量（其中 XS20、XS21 口有 4 组，为 XS6 远程预留 24 组）Y0~Y27，共 28 组	
组数	28		
输出模块 1，部件号	22	主轴 D/A 对应数字量输出 Y28~Y29，共 2 组	
组数	2		
输出模块 2，部件号	20	编程键盘与工程面板按键指示灯输出开关量 Y30~Y37，共 8 组	
组数	8		
手持单元 0，部件号	24		

7．PMC 用户参数

PMC 用户参数见表 10-8。

表 10-8　PMC 用户参数一览表

参数名	值	说明	备注
P[0]~P[99]	0	在 PLC 编程中调用，并由 PLC 程序定义其含义。用以实现不改 PLC 源程序，而通过该用户参数的方法来调整一些 PLC 控制的过程参数，来适应现场要求。例如：润滑开时间、润滑停时间、主轴最低转速、主轴定向速度等参数	用户

8．外部报警信息

有 16 个外部报警信息，用户可以在 PLC 编程中定义其报警条件，并在此设置报警信息内容。

9．DNC 用户参数

DNC 用户参数见表 10-9。

表 10-9　DNC 用户参数一览表

参数名	值	说明	备注
选择串口号	1 或 2	DNC 通信时的所用串口号	用户
数字传输波特率	300~38400	DNC 通信时的波特率，应该与 PC 上的设置相同	
收发数据位长度	5、6、7、8	DNC 通信时的数据位长度	
数据传输停止位	1、2	DNC 通信时的停止位	
奇偶校验位	1、2、3	DNC 通信时是否需要校验 1：无校验；2：奇校验；3：偶校验	

（三）参数的查看方法

1．查看和修改参数常用键的功能

ESC：① 终止输入操作；② 关闭窗口；③ 返回上一级菜单。

Enter：① 确认开始修改参数；② 进入下一级菜单；③ 对输入的内容确认。

F1~F10：　直接进入相应的菜单和窗口。

Pgup-Pgdn：　在菜单或窗口内前后翻页。

2．参数查看和设置

主菜单和子菜单：在某一个菜单中，用（Enter）键选中某项后，出现另一个菜单，则前者称为主菜单，后者称为子菜单。菜单分为弹出式和图形按键式两种菜单，如图 10-3 所示。

在图 10-4 所示的主操作界面下，按（F3）键进入参数功能子菜单。参数功能子菜单的显示如图 10-5 所示。

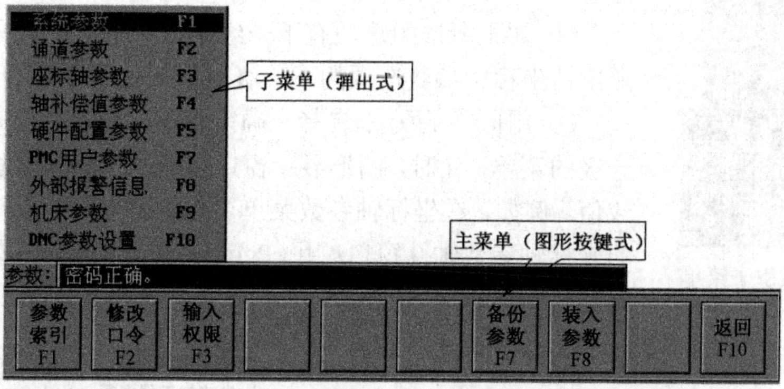

图 10-3　弹出式和图形按键式菜单

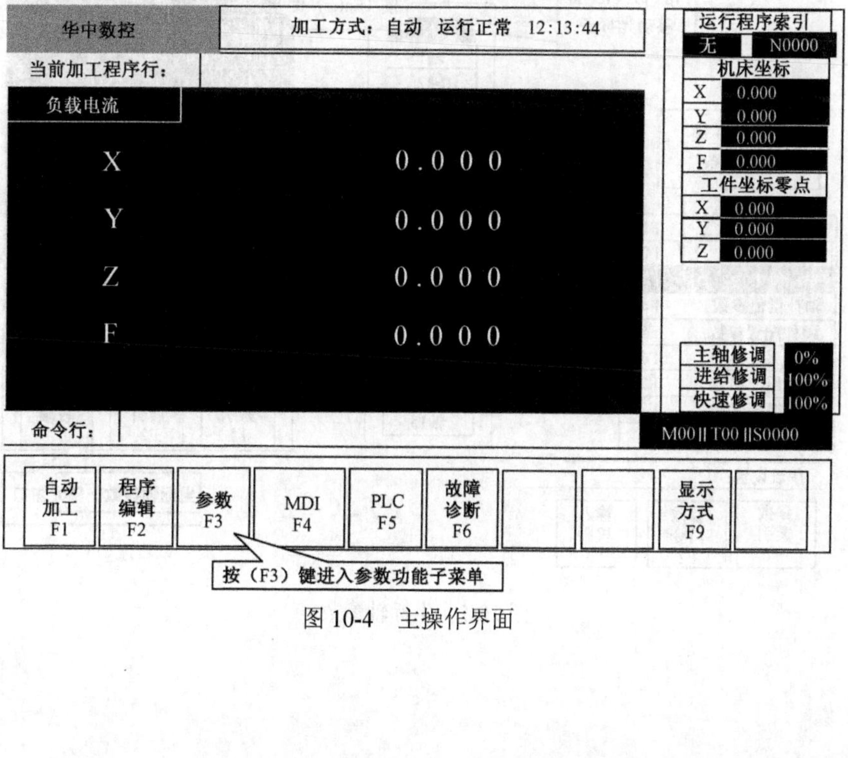

图 10-4　主操作界面

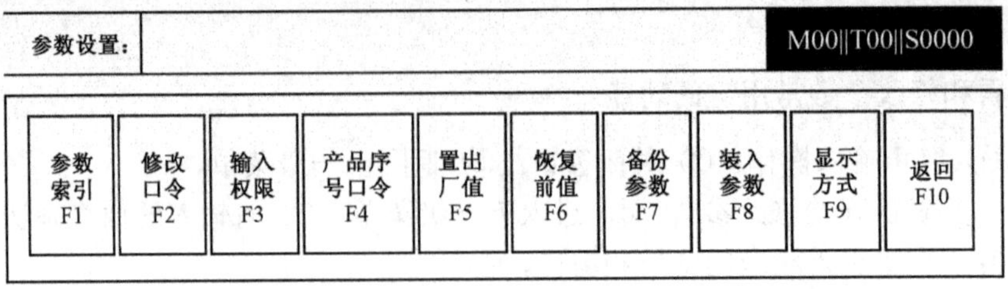

图 10-5　参数功能子菜单

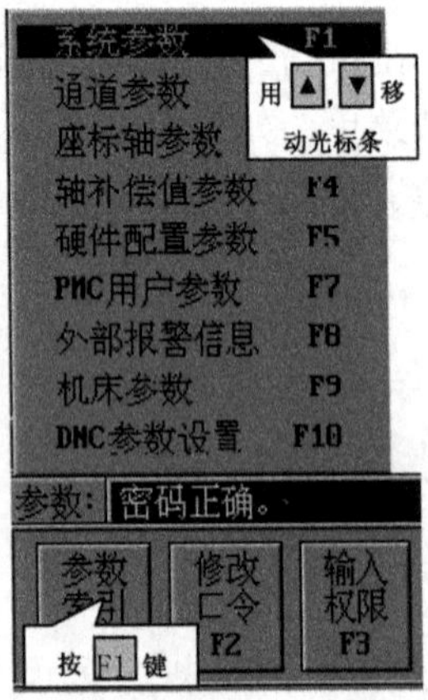

图 10-6　参数索引子菜单

参数的查看与设置的具体操作步骤如下：

① 在参数功能子菜单下，按（F1）键，系统将弹出如图 10-6 所示的参数索引子菜单。

② 用（↑）、（↓）键选择要查看或设置的选项，按（Enter）键进入下一级菜单或窗口。

③ 如果所选的选项有下一级菜单，例如坐标轴参数，系统会弹出该坐标轴参数选项的下一级菜单，如图 10-7 所示。

④ 用同样的方法选择、确定选项，直到所选的选项没有更下一级的菜单，此时，图形显示窗口将显示所选参数块的参数名及参数值。例如，在坐标轴参数菜单中选择轴 0，则显示如图 10-7 所示的坐标轴参数轴 0 窗口；用（Pgup）、（Pgdn）等键移动蓝色光标条，到达所要查看或设置的参数处。

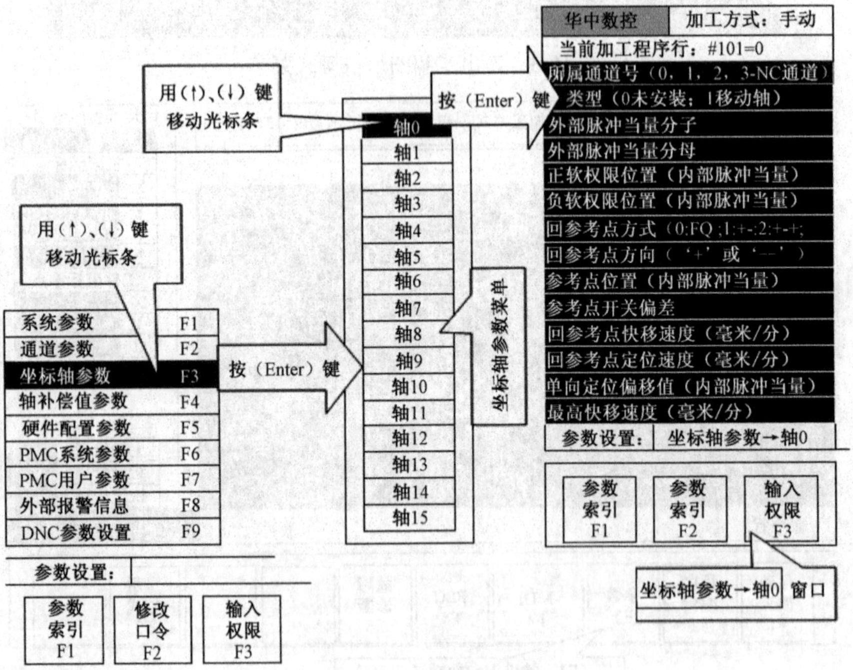

图 10-7　坐标轴参数

⑤ 如果在此之前，用户没有进入输入权限F3菜单，或者输入的权限级别比待修改的参数所需的权限低，则只能查看该参数。若按（Enter）键试图修改该参数，系统将弹出如图10-8所示的对话框。

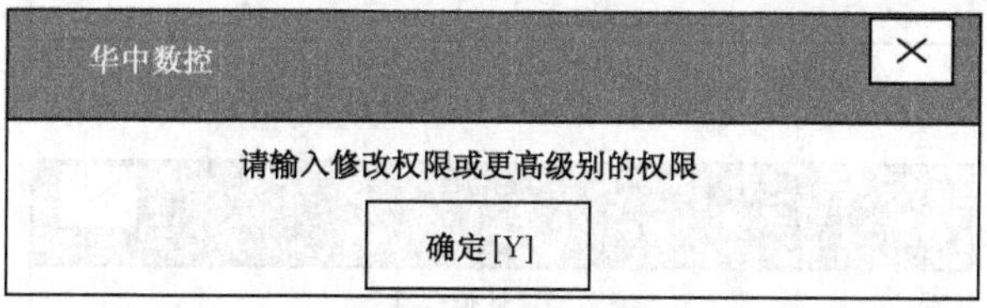

图10-8　修改参数前应先输入权限

⑥ 如果完成了权限设置，输入了修改此项参数所需的权限口令，则若用户按（Enter）键，则进入参数设置状态（在参数处出现闪烁的光标，如图10-9所示）。在输入完参数值后，按（Enter）键确定（或按（Esc）键取消）刚才的输入或修改，此时光标消失；

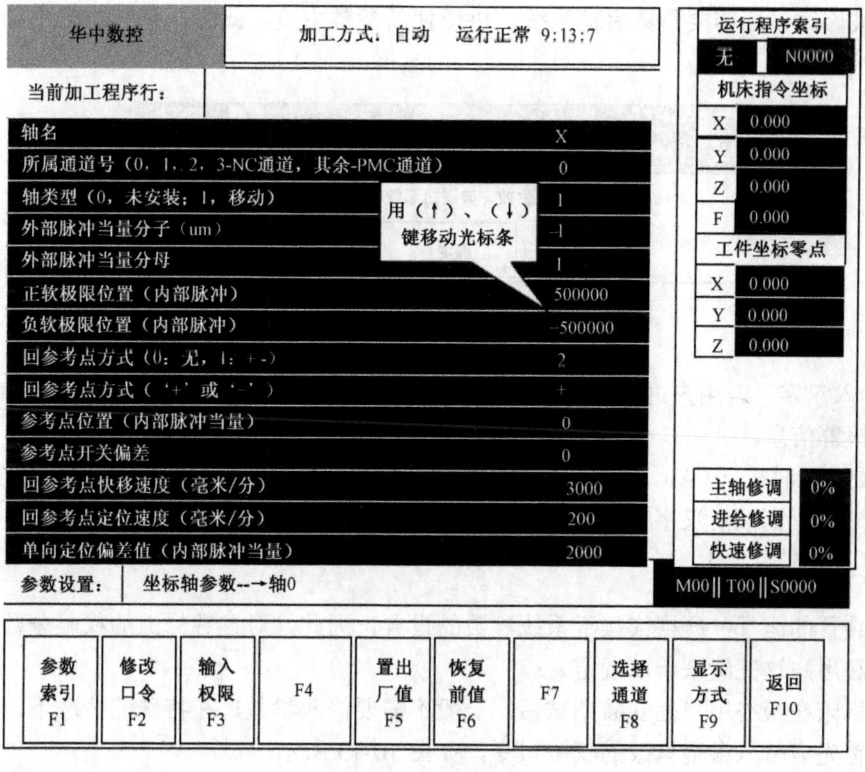

图10-9　修改参数

⑦ 继续用（↑）、（↓）、（←）、（→）、（Pgup）、（Pgdn）等键在本窗口内移动蓝色光标，到达需要查看或设置的其他参数处，重复步骤⑥，直至完成窗口中各项参数的查看和修改。

⑧ 按（Esc）或（F1）键，退出本窗口。如果在本窗口中，有参数被修改，系统将提示是否保存所修改的值，如图10-10所示，按（Y）键保存，按（N）键不保存；然后，系统提示是否将修改值作为默认值保存，如图10-11所示。按（Y）键确认，按（N）键取消。

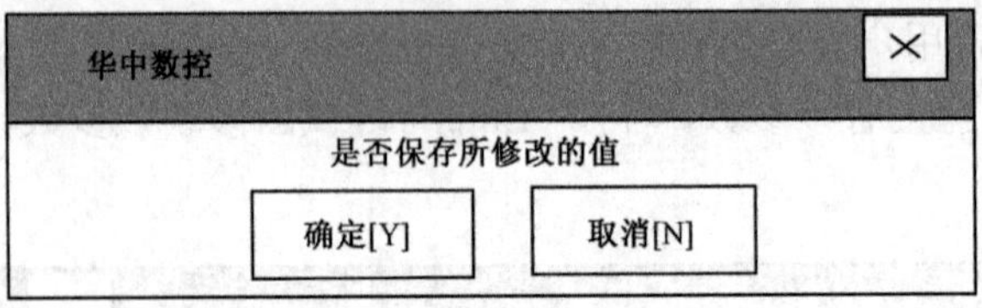

图 10-10　是否保存参数修改值

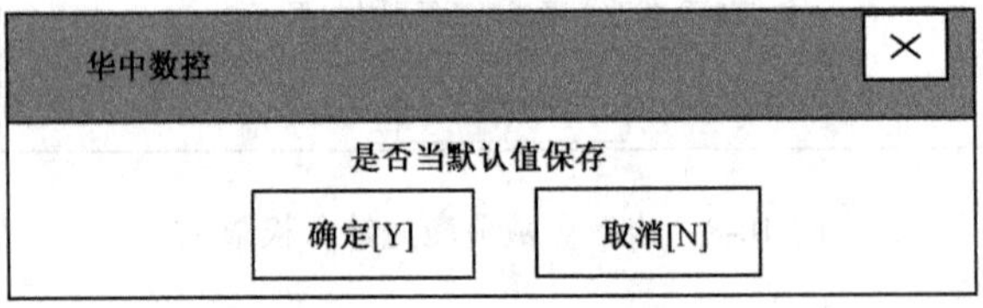

图 10-11　是否当默认值保存

⑨ 系统回到参数索引子菜单，如图 10-6 所示，可以继续进入其他的菜单窗口，查看或修改其他参数；若连续按（Esc）键，将最终退回到参数功能子菜单，如图 10-5 所示。如果有参数已被修改，则需要重新启动系统，以便使新参数生效。此时，系统将出现如图 10-12 所示的提示。

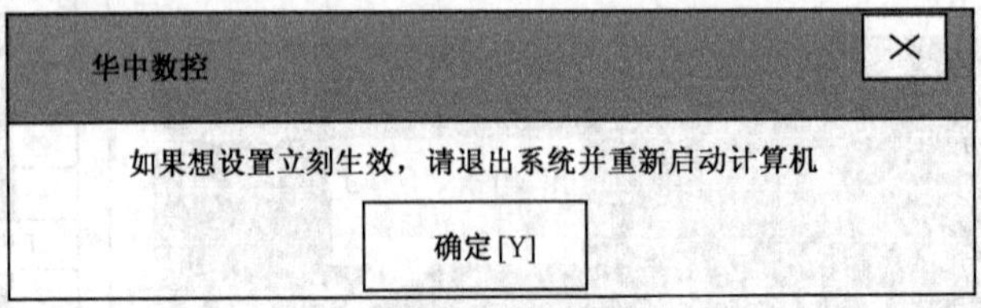

图 10-12　修改参数后重新启动计算机

⑩ 输入汉字。若用户进入外部报警信息及程序编辑窗口中，可以用汉语拼音输入汉字，修改外部报警信息。

方法是：同时按下（Alt）键和（F2）键后，即可进入汉字输入状态；若再次同时按下（Alt）键和（F2）键，则取消汉字输入状态。

（四）输入权限口令

数控装置的运行，严格依赖于系统参数的设置，因此，对参数修改的权限分数控厂家、机床厂家和用户这三级来予以规定。

数控机床在最终用户处安装调试后，一般不需要修改参数。在特殊的情况下，如需要修改参数，首先应输入参数修改的权限口令，如图 10-13 所示。

具体操作步骤如下：

① 在参数功能子菜单（如图 10-5 所示）下按（F3）键，系统会弹出权限级别选择窗口；

② 用（↑）、（↓）选择权限，按（Enter）键确认，系统将弹出输入口令对话框；

③ 输入在口令对话框中输入相应的权限口令，按（Enter）键确认；

④ 若所输入的权限口令正确，则可进行此权限级别的参数修改；否则，系统会提示权限口令输入错误。

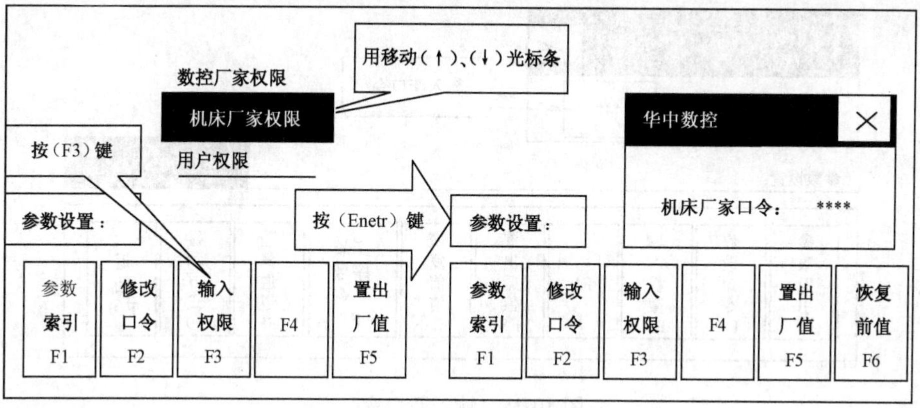

图 10-13　输入权限口令

（五）修改权限口令

正确输入权限口令后，可修改相同级别或较低级别的权限口令，但不能修改更高级别的权限口令。

修改权限口令的操作步骤如下。

① 输入权限口令。

② 在参数功能子菜单下，按（F2）键弹出修改口令选择子菜单，如图 10-14 所示。

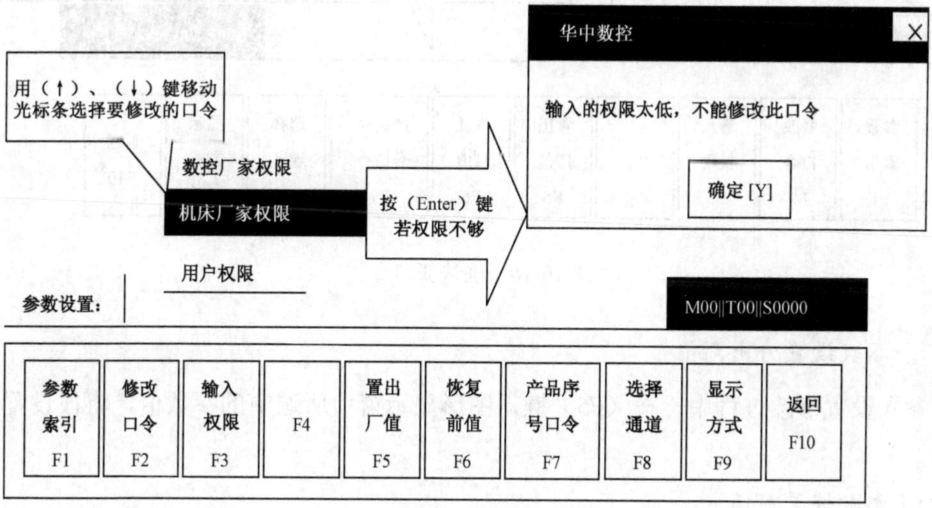

图 10-14　修改口令选择子菜单

③ 按（↑）、（↓）键，选择所需修改的口令，然后按（Enter）键确认。如果所需修改口令的权限级别低于步骤①所输入的权限级别，系统将弹出一个窗口，提示输入的权限太低，不能修改此口令，如图 10-14 所示。否则，提示输入新口令，如图 10-15 所示。

④ 输入修改后的口令后，按（Enter）键，将弹出新口令窗口，如图 10-16 所示。

⑤ 在确认输入栏中再次输入修改后的口令，按（Enter）键确认。

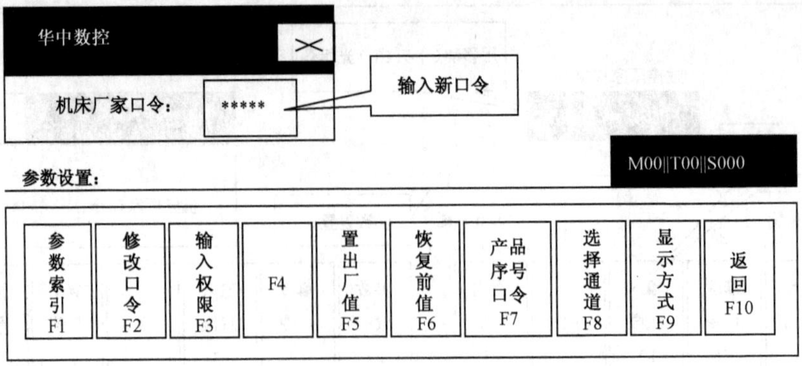

图 10-15　输入新口令

⑥ 若两次输入的口令相同，则权限口令修改成功。否则，会显示出错信息，权限口令修改未成功，如图 10-16 所示。

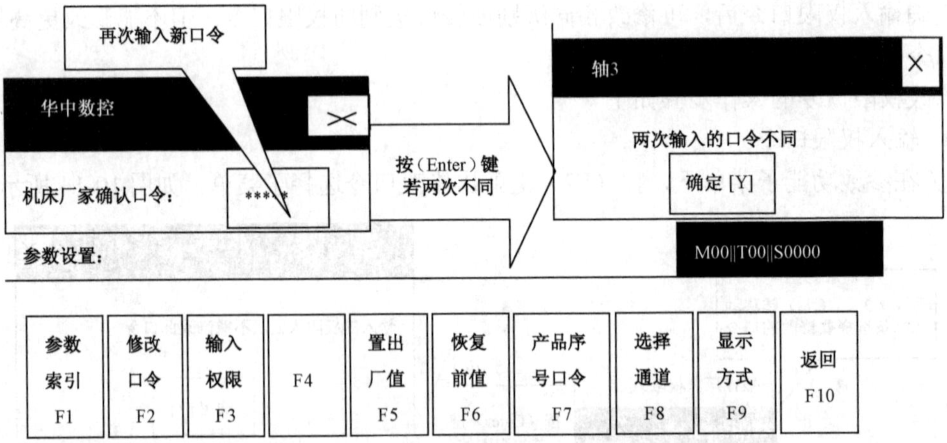

图 10-16　确认新口令

（六）参数设置为出厂值

在参数设置修改过程中，按（F5）键，图形显示窗口所选中的参数值，将被设置为出厂值。

（七）参数恢复前值

在参数设置、修改过程中，按（F6）键，图形显示窗口所选中的参数值，将被恢复为修改前的值。

（八）备份参数

当有多台相同的设备需要调试时，可以利用系统的备份参数与装入参数功能实现批量调试。具体步骤如下：

① 调试完一台设备；

② 在参数子菜单选择输入权限 F3；
③ 在参数子菜单中，选择备份参数 F7；
④ 选择备份到 A 盘；
⑤ 输入备份参数文件名；
⑥ 在待调试设备的参数子菜单中选择输入权限 F3；
⑦ 选择装入参数 F8；
⑧ 选择从 A 盘装入；
⑨ 选择在步骤⑤中输入的备份参数文件名。

五、设计参数的实验

（一）参数的备份和恢复

学习参数时，常对其进行修改以了解它的含义，但在修改参数中常出现下列问题：
问题 1：对参数值进行了修改，但忘了初始值是多少，怎么办？
问题 2：其他同学修改了参数，要接着做以前的试验，怎么办？
问题 3：这么多参数，自己都忘了改了哪些参数，万一使系统瘫痪了怎么办？

解决这些问题的方法就是：可以在修改参数前先利用数控系统提供的参数备份功能，对参数进行备份，可以备份多个参数文件，例如：初始参数、试验 1 参数、试验 2 参数等，记住这些备份参数的文件名。做完这些试验后，只需将相应备份参数恢复即可，而不用重新修改参数，使用起来很方便！

注意：华中数控系统参数在更改后一定要重新启动系统，重新加载修改后的参数才能够起作用。一定要养成备份参数的好习惯！

（二）X、Z 轴的正负软极限设置故障

在机床的实际操作中，为了机床的操作安全，也为了防止机床经常性的撞击硬限位开关，可以对机床设置一定的软极限，在设置时常出现以下故障：
故障 1： Z 轴的软极限设置成功，而 X 轴设置不成功，仍运行至硬极限位。
故障 2： X、Z 轴的软极限均设置不成功。

根据自己试验台的实际情况，按照下列步骤设置软极限，设置前注意以下几点：
① 设置系统的软极限后，每次重新启动数控系统必须重新回零才能够生效。
② 参数设置的单位是微米，而机床显示的单位是毫米，注意单位的转换。
③ 如果是车床的数控系统，对于华中世纪星系列的系统，正负极限所设定的数值是半径值，所以系统界面上如果显示的是直径值，那么要将直径值换算成半径值再添加到系统参数中。

试验步骤如下，根据试验步骤填写下列数据（以 X 轴为例）：
① 查看参数，在机床参数中将编程方式设置为：________________，然后让机床回零。
② 用手摇的方式将机床 X 轴运行至正向超程，记下此时的坐标值为____________，负向超程值为____________。

③ 将以上所得到的值均减去 5mm，则机床参数 X 轴正向软极限值应设为__________，X 轴负向软极限值应设为__________。

④ 重新启动系统，再次进行回零操作后运行车床。当机床运行到 X 轴正向________时，机床报警 X 轴正软超程；X 轴负向到________时，机床报警 X 轴负软超程。此时实验达到预期效果。

根据上述步骤，分析故障出现的可能原因：

故障 1 可能的原因：____

____

____

故障 2 可能的原因：____

____

____

思考题：将坐标轴参数中的正负软极限的符号设置错误（正软极限设为负值或负软极限设为正值），运行机床观察现象并分析原因。

（三）机床回参考点的相关故障

在回参考点的过程中，常常出现以下几种故障：

故障 1：回零时以较快的速度直接正向超程。

故障 2：回零时以较快的速度直接负向超程。

故障 3：回零时以较慢的速度往负向移动直至超程。

故障 4：每次回零的位置不准确，相差一个螺距。

故障 5：回零不成功。

通过下列试验，了解和回参考点有关的参数含义，理解回零的详细过程。

① 查看坐标轴参数，找出和回参考点有关的 6 个参数的设置值和含义，填入表 10-10。

表 10-10　参考点参数实验

序号	参数名	值	说明
1	回参考点方向		
2	回参考点方式		
3	参考点位置		
4	参考点开关偏差		
5	回零快移速度		
6	回零定位速度		

② 回零过程中用手按下回零行程开关，观察机床的回零过程（注意安全，机床移动速

度不能太快，将修调均调至 50%，防止手指被工作台压到）。

观察回参考点方式 2 的回零过程（注意丝杠或联轴节的动作）：

A）工作方式选择回零，按下+Z，机床以________方向和____________速度寻找参考点；

B）人为压下 Z 轴参考点信号不放，观察到工作台__________________________________，机床坐标系的值________________________；

C）松开 Z 轴参考点信号，观察到工作台____，机床坐标系的值________________________________；

D）再次压下 Z 轴参考点信号，观察到工作台____________________________________，机床坐标系的值____________________________；

观察回参考点方式 1 的回零过程（注意丝杠或联轴节的动作）：

A）工作方式选择回零，按下+Z，机床以________方向和____________速度寻找参考点；

B）人为压下 Z 轴参考点信号不放，观察到工作台__________________________________，机床坐标系的值________________________；

C）松开 Z 轴参考点信号，观察到工作台____，机床坐标系的值________________________________；

比较两种回参考点方式的异同。

③ 将 Z 轴参考点位置参数设为 10mm，重启，回零结束时机床坐标值 Z=__________。得出结论。

④ 将 Z 轴参考点开关偏差参数改为−10mm，即−10000μm，重启，回零，观察到工作台的运行情况是____，回零结束时机床坐标值 Z=__________。

综合理解，分析上述种种故障出现的原因：

故障 1 的原因：____；

故障 2 的原因：____；

故障 3 的原因：____
____；

故障 4 的原因：____
____；

故障 5 的原因：____
____

（四）刀架换刀

① 查看 PMC 参数，找出和换刀有关的 3 个时间参数，并写出设置值和含义，填入表 10-11。

表 10-11 刀架参数含义表

序号	参数名	初始值	含义
1	换刀超时时间		
2	刀具锁紧时间		
3	正转延时时间		

② 根据上述参数含义，对这些参数进行人为的修改，将实验现象填入表 10-12，分析原因并理解这些参数的功能：

表 10-12 刀架参数修改实验数据表

序号	故障设置方法	故障现象	分析原因
1	将换刀超时时间更改为 3s，其他时间不变，进行换刀操作		
2	将刀具锁紧时间更改为 0.1s，其他时间不变，进行换刀操作		
3	将正转延时时间更改为 1s 或 2s，其他时间不变，进行换刀操作，判断刀架是否锁紧，判断刀具是否到位		

（五）关于步进电动机驱动器细分数的分析

问题：轴参数中脉冲当量分子、分母的比值变化对整个系统有什么影响？

根据公式正确计算出系统轴参数中的脉冲当量分子、分母的比值，即电子齿轮比，填入表 10-13。

表 10-13 电子齿轮比计算表

驱动细分数	2	8	16	32
电子齿轮比				
运行状态				
结论				

外部脉冲当量分子和外部脉冲当量分母两者的商为坐标轴的实际脉冲当量，即每个位置单位，所对应的实际坐标轴移动的距离或旋转的角度，即系统电子齿轮比。通过设置外部脉冲当量分子和外部脉冲当量分母，可以实现改变电子齿轮比的目的。也可通过改变电子齿轮比的符号，达到改变电动机旋转方向的目的。

移动轴外部脉冲当量分子的单位为微米；旋转轴外部脉冲当量分子的单位为 0.001°。外部脉冲当量分母无单位。

世纪星系列数控装置的外部电子齿轮由外部脉冲当量分子/外部脉冲当量分母两个参数组成，在轴参数中设置，设置的范围是−32767~+32767，软件系统的内部脉冲当量为 0.001mm，为了提高控制精度，系统对内部脉冲当量有固定的细分系数 $X1$，见表 10-14。

表 10-14　内部脉冲当量细分系数 X1

数控装置	HNC-21/HNC-22		HNC-18i HNC-19i
	伺服驱动	步进驱动	
X1	1	16	4

外部电子齿轮的计算公式为：

$$\frac{\text{外部脉冲当量分子(μm)}}{\text{外部脉冲当量分母}}=\frac{L\cdot J}{N\cdot X1\cdot X2}\qquad \text{公式 A（步进电动机）}$$

$$\frac{\text{外部脉冲当量分子(μm)}}{\text{外部脉冲当量分母}}=\frac{L\cdot B\cdot J}{M\cdot X1\cdot X2}\qquad \text{公式 B（伺服电动机）}$$

对于步进电动机/伺服电动机电子齿轮比的计算方法，如公式 A/公式 B 所示。

式中　L——丝杆螺距所对应的内部脉冲当量（对于世纪星系列的数控系统，在进行齿轮比计算的时候内部脉冲当量为 0.001mm）；

N——电动机每转一圈，所需要的脉冲数；

$X1$——数控系统的细分系数；

$X2$——对步进电动机来说是指步进驱动器本身的细分系数；对伺服电动机来说是指伺服驱动器的内部电子齿轮比；

J——是指机床进给轴的机械传动齿轮比；

M——是指伺服电动机码盘的每转脉冲数，即电动机的码盘线数；

B——数控系统对伺服电动机的码盘反馈的倍频数（对于世纪星系列的数控系统，电动机的码盘反馈的倍频数为 4）。

以数控综合实验台的 X 轴的电子齿轮比为例计算方法如下：

例：对于 X 轴为步进电动机：

电动机的步距角为 1.8°，则电动机的每转脉冲数为 N=360°/1.8°=200；

电动机与丝杠为直连方式则 J=1；

系统对内部脉冲当量的细分系数 $X1$=16；

丝杠的导程为 5mm，L=5000mm

假设步进驱动器本身的细分系数为 $X2$=8；

则：

$$\frac{\text{外部脉冲当量分子(μm)}}{\text{外部脉冲当量分母}}=\frac{I\cdot J}{N\cdot X1\cdot X2}=\frac{5000\times 1}{200\times 16\times 8}=\frac{25}{128}$$

数控综合实验台 X 轴的电子齿轮比为 25/128，将轴参数中的外部脉冲当量改为 25，外部脉冲当量分母改为 128，则完成了整个 X 轴的电子齿轮比的计算和设置的过程。

（六）和系统轴接口有关的故障

问题 1：X 轴接在系统接口 XS30 上，若 XS30 损坏，必须将 X 轴接到其他预留的接口

（如 XS31）上，怎么办？

问题 2：Z 轴装了光栅尺，如果想比较 Z 轴光栅尺检测的全闭环位置精度和编码器反馈的半闭环位置精度的差异，可以将光栅尺的信号接到轴 XS31，那么应如何设置参数，使系统画面增加一个 Y 轴以显示光栅尺的位置？

问题 3：既然接口 XS30~XS33 的功能是等同的，可否将 X 轴接在 XS32 上，Z 轴接在 XS30 上？如果可以，应该怎么办？

问题 4：本试验台 X 轴和 Z 轴的丝杠螺距都是 5mm，如果在 MDI 方式下，分别运行 G91G01X20F50 和 G91G01Z20F50，X 轴和 Z 轴的丝杠应该分别旋转多少圈？在试验台上运行这些代码，如果不对，应如何修改参数？

问题 5：操作机床时，如果让机床朝正方向运行，但机床却朝负方向移动，和此故障相关的参数是什么，如何修改？

问题 6：一种普通数控车床，有两个进给轴，并且两个进给轴都是采用相同型号的伺服驱动及伺服电动机。在机床的运行过程中，Z 轴出现故障，不运动并且报跟踪误差过大，这时该如何分析产生故障的原因？

具体参数设置见表 10-15：

表 10-15　各部件硬件配置参数表

<table>
<tr><th colspan="2" rowspan="2">设备说明</th><th rowspan="2">部件号</th><th colspan="5">硬件配置参数</th></tr>
<tr><th>部件型号</th><th>标识</th><th>地址</th><th>配置[0]</th><th>配置[1]</th></tr>
<tr><td colspan="2">面板开关量输入/输出
输入：16 组；输出：8 组</td><td>部件 20</td><td rowspan="12">5301</td><td rowspan="2">13</td><td rowspan="12">0</td><td>0</td><td rowspan="9">0</td></tr>
<tr><td colspan="2">外部开关量输入/输出
输入：5 组；输出：4 组</td><td>部件 21</td><td>1</td></tr>
<tr><td colspan="2">主电动机驱动单元 D/A 接口 XS9</td><td>部件 22</td><td>15</td><td rowspan="2">4</td></tr>
<tr><td colspan="2">主轴编码器接口 XS9</td><td>部件 23</td><td>32</td></tr>
<tr><td colspan="2">手摇脉冲发生器接口 XS8</td><td>部件 24</td><td>31</td><td>5/6</td></tr>
<tr><td rowspan="4">串行伺服接口
HSV-11 伺服
XS40~XS43</td><td>XS40</td><td>部件 0</td><td rowspan="4">49</td><td>0</td></tr>
<tr><td>XS41</td><td>部件 1</td><td>1</td></tr>
<tr><td>XS42</td><td>部件 2</td><td>2</td></tr>
<tr><td>XS43</td><td>部件 3</td><td>3</td></tr>
<tr><td rowspan="3">其他进给驱动接口
XS30~XS33</td><td>步进驱动</td><td>部件 0-3</td><td>46</td><td></td><td rowspan="3">0</td></tr>
<tr><td>脉冲接口伺服</td><td>部件 0-3</td><td>45</td><td></td></tr>
<tr><td>模拟接口伺服</td><td>部件 0-3</td><td>41/42</td><td></td></tr>
</table>

根据上面知识，分析 6 个问题的解决方案并写出步骤：

问题 1 的解决方法：____。

问题 2 的解决方法：____。

问题3的解决方法：____。

问题4的解决方法：____。

问题5的解决方法：____。

问题6的解决方法：____。

利用互换法对机床进行故障确定，这种方法简单有效。

出现这种故障首先要判断出故障的位置，判断方法一般可以按照由前到后的判断方法。由前到后的方法是按照运行的指令所到达的路线由前到后的顺序进行判断。

具体步骤如下：

① 首先排除是否是数控系统出现的问题，做法：________________________________。运行系统，如果此时X轴不能够正常运行，Z轴能够正常运行，那么可以得出的结论是：____。如此时X轴能够正常运行，Z轴不能够正常运行，那么得出的结论是：________________。

② 若判断出故障不是出现在数控系统上，那么要判断故障是在伺服驱动器上还是在伺服电动机上，做法：________________________________。运行系统，如果此时X轴不能正常运行，Z轴可以正常运行，那么可以得出的结论是：________________。如此时X轴能够正常运行，Z轴不能够正常运行，那么得出的结论是：________________。

六、单元学习活动设计和组织

表 10-16 单元学习活动的计划

学习阶段	工作（学习）任务	行为类别	工作学习方法与手段
入题阶段	明确本单元工作学习任务目标及主要学习内容	资讯	发放学习资料，自主阅读和理解学习资料
	参数的分类、含义、正确设置		教师演示，学生动手操作
计划阶段	划分小组，规划任务，制订工作计划；围绕学习目标准备考查学习的议题	计划 决策	师生互动、提出考查议题，小组讨论制订工作计划
实施阶段	教师讲解参数的分类、备份及恢复步骤	实施	学生能够正确查看各类参数，掌握参数备份和恢复的方法
	掌握软极限参数的刀架换刀参数的含义并正确设置该参数	实施	结合设计的实验，按照步骤正确完成实验内容，领悟参数的含义
	掌握和回零有关的各类参数的含义并正确设置该参数	实施	结合设计的实验，按照步骤正确完成实验内容，领悟参数的含义
	掌握和系统轴接口有关的各类参数的含义并正确设置该参数	实施	结合设计的实验，按照步骤正确完成实验内容，领悟参数的含义
总结阶段	整理学习材料； 在教室由师生互动进行问题解析	检查	自主完成课业； 师生互动、答疑解惑
交流阶段	组内、组间的学习总结和交流汇报	评价	小组互动学习； 讨论与交流汇报

七、单元学习的考核评价

单元学习的考核评价不要仅仅局限于对学习结果的考评，更要注重工作学习活动的参与过程。考评围绕学习活动的各个环节，根据参与程度、工作学习态度、学习方法与技巧、小组合作情况、目标实现状况等全面考评，本单元主要考评项目组成参考如下。

成果评定：根据课业学习及工作页内容完成的质量情况进行评定，占 60%；

学生自评：学生根据厂家评分标准，对实施过程进行自评，给出相应的成绩，占 10%；

学生互评：学生间互相交流，互相评价，占 10%；

教师评价：教师根据学生的学习态度、工作态度、团队协作精神、出勤率、敬业爱岗和职业道德等情况，结合工作任务实施过程的各个环节进行评价，占 20%。

单元二　数控车床标准 PLC 的查看和修改

一、单元学习任务

1. 车床标准 PLC 系统的功能。
2. PLC 配置参数的含义和正确查看的方法。
3. 标准 PLC 系统调试的内容和方法。

二、单元学习目标

1. 理解 CNC 和 PLC 在机床加工过程中各自的作用。
2. 能够正确查看标准 PLC 内各输入/输出点的设置值。
3. 能够根据硬件接线正确设置 PLC 输入/输出点值。
4. 掌握和刀架换刀相关 PLC 点的含义，并能正确设置。
5. 掌握和主轴功能相关 PLC 点的含义，并能正确设置。

三、着重关注的引导性问题

1. 什么是数控车床标准 PLC 系统？
2. 怎样进入华中数控系统的内置式标准 PLC 系统？
3. 怎样在华中数控系统的内置式标准 PLC 系统中编程和调试？
4. 什么是光耦隔离？光耦隔离在 PLC 接口电路中的作用是什么？
5. 在 PLC 配置系统中如何设置刀架有关信号？
6. 在 PLC 配置系统中如何设置主轴有关信号？
7. 正确分析刀架各种故障的原因并能正确排查故障。
8. 正确绘制刀架模块的线路连接图。

四、单元学习知识基础

数控机床的数控系统不仅要对各进给轴运行进行控制，还要对许多辅助动作进行控制，如主轴的启动、停止和转速的变化，刀库按程序要求实现换刀、液压、润滑、冷却、排屑装置，工件的装夹及行程极限保护、过载保护等许多开关量的控制。由于机床上控制对象很多，各种运动或动作之间有很多互锁关系或严格的逻辑关系，早期的机床采用继电器逻辑控制电路进行控制，电路复杂，其可靠性很低。现在，这些辅助动作的控制均由可编程控制器来完成。因此可编程控制器是处于数控装置和“机床侧”之间的桥梁，这里的“机床侧”包括机床机械本体，气动、液压、冷却和润滑等装置，机床操作面板，机床强电驱动系统和排屑器等辅助装置。

CNC 和 PLC 协调配合共同完成数控机床的控制，其中 CNC 主要完成与数字运算和管理有关的功能，如零件程序的编辑、插补运算、译码、位置伺服控制等。PLC 主要完成与逻辑运算有关的一些动作，没有轨迹上的具体要求，辅助控制装置完成机床相应的开关动作，如工件的装夹、刀具的更换、冷却液的开关等一些辅助动作；它还接收机床操作面板的指令，一方面直接控制机床的动作，另一方面将一部分指令送往 CNC 用于加工过程的控制。

数控机床 PLC 主要包括两类接口信息：硬件电气接口信息，即 PLC 与数控装置、机床及机床电气设备之间的电气连接部分；软件寄存器接口信息，即 PLC 为了运算和实现某些特殊功能、及内装式 PLC 与 NC 间数据交换的需要而设置的寄存器变量或功能函数。

（一）可编程控制器的类型和基本工作方式

用于数控机床的 PLC 一般分为两类：一类是 CNC 的生产厂家为实现数控机床的顺序控制，而将 CNC 与 PLC 综合起来设计，称为内装式 PLC，内装式 PLC 是 CNC 装置的一部分；另一类是以独立专业化的 PLC 生产厂家的产品来实现顺序控制系统，称为独立式 PLC。

内装式 PLC 与 CNC 之间的信息传送在 CNC 内部实现，PLC 与机床侧（MT）之间信息传送则通过 CNC 的输入/输出接口电路来实现。一般这种类型的 PLC 不能独立工作，它只是 CNC 向 PLC 功能的扩展，两者是不能分离的。在硬件上，内装式 PLC 可与 CNC 共用一个 CPU，也可以单独使用一个 CPU。由于 CNC 功能和 PLC 功能在设计时就一同考虑，因而这种类型的系统在硬件和软件整体结构上合理、实用，性能价格比高，适用于类型变化不大的数控系统。由于 CNC 和 PLC 之间没有多余的连线，而且 PLC 上的信息能通过 CNC 显示器显示，PLC 的编程更为方便，而且故障诊断功能和系统的可靠性也有提高。PLC 与 MT（机床侧）则通过 CNC 输入/输出接口电路实现信号传送，如图 11-1 所示。

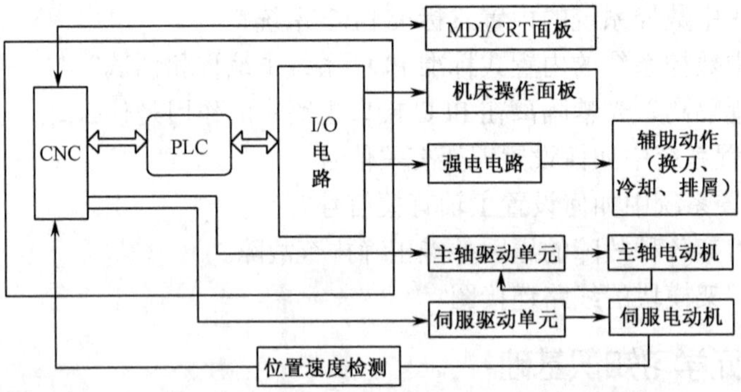

图 11-1　内装式 PLC 与 CNC 和 MT（机床侧）的接口

与 CNC 装置相对独立的独立式 PLC，可采用不同厂家的产品，这使用户有选择的余地，选择自己熟悉的产品。而且功能易于扩展和变更，当用户在向 FMS、CIMS 发展时，不至于使原系统做很大的变动。独立式 PLC 与 CNC 之间是通过输入/输出接口连接的，如图 11-2 所示。

PLC 的基本工作方式是顺序执行用户程序，每一时刻执行一条指令，由于相对于外部电气信号有足够的执行速度，从宏观上看是实时响应的。对用户程序的执行一般有循环扫描和定时扫描两种，扫描过程分为三个阶段，即输入采样阶段、程序执行阶段和输出刷新阶段，如图 11-3 所示。

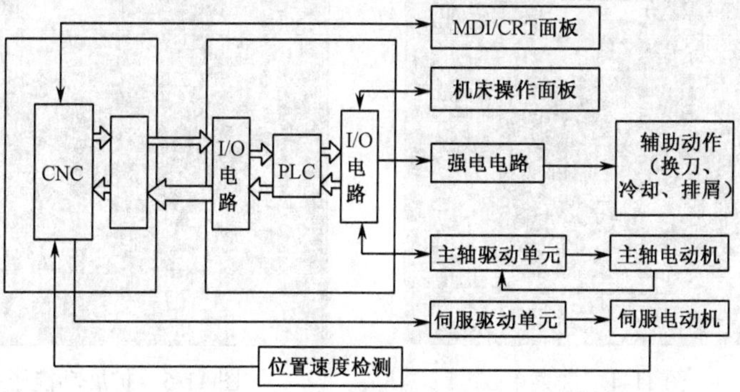

图 11-2　独立式 PLC 与 CNC 和 MT（机床侧）的接口

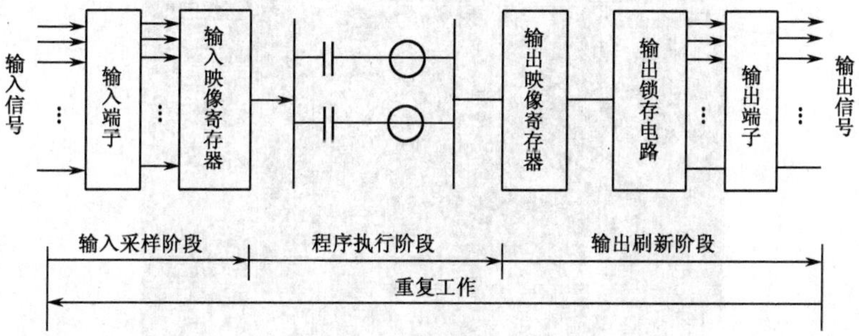

图 11-3　PLC 扫描周期的三个工作阶段

PLC 执行完上述的三个阶段称为一个扫描周期，扫描周期因 PLC 的机型和程序中采用各类指令的组成比例而异，一般执行 1000 条指令时间约为 1~20ms 之间。PLC 执行完一个工作周期后，在第二个工作周期输入采样阶段进行输入刷新，因而输入寄存器的数据，由上一个刷新时间 PLC 输入端子的状态决定。

（二）华中数控车床标准 PLC 配置系统的功能和基本操作

为了简化 PLC 源程序的编写，减轻工程人员的工作负担，华中数控开发了标准 PLC 系统。车床标准 PLC 系统主要包括 PLC 配置系统和标准 PLC 源程序两部分。其中，PLC 配置系统可供工程人员进行修改，它采用的是友好的对话框填写模式，运行于 DOS 平台下，与其他高级操作系统兼容，可以方便、快捷地对 PLC 选项进行配置。配置完以后生成的头文件加上标准 PLC 源程序就可以编译成可执行的 PLC 执行文件了。

车床标准 PLC 系统的基本操作说明如下：

① 在华中数控车床的操作主菜单界面下，如图 11-4 所示，按（F10）键进入扩展功能子菜单，如图 11-5 所示。

② 在扩展功能子菜单中，按（F1）键，系统将弹出如图 11-6 所示 PLC 子菜单。

③ 在 PLC 子菜单下，按（F2）键系统将弹出如图 11-7 所示的输入权限口令对话框，在权限口令对话框中输入初始口令，则弹出如图 11-8 所示的确认输入权限口令对话框，按（Enter）键进入，便进入如图 11-9 所示的标准 PLC 配置系统。

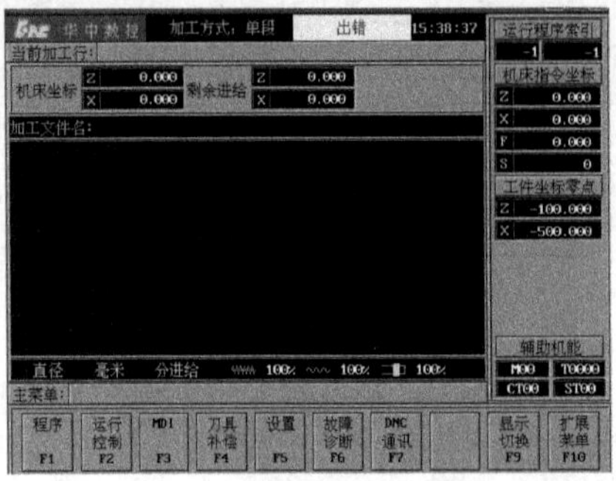

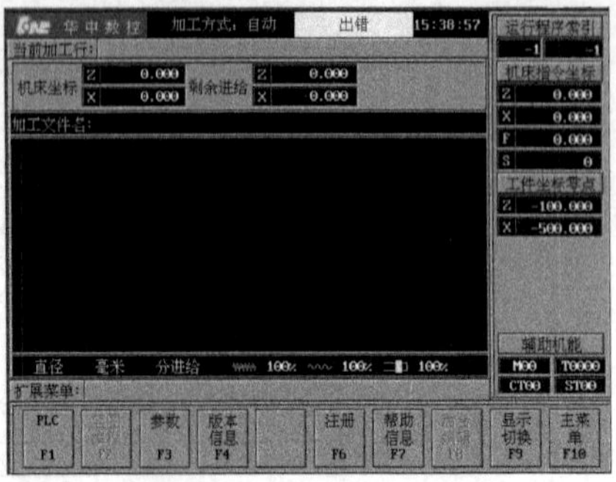

图 11-4 主菜单　　　　图 11-5 扩展功能子菜单

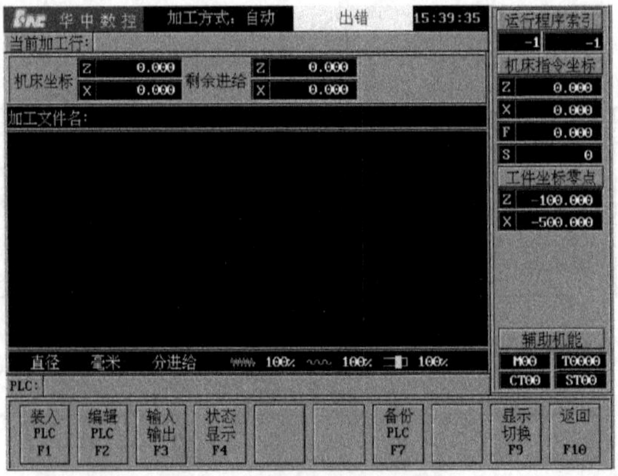

图 11-6 PLC 子菜单

图 11-7 输入权限口令

图 11-8 确认输入权限口令

④ 按（F2）键或将光标移到车床系统按（Enter）键，便进入车床标准 PLC 系统。

⑤ （Pgup）、（Pgdn）为五大功能项相邻界面间的切换键；同一功能界面中用（TAB）键切换输入点；用（↑）、（↓）、（←）、（→）键移动蓝色亮条选择要编辑的选项；按（Enter）键编辑当前选定的项；编辑过程中，按（Enter）键表示确认，按（Esc）键表示取消输入；无论输入点还是输出点，字母 H 表示为高电平有效，即为 1，字母 L 表示低电平有效，即为 0；在任何功能项界面下，都可按（Esc）键退出系统。

⑥ 在查看或设置完车床标准 PLC 系统后，按（Esc）键，系统将弹出如图 11-10、图 11-11 所示的系统提示，按（Enter）键确认后，系统将自动重新编译 PLC 程序，并返回主菜单，新编译的 PLC 程序生效。

图 11-9　标准 PLC 配置系统

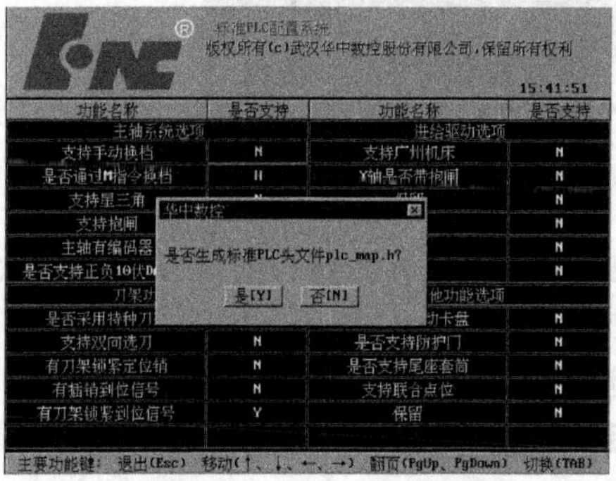

图 11-10　系统提示一

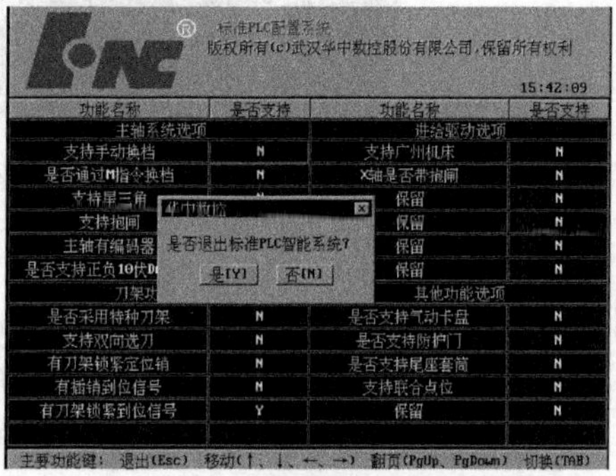

图 11-11　系统提示二

（三）车床标准 PLC 配置系统参数的详细说明

车床标准 PLC 配置系统涵盖大多数车床所具备的功能，具体有以下五人功能项：

- 机床支持选项配置；
- 主轴输出点定义（主要用于电磁离合器输入点配置）；
- 刀架输入点定义；
- 面板输入/输出点定义；
- 外部输入/输出点定义。

1. 机床支持选项配置

机床支持选项配置主界面如图 11-12 所示，在本 PLC 配置界面中，字母“Y”表示支持该功能，字母“N”表示不支持该功能。

下面分别讲解系统支持功能选项每一项所代表的意思。

（1）主轴系统选项

① 支持手动换挡：指的是通过手工换挡方式，既没有变频器，也不支持电磁离合器自动换挡，是一种纯粹手工换挡方式。

② 是否通过 M 指令换挡：指的是系统带有变频器，又具有机械变速功能，但是机械换挡时没有机械换挡信号，所以可以通过 M42、M41 来给系统一个挡位信号。

功能名称	是否支持	功能名称	是否支持
主轴系统选项		进给驱动选项	
支持手动换档	N	支持广州机床	N
是否通过M指令换档	N	X轴是否带抱闸	N
支持星三角	N	保留	N
支持抱闸	N	保留	N
主轴有编码器	Y	保留	N
是否支持正负10伏DA输出	Y	保留	N
刀架功能选项		其他功能选项	
是否采用特种刀架	N	是否支持气动卡盘	N
支持双向选刀	N	是否支持防护门	N
有刀架锁紧定位销	N	是否支持尾座套筒	N
有插销到位信号	N	支持联合点位	N
有刀架锁紧到位信号	Y	保留	N

图 11-12　机床支持选项配置主界面

③ 支持星/三角：是指主轴电动机在正转或反转时，先用星形线圈点动正转或反转，过一段时间后切换成三角形线圈来转动电动机。

④ 主轴有编码器：指的是主轴是否有转速检测功能，即主轴是否有编码器。

⑤ 是否支持正负 10 伏 DA 输出—华中数控系统可以提供 0~10V 或−10~+10V 的模拟电压，根据所选的变频器或伺服驱动器所采用的控制电压的类型，选择 PLC 的选项。

（2）刀架功能选项

① 是否采用特种刀架：若采用，选择“Y”；如果不采用，选择“N”。

② 支持双向选刀：指的是系统的刀架既可以正转又可以反转，如果既可以正转又可以反转，在选刀时就可以根据当前使用刀号判断出选中目标刀号是要正转还是反转，以达到使刀架旋转最小角度就能选中目标刀。

③ 有刀架锁紧定位销：指的是在当前要选用的目标刀架已经旋转到位，此时刀架停止转动，然后刀架打出一个锁紧定位销锁住刀架。一般的刀架是锁紧定位销打出一段时间后反转刀架来锁紧刀架。

④ 有插销到位信号：指的是刀架锁紧定位销打出以后，刀架会反馈一个插销到位信号给系统，当系统收到此信号后才能反转刀架来锁紧刀架。刀架锁紧到位信号指的是换刀后刀架会给系统回送一个刀架是否锁紧的信号。

⑤ 有刀架锁紧到位信号：车床刀架选刀时有无到位信号。

2. 主轴挡位及输出点定义

主轴参数配置界面如图 11-13 所示，主要是用在电磁离合器换挡和高、低速自动换挡，高、低速自动换挡是指通过高、低速线圈来换高挡或低挡。

主轴速度调节：自动换挡选项为“Y”，本配置界面中定义的输出点才有效，在变频换挡或手动换挡选项为“Y”时，应关闭此菜单选项中的所有输出点。

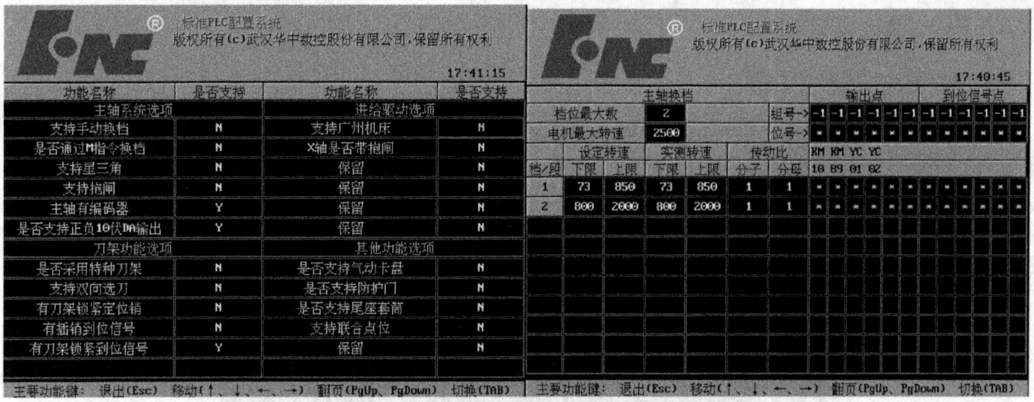

图 11-13　主轴参数配置界面

3．刀架信号输入点定义

① 门架信号输入点配置界面如图 11-14 所示，主要是对刀具的输入点进行定义，在位编辑行对应的编辑框中输入-1 表示此输入点无效。在刀号输入点编辑框中输入 1 表示对应的输入点在此刀位中有效，输入 0 表示对应的输入点在此刀位中无效。

② 当前系统刀架支持刀具总是 4 把，输入的组为第 1 组（本配置系统中支持刀具的所有输入点在同一个组），输入的有效位为 4 位，分别是 X1.1、X1.2、X1.3、X1.4，分别对应 1~4 号刀，那么对应的输入配置应如图 11-14 所示。

③ 刀架的正转为 0.3，反转为 0.4，如果 PLC 这样配置，编译后系统应可以正常运行。

④ 此时刀架运转正常的情况下，将 PLC 的刀架正、反转输出信号 Y0.3、Y0.4 进行互换，重新编译后，运转刀架有什么现象记录下来并分析原因。

⑤ 将电断开，将输入转接板的刀架到位信号 X1.3、X1.4 的输入位置往后平移两个点，重新上电后进行换刀操作，有什么现象，分析原因。

图 11-14　刀架信号输入点配置界面

4．输入/输出点定义

（1）输入/输出点的组成

输入/输出点的定义分为操作面板定义和外部 I/O 定义，外部 I/O 定义设置的界面如图 11-15 所示：该表格主要由功能名称和功能定义组成。

标准PLC配置系统
版权所有(c)武汉华中数控股份有限公司，保留所有权利
17:42:11

外部IO点定义	输入点			输出点			外部IO点定义	输入点			输出点		
	组	位	有效	组	位	有效		组	位	有效	组	位	有效
外部运行允许	2	4	L	*	*	*	伺服强电允许	*	*	*	0	0	H
SV电源OK	2	5	L	*	*	*	伺服复位	*	*	*	0	1	H
SV驱动A报警	*	*	*	*	*	*	伺服使能	*	*	*	0	2	H
SV驱动B报警	*	*	*	*	*	*	HSV11减电流	*	*	*	*	*	*
SV驱动C报警	*	*	*	*	*	*	刀架松开启动	*	*	*	*	*	*
SV驱动A就绪	*	*	*	*	*	*	刀架锁紧启动	*	*	*	*	*	*
SV驱动B就绪	*	*	*	*	*	*	主轴正转	*	*	*	1	0	H
SV驱动C就绪	*	*	*	*	*	*	主轴反转	*	*	*	1	1	H
电柜空气开关	*	*	*	*	*	*	主轴星形点	*	*	*	*	*	*
刀架电机报警	*	*	*	*	*	*	主轴三角形点	*	*	*	*	*	*
刀架锁紧到位	*	*	*	*	*	*	冷却开	*	*	*	*	*	*
液压压力到位	*	*	*	*	*	*	液压泵开启	*	*	*	*	*	*
面板启动液压	*	*	*	*	*	*	机床润滑开启	*	*	*	*	*	*

主要功能键： 退出(Esc) 移动(↑、↓、←、→) 翻页(PgUp、PgDown) 切换(TAB)

图 11-15　外部 I/O 设置的界面

功能名称：在表格里用汉字标注的表示功能的名称，如“主轴正转”、“Z 轴锁住”、“超程解除”等。

功能定义：可分为输入点和输出点。以输入点为例，包含三部分：组、位和有效。

组：指的是该项功能在电气原理图中所定义的组号，当该功能不需要时，可以按照后面的修改方法将其设置为–1，就可将其屏蔽掉。

位：指的是该项功能在组里的有效位，一字节共有 8 个数据位，所以该项的有效数字为 0~7，该项若被屏蔽掉则会显示“*”，如图 11-16 所示。

标准PLC配置系统
版权所有(c)武汉华中数控股份有限公司，保留所有权利
17:42:33

外部IO点定义	输入点			输出点			外部IO点定义	输入点			输出点		
	组	位	有效	组	位	有效		组	位	有效	组	位	有效
主轴润滑开启	*	*	*	*	*	*	保留	*	*	*	*	*	*
主轴制动	*	*	*	*	*	*	保留	*	*	*	*	*	*
主轴速度到达	*	*	*	*	*	*	保留	*	*	*	*	*	*
主轴报警	*	*	*	*	*	*	保留	*	*	*	*	*	*
X轴抱闸	*	*	*	*	*	*	X轴正限位	0	0	H	*	*	*
外接循环启动	*	*	*	*	*	*	X轴负限位	0	1	H	*	*	*
外接进给保持	*	*	*	*	*	*	Z轴正限位	0	2	H	*	*	*
外接主轴点动	*	*	*	*	*	*	Z轴负限位	0	3	H	*	*	*
润滑缺油报警	*	*	*	*	*	*	C轴正限位	*	*	*	*	*	*
润滑压力到位	*	*	*	*	*	*	C轴负限位	*	*	*	*	*	*
压力报警	*	*	*	*	*	*	保留	*	*	*	*	*	*
冷却报警	*	*	*	*	*	*	保留	*	*	*	*	*	*
保留	*	*	*	*	*	*	保留	*	*	*	*	*	*

主要功能键： 退出(Esc) 移动(↑、↓、←、→) 翻页(PgUp、PgDown) 切换(TAB)

图 11-16　屏蔽外部某位 I/O

有效：指的是在何种情况下该位处于有效状态，一般是指高电平还是低电平有效，如果是高电平有效，则填 H，否则填 L，当该功能被屏蔽掉时，该项同样也会显示“*”。

注意：要避免同一输入点被重复定义，如“自动”定义为 X40.1，其他方式就不要再定义为 X40.1 了。

（2）输入/输出点的修改

以操作面板点定义中的“自动”为例，对其输入/输出点进行编辑。现假设“自动”这一方式在 30 组 1 位，低电平有效，则修改方法如下：将蓝色亮条移到自动方式的输入点的组这一栏。

- 按“Enter”键，蓝色亮条所指选项的颜色和背景都会发生变化，同时有一光标闪烁。
- 将 30 改为 40，按“Enter”键即可。
- 将蓝色光条移到输入点的位这一栏。
- 按“Enter”键将 0 改为 1，按“Enter”键即可。
- 将光标移到输入点的有效这一栏。
- 按“Enter”键，将 H 改为 L，按“Enter”键即可。
- 输出点的修改类似。

（四）PLC 调试的内容和方法

① 操作数控装置，进入输入/输出开关量显示状态，对照电气原理图，逐个检查 PLC 输入/输出点的连接和逻辑关系是否正确。

在主操作界面下，按“F10”键进入扩展功能子菜单。在扩展功能子菜单下，按“F1”键系统将弹出 PLC 子菜单（前面已经介绍）；在 PLC 子菜单下，按“F4”键，系统将弹出如图 11-17 所示的 PLC 状态选择界面，按“F1”键便进入如图 11-18 所示机床输入到 PMC 状态界面。

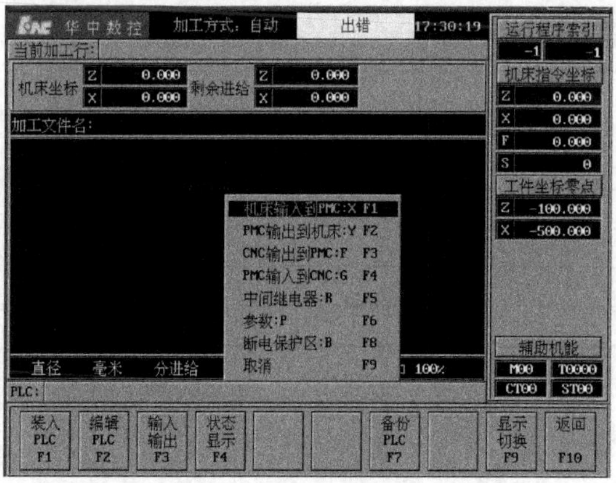

图 11-17　PLC 状态显示选择界面

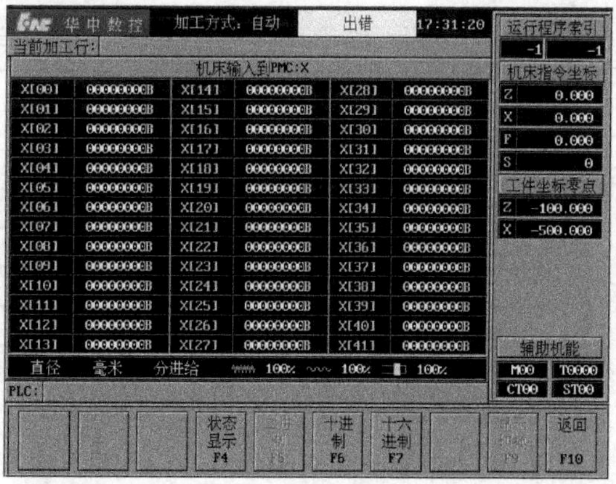

图 11-18　机床输入到 PMC 状态界面

输入/输出开关量显示状态 X、Y 默认为二进制数显示。每 8 位为一组，每一位代表外部一位开关量输入或输出信号，例如通常 X[00]的 8 位数字量从右往左依次代表开关量输入的 I0~I7，X[01]代表开关量输入的 I8~I15，以此类推。同样，Y[00]代表开关量输出的 O0~O7，

Y[01]代表开关量输出的 O8~O15，以此类推。

各种输入/输出开关量的数字状态显示形式，可以通过 F6、F7 在二进制、十进制和十六进制之间切换。若所连接的输入元器件的状态发生变化（如行程开关被压下），则所对应的开关量的数字状态显示也会发生变化。由此可检查输入/输出开关量电路的连接是否正确。

② 检查机床超程限位开关是否有效，报警显示是否正确（各坐标轴的正负超程限位开关的一个常开触点，以及接入输入开关量接口）。

通常按下列步骤调试、检查 PLC。

① 在 PLC 状态中观察所需的输入开关量（X 变量）或系统变量（R、G、F、P、B 变量）是否正确输入，若不正常则检测外部电路；对于 M、S、T 指令，应该编写一段包含该指令的零件程序，用自动或单段的方式执行该程序，在执行的过程中观察相应的变量（因为在 MDI 方式正在执行的过程中是不能观察 PLC 状态的）。

② 检查由输出开关量（Y 变量）直接控制的电子开关或继电器是否动作，若没有动作，则检查电路。

③ 检查由继电器控制的接触器等开关是否动作，若没有动作，则检查连线。

④ 检查执行单元，包括主轴电动机、步进电动机及伺服电动机等。

五、实践与练习

（一）主轴挡位及输出点定义实验

主轴挡位及输出点实验表见表 11-1，主要用在电磁离合器换挡和高、低速自动换挡，高、低速自动换挡是指通过高、低速线圈切换来换高挡和抵挡。

主轴速度调节：当自动换挡选项为“Y”时，本实验表中定义的输出点才有效，在变频换挡或手动换挡选项为“Y”时，应关闭此实验表中的所有输出点。

表 11-1 主轴挡位及输出点实验表

标准 PLC 配置系统														
主抽换挡							输出点				到位信号点			
挡位最大数			1		组号		–1	–1	–1	–1	–1	–1	–1	–1
电动机最大转速			2500		位号									
	设定转速		实测转速		传动比									
挡段	下限	上限	下限	上限	分子	分母								
1														

（二）主轴转速的调整

主轴转速是通过变频器与 PLC 中的相关参数来进行控制，表 11-2 列出的是变频器的最大输出频率，即变频器在接收最大信号量的时候所输出的最大频率。另外还有标准 PLC 中的主轴转速设定的一些参数，主要包括：电动机最大转速，设定转速上/下限，实测电动机上/下限，变频器的输出频率和系统给定转速。可以通过变频器的输出频率显示（D1）来读出。

通过填写表 11-2，了解主轴转速控制是如何实现的。

表 11-2　主轴转速控制关系表

变频器最大频率 A4	电动机最大转速	设定转速上/下限	实测电动机上/下限	系统给定转速 S	变频器输出频率 D1	系统模拟电压值

（三）刀架信号输入点定义

① 刀架信号输入点配置界面如图 11-14 所示，主要是对刀具的输入点进行定义，在位编辑行对应的编辑框中输入“–1”表示此输入点无效。在刀号输入点编辑框中输入“1”表示对应的输入点在此刀位中有效，输入“0”表示对应的输入点在此刀位中无效。

② 在前系统刀架支持刀具总数为 4 把，输入组为第 1 组（本配置系统只支持刀具的所有输入点是一个组），输入的有效位为 4 位，分别是 X1.1、X1.2、X1.3、X1.4，1 号刀对应的输入点是 X1.1，2 号刀对应的输入点是 X1.2，3 号刀对应的输入点是 X1.3，4 号刀对应的输入点是 X1.4，那么对应的输入配置应如图 11-14 所示。

③ 刀架的正转为 Y0.3，反转为 Y0.4，如果 PLC 这样设置，编译后系统应该可以正常运行。

④ 此时刀架运转正常的情况下，将 PLC 的刀架正反转输出信号 Y0.3、Y0.4 进行互换，重新编译后，运转刀架有什么现象记录下来并分析原因。

⑤ 将电断开，将输入转接板的刀架到位信号 X1.3、X1.4 的输入位置向后平移两个点，重新上电后进行换刀操作，有什么现象，分析一下原因，如果要正常换刀，应如何设置见表 11-3。

表 11-3　设置刀架参数

刀库				刀架到位点							
刀具总数	4		组一	1	1	1	1	–1	–1	–1	–1
			位一	1	2	3	4	*	*	*	*
功能名称	组	位									
刀架正转（Y）			1 号刀					*	*	*	*
刀架反转（Y）			2 号刀					*	*	*	*
			3 号刀					*	*	*	*
			4 号刀					*	*	*	*

（四）用实验台所带的乒乓开关控制主轴的正/反转

方法：

① 进入车床标准 PLC 的编辑状态，然后进入车床面板的操作按键输入点的定义；

② 找到主轴正/反转的输入点定义，并将它分别更改成 X0.6、X0.7；

③ 这时退出 PLC 并对它进行编译，完成后即可利用乒乓开关控制主轴的正/反转运行。

（五）将机床信号输入 XS10 的输入电缆代替接口 XS11

将机床信号输入口 XS10 上的输入电缆接口接到 XS11 上，然后通过更改标准 PLC 的输入信号，使实验台能够正常地运行，实验台各个部件运行正常。

方法：

① 将 PLC 输入电缆接口接到 X11 上；

② 将 PLC 的输入点定义栏的各输入点记下，查出其对应的 DB25 插头的引脚号；

③ 查出 X11 与 X10 相同引脚对应的输出点；

④ 进入标准 PLC 的编辑界面，将 PLC 的输入点定义栏的各输入点更改为 X11 各对应管对应的输入点；

⑤ 退出 PLC 进行编辑，然后进入系统，检查系统是否能够正常运行。

（六）自动润滑功能的设定

① 进入 PLC 的编辑状态，定义自动润滑开的输出信号点为 Y0.6。

② 退出 PLC 并进行重新编辑。

③ 修改系统参数中的用户 PLC 参数，设定自动润滑的间隔时间及每次润滑的延续时间。

④ 进入系统，观察输出信号 Y0.6 是否有输出，且其输出时间的长短是否与定义的相一致。

⑤ 修改自动润滑开的间隔时间及每次润滑的延续时间的大小，观察 Y0.6 输出信号的变化。

（七）查看 PLC 点的设置画面，写出下列按键对应的点的定义信号，填入表 11-4。

表 11-4　按键对应的 PLC 地址

按键名称	定义信号	按键名称	定义信号
自动		进给保持	
回零		Alt	
刀位选择		Delete	
+X		超程解除	
循环启动		Page Up	

六、单元学习活动

本单元学习活动计划见表 11-5。

表 11-5　本单元学习活动计划

学习阶段	工作（学习）任务	行为类别	工作学习方法与手段
入题阶段	明确本单元工作学习任务目标及主要学习内容	资讯	自主阅读本单元教学材料
计划阶段	介绍本单元学习活动安排及学习要点	计划	由指导教师或组长介绍
实施阶段	机床支持选项配置内容	实施	参照设计的实验完成该部分的操作练习
	主轴输出点定义内容		参照设计的实验完成该部分的操作练习
	刀架输入点定义的内容		参照设计的实验完成该部分的操作练习
	操作面板和外部 I/O 的输入/输出点定义的内容		参照设计的实验完成该部分的操作练习
交流汇报阶段	小组交流，解读连线时遇到的各种故障及解决办法	检查评价	评价每个小组代表的汇报发言； 完成课业工作页的相关内容

七、单元学习的考核评价

单元学习的考核评价不要仅仅局限于对学习结果的考评，更要注重工作学习活动的参与过程。考评围绕学习活动的各个环节，根据参与程度、工作学习态度、学习方法与技巧、小组合作情况、目标实现状况等全面考评，本单元主要考评项目组成参考如下。

成果评定：根据课业学习及工作页的内容完成的质量情况进行评定，占 60%；

学生自评：学生根据评分标准，对实施过程进行自评，给出相应的成绩，占 10%；

学生互评：学生间互相交流，互相评价，占 10%；

教师评价：教师根据学生的学习态度、工作态度、团队协作精神、出勤率、敬业爱岗和职业道德等情况，结合工作任务实施过程的各个环节进行评价，占 20%。

单元三　数控车床简单功能程序的编译与编写

一、单元学习任务

1. NC、PMC 模块在数控系统中的关系。
2. 华中数控系统中内置式 PLC 的工作原理。
3. 华中数控系统中内置式 PLC 寄存器的功能。
4. 华中数控系统中 PLC 程序的调试方法。
5. 华中数控系统中常见 PLC 程序的编写。

二、单元学习目标

1. 理解 NC 和 PLC 在机床加工过程中各自担当的任务。
2. 能够正确查看 PLC 输入/输出点的定义。
3. 能够根据硬件接线正确设置 PLC 输入/输出点含义。
4. 掌握刀架换刀 PLC 程序的编写。
5. 掌握主轴换挡 PLC 程序的编写。

三、着重关注的引导性问题

1. 举例说明 NC 模块和 PLC 模块在数控系统分别担当的任务。
2. 了解华中数控系统内置式 PLC 各种寄存器的含义。
3. 了解内置式 PLC 的软件结构及其运行原理。
4. 掌握在华中数控系统的内置式标准 PLC 系统中编程和调试程序的方法。
5. 熟悉按键信号读取和发出程序的编写。
6. 掌握主轴转速控制程序的编写。
7. 掌握刀架换刀程序的编写。

四、单元学习知识基础

（一）PMC 概述

PMC 又称为数控机床内置式 PLC，是数控机床生产厂家根据机床功能规划对数控系统进行的二次开发。数控机床是机、电、液（气）一体化的高新技术密集设备，完成其控制需要综合机械制造、计算机、自动控制和传感检测等多种技术，对完成控制所采用的 CNC 系统具有较高的技术要求，如界面开放、智能化和网络功能等。因此，数控机床电气控制系统在完成硬件电路设计和 PMC 的 I/O 规划之后，还要投入更多的时间来完成实现数控机床逻辑控制的 PMC 软件开发工作。这种开发是建立在 CNC 生产厂家的系统软件基础平台之上，针对具体数控机床的控制功能和动作要求进行的 PMC 逻辑程序开发。

一般来讲，一套 CNC 系统，无论是传统的封闭式体系结构系统，还是目前正在广泛运用的开放式体系结构系统，在软件上均由 NC 和 PMC 两大控制模块组成。在数控系统出厂时，NC 软件的功能已经被定义和安装完毕，可用来完成主轴运动控制、伺服轴进给控制、第一操作面板的管理、手轮信号的处理、CRT 显示控制、加工程序传输与网络控制等数控系统通用功能。而 PMC 软件则是数控系统生产厂家留给用户（数控机床制造厂家）根据其特殊用途开发的，用来使通用的 CNC 系统能通过不同 PMC 逻辑软件控制不同功能数控机床的逻辑动作，如第二操作面板的设置及管理、工作方式的选择及方式之间的连锁、自动换刀的分解动作及与动作相配合的进给坐标移动、用户设置的 PMC 报警及处理等。

PMC 程序传统上一般使用梯形图编程（如 FAUNC 数控系统），其特点是形象直观、可读性强，但编制具有运算功能的程序时结构复杂、编程难度较大。开放式体系结构数控系统则可以提供功能更强、更灵活高效的高级语言编程方式，如 C 语言或 C++语言供用户利用，其强大而又简便的运算功能，可灵活高效地开发出 PMC 控制软件。NC 模块、PMC 模块在数控系统中的关系如图 12-1 所示。

（二）内置式 PLC 的工作原理（华中数控系统）

华中数控系统内置式 PLC 采用 C 语言编程，具有高效灵活、使用方便等特点。

1．内置式 PLC 的结构及相关寄存器的访问

华中数控系统的 PLC 为内置式 PLC，其逻辑结构如图 12-2 所示，内置式 PLC 的寄存器及字节表见表 12-1。

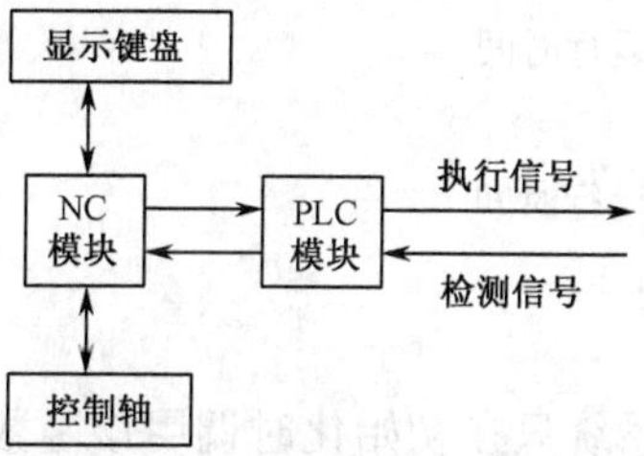

图 12-1　NC 模块、PLC 模块在数控系统中的关系

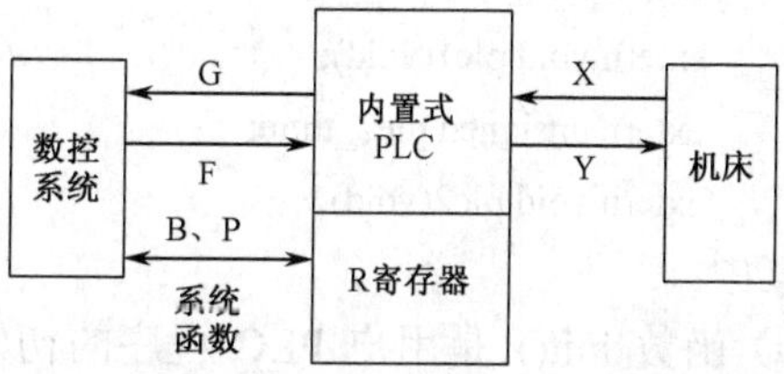

图 12-2　华中数控世纪星内置式 PLC 的逻辑结构

表 12-1　内置式 PLC 的寄存器、字节及说明

序号	寄存器	字节（组）	说明	备注
1	X 寄存器	128	机床输出到 PLC 的开关信号	X、Y 寄存器会随不同的数控机床而有所不同，主要和实际的机床输入/输出开关信号（如限位开关、控制面板开关等）有关。但 X、Y 寄存器一旦定义完毕，软件就不能更改其寄存器各位的定义；如果要更改，必须更改相对应的硬件接口或接线端子
2	Y 寄存器	128	PLC 输出到机床的开关信号	
3	R 寄存器	768	PLC 内部的中间寄存器	R 寄存器是 PLC 内部的中间寄存器，可由 PLC 软件任意使用
4	G 寄存器	256	PLC 输出到计算机数控系统的开关信号	G、F 寄存器是由数控系统与 PLC 事先约定好的，PLC 硬件和软件都不能更改其寄存器各位（bit）的定义
5	F 寄存器	256	计算机数控系统输出到 PLC 的开关信号	
6	P 寄存器	100	PLC 外部参数，可由机床用户设置（运行参数子菜单中的“PMC 用户参数”命令即可设置）	寄存器可由 PLC 程序与机床用户自行定义
7	B 寄存器	100	断电保护信息	

对于各寄存器，系统提供了相关变量供用户灵活使用。首先，介绍访问中间继电器 R 的变量定义。对于 PLC 来说，R 寄存器是一块内存区域，系统定义如下指针对其进行访问。

```
extern unsigned char    R_uc[];         //以无符号字符型存取R寄存器
```

注：对于 C 语言，数组即相当于指向相应存储区的地址指针。

同时，为了方便对 R 寄存器内存区域进行操作，系统定义了如下类型指针（无符号字符型、字符型、无符号整型、整型、无符号长整型、长整型）对该内存区进行访问。即这些地址指针在系统初始化时被初始化为指向同一地址。

```
extern unsigned char    R_uc[];         //以无符号字符型存取R寄存器
extern char    R_c[];                   //以字符型存取R寄存器
extern int    R_i[];                    //以整型存取R寄存器
extern unsigned int    R_ui[];          //以无符号整型存取R寄存器
extern unsigned long    R_ul[];         //以无符号长整型存取R寄存器
extern long    R_l[];                   //以长整型存取R寄存器
```

2. 内置式 PLC 的软件结构及其运行原理

和一般 C 语言程序都必须提供 main()函数一样，用户编写内置式 PLC 的 C 语言程序必须提供如下系统函数的定义及系统变量值。

```
extern void init(void);                 //初始化PLC
extern unsigned plc1_time;              //函数plc1()的运行时间
extern void plc1(void);                 //PLC程序入口1
extern unsigned plc2_time;              //函数plc2()的运行时间
extern void plc2(void);                 //PLC程序入口2
```

其中：

① 函数 init() 是用户 PLC 程序的初始化函数，系统只在初始化时调用该函数一次。该函数一般设置系统 M、S、B、T 等辅助功能的响应函数及系统复位的初始化工作。

② 变量 plc1_time 及 plc2_time 的值分别表示 plc1()和 plc2()函数被系统周期调用的周期时间，单位是 ms。系统推荐值分别为 16ms 和 32ms，即 plc1_time=16，plc2_time=32。

③ 函数 plc1()及 plc2()分别表示数控系统调用 PLC 程序的入口，其调用周期分别由变量 plc1_time 及 plc2_time 制定。

系统初始化 PLC 时，将调用 PLC 提供的 init()函数（该函数只被调用一次）。在系统初始化完成后，数控系统将周期性地运行如下过程：

① 从硬件端口及数控系统成批读入所有 X、F、P 寄存器的内容；

② 如果 plc1_time 所指定的周期时间已到，调用函数 plc1();

③ 如果 plc2_time 所指定的周期时间已到，调用函数 plc2();

④ 系统成批输出 G、Y、B 寄存器的内容。

一般情况下，plc1_time 总是小于 plc2_time，即函数 plc1()较 plc2()调用的频率要高。因此，华中数控系统称函数 plc1()为 PLC 高速扫描过程，plc2()为 PLC 低速扫描过程。

因此，用户提供的 plc1()函数及 plc2()函数必须根据 X 和 F 寄存器的内容，正确计算出 G

及 Y 寄存器的值。

五、实践与操作

（一）华中数控系统 PLC 源程序的编辑和编译步骤

① 在 DOS 环境下，进入数控软件系统 HNC-21TF 中的 PLC 目录，如：C:\HNC-21TF\PLC

② 输入如下命令：C:\HNC-21TF\PLC\EDIT 1.CLD

然后按（Enter）键确认，此项操作的作用是建立一个文本文件并命名为 1.CLD，可以编写文件内容为：

```
#pragma     inline
     #include   "plc. h"
void   init(void)                   //PLC 初始化程序
     {
        }
void   plc1(void)                   //PLC 程序入口 1
     {
        }
void   plc2(void)                   //PLC 程序入口 2
     {
        }
```

③ 编辑完上述文件后，退出编辑状态，并保存所编辑的文件，然后在数控系统的 PLC 目录下，修改 M.BAT 文件（此文件是建立的编译 PLC 源文件的批处理文件）。

④ 修改情况如下：

源文件	修改后的文件
@echo off	@echo off
Copy **plc-21.cpp**...\sys\plc.cld	Copy **1.cpp**...\sys\plc.cld
Copy plc_map.h...\sys\plc_map.h	Copy plc_map.h...\sys\plc_map.h
cd..	cd..
cd sys	cd sys
call k.bat	call k.bat
copy plc.com...\plc**plc-21**.com	copy plc.com...\plc\ **1**.com
del plc.com	del plc.com
cd plc	cd plc

⑤ 黑体部分为需要修改的部分，修改完成后，此时仍然在 PLC 的目录下，这时运行 M.BAT 文件，系统就会自动对 PLC 的源文件进行编译，编译完成后又回到 DOS 提示符如下：C:\HNC-21TF\PLC，这时表示 PLC 程序编译成功，编译生成的文件为 1.COM。

⑥ PLC 源文件编译后，将产生一个 DOS 可执行 1.com 文件。此时将编译完成后的 1.com 文件加载到数控软件系统配置文件 NCBIOS.CFG 中，要加载编译好的 PLC 程序，必须修改

华中数控系统的配置文件 NCBIOS.CFG。加载方法如下：

- 在 DOS 环境下，进入数控软件所安装的目录，如 C:\HNC-21TF\
- 编辑数控系统配置文件。一般情况下，在 DOS 提示符下输入如下命令：

C:\HNC-21TF>edit ncbios.cfg<回车>

配置文件的内容如下（具体内容因机床的不同而异，分号后面是为方便说明添加的注释）：

```
DEVICE=.\DVR\HNC-21.DVR            ；世纪星数控装置驱动程序
DEVICE=.\DVR\SV_CPG.DVR            ；伺服驱动程序
DEVICE=C:\HNC-21TF\PLC\1.COM       ；PLC 程序
PARMPATH=.\PARM                    ；系统参数所在目录
DATAPATH=.\DATA                    ；系统数据所在目录
PROGPATH=.\PROG                    ；数控 G 代码程序所在目录
BINPATH=.\BIN                      ；系统 BIN 文件所在目录
TMPPATH=.\TMP                      ；系统临时文件所在目录
HLPPATH=.\HLP                      ；系统帮助文件所在目录
NETPATH=X:                         ；网络路径
DISKPATH=A:                        ；软盘
```

用粗体突出的第三行即加载编译完成的 PLC 程序 1.COM。

（二）简单 PLC 程序的编写

（1）I/O 信号的读取和发出

① 要求：如果按下循环启动按键，点亮循环启动灯。进入系统文件的 PLC 目录，利用 DOS 命令 EDIT 新建一个源程序 1.CPP，源程序编写如下：

```
#pragma   inline
#include "plc.h"
Void   init(void) { }
Void   plc1(void)
{
      If(X[31]&0X40)
      Y[31]|=0X40;
}
Void   plc2(void) {}
```

将编写好的程序进行编译，将生成的程序加载到数控系统文件中，进入系统，按下循环启动按键，观察出现的现象。

将黑体部分的内容更改为：

```
If(X[31]&0X40)
Y[31]|=0X40;
Else
Y[31]&=~0X40;
```

将修改好的程序进行编译，将生成的程序加载到数控系统文件中，进入系统，按下循环启动按键，观察出现的现象。

修改前后的区别是什么？

____

____。

在这里可以判断运算符号&、|=、&=~所起的作用分别是：

____

____。

② 根据下面所提出的要求进行编写 PLC。实现下列功能：

如果按下循环启动按键，点亮进给保持灯，如果松开，则灯熄灭；

如果按下进给保持按键，点亮循环启动灯，如果松开，则灯熄灭。

____

____

____。

（2）上升沿与下降沿信号的处理

在实际生产设计中，经常需要判断输入信号是否从低电平跳为高电平（即上升沿信号）或判断是否从高电平跳到低电平（即下降沿信号），可以利用系统提供的中间继电器来实现，具体做法如下：

① 上升沿读取时 PLC 的编写。

要求：如果按下自动按键，点亮进给保持灯，如果松开，则灯不熄灭。

程序：
```
#pragma   inline
#include "plc.h"
Void   init(void) { }
Void   plc1(void)
{
  If（(X[30]&~R[0]&0X01）!=0）
  Y[35]|=0X40;
  R[0]=X[30];
  }
  Void   plc2(void) {}
```

将编写好的程序进行编译，将生成的程序加载到数控系统文件中，进入系统，检查所设定的动作是否能够实现？

② 根据下面所提出的要求进行编写 PLC，实现下列功能：

要求：如果按下自动按键，点亮循环启动灯，而且进给保持灯不亮，如果松开，则循环启动灯不熄灭。如果按下空运行按键，点亮进给保持灯，熄灭循环启动灯；如果松开，则进给保持灯不熄灭。

____

____。

③ 下降沿读取时 PLC 的编写：

```
#pragma   inline
#include "plc.h"
Void   init(void) { }
Void   plc1(void)
{
       If（(~X[30]&R[0]&0X01）!=0）
              {Y[35]&=~0X40; Y[31]|=0X40;}
              Else   {Y[31]&=~0X40; Y[35]|=0X40;}
       R[0]=X[30];
       }
Void   plc2(void) {}
```

比较一下系统 PLC 在做上升沿和下降沿处理时的区别，分析其原因。

采用上升沿处理时，按下按键则有相应的动作；采用下降沿处理时，松开按键则有相应的动作。

原因：上升沿处理时，当上升沿到达时系统才认为是真，才会有相应动作；而下降沿处理时，当下降沿到达时系统才认为是真，才会有反应。

（3）软件滤波功能

在实际生产过程中，为了提高系统运行的稳定性，增强系统的抗干扰能力，可以利用软件对 I/O 信号进行滤波，下面给出一个范例程序：

```
#pragma   inline
#include "plc.h"
Void   init(void) { }
Void   plc1(void)
{ if (X[30]&R[3] &R[2] &R[1] &R[0]&0X01)
         Y[31]|=0X40;
         R[3]=R[2];
         R[2]=R[1];
         R[1]=R[0];
         R[0]=X[30];
}
Void   plc2(void) {}
```

试分析上述程序是如何实现软件滤波的？

____

____。

如果将黑体部分放置在 PLC2 中，与现在有什么不同？试分析并实验证明。

____

____。

（4）计时器与计数器及简单延时处理

在系统控制过程中经常需要对某些信号进行简单的计数和延时处理，利用系统提供的中间继电器R[]可以实现多种功能的计时和延时处理，下面举例说明。

① PLC 计数处理

要求：按下自动按键 10 次后，点亮循环启动键：

```
#pragma   inline
#include "plc.h"
void   init(void)   {}
void   plcl(void)
{if (X[30]&~R[0]&0x01!=0)     R[20]+=1;
        if(R[20]>=10)            Y[31]|=0X40;
        R[0]=X[30];
}
void   plc2(void)   {}
```

② 根据下面所提的要求编写 PLC 程序。实现下列功能：

要求：按下自动按键 10 次后，点亮循环启动键；按下 20 次以后，熄灭循环启动键，并同时点亮进给保持键。

```
If(X[30]&~R[1]&0x01!=0)   R[20]+=1;
   If(R[20]>=10&R[20]<=20)   {Y[31]|=0x40;Y[35]&=~0x40;}
   If(R[20]>=20)   {Y[35]|=0x40;Y[31]&=~0x40;}
       R[1]=X[30];
```

③ PLC 延时处理

已知 plc1 的调用周期为 16ms，实现下面的动作：进入系统后，点亮循环启动键；一直按下自动键 8s 后，熄灭循环启动键，点亮进给保持按键。

编写程序如下：

```
    #pragma   inline
    #include "plc.h"
    void   init(void)   {}
void   plcl(void)
{if(R_l[20/4]<=8000)
          {Y[35]&=~0X40;        Y[31]|=0X40;}
          If(X[30]&0X01)        R_1[20/4]+=16;
          if(R_1[20/4]>8000)
          {Y[35]|=0X40;         Y[31]&=~0X40;}
    }
    void   plc2(void)      {}
```

（5）主轴的控制

① 主轴的简单控制。

根据上面介绍的一些基本方法，我们可以做一些简单的事情，如控制机床的主轴，前面的章节已经介绍了主轴运行的基本方法。

A. 必须提供一个控制变频器输出频率的模拟量。

B. 必须提供主轴运行的正转或反转信号。根据这些基本要求编写程序如下：

```
程序 1：
#pragma   inline
#include"plc.h"
        void   init(void)
          { Y_i[28/2]=3000;}                              //主轴 D/A 赋初值
void   plc1(void)
        { if (X[30]&=0X01)                                //如果自动键被按下
           {Y[0]&=~0X02;     Y[0]|=0X01;}                 //输出主轴正转信号
        if(X[32]&=0X01)                                   //如果空运行键被按下
           {Y[0]&=~0X01;     Y[0]|=0X02;}                 //输出主轴反转信号
}
void   plc2(void)      {}
```

试分析上述程序“Y_i[28/2]=3000”所起的作用是什么？ 并根据上面内容简述该程序能够完成的动作，并加以验证。

____

____。

② 主轴 DA 的调整。

用 C 语言编写一个小程序，用来控制主轴模拟指令的输出值，系统内部是通过寄存器 Y[28]、Y[29]进行控制，Y[29]为高电位，Y[28]为低电位。我们可以通过改变 Y[28]、Y[29]寄存器的数值大小来改变主轴控制模拟量的大小。编写程序如下：

```
#pragma   inline
#include"plc.h"
void   init(void)
{ Y_i[28/2]=-32767;}
void plc1(void)
{     Y[0]|=0X01;
if ((X[30]&~R[0]&0X01) !=0)
        Y_i[28/2] +=3277;
        R[0] =X[30];}
void   plc2(void)        {}
```

将所编写的程序进行编译，进入系统后，用万用表测量主轴输出指令线上面的模拟电压，然后按“自动”按钮，每按一次，观察输出电压的变化，并绘制出寄存器 Y[28]、Y[29]的数值大小与输出模拟电压的对应曲线，画在图 12-3 中。

③ 主轴的控制与速度的调整。

如果利用面板上的主轴修调的按键来控制主轴的旋转速度，请思考应该怎样编写程序，对主轴控制的具体要求如下。

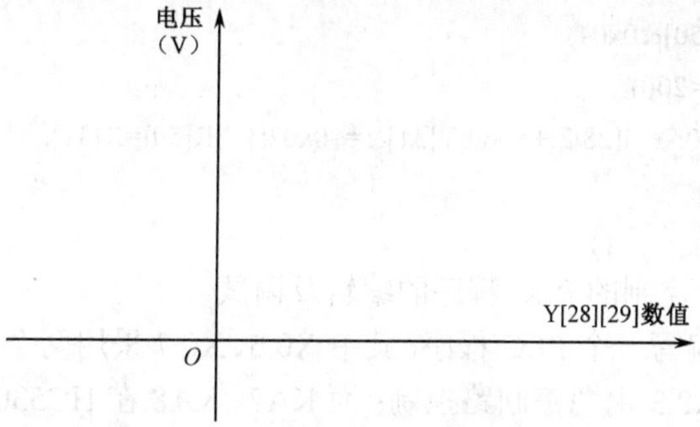

图 12-3　寄存器 Y[28]、Y[29]的数值大小与输出模拟电压的对应曲线图

A．控制面板上的主轴正/反转按键有效，即按主轴正转按键，主轴输出正转信号，并输出相应的模拟电压控制主轴的旋转速度；

B．按主轴反转按键，主轴输出反转信号，并输出相应的模拟电压控制主轴的旋转速度；

C．并将系统输出的模拟信号的初始点定位为 2V；

D．利用主轴倍率修调按键改变系统输出的模拟量的大小，按倍率加按键，电压增加 0.2V，按倍率减按键，电压减 0.2V；

E．按主轴停止按键，主轴停止运转。

```
#pragma   inline
#include"plc.h"
void   init(void)
{ Y_i[28/2]=6600;
*G_ui[169]=30;
   * G_i[162]=2;
  Y[34]|=0x40;
   }
void plc1(void)
{
{if(Y[30]&0x04){
If(X[34]&0x20)
{Y[34]|=0x20;Y[34]&=~0x80;Y[34]&=~0x40;Y[00]|=0x01;Y[00]&=~0x02; }
If(X[34]&0x80)
{Y[34]|=0x80;Y[34]&=~0x20;Y[34]&=~0x40;Y[00]|=0x02;Y[00]&=~0x01; }
If(X[34]&0x40)
{Y[34]|=0x40;Y[34]&=~0x80;Y[34]&=~0x20;Y[00]&=~0x02;Y[00]&=~0x01; }
   }}
  If(X[31]&~R[30]&0x02)
{*G_ui[169]=100; Y_i[28/2]=6600;Y[31]|=0x02;}    R[30]=X[31];
  If((X[31]&~R[40]&0x01)& *G_ui[169]!=0)
{*G_ui[169]-=10; Y_i[28/2]-=660;Y[31]&=~0x02;}    R[40]=X[31];
```

```
If(X[31]&~R[50]&0x04)
If(*G_ui[169]<200)
{*G_ui[169]+=10; Y_i[28/2]+=660;Y[31]&=~0x02;}    R[50]=X[31];
}
void   plc2(void)       {}
```

（6）实现简单逻辑控制的 PLC 程序的编辑及调试

① 根据图 12-4，编写一个 PLC 程序，其中 X0.6、X0.7 采用两个乒乓开关输入低电平（即系统称为 100）实现，X2.3 由急停回路控制；而 KA7、KA8 在 HC5301-R 型输出继电器板上，由输出信号 Y0.6、Y0.7 控制。

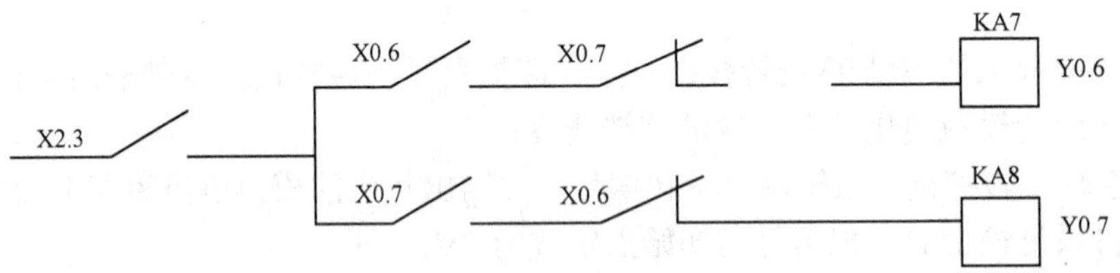

图 12-4　某一 PLC 程序的梯形图

将 PLC 源程序编写完成以后，根据前面介绍的方法对其进行编译，如编译过程不报错误，则编译成功。否则就要查编译错误。编译成功后可执行文件加载到配置文件当中，然后按照 PLC 中所设定的动作检验所编写的 PLC 是否正确。

② 刀架选刀的 PLC 程序的编辑及调试。

综合实验台使用的是车床上使用的普通的电动刀架，其动作顺序为：

A．首先给数控系统一个换刀命令，数控系统接收到换刀信号后，发出一个刀架正转的信号，此时开始正向选刀；

B．刀架在旋转的同时，系统不停地检查刀架的信号（注：刀位信号是由刀架内的霍尔元件进行提供，输入点为 X1.1~X1.4，也可以自行定义输入/输出点）；

C．当系统检测到输入信号与所设定的信号相一致时，系统就会判断出刀具是否已经到位；此时系统延时 50ms，停止刀架的正向旋转，系统输出一个主轴反转的信号，刀架开始反向旋转（对于普通 4 工位刀架来说，刀架反转就是一个刀架紧锁的过程），注意刀架反转时间不能太长，一般在 1.5s 以内，防止将刀架电动机烧坏。这样整个换刀过程就完成了。

注意：换刀时刀架电动机不能旋转时间过长，特别是反转旋转，所以在编写 PLC 程序时一定要做好保护措施，如可以对换刀时间做一个限制，在一定时间内如果换刀不成功，自动取消换刀动作。

六、实践与练习

分析下面程序的功能，并将程序输入到系统进行验证，学习编程的方法。

```
#pragma     inline
#include    "plc. h"
```

```
void    init(void)
{
  Y_i[28/2]=6600;Y[34]|=0x40;                    //初始主轴模拟电压 2V，主轴停止灯亮
  *G_i[162]=5;   Y[30]|=0x10;                    //初始化为回零工作方式，回零指示灯亮
  *G_ui[164]=100;                                //进给修调 100%
  *G_ui[165]=100;                                //快移修调 100%
  *G_ui[169]=100;                                //主轴修调 100%
  Y[32]|=0X40;
  *G_i[(0)*20+167]=1000;
}

Void plc1(void)
{
//************************mode select********************************
      If(X[30]&0X01) { *G_i[162]=1;   Y[30]|=0x01; Y[30]&=~0x02; Y[30]&=~0x04;
                                      Y[30]&=~0x08; Y[30]&=~0x10;} //自动模式
      If(X[30]&0X02) { *G_i[162]=6;   Y[30]&=~0x01; Y[30]|=0x02; Y[30]&=~0x04;
                                      Y[30]&=~0x08; Y[30]&=~0x10;} //单段模式
      If(X[30]&0X04) { *G_i[162]=2;   Y[30]&=~0x01; Y[30]&=~0x02; Y[30]|=0x04;
                                      Y[30]&=~0x08; Y[30]&=~0x10;} //手动模式
      If(X[30]&0X08) { *G_i[162]=3;   Y[30]&=~0x01; Y[30]&=~0x02; Y[30]&=~0x04;
                                      Y[30]|=0x08; Y[30]&=~0x10;} //增量模式
If(X[30]&0X10) { *G_i[162]=5;   Y[30]&=~0x01; Y[30]&=~0x02; Y[30]&=~0x04;
                                      Y[30]&=~0x08; Y[30]|=0x10;} //回零模式
//************************cycle start/stop*******************************
      If(X[31]&0x40)  {Y[31]|=0X40; Y[35]&=~0X40;}
      If(X[35]&0x40)  {Y[35]|=0X40; Y[31]&=~0X40;}
//************************M03   M04 and spindle xiutiao************************
      If(X[34]&0X20)     {Y[00]|=0X01; Y[34]|=0X20;         //KA1 主轴正转控制继电器
Y[34]&=~0X80; Y[34]&=~0X40; Y[00]&=~0X02;}  //M03
      If(X[34]&0X80)     {Y[00]&=~0X01; Y[34]|=0X80;        //KA2 主轴反转控制继电器
Y[34]&=~0X20; Y[34]&=~0X40; Y[00]|=~0X02;}  //M04
      If(X[34]&0X40)     {Y[00]&=~0X01; Y[34]|=0X40;
Y[34]&=~0X20; Y[34]&=~0X80; Y[00]&=~0X02;}   //M05
If(X[31]&~R[41]&~R[44]&0X04)       { Y_i[28/2]+=666; *G_ui[169]+=10;}
                  If(*G_ui[169]==150)  R[44]=0XFF;   R[41]=X[31];   //修调加 10%
If(X[31]&~R[42]&~R[45]&0X01)       { Y_i[28/2] -=666; *G_ui[169] -=10;}
                  If(*G_ui[169]==0)  R[45]=0XFF;   R[42]=X[31];     //修调减 10%
If(X[31]&~R[43] &0X02)       { Y_i[28/2] =6600; Y[31]|=0X02; *G_ui[169]=100;}
```

```
            R[43]=X[31];                                    //修调 100%
If(Y_i[28/2] ==6600)        Y[31]|=0X02;                    //点亮灯
If(Y_i[28/2] !=6600)        Y[31]&=~0X02;                   //熄灭灯
//*************************feed   xiutiao************************************
If(X[35]&~R[51]&~R[54]&0X04)      *G_ui[164]+=10;           //修调加 10%
        If(*G_ui[164]==200)     R[54]=0XFF;    R[51]=X[35];
If(X[35]&~R[52]&~R[55]&0X01)      *G_ui[164]-=10;           //修调减 10%
        If(*G_ui[164]== 0)      R[55]=0XFF;    R[52]=X[35];
If(X[35]&~R[53] &0X02)      { Y[35]|=0X02; *G_ui[164]=100;}
                            R[53]=X[35];                    //修调 100%
If(*G_ui[164]==100)         Y[35]|=0X02;                    //点亮灯
If(*G_ui[164]!=100)         Y[35]&=~0X02;                   //熄灭灯
//**************************rapid   xiutiao**************************************
If(X[33]&~R[56]&~R[57]&0X04)      *G_ui[165]+=10;           //修调加 10%
        If(*G_ui[165]==150)     R[57]=0XFF;    R[56]=X[33];
If(X[33]&~R[58]&~R[59]&0X01)      *G_ui[165]-=10;           //修调减 10%
        If(*G_ui[165]== 0)      R[59]=0XFF;    R[58]=X[33];
If(X[33]&~R[50] &0X02)      { Y[33]|=0X02; *G_ui[165]=100;}
                            R[50]=X[33];                    //修调 100%
If(*G_ui[165]==100)         Y[33]|=0X02;                    //点亮灯
If(*G_ui[165]!=100)         Y[33]&=~0X02;                   //熄灭灯
//******************X1   X10   X100   X1000*********************************
If(X[32]&0X02)  {Y[32]|=0X02;Y[32]&=~0X04; Y[32]&=~0X08; Y[32]&=~0X10;}  //X1
If(X[32]&0X04) {Y[32]|=0X04;Y[32]&=~0X02; Y[32]&=~0X08; Y[32]&=~0X10;}   //X10
If(X[32]&0X08){Y[32]|=0X08;Y[32]&=~0X04; Y[32]&=~0X02; Y[32]&=~0X10;}    //X100
If(X[32]&0X10) {Y[32]|=0X10;Y[32]&=~0X04; Y[32]&=~0X08; Y[32]&=~0X02;} //X1000
//******************COOL**************************************************
If(X[30]&R[71] &0X20)    Y[30]|=0X20;
   If(Y[30]&0X20)            { R[72]=0XFF; R[71]=0X00;}
   If((Y[30]&0X20)==0)     { R[71]=0XFF; R[72]=0X00;}
If(X[30]&R[72] &0X20)    Y[30]&=~0X20;
//********************auto change tool***************************************
switch(X[32]&0X1E)                  //四个键模拟四把刀
    {
case 2: { R[20]=0X02;*G_ui[166]=R[20];Y[32]|=0X02;
Y[32]&=~0X04; Y[32]&=~0X08; Y[32]&=~0X10}
case 4: { R[20]=0X04;*G_ui[166]=R[20];Y[32]|=0X04;
Y[32]&=~0X02; Y[32]&=~0X08; Y[32]&=~0X10}
case 8: { R[20]=0X08;*G_ui[166]=R[20];Y[32]|=0X08;
```

```
Y[32]&=~0X04; Y[32]&=~0X02; Y[32]&=~0X10}
case 16: { R[20]=0X10;*G_ui[166]=R[20];Y[32]|=0X10;
Y[32]&=~0X04; Y[32]&=~0X08; Y[32]&=~0X02}
}
If(X[30]&0X80)                                    //换刀允许
    {Y[30]|=0X80; Y[0]&=~0X10; Y[0]|= 0X08; R[52]=0; R_I[10]=0; } //KA4 闭合 KA5 断开
If((x[1]&0X1E)==R[20])    R[50]=1;                //找到刀位
If(R[50]==1)    R[52]+=16;                        //延时
If(R[52]>=200)  { Y[0]&=~0X08; Y[0]|=0X10; R_I[10]+=16;}      // KA5 闭合 KA4 断开
If(R_I[10]>=800) { Y[0]&=~0X08; Y[0]&=~0X10; R[50]=0; R[52]=0; Y[30]&=~0X80; }
}                                                 /延时，KA4KA5 都断开，换刀结束
void plc2(void)
{}
```

七、单元学习的资源要求

（一）学习所需的场所、设备及工具

本单元学习不涉及到车间机床设备的电气操作，整个学习活动可在数控原理实训室开展。

数控原理实训室应配置工具展柜和资料柜，以提供常用电工工具和仪器仪表、机床常用电气元件实物和阅读学习所需要的各类资料。

根据个性教学的特殊需要，最好配置能进行网络资料查询的计算机。

（二）技术资料

设备使用说明书、维护保养手册、电气原理图、电气元件安装图和接线图，安全操作规程、岗位职能要求及相关管理资料等；开展单元学习活动所需的学习指南、卡片纸及课业工作页（课业练习）等。

八、单元学习的考核评价

单元学习的考核评价不要仅局限于对学习结果的考评，更要注重工作学习活动的参与过程。考评围绕学习活动的各个环节，根据参与程度、工作学习态度、学习方法与技巧、小组合作情况、目标实现状况等全面考评，本单元主要考评项目组成参考如下。

成果评定：根据课业学习及工作页的内容完成的质量情况进行评定，占 60%；

学生自评：学生根据评分标准，对实施过程进行自评，给出相应的成绩，占 10%；

学生互评：学生间互相交流，互相评价，占 10%；

教师评价：教师根据学生的学习态度、工作态度、团队协作精神、出勤率、敬业爱岗和职业道德等情况，结合工作任务实施过程的各个环节进行评价，占 20%。

附录A　课业工作页

《数控机床的电气连接与检查》课业工作页 1.1

班级：_______组别：_______组员：_______指导教师：______

<table>
<tr><td>工作任务
名　称</td><td>任务 1.1　数控机床电气控制基础及维护基本方法</td><td>工作
时间</td><td>12</td></tr>
<tr><td>工作任务
分　析</td><td colspan="3">数控机床的电气维修需要具备一些基础知识，例如熟练使用常用维修工具，认识数控机床常用的电气元件，了解数控机床维修应具备的各种资料，熟悉数控机床的电气结构等。另外，机床良好的维护可降低故障率，所以要了解数控机床维护的基本内容，在实际工作中养成良好习惯，将故障防患于未然！</td></tr>
<tr><td>工作任务
流　程</td><td colspan="3">1．掌握数控加工原理与特点；
2．了解数控机床维修的各种技术资料；
3．掌握数控机床的基本组成；
4．了解数控机床的各种分类方法；
5．熟练使用机床电气的各种检查工具；
6．了解数控机床维护的基本内容；
7．完成课业文本作业内容；
8．小组总结与成绩考评。</td></tr>
<tr><td rowspan="3">引导性
问题</td><td colspan="3">1．车间现场的数控车床有哪些型号？涉及哪些数控系统型号？记录其技术规格参数。</td></tr>
<tr><td colspan="3">2．数控系统的发展经历了哪些阶段？每个阶段的大致特点是什么？</td></tr>
<tr><td colspan="3">3．数控加工过程中数据转换有哪两类？分别用什么代码表示。</td></tr>
</table>

续表

<table>
<tr><td>工作任务
名　　称</td><td>任务 1.1 数控机床电气控制基础及维护基本方法</td><td>工作
时间</td><td>12</td></tr>
<tr><td rowspan="4">引导性
问题</td><td colspan="3">4．举例说明数控机床维修的各种资料，了解每种资料的功能。</td></tr>
<tr><td colspan="3">5．列举三种电工仪器仪表工具，并演示其使用方法。</td></tr>
<tr><td colspan="3">6．检测元件在数控机床上的作用是什么，说说你知道的常用检测元件。</td></tr>
<tr><td colspan="3">7．简叙什么是 FMS 和 CIMS，并谈谈未来数控技术的发展方向。</td></tr>
<tr><td rowspan="2">画图题</td><td colspan="3">1．列表比较经济型、普及型和高档型数控机床的差异。</td></tr>
<tr><td colspan="3">2．画图表示数控机床有的六大组成部分。并简述各部分的功能。</td></tr>
</table>

续表

<table>
<tr><td>工作任务名　称</td><td colspan="2">任务 1.1 数控机床电气控制基础及维护基本方法</td><td>工作时间</td><td>12</td></tr>
<tr><td rowspan="2">画图题</td><td colspan="4">3．分别画出开环、半闭环、全闭环控制系统框图，并列表说明三者之间的差异。</td></tr>
<tr><td colspan="4">4．了解数控机床维护的基本内容，并以加工中心为例介绍维护的具体事项。</td></tr>
<tr><td>学习心得</td><td colspan="4">1．在工作中遇到了哪些问题？如何解决？
2．在完成本工作任务时，小组内人员的任务分配和完成情况。
3．您对完成本工作任务有何建议？
<table>
<tr><th>流程</th><th>项目内容</th><th>人员分配</th><th>预期成果</th><th>教师评价</th></tr>
<tr><td>1</td><td></td><td></td><td></td><td></td></tr>
<tr><td>2</td><td></td><td></td><td></td><td></td></tr>
<tr><td>3</td><td></td><td></td><td></td><td></td></tr>
<tr><td>4</td><td></td><td></td><td></td><td></td></tr>
</table>
</td></tr>
<tr><td rowspan="3">考评</td><td>按考评标准考评</td><td colspan="3">见考评标准</td></tr>
<tr><td>考评成绩</td><td colspan="3"></td></tr>
<tr><td>教师签字</td><td colspan="3">年　月　日</td></tr>
</table>

《数控机床的电气连接与检查》课业工作页 1.2

班级：______组别：______组员：______指导教师：______

工作任务名称	任务 1.2 华中数控系统接口功能解读	工作时间	6
工作任务分析	熟悉并掌握华中数控系统接口的功能和作用，为后续数控机床的电气连接打下基础。通过自学、教师讲授获取数控系统接口的功能后，再经过自己对实际机床的查看了解这些接口的具体含义及应用方法。		
工作任务流程	1．了解华中数控系统产品类型和功能； 2．掌握华中数控世纪星系统接口功能； 3．熟悉华中数控装置各个接口引脚定义； 4．了解 PLC 地址的分配方法； 5．掌握 PLC 信号的查看方法； 6．完成课业文本作业内容； 7．小组总结与成绩考评。		
引导性问题	1．数控机床上有哪些输入/输出 PLC 信号，自己试着在机床上找找并和同组成员交流。		
	2．观察机床面板上按键的左上方有什么特点，它有什么作用？		
	3．观察数控系统后面的接口，写下这些接口的名称，并和同组成员讨论这些接口的功能。		
	4．PLC 输入接口有哪些？它们各有什么作用？有什么区别？		
	5．PLC 输出接口有哪些？它们有什么作用？有什么区别？		

续表

工作任务名　称	任务 1.2 华中数控系统接口功能解读	工作时间	6
引导性问题	6．数控系统的进给轴接口有哪两大类？它们的区别是什么？		
	7．说明串行接口、脉冲接口和模拟接口的区别，并列举各自的应用例子。		
画图题	1．画图分析数控机床 PLC 信号是如何输入到 CNC 系统内的。		
	2．画图表示主轴接口的引脚定义并说明其功能。		
学习心得	1. 在工作中遇到了哪些问题？如何解决？ 2. 在完成本工作任务时，小组内人员的任务分配和完成情况。 3. 您对完成本工作任务有何建议？		

流程	项目内容	人员分配	预期成果	教师评价
1				
2				
3				
4				

考评		
	按考评标准考评	见考评标准
	考评成绩	
	教师签字	年　月　日

《数控机床的电气连接与检查》课业工作页 1.3

班级：_______组别：_______组员：_______指导教师：______

<table>
<tr><td>工作任务
名　　称</td><td>任务 1.3 华中数控系统接口应用及数控机床电气结构解析</td><td>工作
时间</td><td>30</td></tr>
<tr><td>工作任务
分　　析</td><td colspan="3">本单元主要是熟悉并掌握数控系统接口的应用和连接，查看数控机床上常用的各种电动机，并初步了解这些电动机的铭牌含义。通过自学、教师讲授获取 PLC 输入/输出转接板的作用，查看数控机床上输入/输出信号的安装位置；再采用案例教学的方式，各组针对电源模块电气原理图自主分析电源模块的作用，分析四个空开的作用并向全班解读。</td></tr>
<tr><td>工作任务
流　　程</td><td colspan="3">1．掌握数控系统各接口的应用，能正确画出连接框图；
2．初步了解华中数控车床的电气结构组成；
3．认识步进电动机控制的开环进给系统；
4．认识交流伺服电动机控制的半闭环进给系统；
5．认识变频器控制的主轴系统；
6．了解华中数控车床的 PLC 模块设计原理；
7．掌握电源模块的电气设计；
8．完成课业文本作业内容；
9．小组总结与成绩考评。</td></tr>
<tr><td rowspan="3">引导性
问题</td><td colspan="3">1．数一数华中数控车床一共有几个电动机，认识这些电动机的外形并记下它们的型号和名称。</td></tr>
<tr><td colspan="3">2．每个电动机机身上都有一块铭牌，记录电动机的主要参数，对照铭牌记录每种电动机的参数，通过查找资料和小组成员讨论初步了解这些参数的含义。</td></tr>
<tr><td colspan="3">3．在电气柜里找到 PLC 输入接口板的位置，并查看此电路板上有几个插座，分析每个插座的作用。</td></tr>
</table>

续表

工作任务名称	任务 1.3 华中数控系统接口应用及数控机床电气结构解析	工作时间	30

引导性问题

4．在电气柜里找到 PLC 输出接口板的位置，并查看此电路板上有几个插座，分析每个插座的作用。

5．PLC 输入信号转接板的作用是什么，分析光耦的工作原理。

6．分析 PLC 输入接口板上有哪些输入信号，掌握这些输入信号的地址分配，并在机床上找到它们的安装位置。

7．分析 PLC 输出接口板上有哪些输出信号，掌握这些输出信号的地址分配，并在机床上找到输出信号的控制对象。

画图题

1．列表说明数控车床各元器件的电源控制方式。

序号	元器件	电压值	线标	控制方式
1	变频器	AC 380V	UVW	QF1--
2	步进电动机驱动器			
3	刀架电动机			
4	伺服驱动器强电			
5	伺服驱动器控制电			
6	数控系统			
7	刀架传感器			
8	接触器			
9	PLC 输入接口板			
10	PLC 输出接口板			
11	KA9			
12	KA10			

续表

工作任务名　　称	任务 1.3 华中数控系统接口应用及数控机床电气结构解析	工作时间	30
画图题	2．画图表示 NPN 型和 PNP 型接口的电路，说明它们的区别。		
	3. 画图表示进给轴接口和步进电动机驱动模块的线路连接框图。		
	4. 画图表示进给轴接口和交流伺服电动机驱动模块的线路连接框图。		
	5. 画出数控系统各接口的应用连接框图。		

续表

工作任务名　称	任务 1.3 华中数控系统接口应用及数控机床电气结构解析	工作时间	30

画图题

6. 画出本单元介绍到的电气元件的电气符号和文字符号。

7. 通过下列试验，进一步了解数控机床电源故障对机床运行状态的影响。

注意！做实验时注意安全，不要将电源线裸露在外，拆下的电线要用绝缘胶带进行包裹，不允许带电拆装电线。

<table>
<tr><th>序号</th><th colspan="2">故障设置方法</th><th>故障现象</th><th>原因</th></tr>
<tr><td>1</td><td colspan="2">将实验台的三相电源中的 U 相减掉，观察实验台出现的现象，并记录下来</td><td></td><td></td></tr>
<tr><td>2</td><td colspan="2">将实验台的三相电源中的 W 相减掉，观察实验台出现的现象，并记录下来</td><td></td><td></td></tr>
<tr><td rowspan="3">3</td><td rowspan="3">主轴部分（三相异步电动机）</td><td>将主轴电动机电源线取消一相，观察电动机的运行状态</td><td></td><td></td></tr>
<tr><td>将变频器的电源线取消一相观察电动机的运行状态</td><td></td><td></td></tr>
<tr><td>将主轴电动机的电源相序任意调换两相，观察电动机运行状态</td><td></td><td></td></tr>
<tr><td rowspan="5">4</td><td rowspan="5">进给轴部分</td><td>将伺服驱动器的控制电源线拆掉一相，观察伺服电动机的运行状态</td><td></td><td></td></tr>
<tr><td>将伺服驱动器的动力电源线拆掉一相，观察电动机的运行状态</td><td></td><td></td></tr>
<tr><td>将伺服电动机的电源线拆掉一相，观察电动机的运行状态</td><td></td><td></td></tr>
<tr><td>将伺服驱动器上的直流 24V 电源拆下，观察伺服电动机状态</td><td></td><td></td></tr>
<tr><td>将伺服驱动器上的直流短接端子拆下，观察伺服电动机状态</td><td></td><td></td></tr>
<tr><td rowspan="2">5</td><td rowspan="2">刀具类</td><td>将刀架电源去掉一相，进行换刀操作</td><td></td><td></td></tr>
<tr><td>将刀架电动机电源任意两相交换，进行换刀操作，观察换刀情况</td><td></td><td></td></tr>
<tr><td rowspan="4">6</td><td rowspan="4">将 24V 或 24V1 电源断开</td><td>将 HC5301-R 型继电器板的外接 24V1 断开</td><td></td><td></td></tr>
<tr><td>将继电器 K10 触点上的 24V1 电源断开</td><td></td><td></td></tr>
<tr><td>将继电器 K9 触点上的 24V1 电源断开</td><td></td><td></td></tr>
<tr><td>将继电器 K9 触点上的 24V 电源断开</td><td></td><td></td></tr>
<tr><td>7</td><td colspan="2">将 HC5301-8 输入接线转接端子板的外接 24V 电源断开</td><td></td><td></td></tr>
</table>

续表

<table>
<tr><td>工作任务
名　　称</td><td colspan="2">任务 1.3 华中数控系统接口应用及数控机床电气结构解析</td><td>工作
时间</td><td>30</td></tr>
<tr><td>画图题</td><td colspan="4">8. 输入/输出类故障设置。
数控机床控制机床各个部件正确运行，是数控系统或 PLC 装置对数控机床的输入/输出信号进行逻辑运算的结果。如果机床与系统或 PLC 之间的信号通信有误，则直接影响机床的正确运行。通过下列试验，加深对 PLC 的理解。</td></tr>
</table>

序号	故障设置方法	故障现象	原因
1	将输入点 X0.0 与 X0.1 进行互换，然后进行开机运行，手动将实验台 X 轴走到超程的位置		
2	将输入点 X0.4 与 X0.5 从转接板上拆下，然后进行开机回零操作运行，观察现象		
3	将变频器接线端子上的 509 拆下，运行主轴电动机，观察现象		
4	将变频器接线端子上的 509 拆下后，接到外部 24V 电源上，再次运行主轴电动机，观察现象		
5	将刀架电动机上的+24V 电源去掉，观察换刀运行时有何现象		
6	将系统输入端子与输入转接板之间的互联电缆 XS10 拆下，进入系统观察现象		
7	将系统输出端子与输出转接板之间的互联电缆 XS20 拆下，进入系统观察现象		
8	将手摇脉冲发生器接口 XS8 拆下，进入系统观察现象		
9	将输出继电器板上的 127 和 128 拆下，进入系统观察现象		
10	将输出继电器板上的 100 和 127 拆下，进入系统观察现象		

学习心得

1．在工作中遇到了哪些问题？如何解决？

2．在完成本工作任务时，小组内人员的任务分配和完成情况。

3．您对完成本工作任务有何建议？

流程	项目内容	人员分配	预期成果	教师评价
1				
2				
3				
4				

考评		
	按考评标准考评	见考评标准
	考评成绩	
	教师签字	年　月　日

《数控机床的电气连接与检查》课业工作页 1.4

班级：_______组别：_______组员：_______指导教师：______

<table>
<tr><td>工作任务
名　称</td><td>任务 1.4 典型数控机床电气结构和组成识读</td><td>工作
时间</td><td>12</td></tr>
<tr><td>工作任务
分　析</td><td colspan="3">本单元主要是以小组自我学习的形式，通过对实际机床的亲身查看较为细致地记录数控机床上常用的各种电气元件及各种电动机和驱动器的型号，每个小组要认真思考数控机床上各个电动机、行程开关、CNC 系统等是如何和电气柜连接的，了解数控机床电气结构设计方法，并根据电气柜内元件的实际位置画好机床电气元件分布图，了解数控机床电气柜元件安置的方法和注意事项。</td></tr>
<tr><td>工作任务
流　程</td><td colspan="3">1．掌握 CJK6032 型数控车床的电气结构和组成；
2．了解 CJK6032 型数控车床的各项技术参数；
3．认真查看安装在 CJK6032 型数控车床上的各部件是如何将信号引入电气柜的，如行程开关信号、电动机信号等；
4．掌握 ZJK7352 型数控铣床的电气结构和组成；
5．了解 ZJK7532 型数控铣床的各项技术参数；
6．认真查看安装在 ZJK7532 型数控铣床上的各部件是如何将信号引入电气柜的，如行程开关信号、电动机信号等；
7．完成课业文本作业内容；
8．小组总结与成绩考评。</td></tr>
<tr><td rowspan="4">引导性
问题</td><td colspan="3">1．CJK6032 型数控车床有几个电动机？在机床上分别指出电动机安装的位置。</td></tr>
<tr><td colspan="3">2．仔细查看 CJK6032 型数控车床各个电动机的铭牌，将其抄写在课业文本页上，解释铭牌上各个参数的含义。</td></tr>
<tr><td colspan="3">3．打开 CJK6032 型数控车床的电气柜，认真查看电气柜内的各种电气元件，在课业文本页上写下这些元件的名称和序号。</td></tr>
<tr><td colspan="3">4．CJK6032 型数控车床电气柜有 6 个外部信号输入接口，分析这些输入信号的含义，了解数控系统、各个电动机及电源信号是如何接入机床电气柜的。</td></tr>
</table>

续表

<table>
<tr><td>工作任务
名　　称</td><td>任务 1.4 典型数控机床电气结构和组成识读</td><td>工作
时间</td><td>12</td></tr>
<tr><td rowspan="5">引导性
问题</td><td colspan="3">5．查看 CJK6032 型数控车床每个进给轴行程开关的安装位置，理解行程开关对数控机床的保护作用。</td></tr>
<tr><td colspan="3">6．分析 CJK6032 型数控车床的电气柜内电动机驱动器的数量和类型，在课业文本页上写下这些驱动器的铭牌数据，并上网查找这些驱动器的使用说明书，了解它们的使用方法。</td></tr>
<tr><td colspan="3">7．ZJK7352 型数控铣床有几个电动机？在机床上分别指出电动机安装的位置。</td></tr>
<tr><td colspan="3">8．仔细查看 ZJK7352 型数控铣床各个电动机的铭牌，将其抄写在课业文本页上，解释铭牌上各个参数的含义。</td></tr>
<tr><td colspan="3">9．打开 ZJK7352 型数控铣床的电气柜，认真查看电气柜内的各种电气元件，在课业文本页上写下这些元件的名称和序号。</td></tr>
</table>

续表

工作任务名称	任务 1.4 典型数控机床电气结构和组成识读	工作时间	12
引导性问题	10．查看 ZJK7352 型数控铣床每个进给轴行程开关的安装位置，理解行程开关对数控机床的保护作用。		
	11．分析 ZJK7352 型数控铣床的电气柜内电动机驱动器的数量和类型，在课业文本页上写下这些驱动器的铭牌数据，并上网查找这些驱动器的使用说明书，了解它们的使用方法。		
画图题	1．画出 CJK6032 型数控车床的电气元件布置图。		

续表

<table>
<tr><td>工作任务
名　　称</td><td colspan="3">任务 1.4 典型数控机床电气结构和组成识读</td><td>工作
时间</td><td>12</td></tr>
<tr><td>画图题</td><td colspan="5">2．画出 ZJK7352 型数控铣床的电气元件布置图</td></tr>
<tr><td>学习心得</td><td colspan="5">1．在工作中遇到了哪些问题？如何解决？
2．在完成本工作任务时，小组内人员的任务分配和完成情况。
3．您对完成本工作任务有何建议？

流程 ｜ 项目内容 ｜ 人员分配 ｜ 预期成果 ｜ 教师评价
1
2
3
4</td></tr>
<tr><td rowspan="3">考评</td><td>按考评标准考评</td><td colspan="4">见考评标准</td></tr>
<tr><td>考评成绩</td><td colspan="4"></td></tr>
<tr><td>教师签字</td><td colspan="4">年　月　日</td></tr>
</table>

流程	项目内容	人员分配	预期成果	教师评价
1				
2				
3				
4				

《数控机床的电气连接与检查》课业工作页 2.1

班级：______组别：______组员：______指导教师：______

工作任务名　称	任务 2.1 急停与超程解除电路的电气控制与安装调试	工作时间	10
工作任务分　析	数控机床的正常工作得益于行程开关的保护和紧急情况时“急停”键的灵活应用，本单元就是介绍“急停”键起到急停作用的电气设计原因，以及机床超程时“超程解除”键实现的原理。		
工作任务流　程	1．画出急停与超程解除控制线路的电气原理图； 2．根据电气原理图，查看实际的线路连接； 3．画出电气元件布置图； 4．画出电气元件接线图； 5．连接与调试急停与超程解除控制线路； 6．急停与超程解除控制线路的常见故障排查； 7．完成课业文本作业内容； 8．小组总结与成绩考评。		
引导性问题	1．在零件加工过程中，同学们是否遇到超程的情况呢？如果超程，机床会出现什么报警？		
	2．为了解除超程，一般该如何操作机床？认真观察解除超程时，机床状态的变化并记录下来。		
	3．行程开关有什么作用？在华中数控车床试验台上，观察每个进给轴行程开关安装的位置，分析这样安装的原因。		
	4．画出行程开关的电器和文字符号，分析各个行程开关每根引出线的电气含义和颜色分配。		
	5．数控机床上一般有几个“急停”按键，安装在什么位置？想想“急停”按键是常开类型还是常闭类型，为什么？		
	6．说明机床面板上的“急停”按键和“超程解除”按键是如何接入机床电器安装柜内的。		
	7．分析中间继电器 KA9 的功能。		

续表

<table>
<tr><td>工作任务
名　　称</td><td colspan="2">任务2.1 急停与超程解除电路的电气控制与安装调试</td><td>工作
时间</td><td>10</td></tr>
<tr><td rowspan="3">画图题</td><td colspan="4">1．绘制电气元件布置图和接线图。</td></tr>
<tr><td colspan="4">2．画出急停与超程解除回路电气原理图。</td></tr>
<tr><td colspan="4">3．记录线路安装过程中遇到的故障及解决方法。</td></tr>
<tr><td>学习心得</td><td colspan="4">1．在工作中遇到了哪些问题？如何解决？
2．在完成本工作任务时，小组内人员的任务分配和完成情况。
3．您对完成本工作任务有何建议？
<table><tr><th>流程</th><th>项目内容</th><th>人员分配</th><th>预期成果</th><th>教师评价</th></tr><tr><td>1</td><td></td><td></td><td></td><td></td></tr><tr><td>2</td><td></td><td></td><td></td><td></td></tr><tr><td>3</td><td></td><td></td><td></td><td></td></tr><tr><td>4</td><td></td><td></td><td></td><td></td></tr></table></td></tr>
<tr><td rowspan="3">考评</td><td>按考评标准考评</td><td colspan="3">见考评标准</td></tr>
<tr><td>考评成绩</td><td colspan="3"></td></tr>
<tr><td>教师签字</td><td colspan="3">年　月　日</td></tr>
</table>

《数控机床的电气连接与检查》课业工作页 2.2

班级：______组别：______组员：______指导教师：______

工作任务名　称	任务 2.2 刀架电动机的电气控制与安装调试	工作时间	10
工作任务分　析	普通数控车床的刀架最多可装 4 把刀具，通过程序或面板的按键可实现自动换刀，在本单元重点介绍通过面板按键控制自动换刀的原理，掌握三相交流异步电动机的继电器控制电路和霍尔传感器的应用。		
工作任务流　程	1．画出刀架自动换刀控制线路的电气原理图； 2．根据电气原理图，查看实际的线路连接； 3．画出电气元件布置图； 4．画出电气元件接线图； 5．连接与调试刀架自动换刀控制线路； 6．刀架自动换刀控制线路的常见故障排查； 7．完成课业文本作业内容； 8．小组总结与成绩考评。		
引导性问题	1．观察机床面板上和换刀有关的按键，分析它们的功能。		
	2．观察刀架换刀时过程，分析刀架正转和反转的目的分别是什么？		
	3．观察刀架的引出线，分析各种颜色的导线代表的含义，并记录这些导线引入电气柜的位置。		
	4．根据刀架换刀的电气原理图正确分析一个完整的换刀过程。		
	5．理解三相交流异步电动机常用术语的含义，如极对数、转差率和转速等。		

续表

工作任务名　称	任务 2.2 刀架电动机的电气控制与安装调试	工作时间	10
画图题	1．绘制电气元件布置图和接线图。 2．画出刀架换刀的电气原理图。 3．分别画出三相异步电动机 P=1 和 P=2 时的定子接线图，并解释与转速的关系。		

续表

<table>
<tr><td>工作任务
名　称</td><td colspan="2">任务 2.2 刀架电动机的电气控制与安装调试</td><td>工作
时间</td><td>10</td></tr>
<tr><td rowspan="2">画图题</td><td colspan="4">4．画出三相异步电动机的机械特性曲线图，并说明额定转矩 T_N、最大转矩 T_m 和启动转矩 T_{st} 三者的含义。</td></tr>
<tr><td colspan="4">5．记录线路安装过程中遇到的故障及解决方法。
故障 1：换刀时，刀架不转。
故障 2：换刀时，刀架转不停直至 PLC 报警：换刀超时。
故障 3：换刀时，刀架不能锁紧。
故障 4：换刀时，刀架方位不对。</td></tr>
<tr><td>学习心得</td><td colspan="4">1．在工作中遇到了哪些问题？如何解决？
2．在完成本工作任务时，小组内人员的任务分配和完成情况。
3．您对完成本工作任务有何建议？
<table><tr><td>流程</td><td>项目内容</td><td>人员分配</td><td>预期成果</td><td>教师评价</td></tr><tr><td>1</td><td></td><td></td><td></td><td></td></tr><tr><td>2</td><td></td><td></td><td></td><td></td></tr><tr><td>3</td><td></td><td></td><td></td><td></td></tr><tr><td>4</td><td></td><td></td><td></td><td></td></tr></table></td></tr>
<tr><td rowspan="3">考评</td><td>按考评标准考评</td><td colspan="3">见考评标准</td></tr>
<tr><td>考评成绩</td><td colspan="3"></td></tr>
<tr><td>教师签字</td><td colspan="3">年　月　日</td></tr>
</table>

《数控机床的电气连接与检查》课业工作页 2.3

班级：_______组别：_______组员：_______指导教师：______

<table>
<tr><td>工作任务
名　　称</td><td>任务 2.3 步进电动机模块的电气控制与安装调试</td><td>工作
时间</td><td>10</td></tr>
<tr><td>工作任务
分　　析</td><td colspan="3">步进电动机由于不需要 A/D 转换，能够直接将数字脉冲信号转化成角位移，所以被认为是经济型数控机床的理想执行元件，在本单元主要学习步进电动机的工作原理及数控系统、步进驱动器和步进电动机的电气原理及连接。</td></tr>
<tr><td>工作任务
流　　程</td><td colspan="3">1．画出步进电动机控制线路的电气原理图；
2．根据电气原理图，查看实际的线路连接；
3．画出电气元件布置图；
4．画出电气元件接线图；
5．连接与调试步进电动机控制线路；
6．步进电动机控制线路的常见故障排查；
7．完成课业文本作业内容；
8．小组总结与成绩考评。</td></tr>
<tr><td rowspan="6">引导性
问题</td><td colspan="3">1．结合步进电动机的工作原理，说说三相步进电动机三拍和六拍的区别。</td></tr>
<tr><td colspan="3">2．常用的步进电动机根据相数分类有哪几类？它们对应的步距角分别是多少？</td></tr>
<tr><td colspan="3">3．步进电动机根据工作原理分为哪几类？说说它们的区别。</td></tr>
<tr><td colspan="3">4．记录试验台使用的步进电动机的型号，包括步距角、生产厂家和相数等。</td></tr>
<tr><td colspan="3">5．步进电动机的步距角和机床的脉冲当量的含义是什么，本试验台的步进电动机的步距角为 1.8°/步，丝杠螺距为 5mm，计算步进电动机一转的步数及每个脉冲控制的移动量。</td></tr>
<tr><td colspan="3">6．说明步进驱动器细分的概念和作用。</td></tr>
</table>

续表

工作任务名　称	任务 2.3 步进电动机模块的电气控制与安装调试	工作时间	10
画图题	1．画图表示步进驱动器各个端子的位置和含义。		
	2．画图表示步进电动机并联和串联的接法，要注明步进电动机 8 根输出线的颜色和含义，说明并联和串联的适用场合。		
	3．画图表示步进驱动器拨码开关的功能，并正确设置。		
	4．画出步进电动机模块的电气原理图。		
	5．绘制和步进电动机模块有关的电气元件布置图和接线图，要画出接线端子。		

续表

<table>
<tr><td>工作任务
名　　称</td><td colspan="3">任务 2.3 步进电动机模块的电气控制与安装调试</td><td>工作
时间</td><td>10</td></tr>
<tr><td>画图题</td><td colspan="5">6．记录线路安装过程中遇到的故障及解决方法，并完成下列实验。
序号　故障设置方法　故障现象
1　将步进电动机驱动器电源线 A+与 A–进行互换，进入系统让手动 X 轴运行，观察故障现象。
2　将步进驱动器的电流设定值调到最小，运行 X 轴并与正常情况进行比较。
3　将 X 轴的指令线中的 CP+与 CP–进行互换，运行 X 轴，并与正常情况下进行比较。
4　将 X 轴的指令线中的 DIR+与 DIR–进行互换，运行 X 轴，并与正常情况下进行比较。
5　将 X 轴的指令线中的 DIR+与 DIR–任意取消一根，运行 X 轴，并与正常情况下进行比较。
6　只将线圈 A、B 与步进驱动器连接，将 C、D 两线圈与驱动器断开，运行 X 轴，观察现象。
7　只将线圈 A、C 与步进驱动器连接，将 B、D 两线圈与驱动器断开，运行 X 轴，观察现象。

7．思考题：一个四相步进电动机，它具有四个定子绕组，每个绕组有两个端子，但是没有标号，用什么办法可以判断出这四个绕组分别为电动机的 A、B、C、D 四相？并将线圈的同名端判断出来。</td></tr>
<tr><td>学习心得</td><td colspan="5">1．在工作中遇到了哪些问题？如何解决？
2．在完成本工作任务时，小组内人员的任务分配和完成情况。
3．您对完成本工作任务有何建议？
<table><tr><td>流程</td><td>项目内容</td><td>人员分配</td><td>预期成果</td><td>教师评价</td></tr><tr><td>1</td><td></td><td></td><td></td><td></td></tr><tr><td>2</td><td></td><td></td><td></td><td></td></tr><tr><td>3</td><td></td><td></td><td></td><td></td></tr><tr><td>4</td><td></td><td></td><td></td><td></td></tr></table></td></tr>
<tr><td rowspan="3">考评</td><td>按考评标准考评</td><td colspan="4">见考评标准</td></tr>
<tr><td>考评成绩</td><td colspan="4"></td></tr>
<tr><td>教师签字</td><td colspan="4">年　月　日</td></tr>
</table>

《数控机床的电气连接与检查》课业工作页 2.4

班级：______组别：______组员：______指导教师：______

工作任务名　称	任务 2.4 交流伺服电动机模块的电气控制与安装调试	工作时间	10
工作任务分　析	交流伺服电动机由于带有编码器，控制精度更高，能够反馈电动机的速度信号构成闭环控制，所以代替步进电动机广泛应用在中挡数控机床上，在本单元主要学习交流伺服电动机的工作原理及数控系统、交流伺服驱动器和交流伺服电动机的电气原理及连接。		
工作任务流　程	1．画出交流伺服电动机控制线路的电气原理图； 2．根据电气原理图，查看实际的线路连接； 3．画出电气元件布置图； 4．画出电气元件接线图； 5．连接与调试交流伺服电动机控制线路； 6．交流伺服电动机控制线路的常见故障排查； 7．完成课业文本作业内容； 8．小组总结与成绩考评。		
引导性问题	1．伺服电动机又称什么电动机，在自动控制系统中主要作用是什么？		
	2．交流伺服电动机的转子常有两种类型，分别是哪两种，各自有什么特点？		
	3．交流伺服电动机和单相交流异步电动机的主要区别是什么？		
	4．脉动磁场和旋转磁场的区别是什么？		
	5．交流伺服电动机是如何实现控制信号消失，立即停止转动的功能的？		

续表

工作任务名　称	任务 2.4 交流伺服电动机模块的电气控制与安装调试	工作时间	10
引导性问题	6．比较交流伺服电动机和步进电动机的性能差异。		
	7．分析 Sanyo Denki Q 交流伺服驱动器一个完整上电的过程。		
	8．写出伺服驱动器三个重要参数的含义，说明它们对机床性能的影响。		
画图题	1．画图表示 Sanyo Denki Q 交流伺服驱动器各个端子的位置和含义。		

续表

工作任务名　　称	任务 2.4 交流伺服电动机模块的电气控制与安装调试	工作时间	10
画图题	2．空心杯形转子式的交流伺服电动机的结构由哪些部分组成，画出它的结构图。		
	3．画图表示交流伺服电动机的转矩特性曲线，并说明其特点。		
	4．画出交流伺服电动机模块的电气原理图。		
	5．绘制和步进电动机模块有关的电气元件布置图和接线图，要画出接线端子。		

续表

<table>
<tr><td>工作任务
名　　称</td><td>任务 2.4 交流伺服电动机模块的电气控制与安装调试</td><td>工作
时间</td><td>10</td></tr>
<tr><td>画图题</td><td colspan="3">6. 记录线路安装过程中遇到的故障及解决方法，并完成下列实验。
<table>
<tr><th>序号</th><th>故障设置方法</th><th>故障现象</th><th>结论</th></tr>
<tr><td>1</td><td>将伺服驱动器的强电电源中的三相任意取消一相，运行 Z 轴，观察系统及驱动器的现象</td><td></td><td></td></tr>
<tr><td>2</td><td>将伺服电动机的强电电源中的三相任意取消一相，运行 Z 轴，观察系统及驱动器的现象</td><td></td><td></td></tr>
<tr><td>3</td><td>将伺服驱动器的控制电源中的 24V 断开，运行 Z 轴，观察系统及驱动器的现象</td><td></td><td></td></tr>
<tr><td>4</td><td>将系统的输出信号 Y17 断开，运行 Z 轴，观察系统及驱动器的现象</td><td></td><td></td></tr>
<tr><td>5</td><td>将伺服驱动器的码盘线人为地松动或断开，观察系统及驱动器的现象</td><td></td><td></td></tr>
<tr><td>6</td><td>将系统参数中的硬件配置参数中的部件 2 的配置 0 由 50 改为 2，运行系统</td><td></td><td></td></tr>
</table>
7. 说明交流伺服驱动器 QS1A01AT033A3P00 的含义，了解驱动器命名方法。</td></tr>
<tr><td>学习心得</td><td colspan="3">1. 在工作中遇到了哪些问题？如何解决？
2. 在完成本工作任务时，小组内人员的任务分配和完成情况。
3. 您对完成本工作任务有何建议？
<table>
<tr><th>流程</th><th>项目内容</th><th>人员分配</th><th>预期成果</th><th>教师评价</th></tr>
<tr><td>1</td><td></td><td></td><td></td><td></td></tr>
<tr><td>2</td><td></td><td></td><td></td><td></td></tr>
<tr><td>3</td><td></td><td></td><td></td><td></td></tr>
<tr><td>4</td><td></td><td></td><td></td><td></td></tr>
</table></td></tr>
<tr><td rowspan="3">考评</td><td>按考评标准考评</td><td colspan="2">见考评标准</td></tr>
<tr><td>考评成绩</td><td colspan="2"></td></tr>
<tr><td>教师签字</td><td colspan="2">年　月　日</td></tr>
</table>

《数控机床的电气连接与检查》课业工作页 2.5

班级：______组别：______组员：______指导教师：______

<table>
<tr><td>工作任务
名　　称</td><td>任务 2.5 主轴电动机的电气控制与安装调试</td><td>工作
时间</td><td>10</td></tr>
<tr><td>工作任务
分　　析</td><td colspan="3">数控机床主轴及其控制系统的性能在某种程度上决定了机床的性能及其档次，因此在数控机床的发展过程中都引起高度的重视，主轴系统的配置有多种方式，在本单元主要介绍普通笼形异步电动机配通用变频器，这是目前经济型数控机床比较常用的主轴驱动系统，重点学习变频器的工作原理及数控系统、变频器器和普通笼形异步电动机的电气原理及连接。</td></tr>
<tr><td>工作任务
流　　程</td><td colspan="3">1．画出主轴电动机控制线路的电气原理图；
2．根据电气原理图，查看实际的线路连接；
3．画出电气元件布置图；
4．画出电气元件接线图；
5．连接与调试交流伺服电动机控制线路；
6．主轴电动机控制线路的常见故障排查；
7．完成课业文本作业内容；
8．小组总结与成绩考评。</td></tr>
<tr><td rowspan="3">引导性
问题</td><td colspan="3">1．数控车床主传动系统有哪些特点？调速范围是指什么？目前主轴驱动装置的调速范围达到了多少？</td></tr>
<tr><td colspan="3">2．主轴的位置控制有哪些功能？举例说明。</td></tr>
<tr><td colspan="3">3．结合车床实际加工谈谈数控车床主传动系统机械特性的特点。</td></tr>
</table>

续表

<table>
<tr><td>工作任务名 称</td><td>任务2.5 主轴电动机的电气控制与安装调试</td><td>工作时间</td><td>10</td></tr>
<tr><td rowspan="4">引导性问题</td><td colspan="3">4．说明数控车床各类主轴系统的特点和使用范围，掌握经济型数控车床主轴系统的配置特点。</td></tr>
<tr><td colspan="3">5．解释感应电动机的变频调速特点和基本原理。</td></tr>
<tr><td colspan="3">6．为了实现主轴低速时的功率达到切削要求，不至于闷车，一般采取什么措施？</td></tr>
<tr><td colspan="3">7．举例说明变频器内部各种参数的含义，会设置基本参数。</td></tr>
</table>

续表

工作任务名　称	任务 2.5 主轴电动机的电气控制与安装调试	工作时间	10
画图题	1. 画图表示日立变频器各个端子的基本电气接线原理图。		
	2. 画出主轴电动机的特性曲线，理解什么是恒功率输出，什么是恒转矩输出。		
	3. 画出数控系统与变频器的连接图。		
	4. 绘制和主轴电动机模块有关的电气元件布置图和接线图，要画出接线端子。		

续表

<table>
<tr><td>工作任务名　称</td><td colspan="2">任务 2.5 主轴电动机的电气控制与安装调试</td><td>工作时间</td><td>10</td></tr>
<tr><td>画图题</td><td colspan="4">5．用 MDI 方式对主轴控制，分别按下表输入指令，按“自动”或“单段”，再按“循环启动”主轴旋转，在表中记录下在各种转速下的有关数据。

<table>
<tr><th>控制指令</th><th>变频器端子电压</th><th>变频器指示频率 D1</th><th>输出位状态 Y28</th><th>输出位状态 Y29</th><th>KA1 输出状态</th><th>KA2 输出状态</th></tr>
<tr><td>M03S100</td><td></td><td></td><td></td><td></td><td></td><td></td></tr>
<tr><td>M05</td><td></td><td></td><td></td><td></td><td></td><td></td></tr>
<tr><td>M04S500</td><td></td><td></td><td></td><td></td><td></td><td></td></tr>
<tr><td>M05</td><td></td><td></td><td></td><td></td><td></td><td></td></tr>
<tr><td>M03S1000</td><td></td><td></td><td></td><td></td><td></td><td></td></tr>
<tr><td>M05</td><td></td><td></td><td></td><td></td><td></td><td></td></tr>
</table>

试验结论：
O–L 端子上的电压与频率的关系：
转速与频率的关系：
输出 Y28/Y29 与 O–L 上电压的关系：</td></tr>
<tr><td></td><td colspan="4">6．记录线路安装过程中遇到的故障及解决方法，并完成下列实验。

<table>
<tr><th>序号</th><th>故障设置方法</th><th>故障现象</th></tr>
<tr><td>1</td><td>将异步电动机的三相电源中的两相进行互换，运转主轴，观察出现的现象</td><td></td></tr>
<tr><td>2</td><td>将变频驱动器的模拟电压取消或极性互调，运转主轴，观察现象</td><td></td></tr>
<tr><td>3</td><td>将主轴正/反转信号取消，运行主轴，观察现象</td><td></td></tr>
</table>
</td></tr>
<tr><td>学习心得</td><td colspan="4">1．在工作中遇到了哪些问题？如何解决？
2．在完成本工作任务时，小组内人员的任务分配和完成情况。
3．您对完成本工作任务有何建议？

<table>
<tr><th>流程</th><th>项目内容</th><th>人员分配</th><th>预期成果</th><th>教师评价</th></tr>
<tr><td>1</td><td></td><td></td><td></td><td></td></tr>
<tr><td>2</td><td></td><td></td><td></td><td></td></tr>
<tr><td>3</td><td></td><td></td><td></td><td></td></tr>
<tr><td>4</td><td></td><td></td><td></td><td></td></tr>
</table>
</td></tr>
<tr><td rowspan="3">考评</td><td>按考评标准考评</td><td colspan="3">见考评标准</td></tr>
<tr><td>考评成绩</td><td colspan="3"></td></tr>
<tr><td>教师签字</td><td colspan="3">年　月　日</td></tr>
</table>

附录 B　数控综合试验台原理图

序号	代号	名称	型号、规格	数量	备注
01	+T–TC1	控制变压器	AC 380V/AC 220V/AC 24V 500W　R 型 100W　100W	1	九川
02	+T–VC1	开关电源	AC 220/DC 24V 145W S-145-24	1	明玮
03	+P–HNC21	数控装置	HNC-21TF（预装网络和 DNC 软件）	1	自制
04	+P–HFD	软驱单元	HFD-1101（包含软驱单元组件和全套线缆）	1 套	自制
05	+T–QF1	空气开关	DZ47-63D　3P　6A	1	九川
06	+T–QF2	空气开关	DZ47-63D　3P　3A	1	九川
07	+T–QF3	空气开关	DZ47-63D　1P　3A	1	九川
08	+T–QF4	空气开关	DZ47-63D　1P　3A	1	九川
09	+T–KM1，KM2	交流接触器	CJX1-9/22（AC 220V 9A）	2	九川
10	+T–RC1，RC2	单相灭弧器	JD6310200TK-2P	2	昆山
11	+T–RC3	三相灭弧器	JD63561503K-3P	1	昆山
12	+T–SDMX	步进驱动模块	M535S	1	雷赛
13	+M–MX	步进电动机	57HS13	1	雷赛
14	+T–SDMZ	伺服驱动模块	RS1A01AA（带专用插头）	1	三洋
15	+M–MZ	伺服电动机	P50B05020DZS1J（带接插头）	1	三洋
16	+T–US	变频器	SJ100-007HFE	1	日立
17	+T–AP8	PLC 输入板	HC5301-8	1	自制
18	+T–APR	PLC 输出继电器板	HC5301-R	1	自制
19	+T–R1	电阻	RJ14-1/4W 510Ω	1	四川永星
20	+T–TC2	伺服变压器	JCY2-0.4	1	九川
21		精密十字滑台	TK02-02×200	1 套	自制
22		负载实验台	HED-21S-FZT	1 套	自制
23	+P–PG1	手摇脉冲发生器	ZSS645-100B/05F	1	无锡
24		HED-21S 工作台	HNC-21T-SYT	1	自制
25		刀架平衡架	HED-21S-SYT-207	1	自制
26		光栅尺	JCXE5/250mm（带线 1.7m）	1	贵阳新天光电
27	+T–AP1	整流桥	HC1101	1 套	自制

						部件名称	元器件清单	武汉华中数控股份有限公司
						阶段标记	部件代号	HED-21S-3 数控综合实验台
标享	处数	分区	更改文件号	签名	年月日	S	00	
设计			工艺					
制图			标准化			第 2 张	第 1 张	
审核			批准					

序号	代号	名称	型号、规格	数量	备注
01	+T–XS1	模数化插座	AC 250V 10A 单相两孔插座	1 个	正泰
02	+T–XS2	模数化插座	AC 250V 10A 单相三孔插座	1 个	正泰
03		杆型接线柱	3310　（M4 红色）	15	正泰
04		杆型接线柱	3310　（M4 黑色）	33	正泰
05		有机玻璃板（带 4 根铜螺柱）		1	外协加工
06		三相异步电动机	Y801-4B5　Y 系列 0.55kW　四极	1	河北电机
07		电动刀架（四工位）	LDB4　0625（带线缆，信号线 2.4m，电源线 2m）	1 套	常州亚兴
08		限位开关	V-105-1A5	6	欧姆龙
09		钮子开关	CNZ 1/2	8	上海
10		磁粉制动（离合）器	CZ-0.5	1 个	江苏航天
11		磁粉制动（离合）器电源	WLK-1A	1 个	江苏航天
12		插头	DB25 头针（带壳）	1	上海
13		插头	DB25 头针（带壳）	1	上海
14		插头	DB15 针、孔（带壳）	各 1 套	上海
15		端子排	JB-15A-12	5	武汉三星
16		接地排	84×30mm（10 孔）	1	自制
17		磁性表座	CZ-6A	1	上海银燕
18		电缆线	RVV4×0.5	2.5m	
19		电缆线	RVV4×1.5	2m	
20		电缆线	RVV2×0.5	2m	
21		屏蔽线	RVVP25×0.21	1.5m	
22		屏蔽线	RVVP4×0.4	0.3m	
23		屏蔽线	RVVP4×0.21	2m	
24		屏蔽线	RVVP3×0.21	1m	
25		屏蔽线	RVVP4×2×0.21	7.4m	
26		屏蔽线	RVVP7×0.21	1.5m	
27		警示说明标牌　粘贴式标牌		1 套	上海新奇年

注明：

购买磁粉制动器时要求厂家提供的转矩特性曲线图测试的点（激磁电流）应为 0.00A, 0.02A, 0.05A, 0.08A, 0.10A, 0.20A。

<table>
<tr><td></td><td></td><td></td><td></td><td></td><td></td><td>部件名称</td><td colspan="2">元器件清单</td><td>武汉华中数控股份有限公司</td></tr>
<tr><td></td><td></td><td></td><td></td><td></td><td></td><td colspan="2">阶段标记</td><td>部件代号</td><td>HED-21S-3
数控综合实验台</td></tr>
<tr><td>标享</td><td>处数</td><td>分区</td><td>更改文件号</td><td>签名</td><td>年月日</td><td>S</td><td></td><td>00</td><td></td></tr>
<tr><td>设计</td><td></td><td></td><td>工艺</td><td></td><td></td><td colspan="3" rowspan="3">第 2 张　　第 2 张</td><td></td></tr>
<tr><td>制图</td><td></td><td></td><td>标准化</td><td></td><td></td><td></td></tr>
<tr><td>审核</td><td></td><td></td><td>批准</td><td></td><td></td><td></td></tr>
</table>

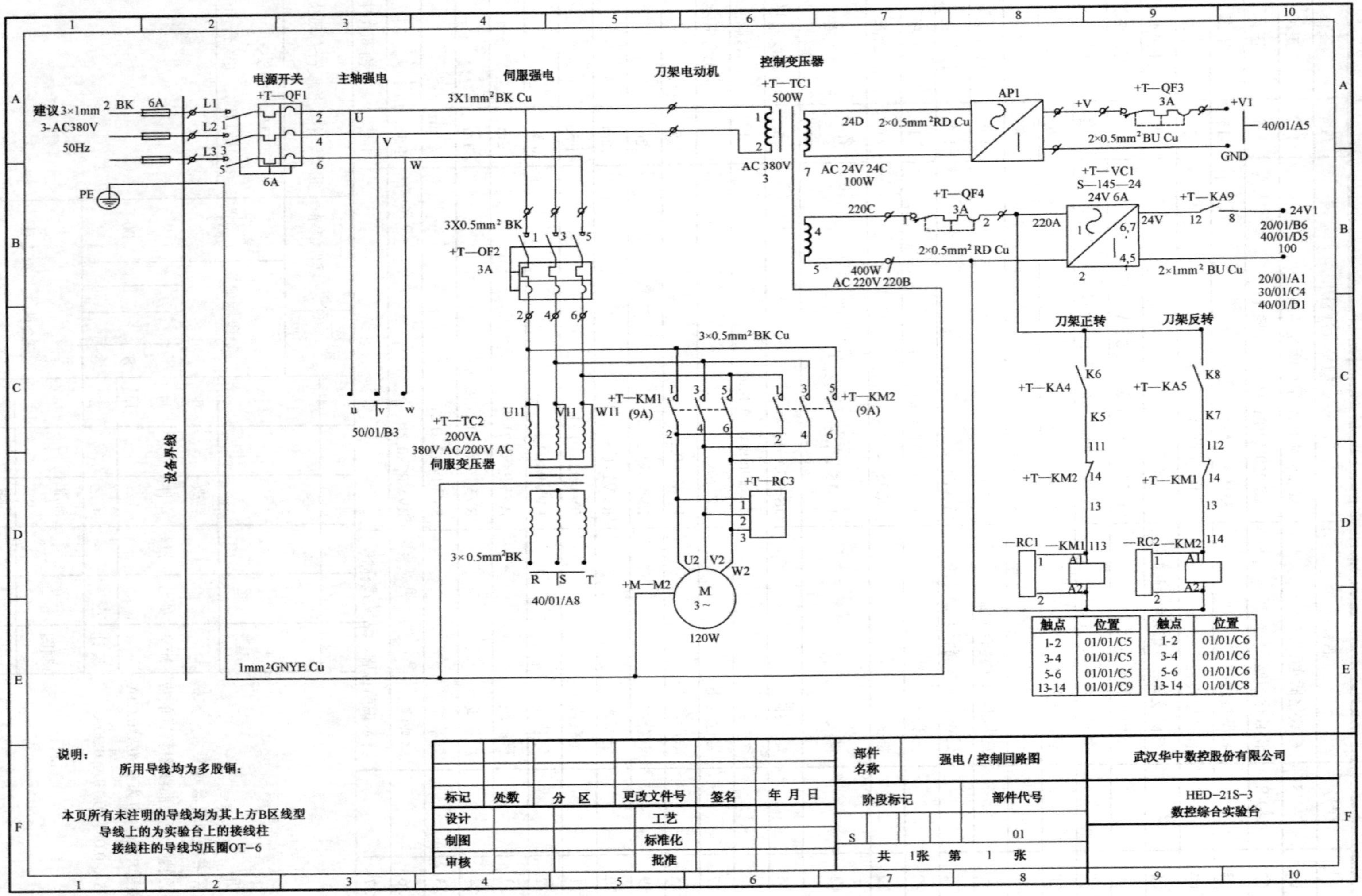

附图 B-1 数控综合实验台电气原理图（1）

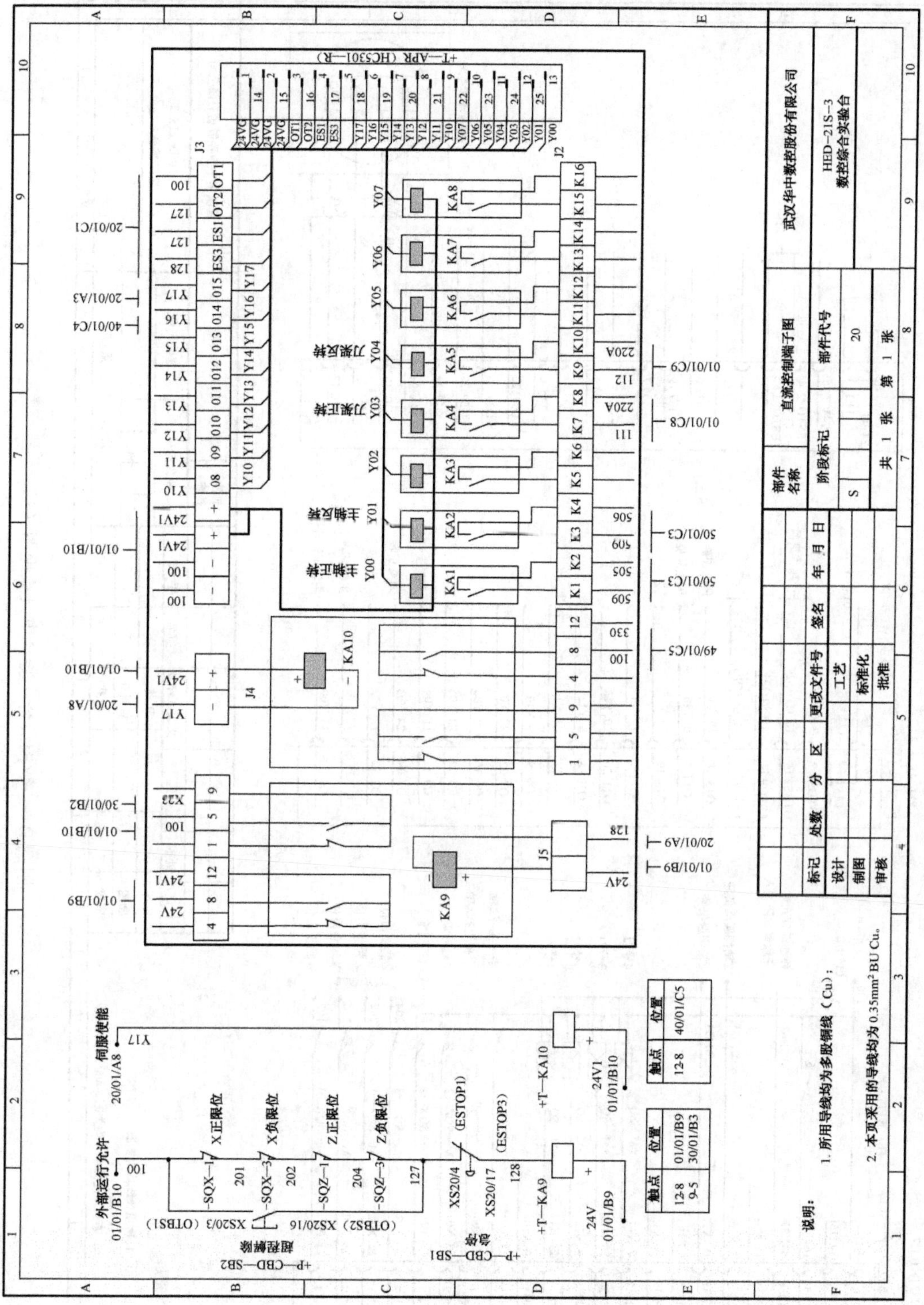

附图 B-2　数控综合实验台电气原理图（2）

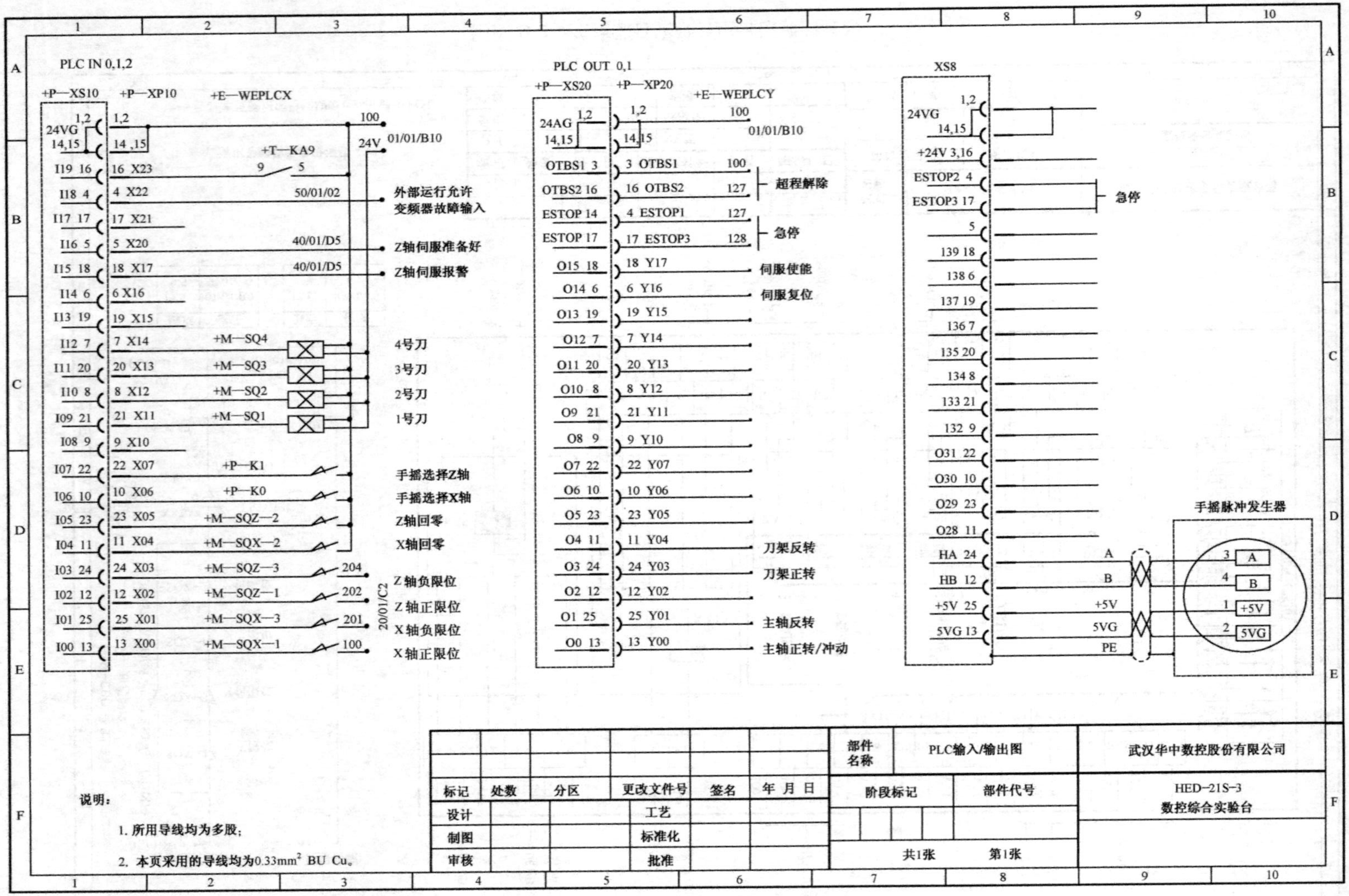

附图 B-3 数控综合实验台电气原理图（3）

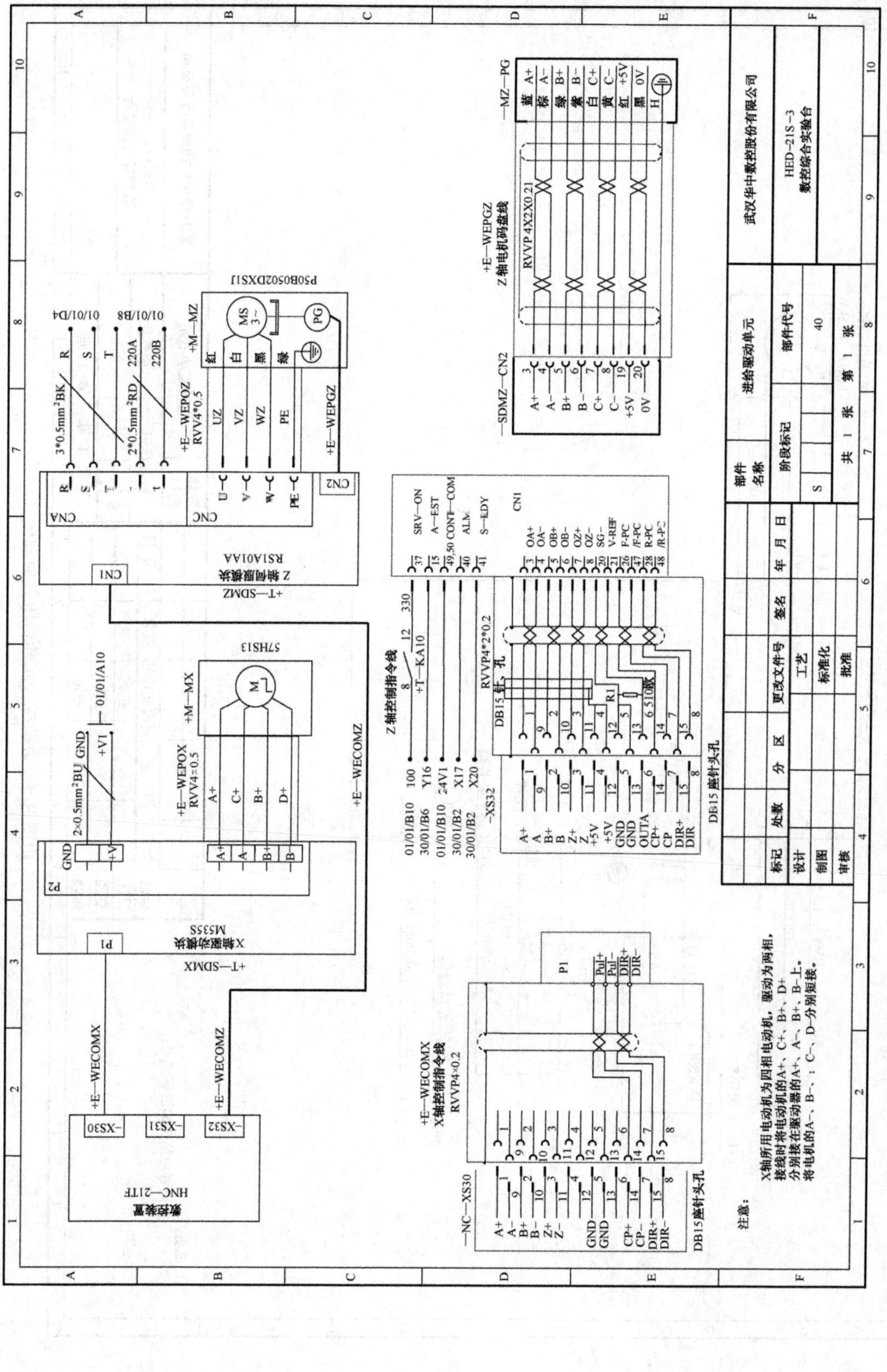

附图 B-4　数控综合实验台电气原理图（4）

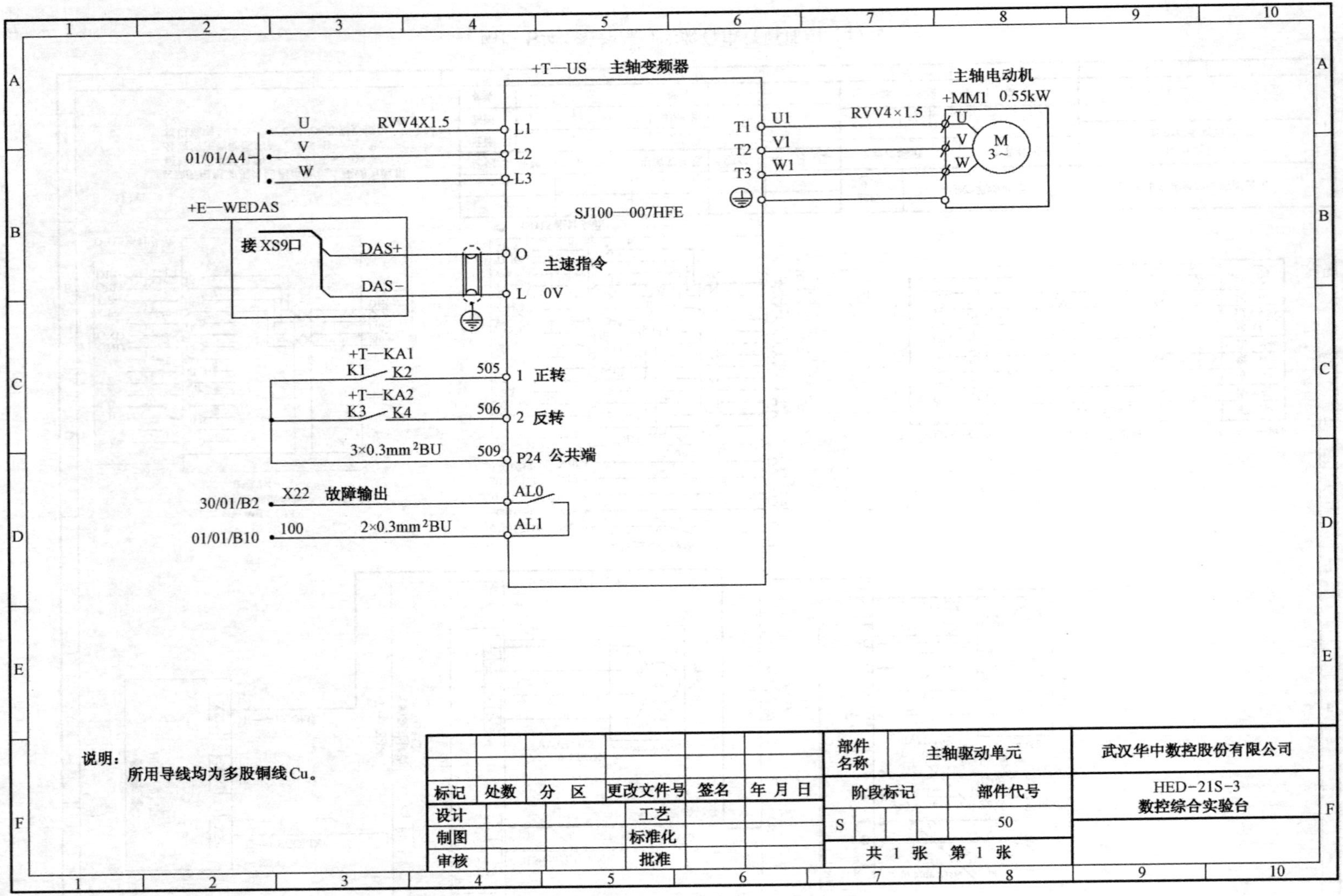

附图 B-5 数控综合实验台电气原理图（5）

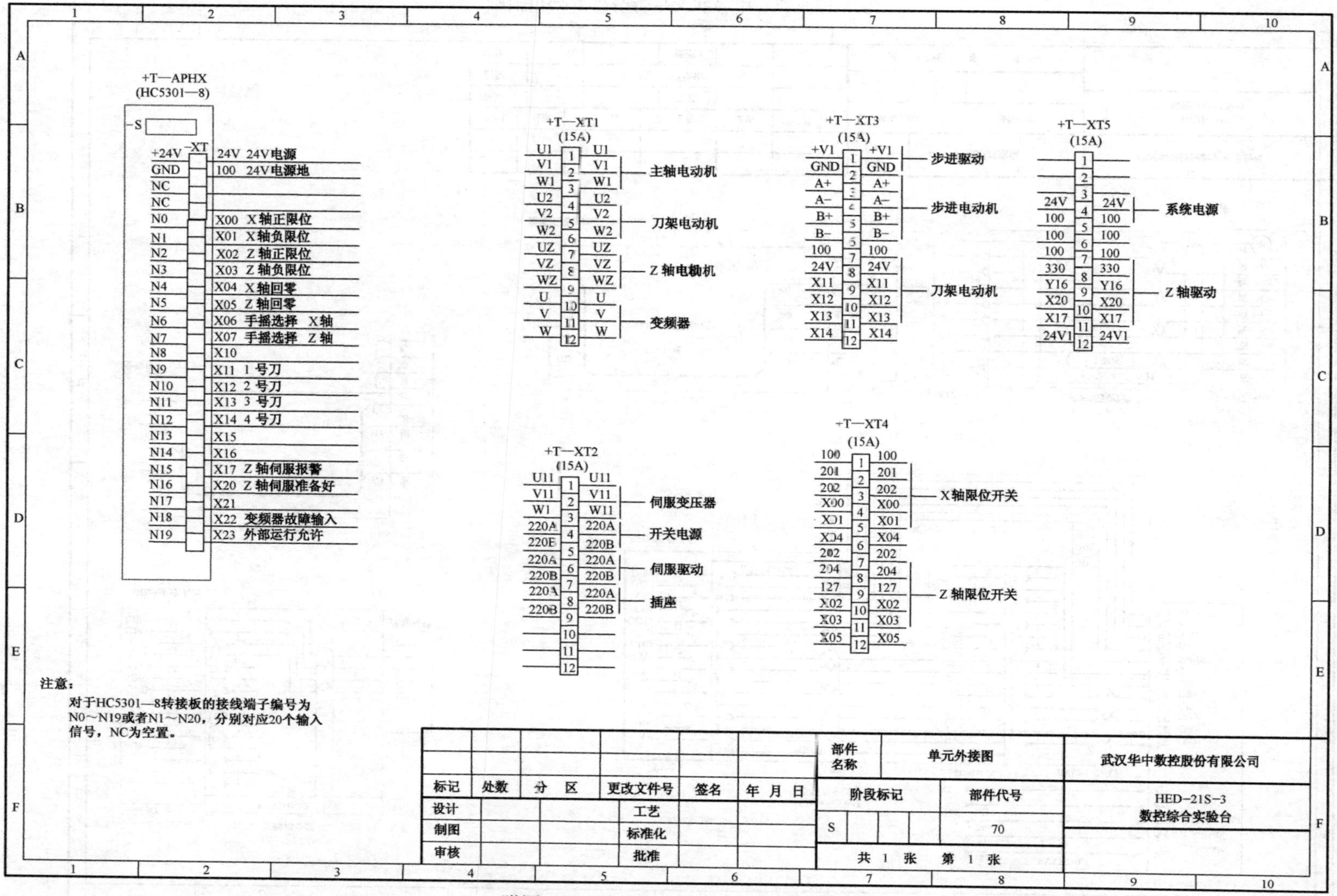

附图 B-6　数控综合实验台电气原理图（6）

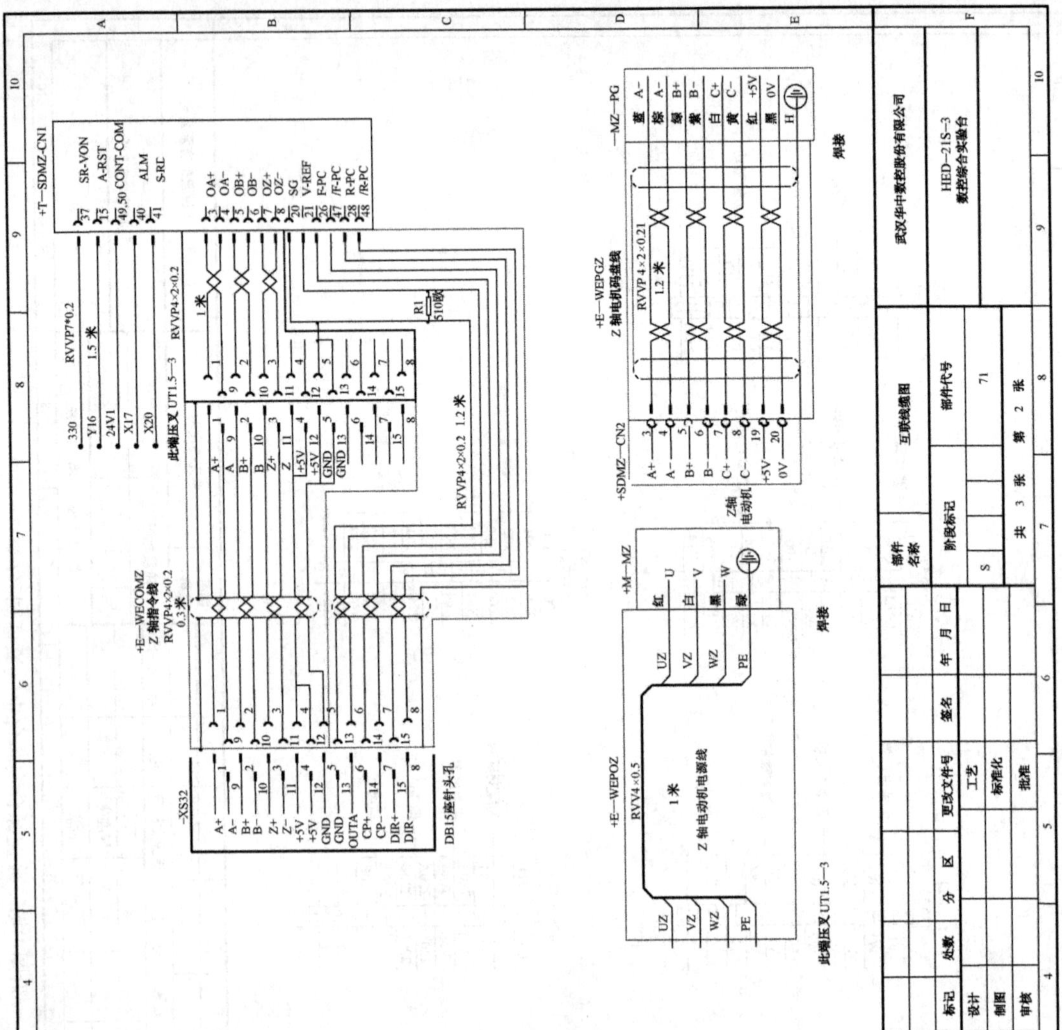

附图B-7 数控综合实验台电气原理图（7）

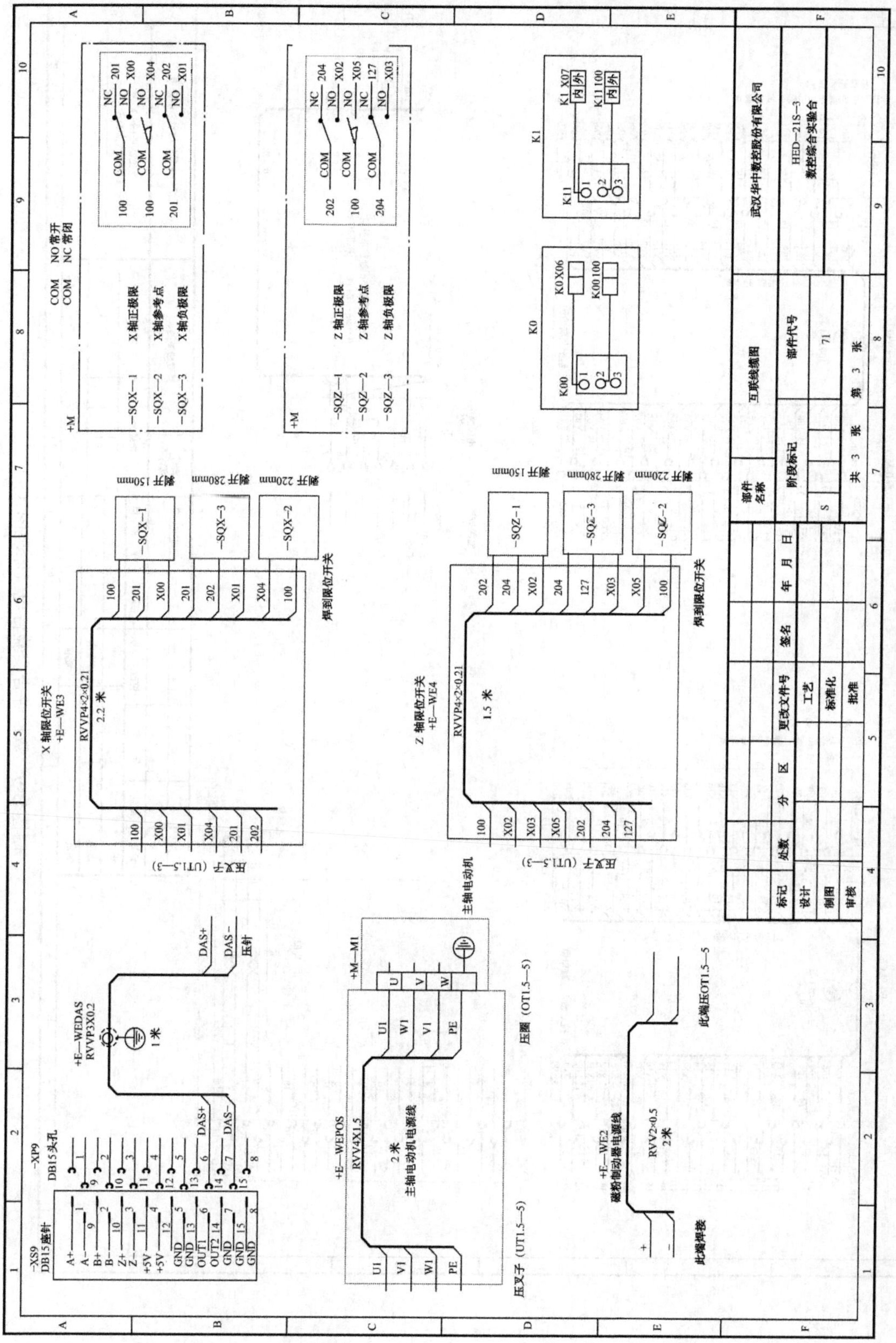

附图 B-8 数控综合实验台电气原理图（8）

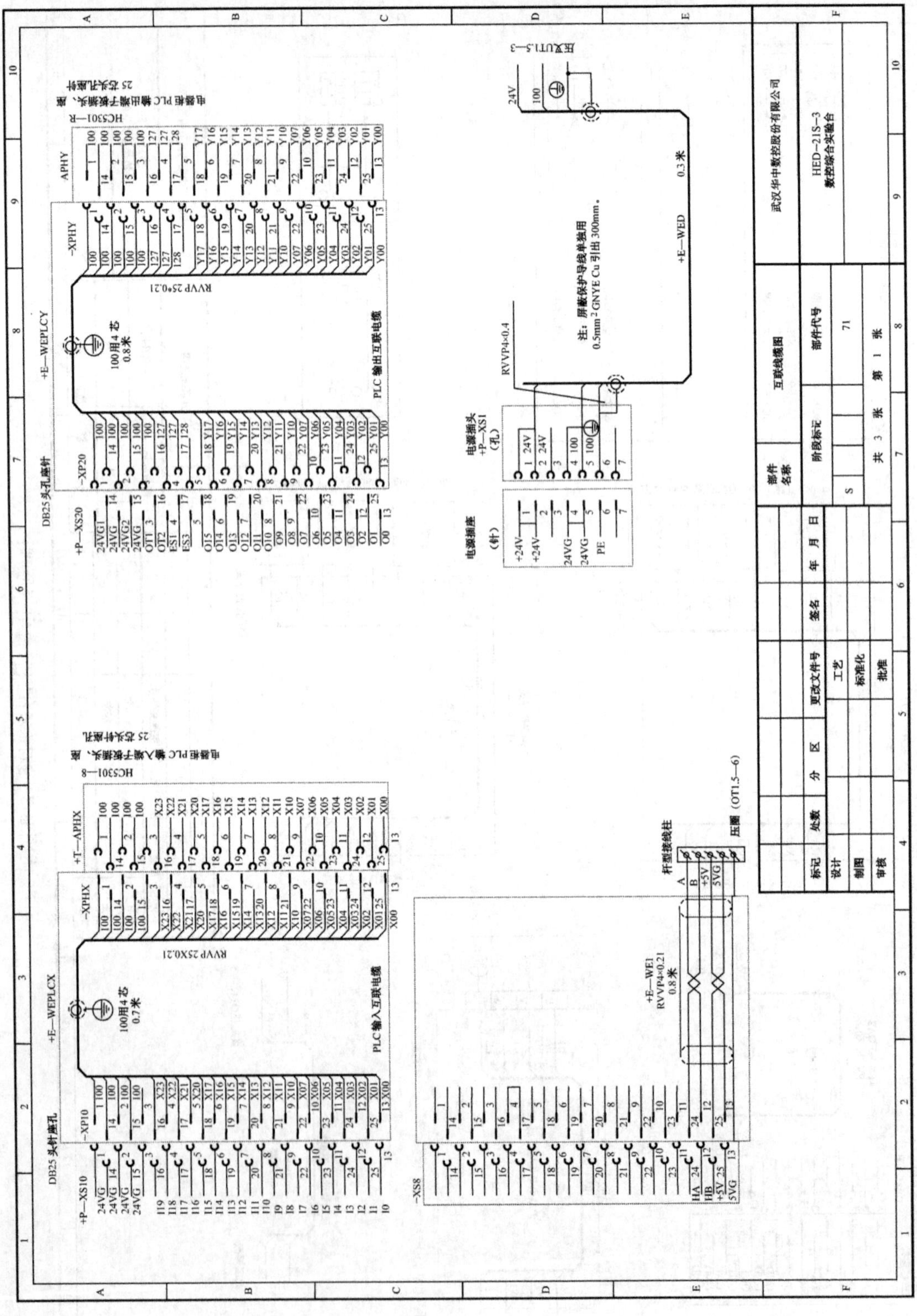

附图 B-9 数控综合实验台电气原理图（9）

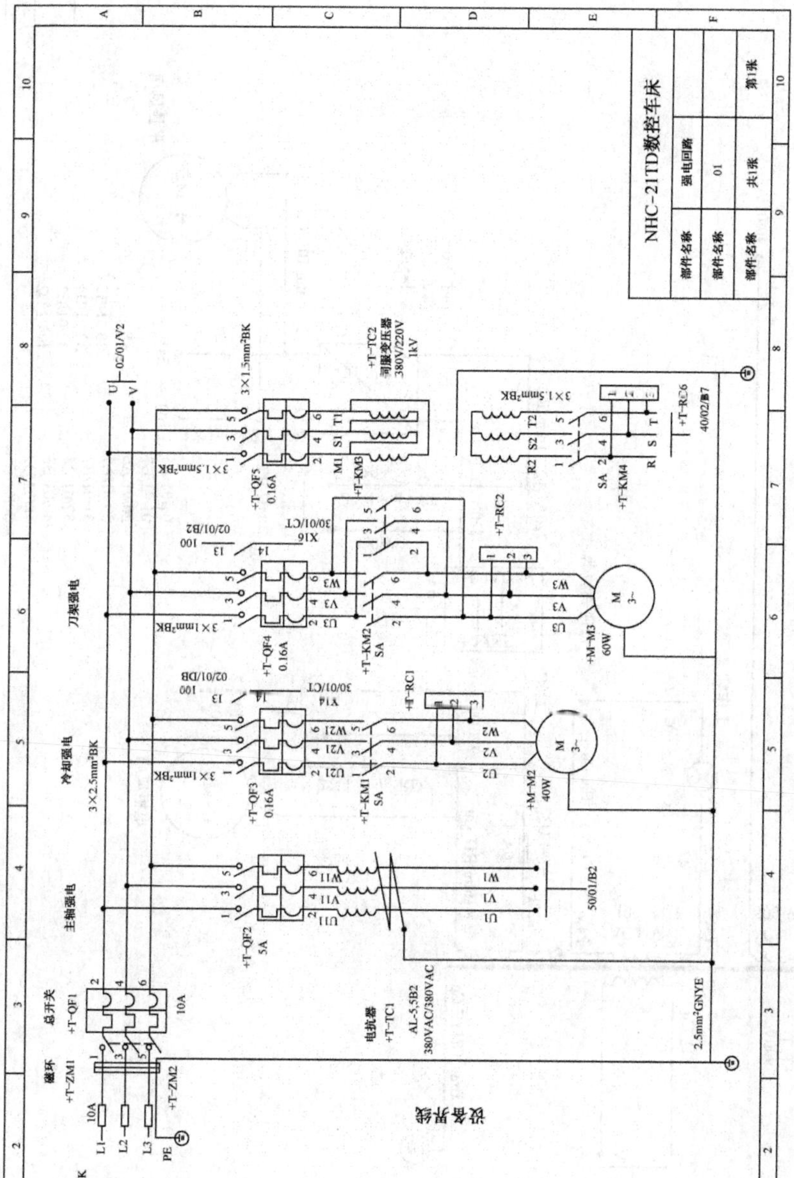

附图 C-1　CJK6032 电气原理图（1）

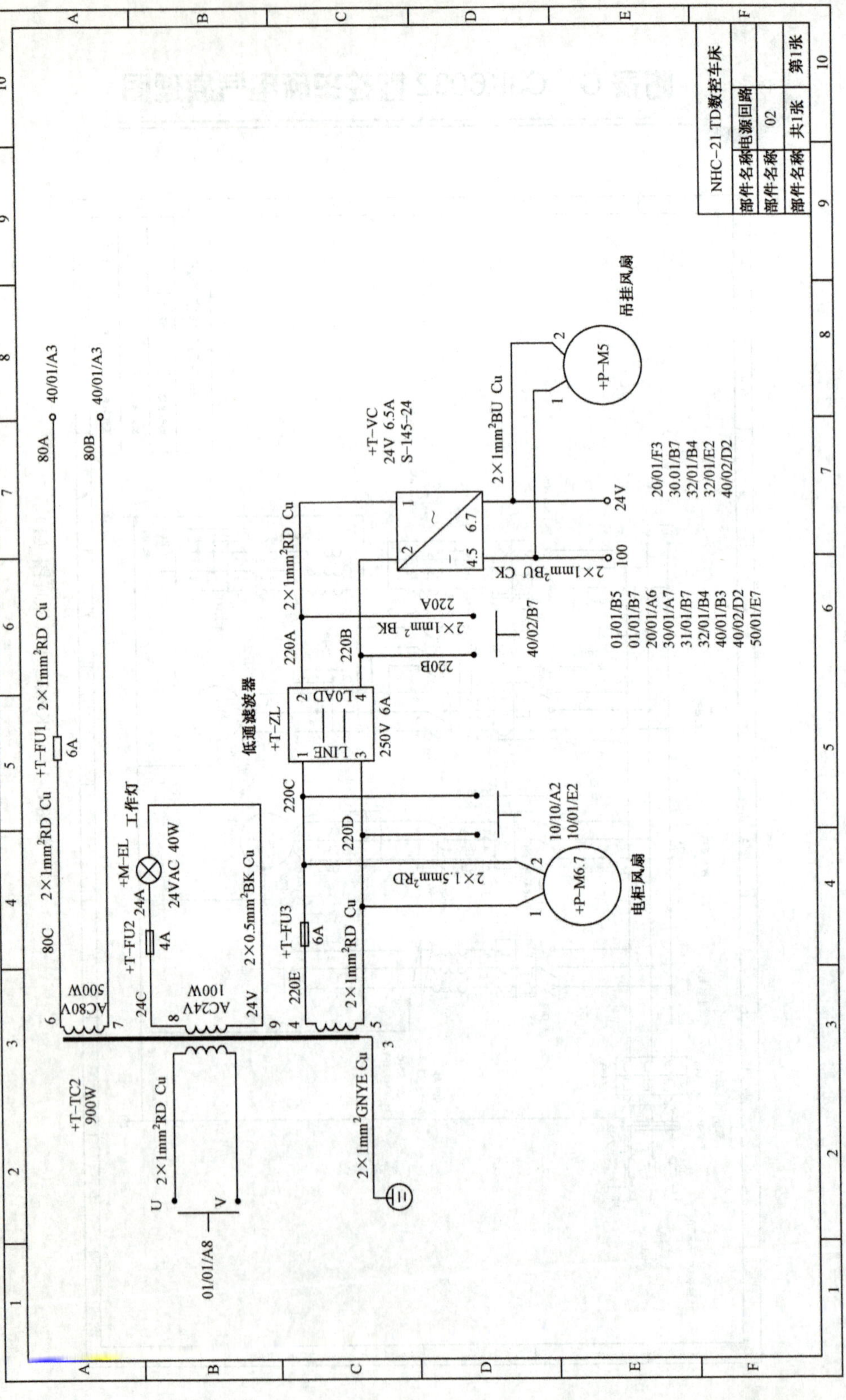

附图 C-2　CJK6032 电气原理图（2）

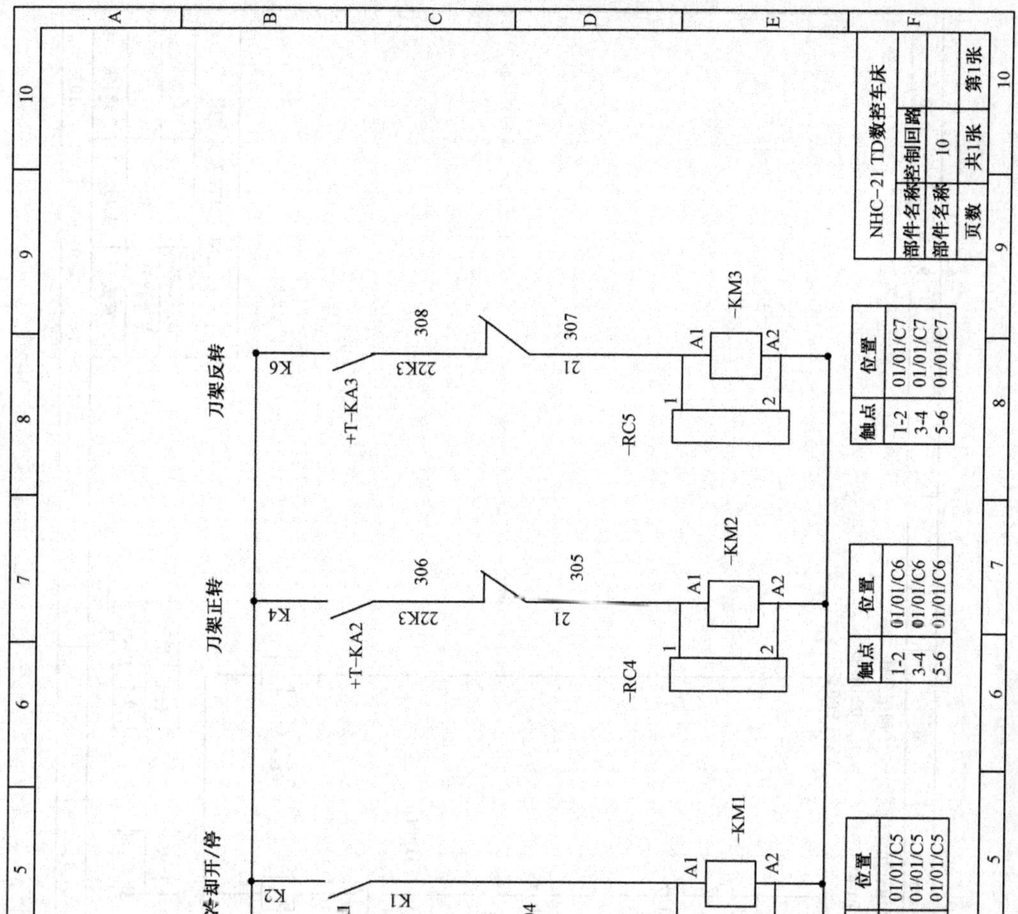

附图 C-3　CJK6032 电气原理图（3）

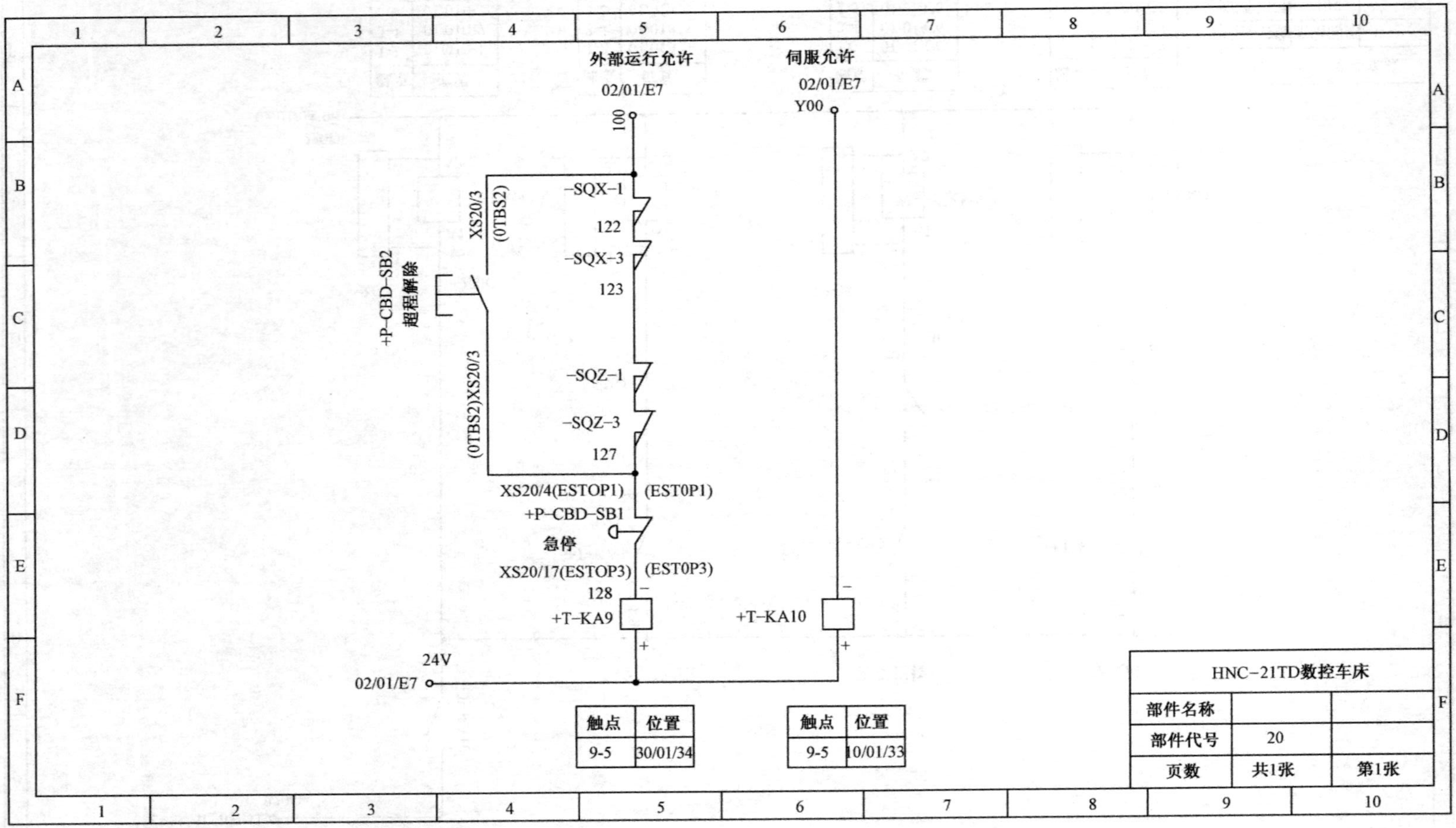

附图 C-4　CJK6032 电气原理图（4）

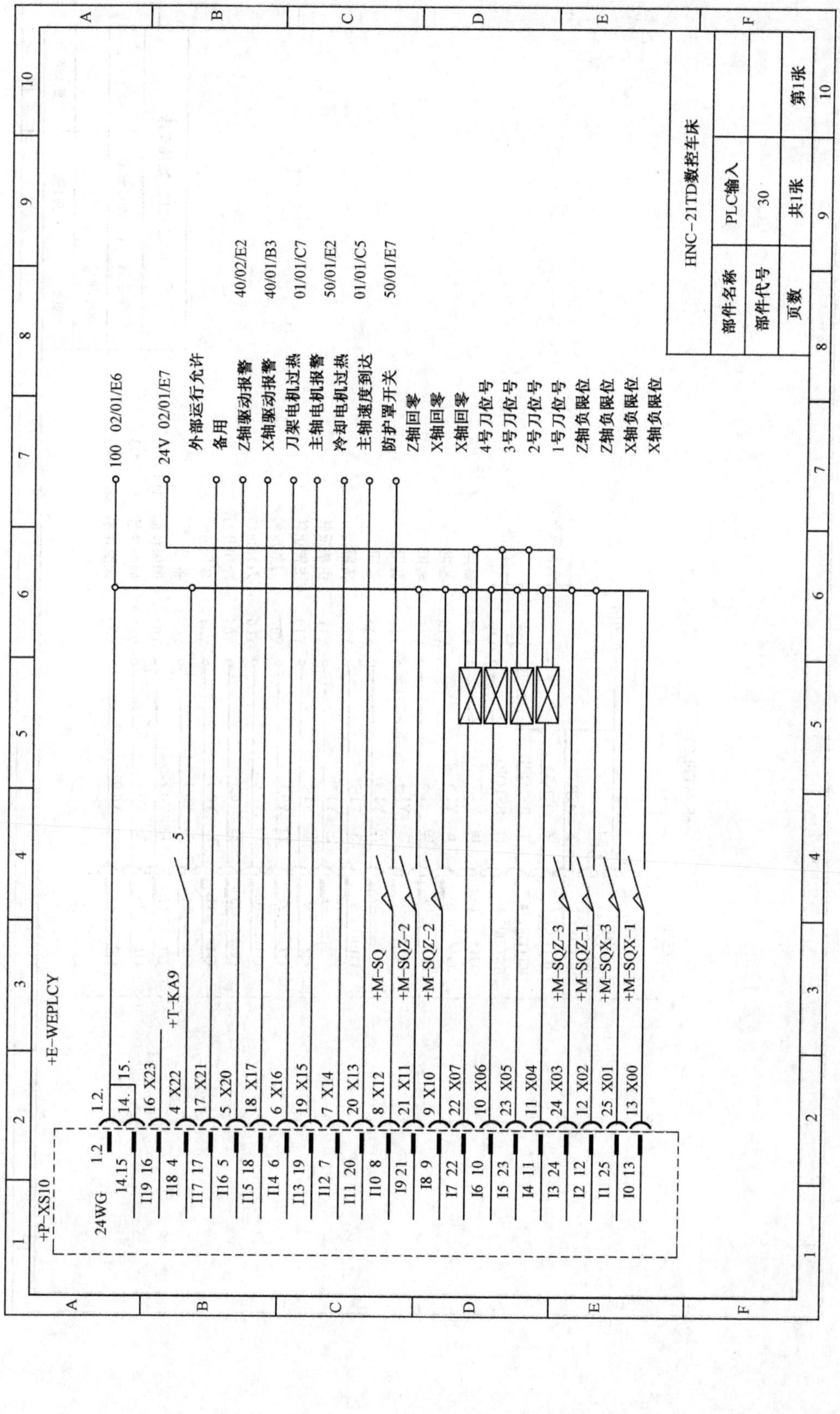

附图 C-5　CJK6032 电气原理图（5）

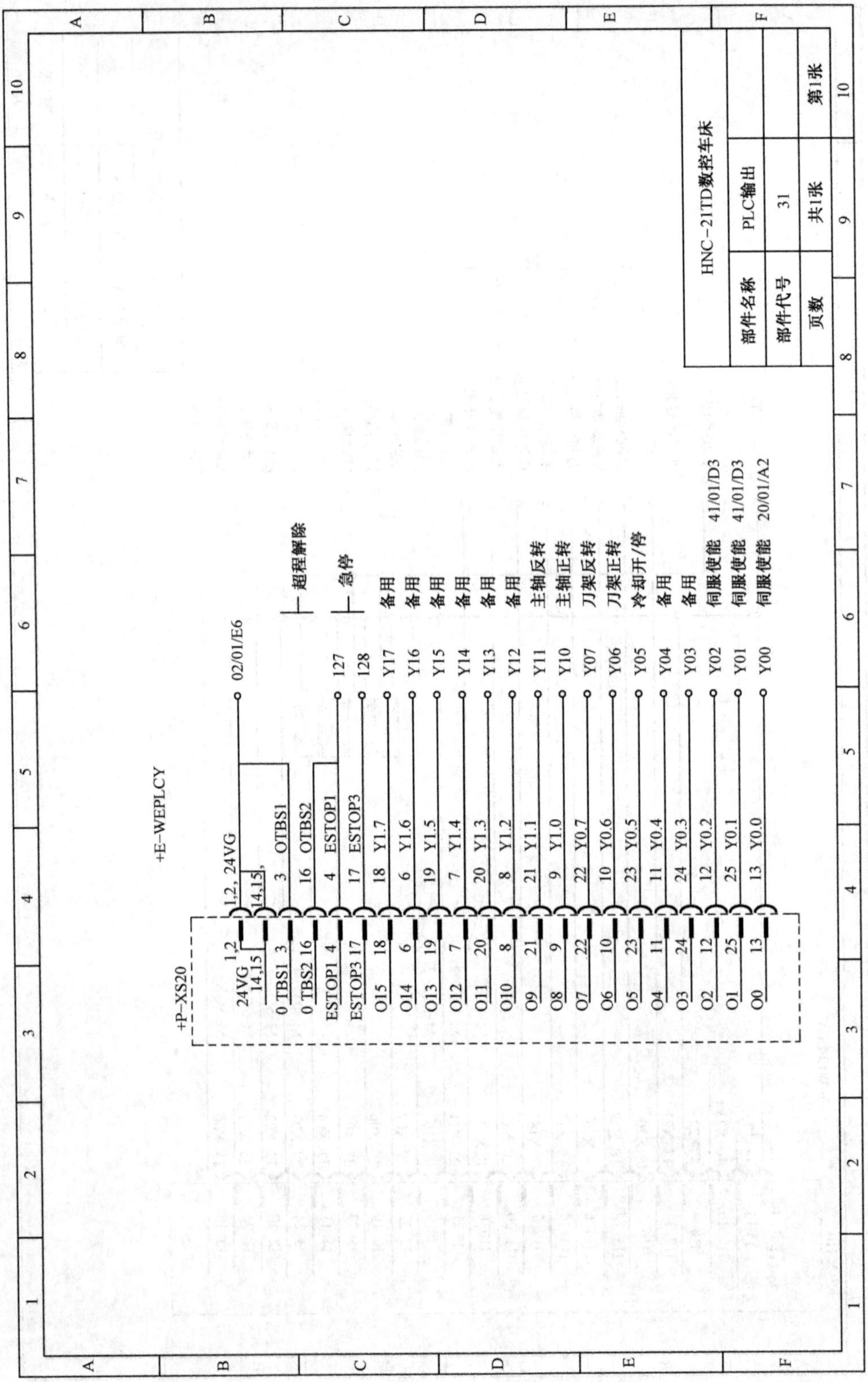

附图 C-6　CJK6032 电气原理图（6）

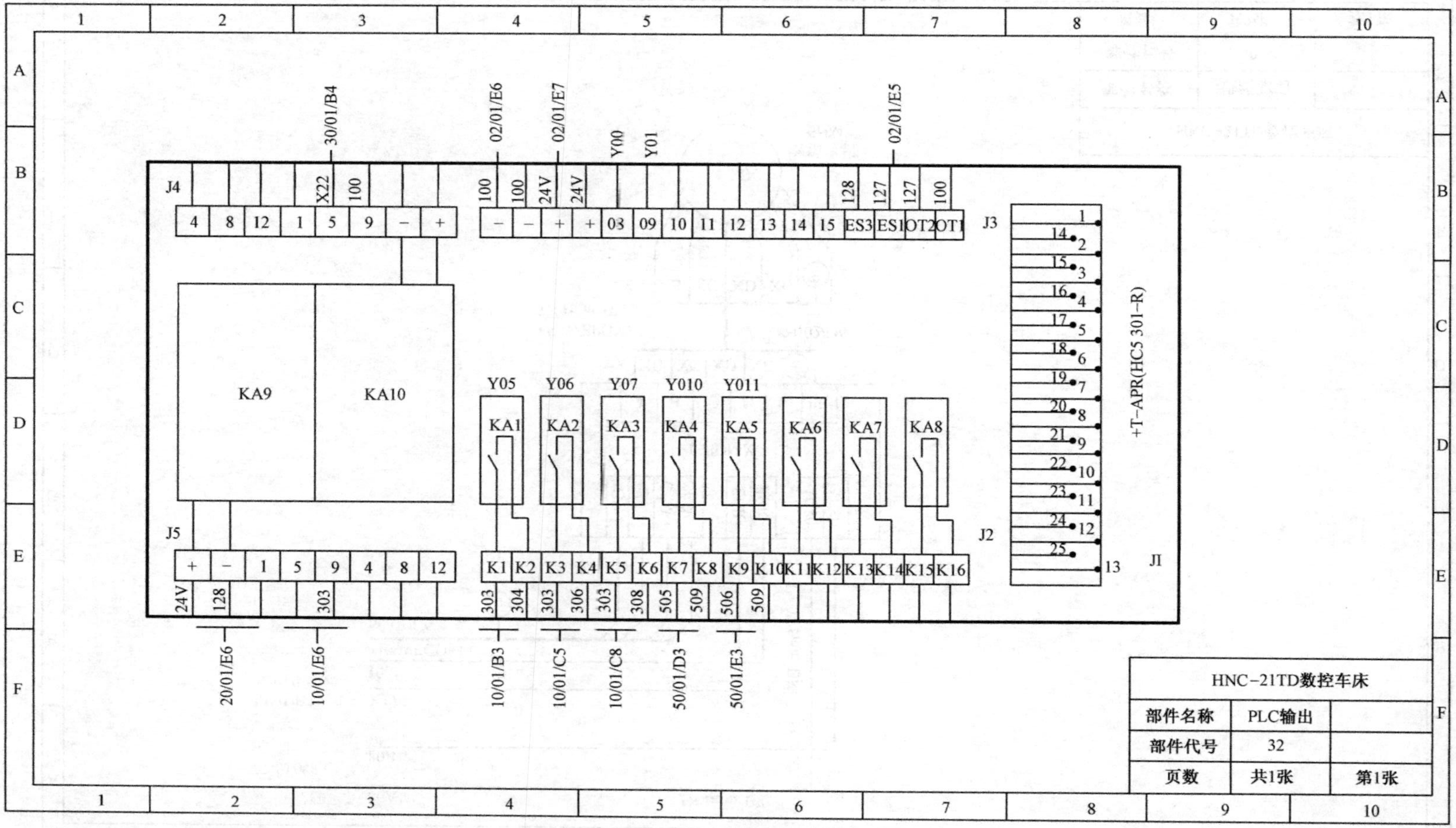

附图 C-7　CJK6032 电气原理图（7）

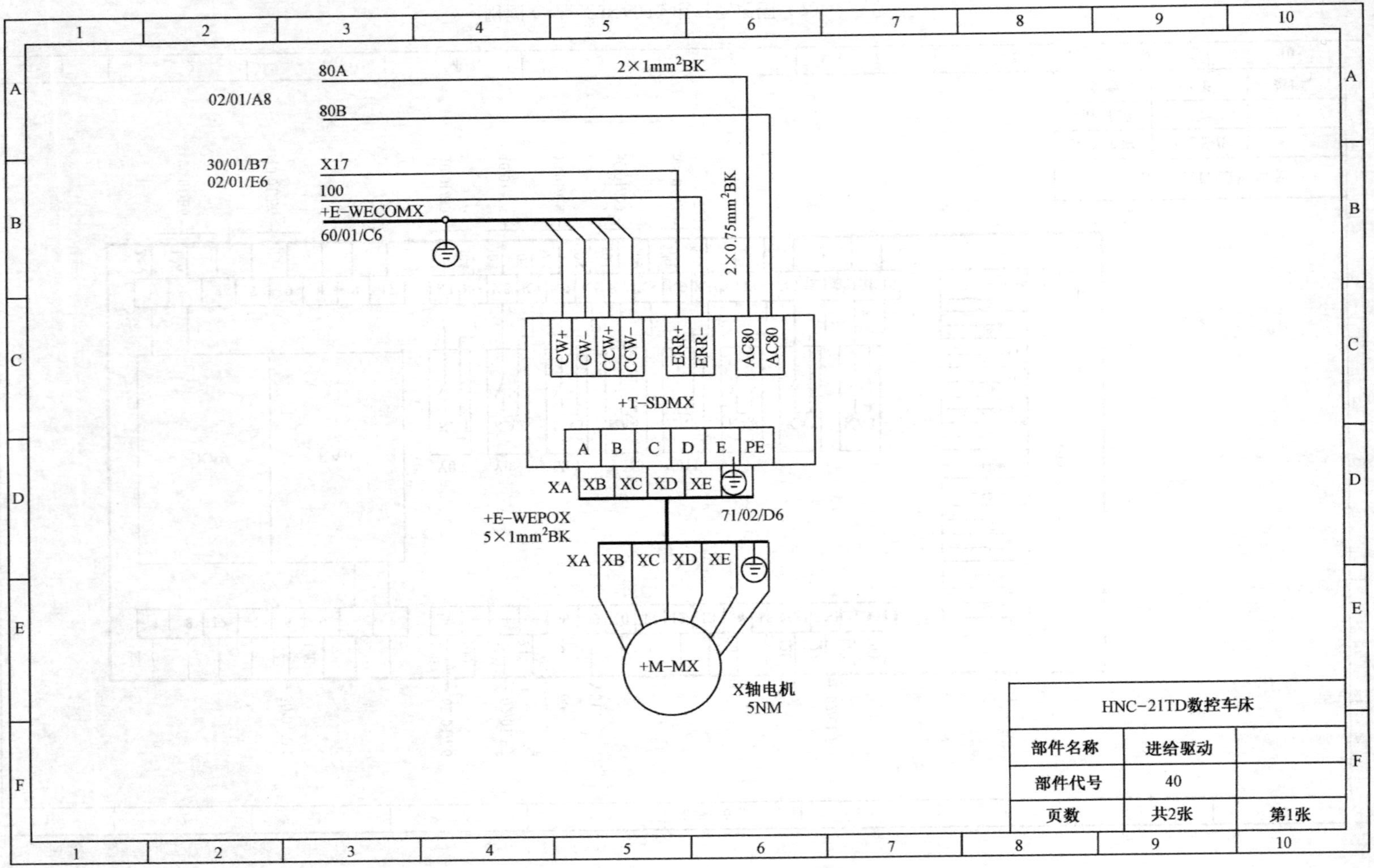

附图 C-8　CJK6032 电气原理图（8）

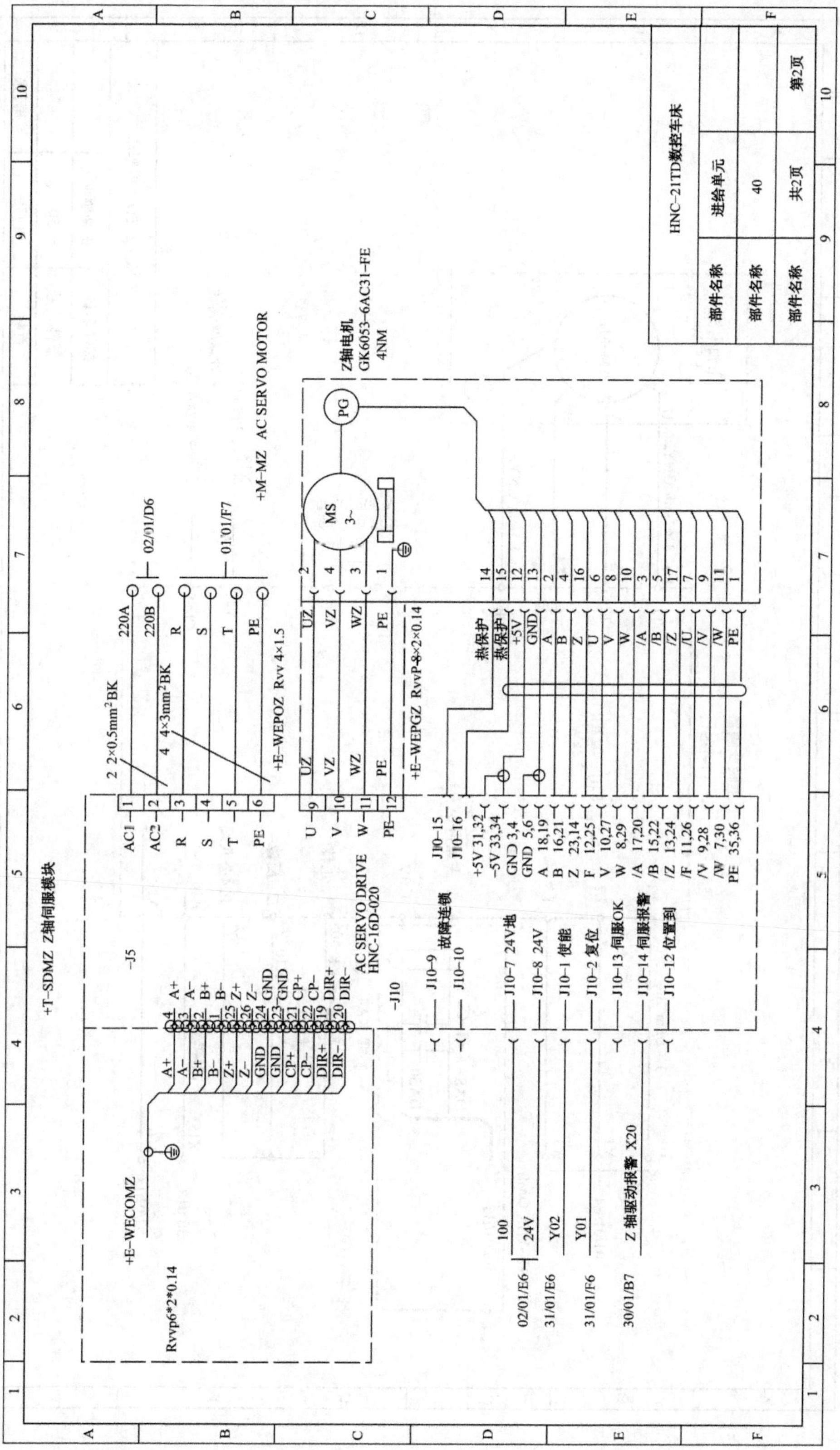

附图 C-9　CJK6032 电气原理图（9）

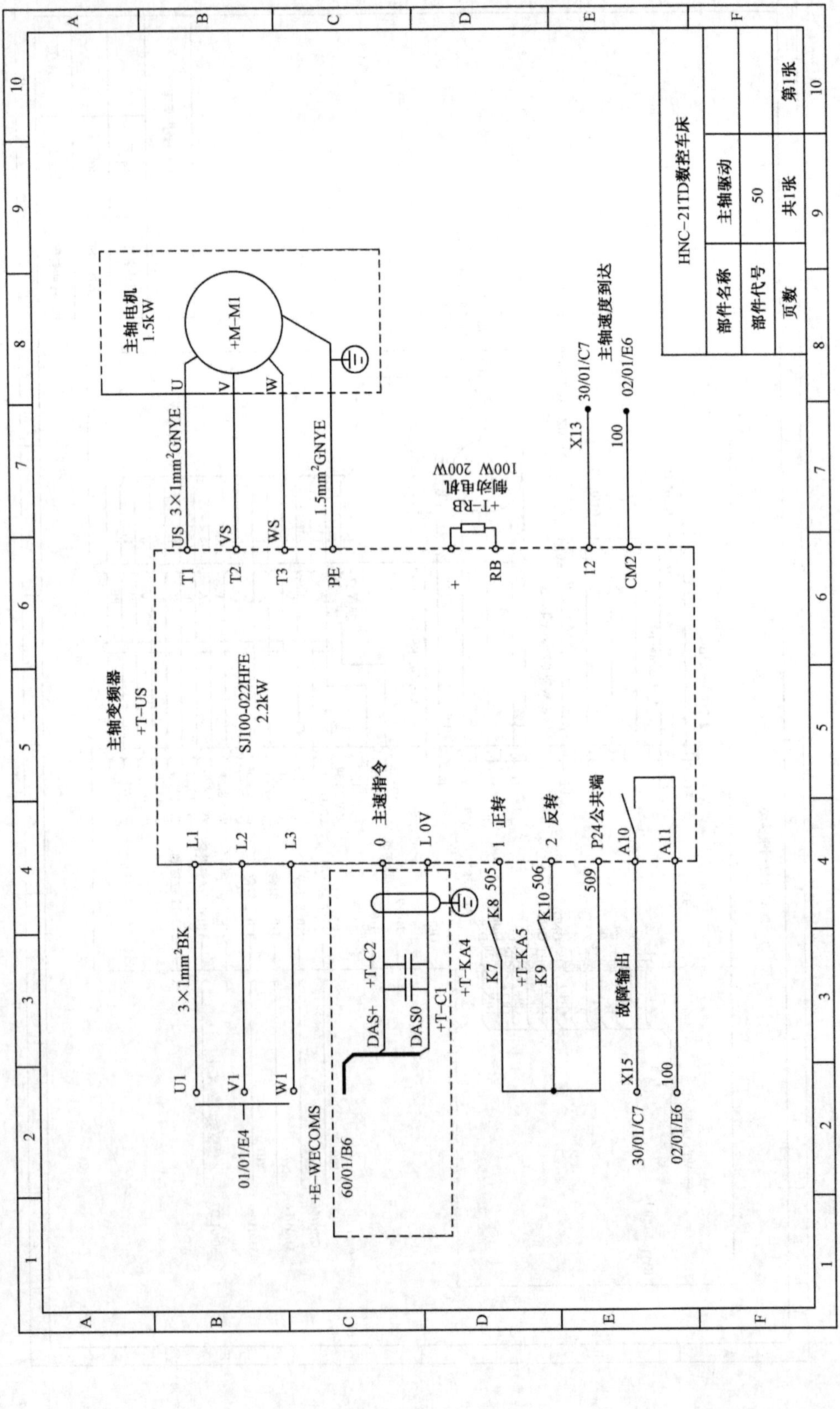

附图 C-10　CJK6032 电气原理图（10）

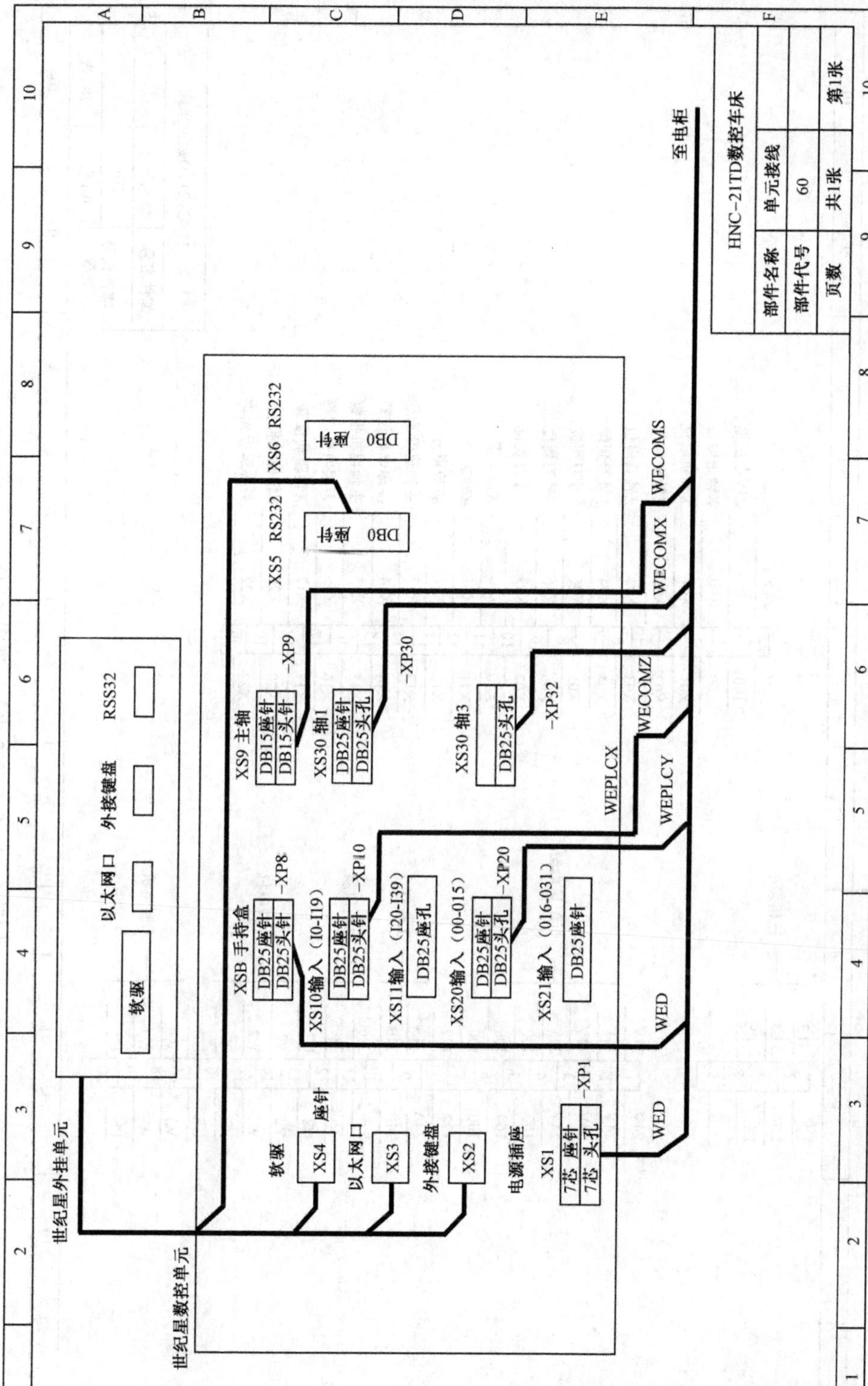

附图 C-11　CJK6032 电气原理图（11）

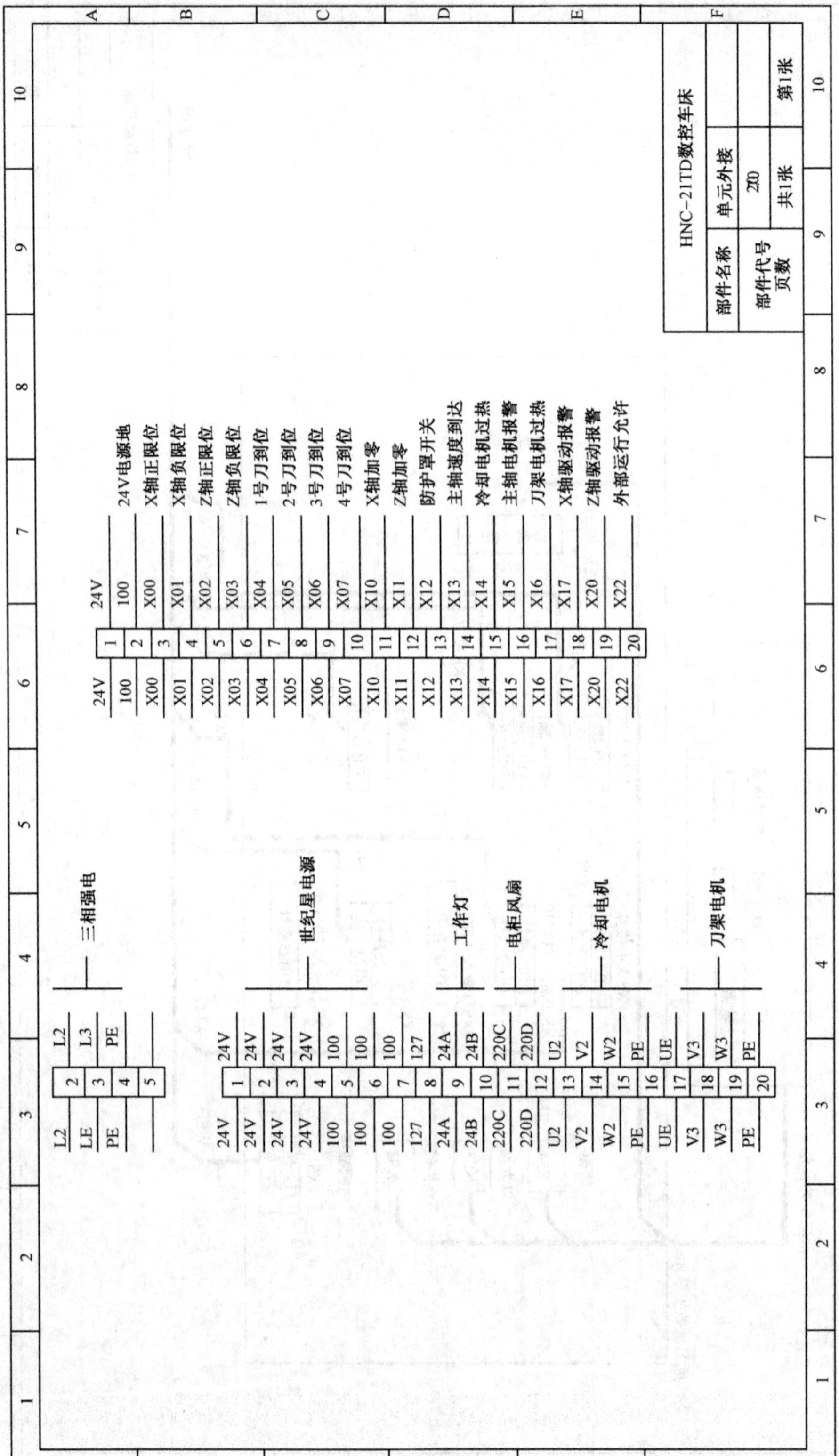

附图 C-12　CJK6032 电气原理图（12）

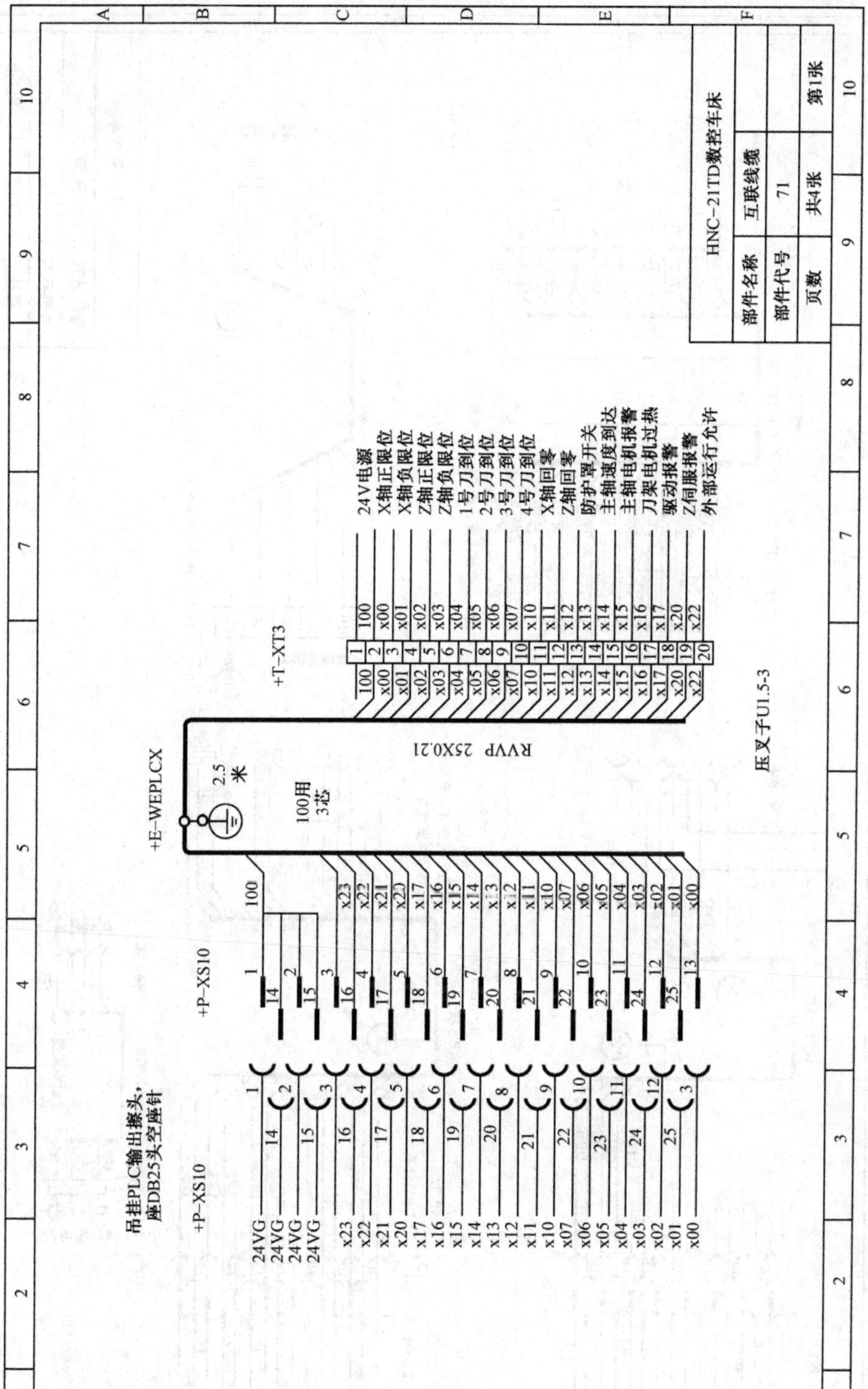

附图 C-13　CJK6032 电气原理图（13）

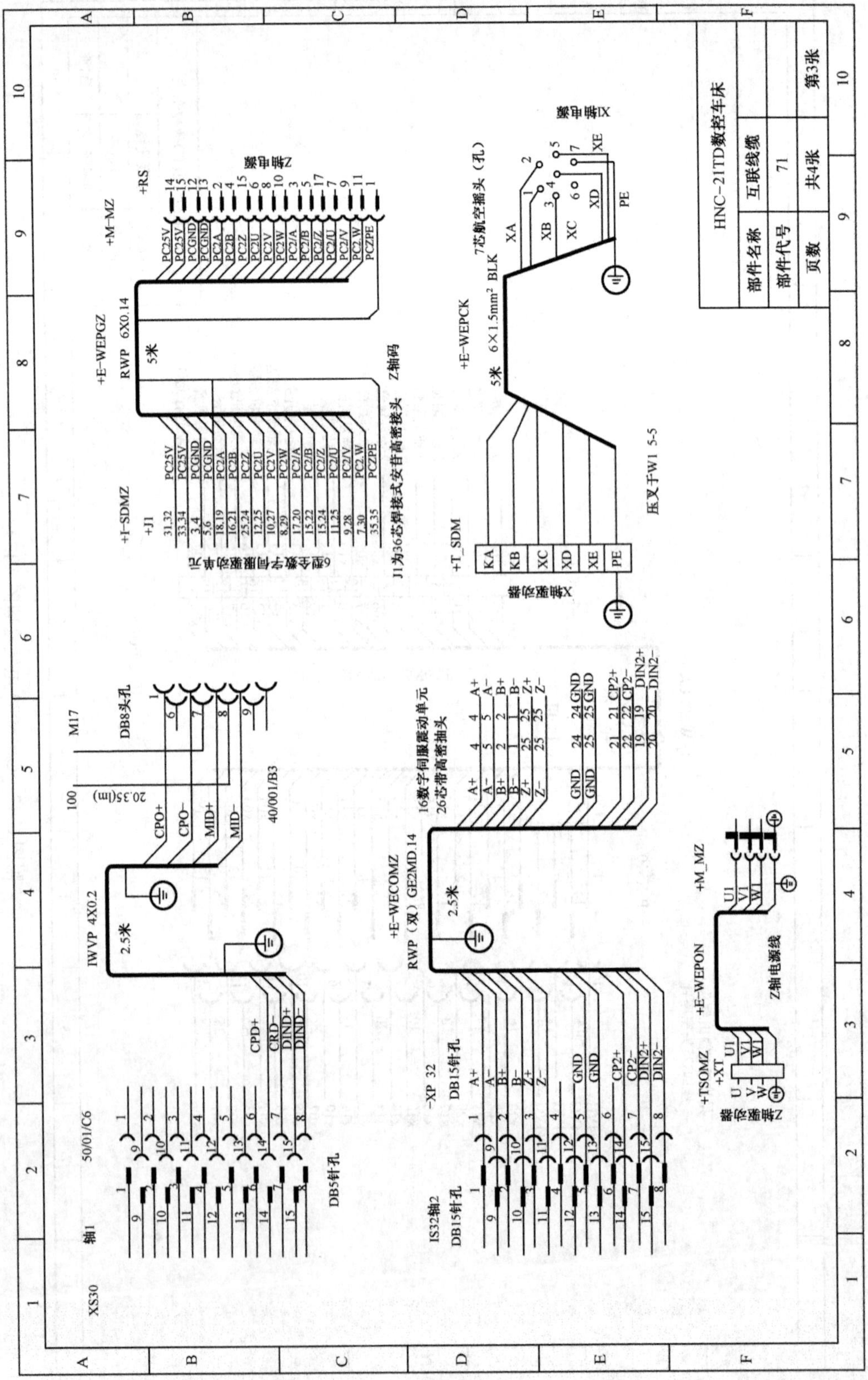

附图 C-14　CJK6032 电气原理图（14）

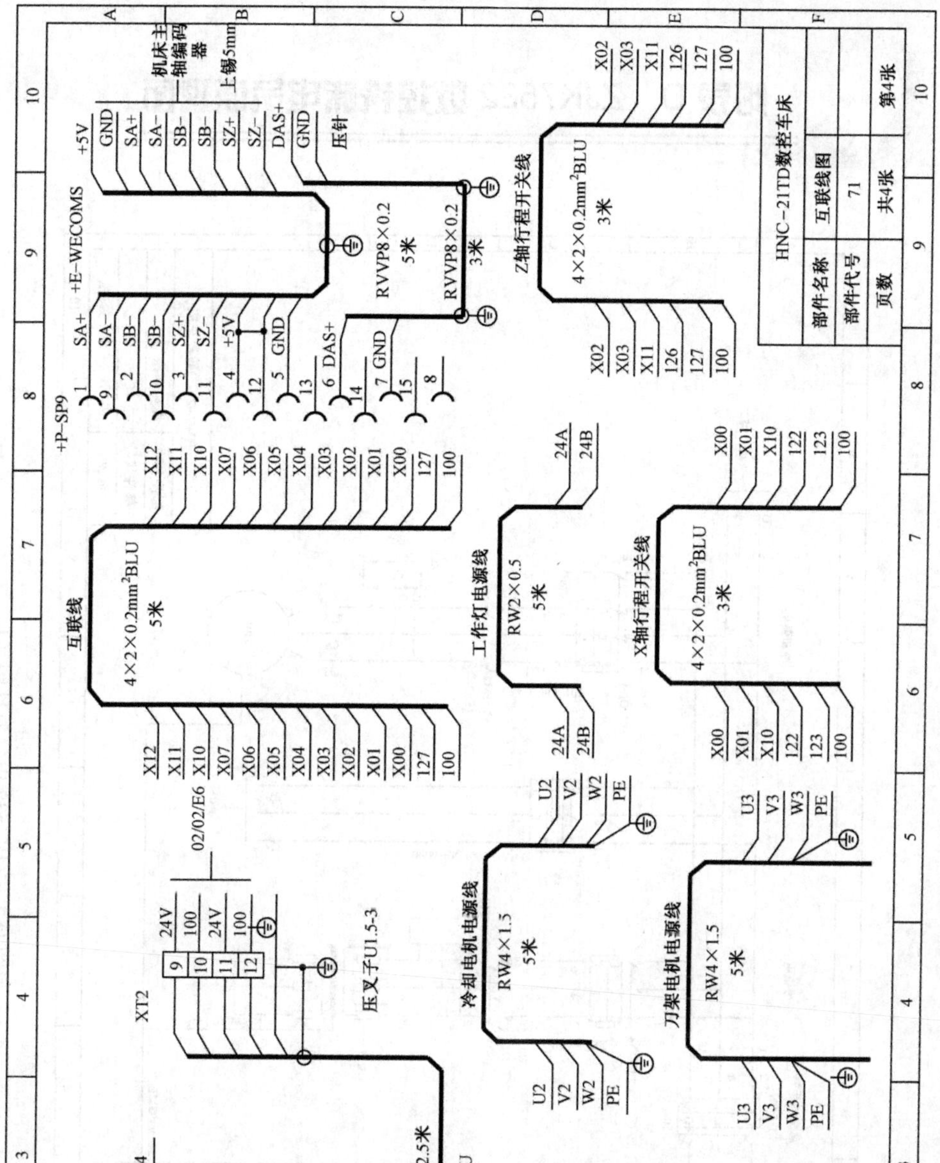

附图 C-15　CJK6032 电气原理图（15）

附录 D　ZJK7532 数控铣床电气原理图

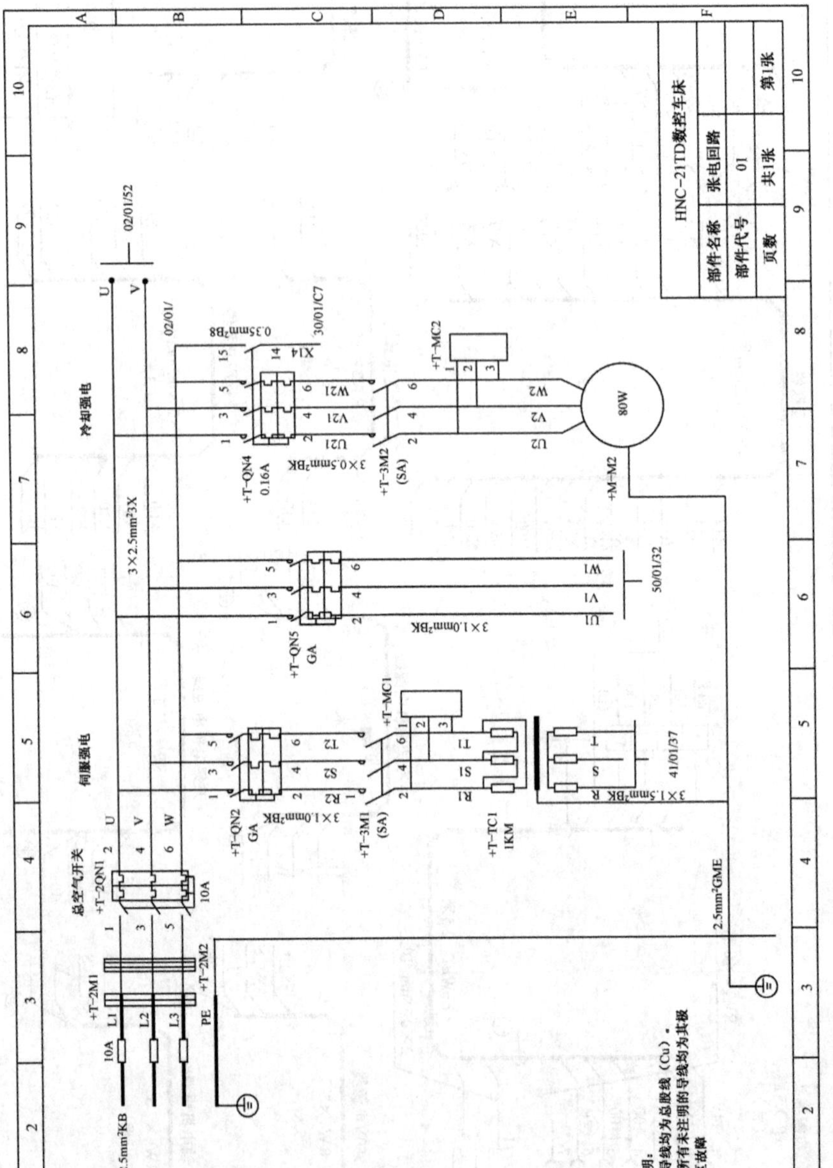

附图 D-1　ZJK7532 电气原理图（1）

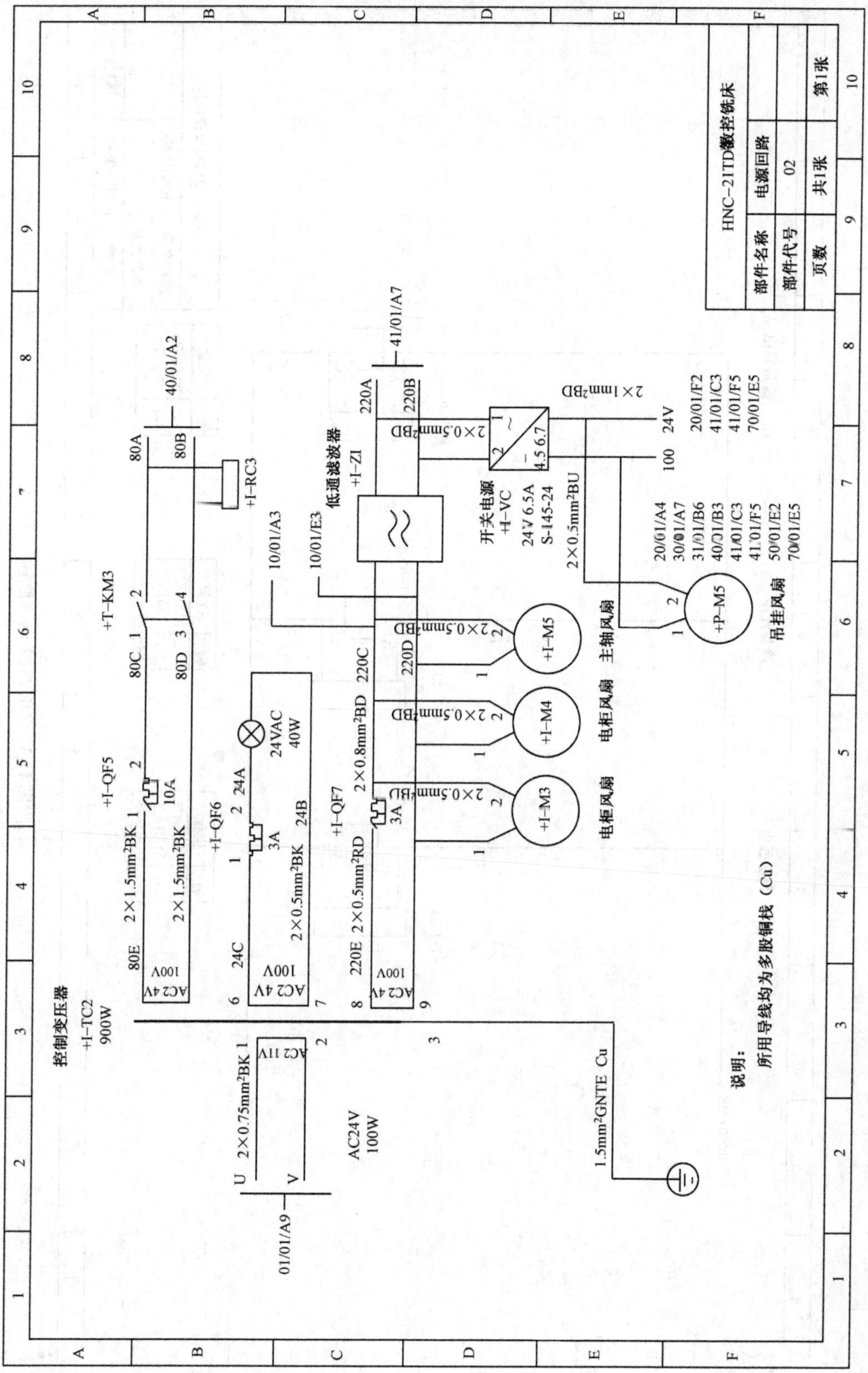

附图 D-2　ZJK7532 电气原理图（2）

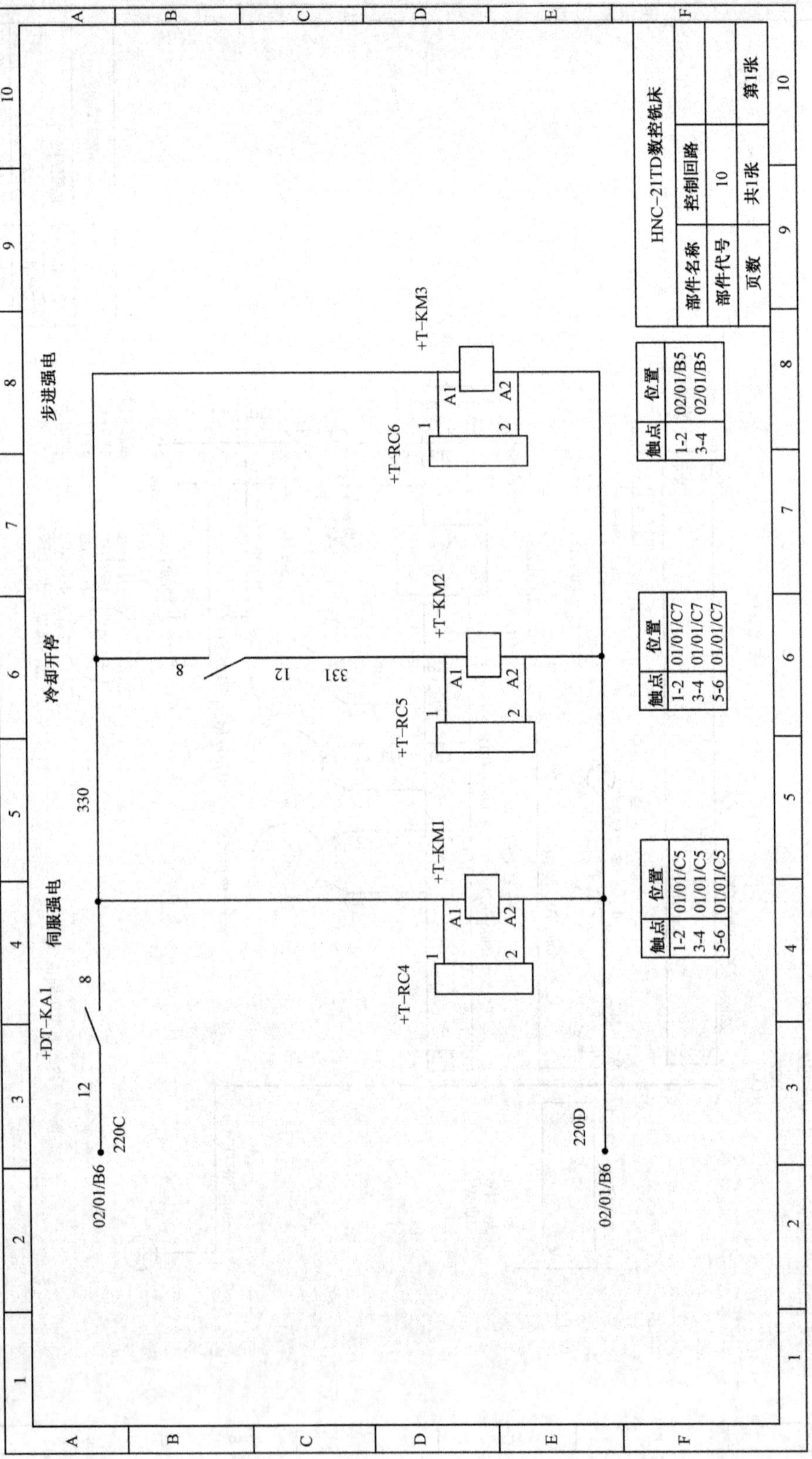

附图 D-3 ZJK7532 电气原理图（3）

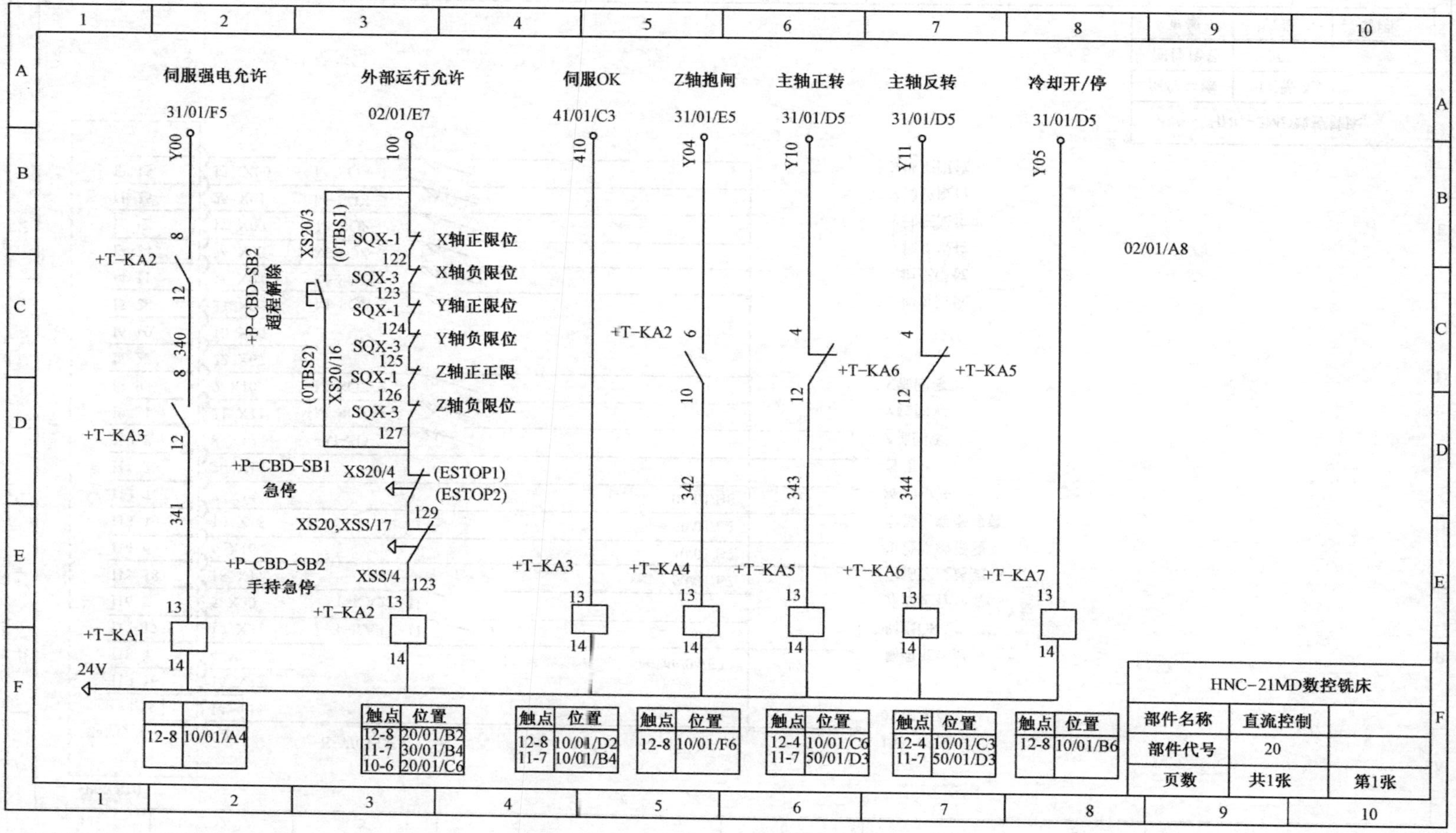

附图 D-4　ZJK7532 电气原理图（4）

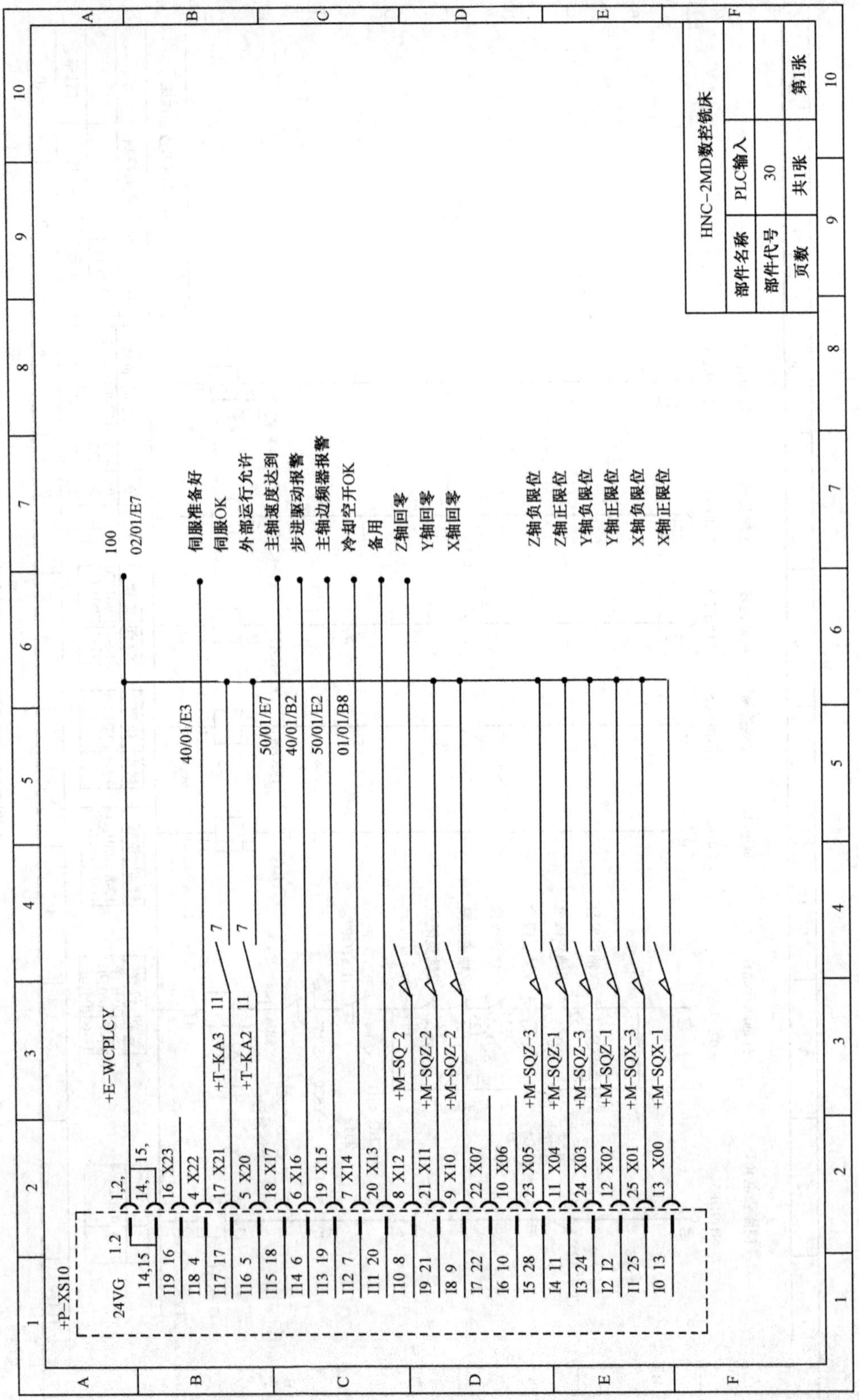

附图 D-5　ZJK7532 电气原理图（5）

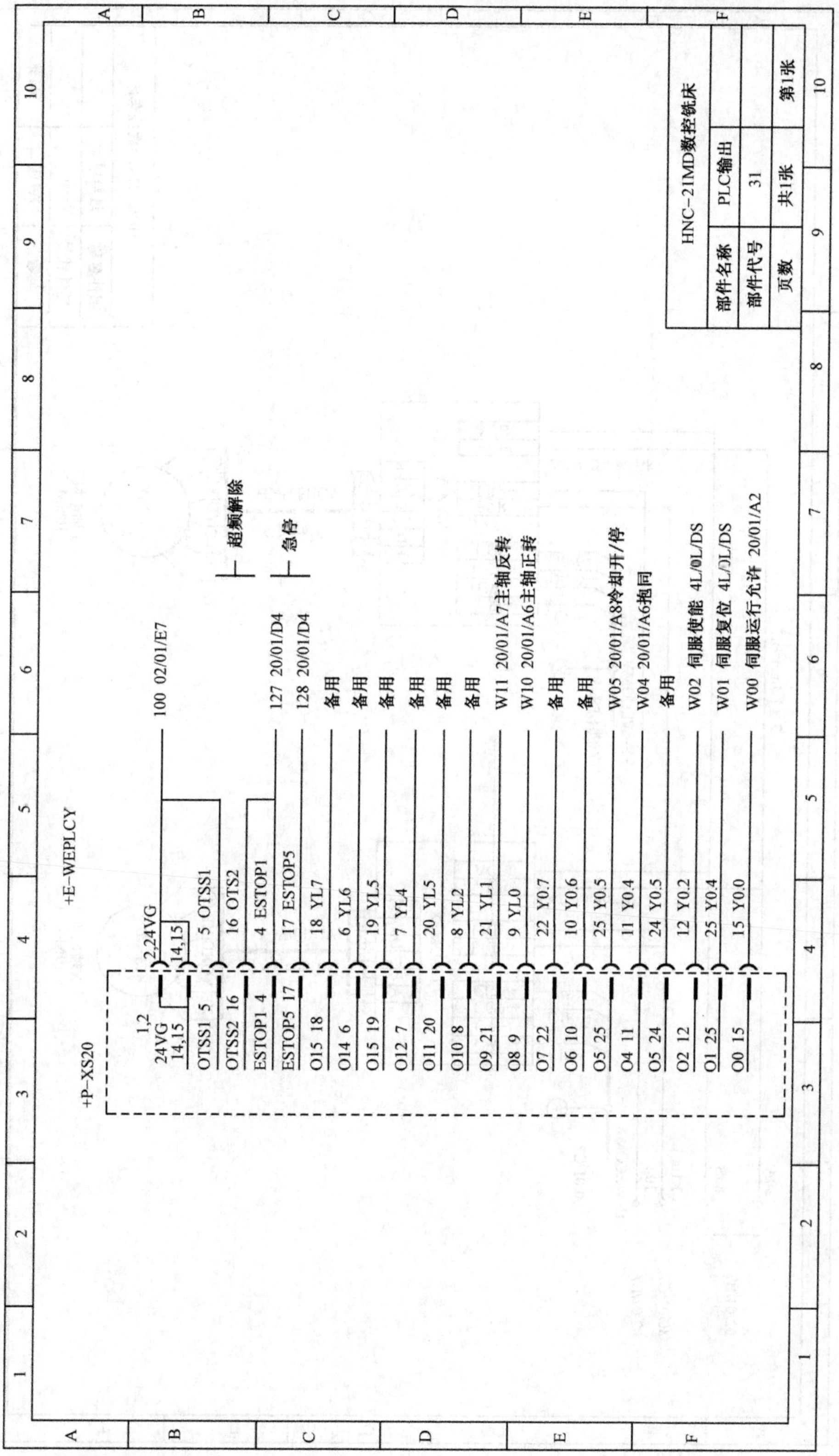

附图 D-6　ZJK7532 电气原理图（6）

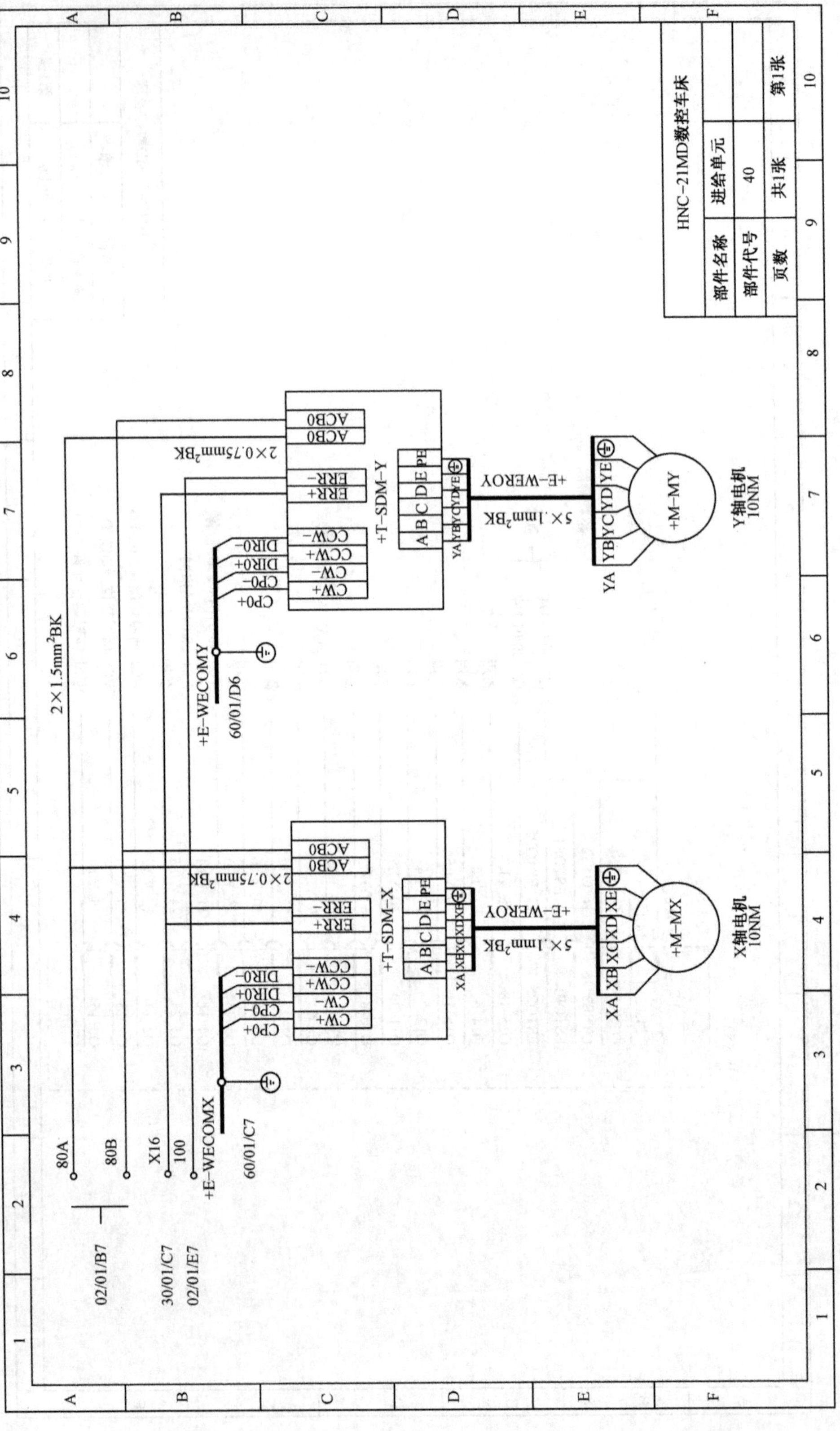

附图 D-7　ZJK7532 电气原理图（7）

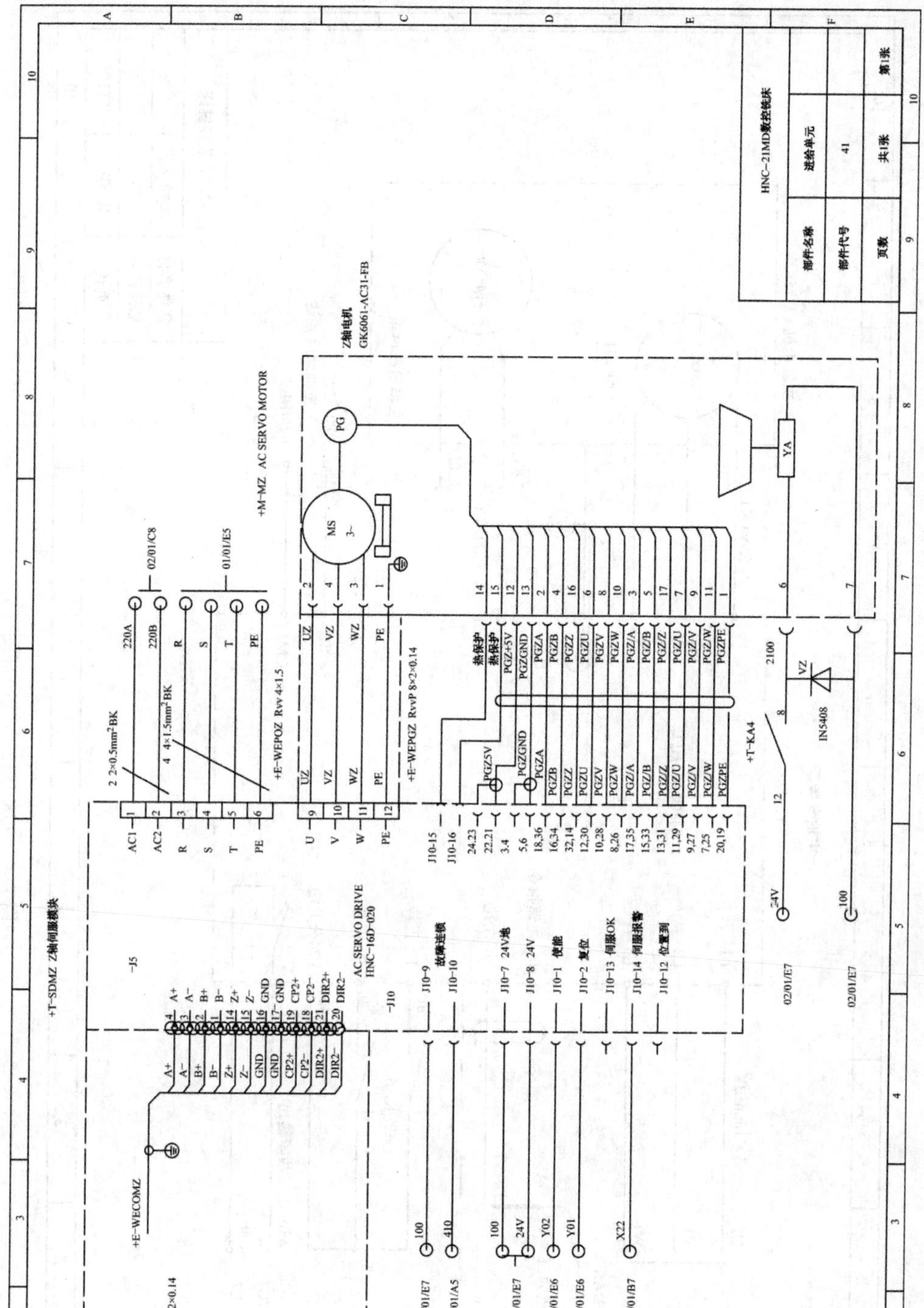

附图 D-8　ZJK7532 电气原理图（8）

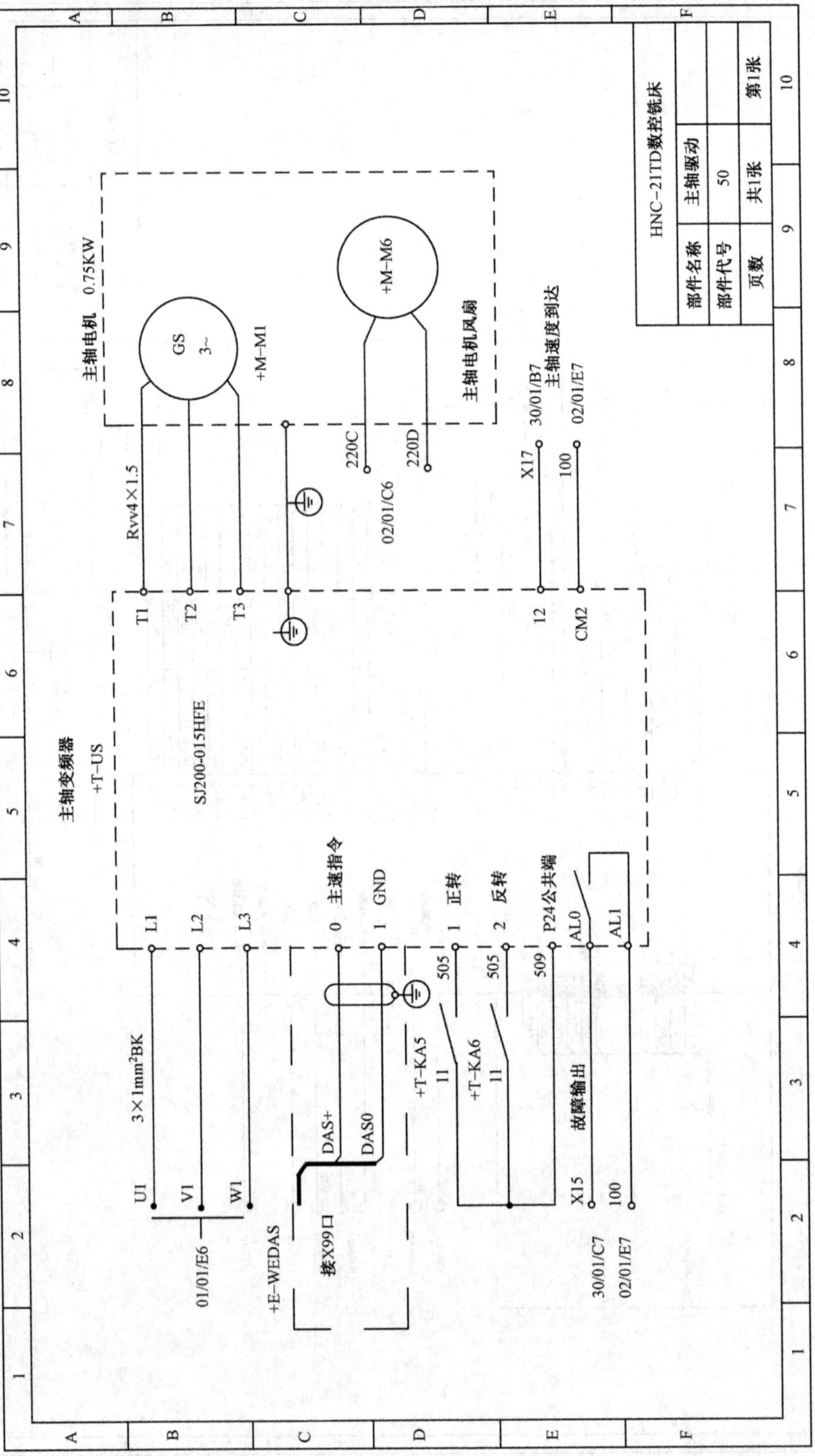

附图D-9 ZJK7532 电气原理图（9）

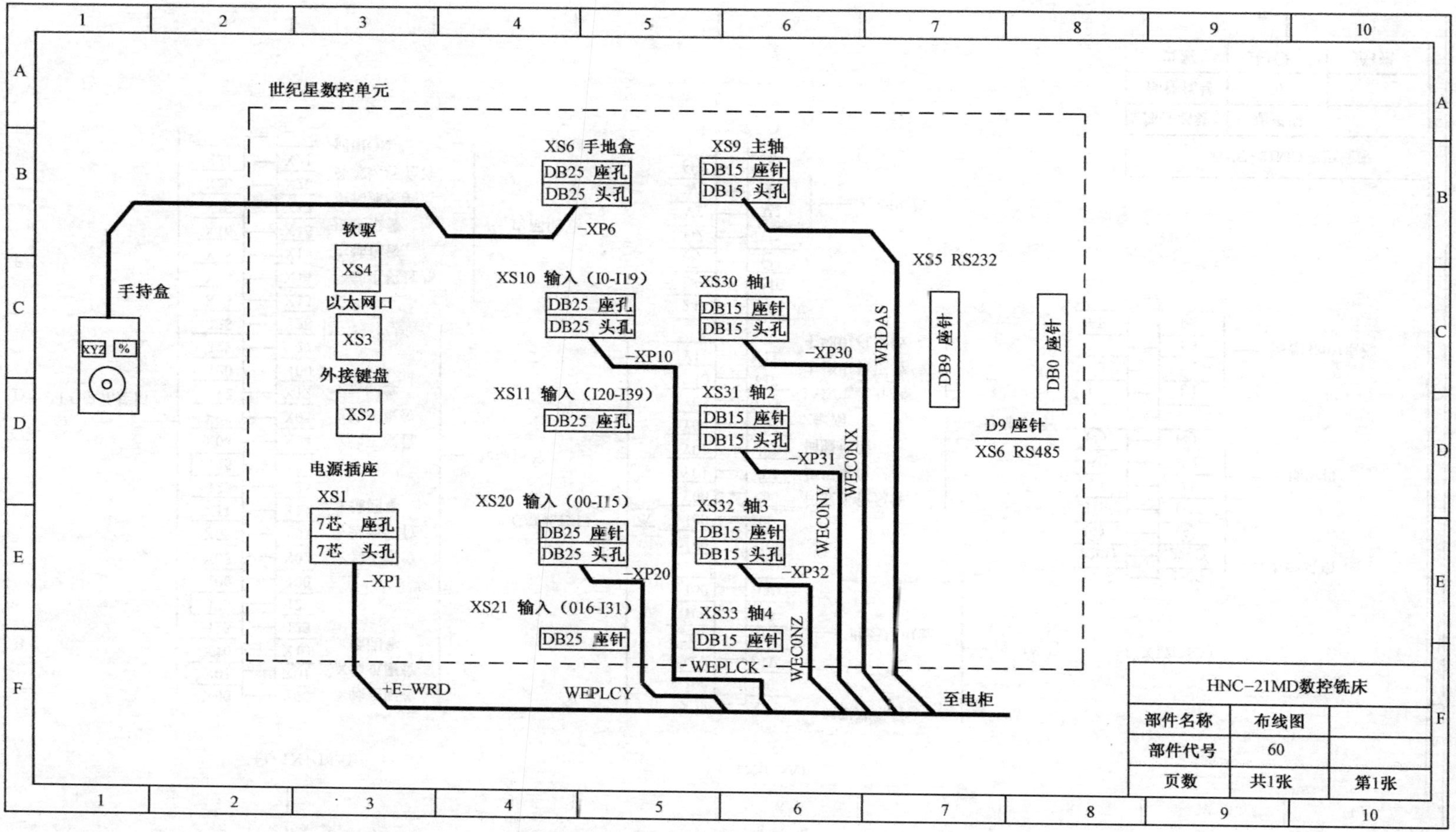

附图 D-10　ZJK7532 电气原理图（10）

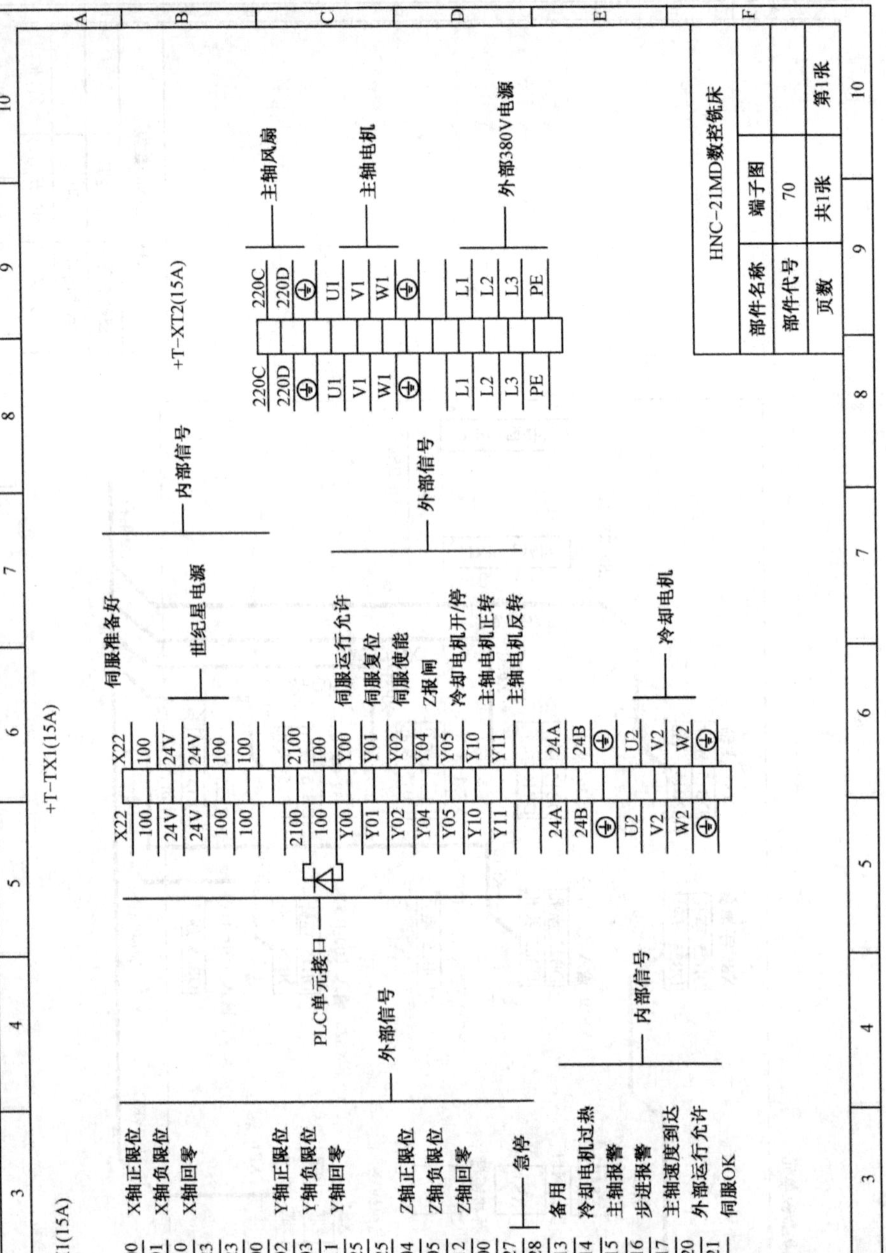

附图 D-11　ZJK7532 电气原理图（11）

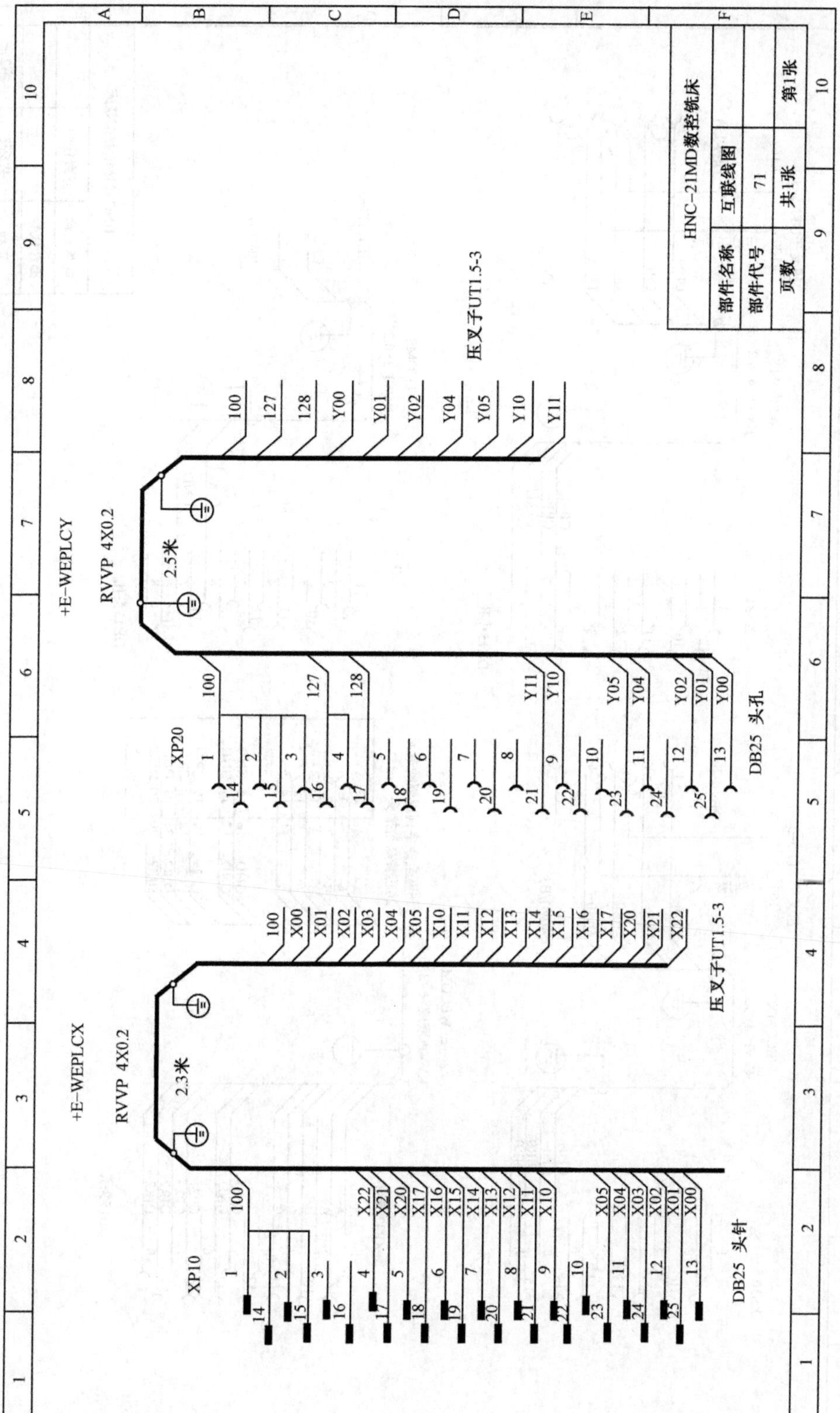

附图 D-12　ZJK7532 电气原理图（12）

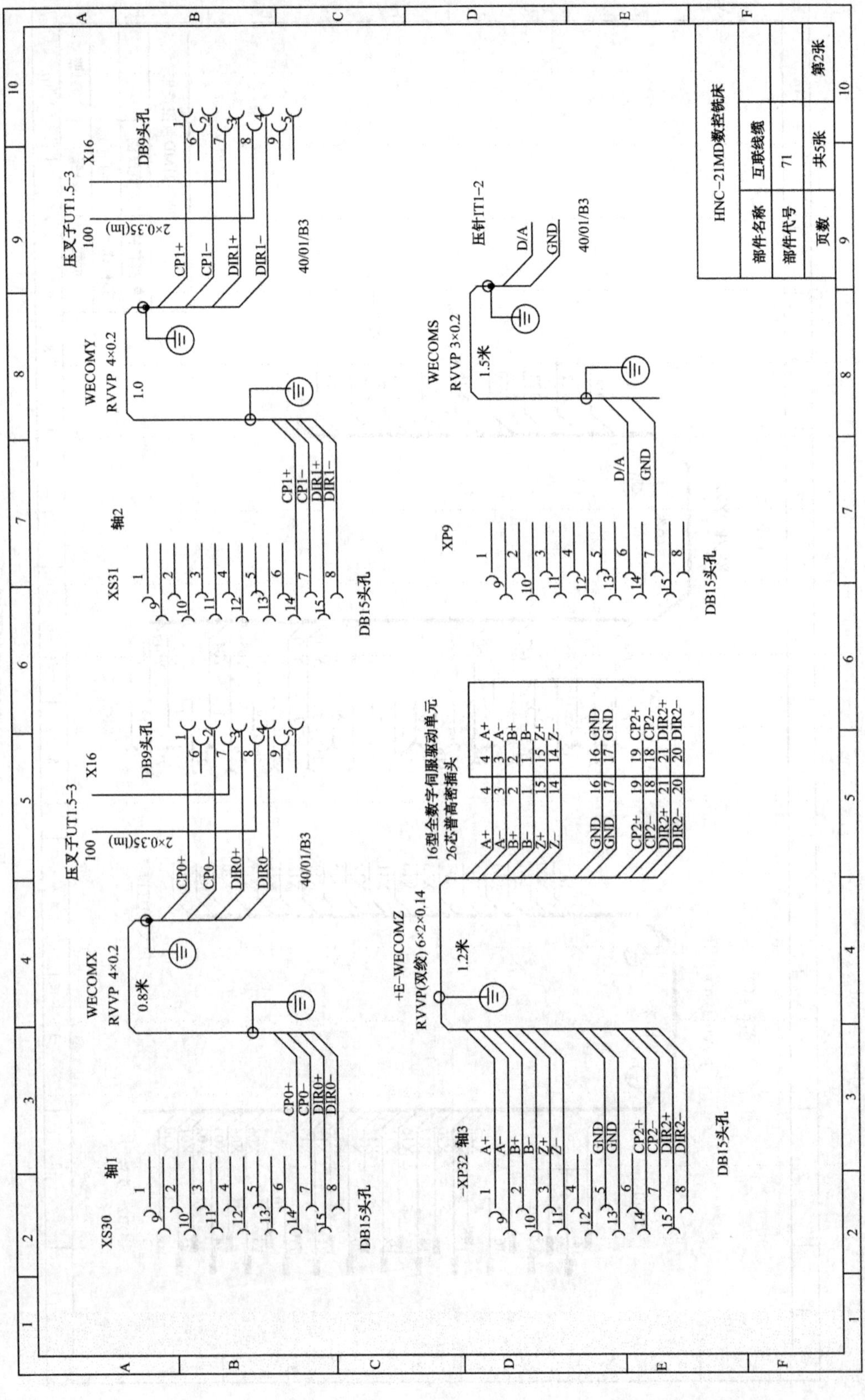

附图 D-13　ZJK7532 电气原理图（13）

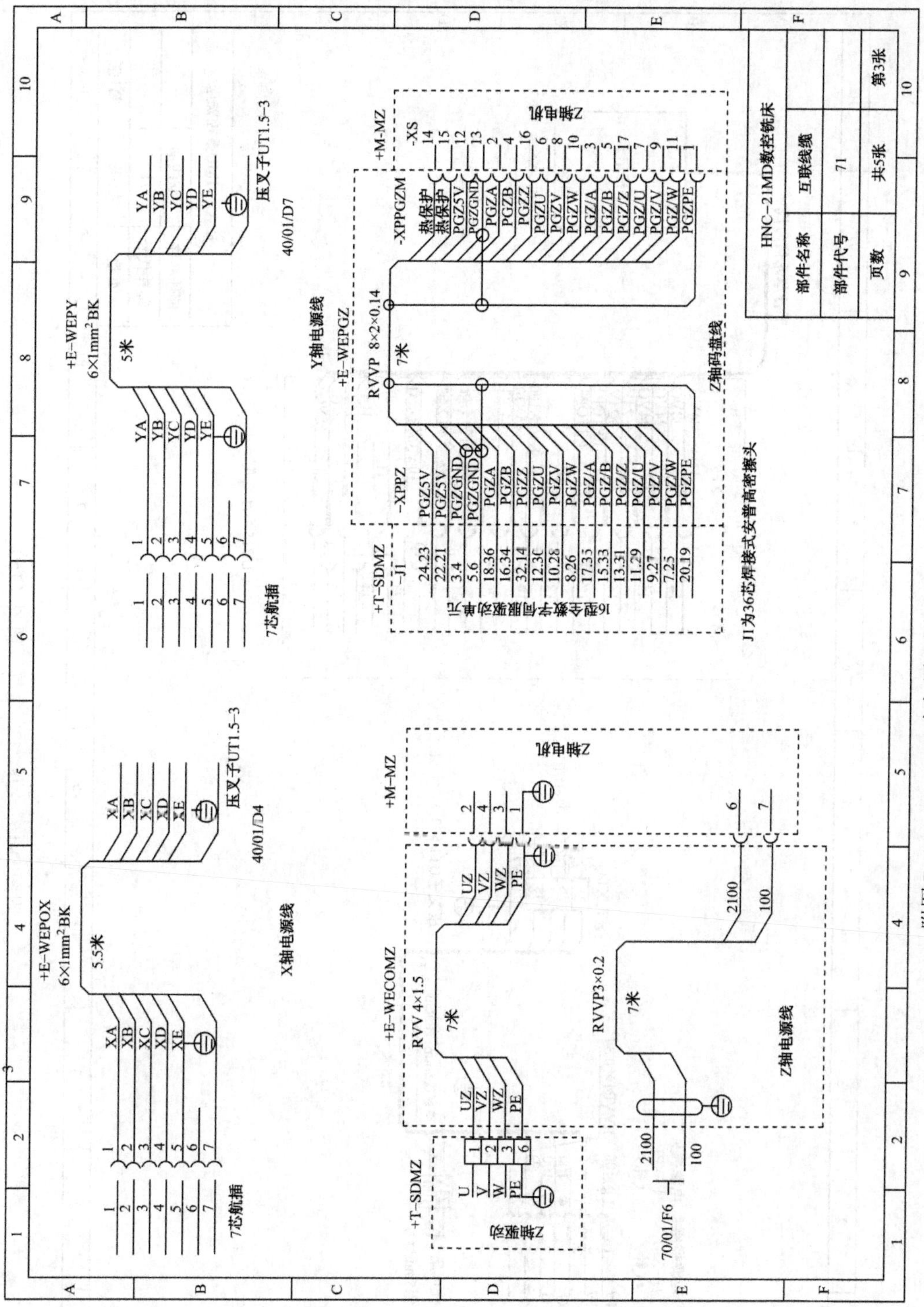

附图 D-14　ZJK7532 电气原理图（14）

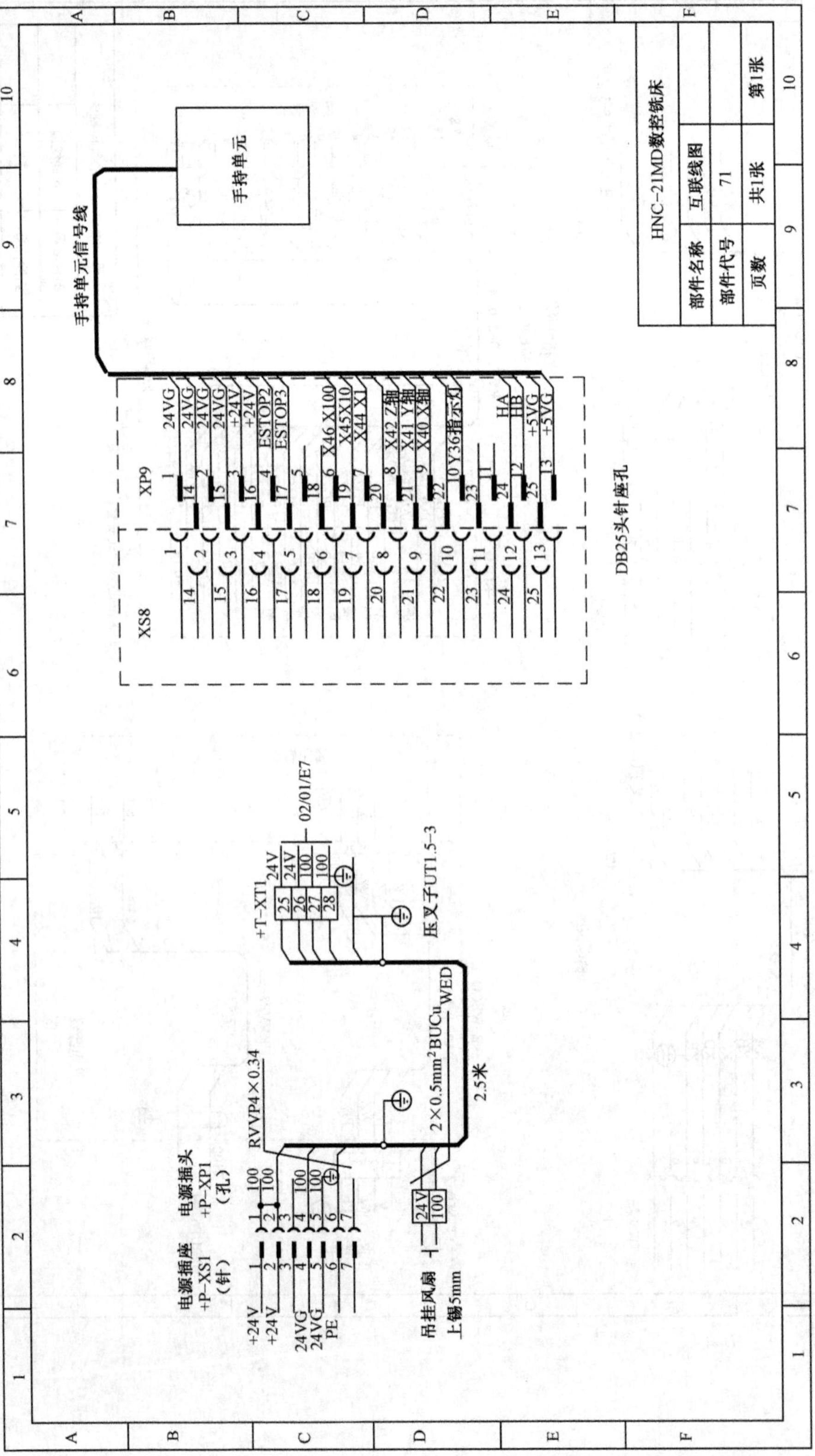

附图 D-15　ZJK7532 电气原理图（15）

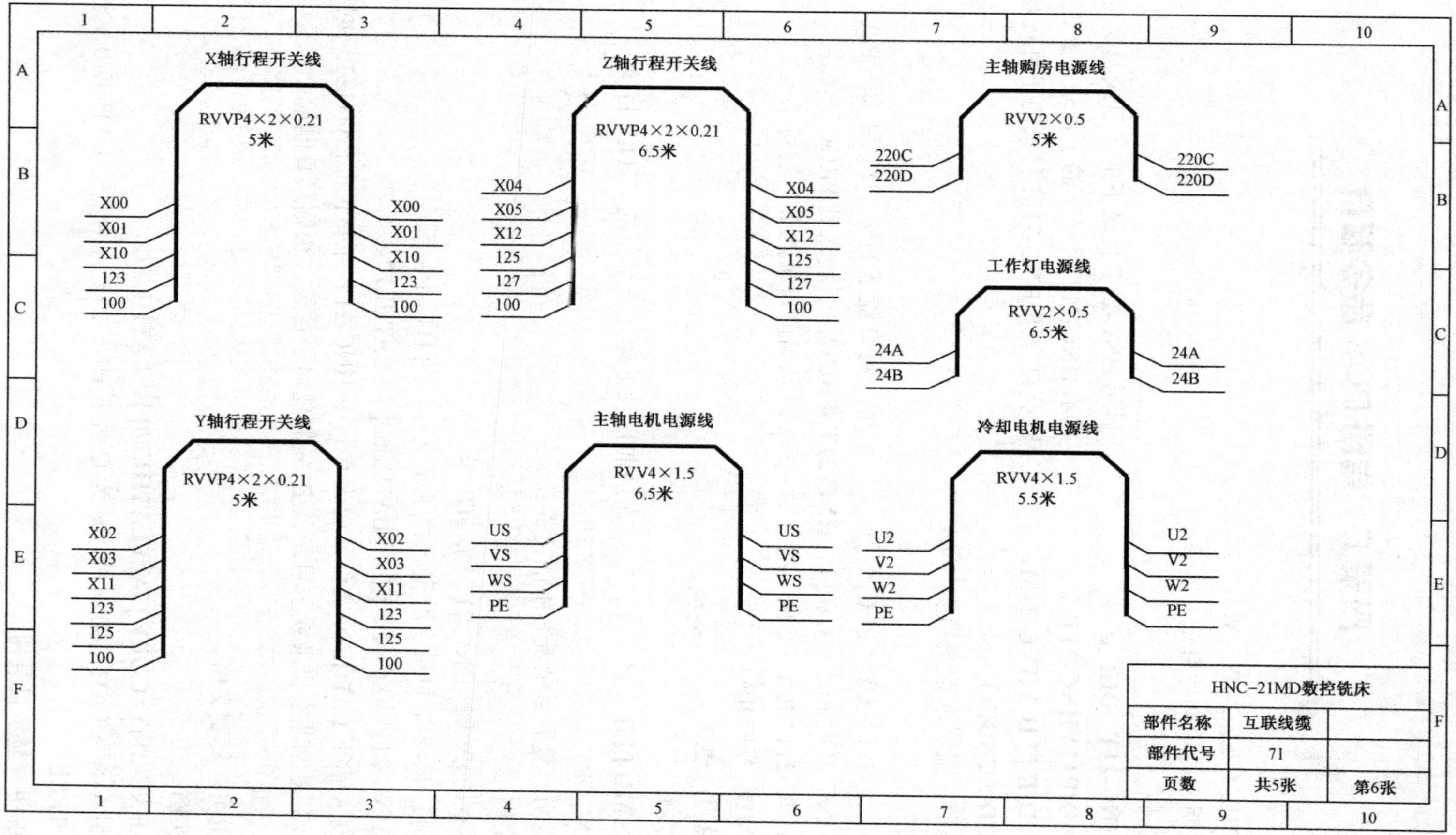

附图 D-16　ZJK7532 电气原理图（16）

附录 E　常用 DOS 命令简介

一、**DIR**（可加入/P；/W）

1．说明：显示文件目录。

2．实例

C : \ **HNC-21T >DIR** ↙　　　　显示 HNC-21T 目录下的子目录及文件

C : \ > **DIR[ ] \ HNC-21T** ↙　　　　显示 HNC-21T 目录下的子目录及文件

C : \ > **DIR [ ] D: \ HNC-21M**↙　　　　显示 D 盘下 HNC-21M 目录的子目录及文件

二、**CD**（CHDIR）

1．说明：显示或改变当前目录。

2．实例

C : \ HNC-21T > **CD**　PLC↙　　　　进入到 C 盘下 HNC-21T 目录的 PLC 子目录

C : \ HNC-21T \ PLC > **CD [ ] .\ HNC-21T \PROG**↙　　进入到 PROG 子目录

C : \ HNC-21T \ PLC> **CD. .** ↙　　　　进入当前目录的上一层目录

三、**MD**（MKDIR）

1．说明：建立文件目录。

2．实例

C : \ > **MD [ ] HT** ↙　　　　在当前目录下建立一个新的“HT”目录

四、XCOPY

1．说明：复制目录及其中的文件。

2．实例

C : \ >XCOPY[ ] \ HNC-21T [ ] \ HT / S↙

（复制 HNC-21T 目录下所有子目录及文件，到 HT 目录下）

C : \ HNC-21T\ >XCOPY [ ]A :\ LATHE60[ ] .\ LATHE70↙

（复制 A 盘下 LATHE60 文件，成为 C 盘下 HNC-21T 目录下的 LATHE70 文件）

注：/S 复制非空目录或子目录；/E 复制任何子目录。否则只复制单个目录中的文件。

五、COPY

1．说明：复制文件。

2．实例

C : \ HNC-21T\ >**COPY [ ]A :\ LATHE60[ ] .\ LATHE70**↙

（复制 A 盘下 LATHE60 文件，成为 C 盘下 HNC-21T 目录下的 LATHE70 文件）

六、TREE

1．说明：显示目录树。

2．实例

C : \ HNC-21T >**TREE[ ] D: ** ↙　　　　从 D 盘根目录开始显示目录树

C:\ HNC-21T >**TREE[ ]C:**↙ 显示C盘中当前目录下的目录树

C:\ >TREE[ ] C:\ HNC-21T↙ 显示C盘中 HNC-21T 目录下的目录树

七、**DEL**（删除文件，/P 删除前确认）

1．说明：删除文件。

2．实例

C:\ HNC-21T\ >DEL [ ] .\ PROG \ O1234↙

（删除C盘下 HNC-21T 目录下 PROG 子目录下的 O1234 文件）

八、**RD**

1．说明：删除子目录（只可删除不含有文件和子目录的空目录）。

2．实例

C:\ HNC-21T\ >**RD[ ] \ PROG**↙

（删除C盘下 HNC-21T 目录的空的 PROG 子目录）

九、DELTREE

1．说明：删除目录树（可删除含有多个文件和多层子目录的目录）。

2．实例

C:\ HNC-21T\ >**DELTREE[ ] PROG**↙

（删除C盘下 HNC-21T 目录的 PROG 子目录）

C:\ HNC-21T\ >**DELTREE[ ] PLC[ ] \ PROG \ O1234**↙

（删除C盘下 HNC-21T 目录的 PLC 目录和 PROG 子目录下的 O1234 文件）

十、REN

1．说明：文件换名（文件后缀也可更换）。

2．实例

C:\ HNC-21T\ >**REN[ ] \ LATHE60[ ]LATHE70**↙

十一、EDIT

1．说明：编辑文件。

2．实例

C:\ >EDIT[ ] \ PLC \ PLC21↙

C:\ >EDIT[ ]NCBIOS.CFG↙

十二、ATTRIB

1．说明:显示与修改文件与目录的属性。

2．实例

C: \ HNC-21T\ >**ATTRIB[ ] \ LATHE60**↙ **（显示 LATHE60 文件的属性）**

C: \ HNC-21T\ >**ATTRIB[ ] +R[ ]\ PROG**↙ **（对 PROG 子目录设置只读属性）**

注：+R\-R：设置\清除只读文件属性；

+A\-A：设置\清除档案文件属性；

+S\-S：设置\清除系统文件属性；

+H\-H：设置\清除隐含文件属性；

/S:处理当前目录及其所有子目录中的文件。

附录F　华中世纪星系统文件说明

一、华中世纪星系统的文件内容

华中世纪星系统主要包括以下两方面文件内容

1．文件目录：BIN、PARM、PROG、DATA、TMP、SYS、PLC、HLP、DRV。

2．文　　件：NCBIOS.CFG、NCBIOS.COM、LATHER60、EDITPARA、N.BAT、E.BAT。

二、文件说明

1．NCBIOS.CFG——系统配置文件，用于指定目录路径、指定要加载的驱动程序所在目录等。其基本配置如下：

DEVICE=.\DRV\HNC-21.DRV（加载系统的驱动程序路径，即各板卡、PMC 键盘、显示屏）

DEVICE=.\DRV\SV_CPG.DRV（加载伺服驱动）

DEVICE=.\PLC\KBD_PLC1.COM（加载 PLC 程序）

PARMPATH=.\PARM　　　（指定参数值存放目录）

DATAPATH=.\DATA　　　（指定“刀具信息、坐标系等”存放目录）

PROGPATH=.\PROG　　　（指定用户 G 代码程序存放目录）

BINPATH=.\BIN　　　（指定参数结构、汉库、图标、固定循环等文件存放目录 BIN）

PLCPATH=.\PLC　　　（指定 PLC 程序路径）

TMPPATH=.\TMP　　　（指定临时文件存放目录 TEM）

HLPPATH=.\HLP　　　（指定帮助文件存放目录 HLP）

NETPATH=X:　　　（指定映射网络盘）

DISKPATH=A:　　　（指定软盘）

2．NCBIOS.COM——系统底层文件，负责 PLC、伺服驱动、世纪星板卡的通信，以及插补运算、实时多任务的调度。

3．LATHER60———系统上层文件，即用户界面程序。

4．EDITPARA———参数编辑文件。

5．N.BAT——— 进入系统的批处理文件。

6．E.BAT——— 退出系统文件。

三、文件目录说明

1．BIN：“系统参数结构、固定循环、汉字库、图标”等文件存放目录。

（1）汉字库　　　（ASC12.LIB、GCCLIB16.LIB、HZK12.LIB、UCCLIB16.LIB、UCCLIB24.LIB、WINFT24.LIB、WINFT32.LIB、WINFT48.LIB）

（2）显示图形参数 （DISPPARA.DAT）
（3）车床固定循环 （STATICCY）
（4）系统参数结构 （PARM001~ PARM0011.STR）
（5）铣床固定循环 （o0000）
（6）PLC 提示 （PMESSAGE）
（7）用户自定义固定循环（G100~G104）（o9999）

2．PARM：“系统参数数值、参数值备份”等文件存放目录。
（1）系统参数数值 （PARM001~PARM010.DAT）
（2）参数值备份 （PARM001~PARM010.DFT）

3．PROG：用户 G 代码文件存放目录

4．DATA：“刀库信息、坐标系”等数据文件存放目录。
（1）刀库信息、坐标系 （BRAM001~BRAM004.DAT）
（2）车床刀偏 （CUTTER0.DAT）
（3）回程序起点 （PROG.DAT）

5．TMP：软件交换数据的临时文件如断点文件等。

6．SYS：PLC 编辑环境、PLC 编译头文件、函数。
（1）头文件
AXISERR.INC、ERRORNO.INC、FGADS.INC、IOPART.INC、MSDOS.INC、NCBIOS.INC、NCPOST.INC
（2）头文件
Netiobuf.H、PCKBD.H、Plc.H、plc_map.H
（3）其他
PLC0.ASM 、PLC.MAK、Plc_sub.c、mssccprj.scc

7．PLC：PLC 源程序、编译完成后的文件、PLC 头文件。
（1）应用程序（名可变） （kbd_dog.com）
（2）应用程序（名可变） （kbd_plc1.com）
（3）源程序 （名可变） （Kbd_plc1.CPP(.cld)）
（4）头文件 （plc_map.H）

8．HLP：帮助文件。

9．DRV：系统、机床操作面板、伺服的驱动程序。
（1）系统、机床操作面板驱动程序
HNC-21.DRV（HNC-22.DRV\ HNC-21V4.DRV）
（2）伺服的驱动程序
SV_CPG.DRV（SV_SJ11.DRV）

附录G　三洋交流驱动器（Q系列）参数说明

一、功能输入键

附表 G-1

按键名	按键标志	按压时间	功能
确认键	WR/→	1s 以上	确认所选模式、参数号和输入数据
光标右移动键		1s 之内	选择需编辑的参数号、数据值的位置
光标上移动键	▲	1s 之内	增大“光标右移动键”所选位置的参数号、数据值或“YES”
光标下移动键	▼	1s 之内	减小“光标右移动键”所选位置的参数号、数据值或“NO”
模式键	MODE	1s 之内	按一次，模式变化一次

二、数字操作器功能

附表 G-2

显示	模式	功能
——	显示状态	伺服驱动器的功能显示
ob	监控	多种监控显示
Ad	测试调整	测试操作和驱动器调节（如手动）
bA	基本参数	设定 16 种用户参数
AL	报警记录	显示最后 7 次和当前报警及 CPU 形式
PA	编辑参数	设置用户参数（0~9）
ru	系统参数编辑	设置系统参数

三、模式选择（连续按“MODE”，按下循序切换）

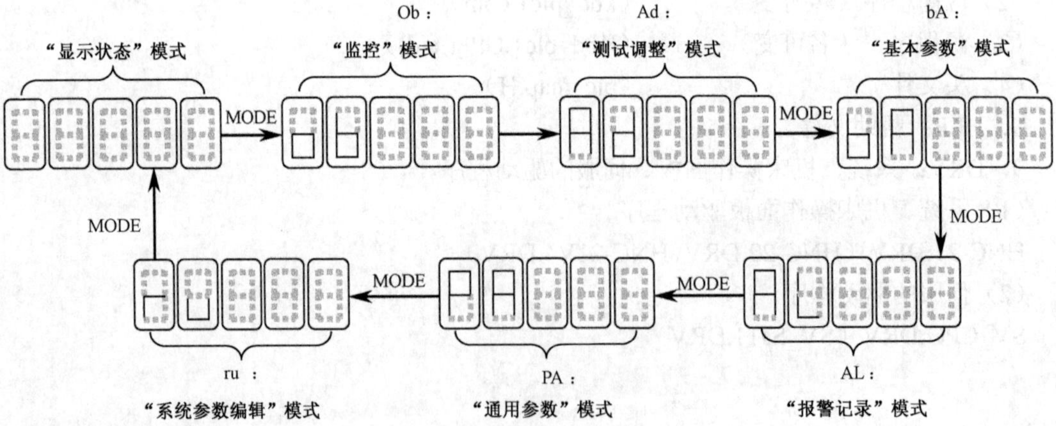

附图 G-1

四、模式说明

1．“显示状态”模式

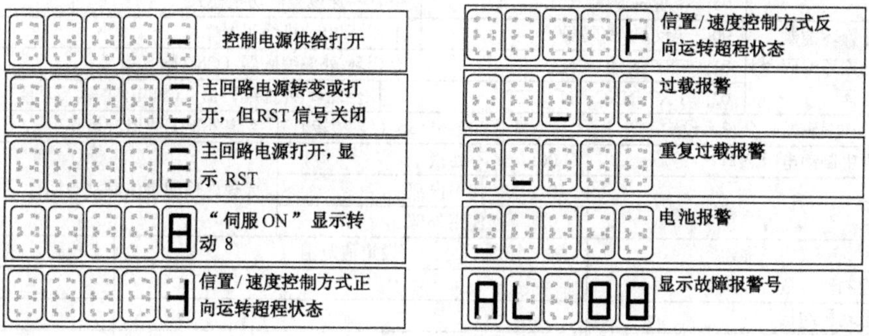

附图 G-2

2．ru：“系统参数编辑”模式

附表 G-3

页	描述	设定值范围		备注
ru00	主回路电源，输入类别	0	三相交流电，供给主回路	选择主回路输入电源类型
		1	单相交流电，供给主回路	
ru01	电动机编码器	0	增量编码器	选择电动机编码器类型
		1	绝对编码器	
ru02	增量编码器功能设定	00	省配线增量编码器[标准型（4对）]	增量编码器详细功能选择
ru03	增量编码器，分辨率设定	500~65535（线数/转）		设定增量编码器分辨率
ru04	绝对编码器，功能设定	04: PA035C-2.5MH_Manu	PA035—启停同步 2.5M—半双重（手动的）	绝对编码器详细功能选择
		05: PA035C-4MH_Manu	PA035—启停同步 4M—半双重（手动的）	
		06: PA062C-2.5MH_Manu	PA062—启停同步 2.5M—半双重（手动的）	
		07: PA062C-4MH_Manu	PA062—启停同步 4M—半双重（手动的）	
ru05	绝对编码器，分辨率设定	00: _2048_FMT	2048 分割	设定绝对编码器分辨率
		01: _4096_FMT	4096 分割	
		02: _8192_FMT	8192 分割	
		03: _16384_FMT	16384 分割	
		04: _32768_FMT	32768 分割	
		05: _65536_FMT	65536 分割	
		06: _131072_FMT	131072 分割	
		07: _262144_FMT	262144 分割	
		08: _524288_FMT	524288 分割	
		09: _1048576_FMT	1048576 分割	
		0A: _2097152_FMT	2097152 分割	
ru06	电动机型号			匹配电动机型号
ru08	控制类型	00: _力矩	力矩控制模式	选择控制类型
		01: _速度	速度控制模式	
		02: _位置	位置控制模式	

续表

页	描述	设定值范围		备注
ru08	控制类型	03:_速度—力矩	速度—力矩控制切换模式	
		04:_位置—力矩	位置—力矩控制切换模式	
		05:_位置—速度	位置—速度控制切换模式	
ru09	位置环控制、位置环编码器选择	00:_电动机_编码器	半闭环/电动机编码器	
		01:_EXT_NMC(CN2)	全闭环/外部编码器（CN2 输入型号）	
		02:_EXT_NNC(CN_EXT)	全闭环/外部编码器（CN_EXT 输入型号）	
ru0A	外部编码器，分辨率设定	500~65535（线数/转）	设定外部编码器分辨率	
ru0B	再生制动电阻选择	00: 不连接	选择连接的再生制动电阻	
		01: 使用内部		
		02: 使用外部		
页	描述	设定值范围		备注
--	控制器容量	--		
--	电动机结构	--		
--	控制电源，输入电压	--		
--	控制电源，输入类别	--		
--	主回路电源，输入电压	--		

3．bA：“基本参数”模式

附表 G-4

页	简写	描述	标准值	设置范围	单位
bA00	KP1	位置环增益 1	30	1~3000	1/s
bA01	KVP1	速度环比例增益 1	50	1~2000	Hz
bA02	TVI1	速度环积分时间 1	20	0.5~1000	Ms
bA03	KP2	位置环增益 2	30	1~3000	1/s
bA04	KVP2	速度环比例增益 2	5	1~2000	Hz
bA05	TVI2	速度环积分时间 2	20	1~1000	Ms
bA06	PCFIL	位置指令滤波	0	1~2000	Ms
bA07	FFFIL	速度前馈滤波器	2000	1~2000	Hz
bA08	VCFIL	速度指令滤波器	2000	1~2000	Hz
bA09	TCNFILA	转矩指令陷波滤波器 A	2000	1~2000	Hz
bA0A	TCNFILB	转矩指令陷波滤波器 B	2000	1~2000	Hz
Ba0B	TCFIL1	转矩指令滤波 1	600	1~2000	Hz
Ba0C	TCFIL2	转矩指令滤波 2	600	1~2000	Hz
bA0D	INP	到位范围	100	1~65535	Pulse
bA0E	OVF	跟随偏差限制	500	1~65535	X256 oykse
bA0F	PMUL	位置指令，脉冲分频	1	1~63	--

4．Ad：“测试调整”模式

附表 G-5

页码	描述
Ad00	速度模拟指令/转矩指令自动偏置
Ad01	转矩模拟指令自动提升
Ad02	报警复位
Ad03	编码器清除
Ad04	固定励磁
Ad05	手动操作
Ad06	自动定陷波滤波器

5. PA："通用参数"模式

附表 G-6　参数组 0

参数名			符号	内容	标准值	单位	设定范围
PA	组	页					
PA	0	00	KP1	位置环增益 1	30	1/s	1~3000
PA	0	01	TPI1	位置环积分时间常数 1	1000	ms	0.5~1000
PA	0	02	KVP1	速度环比例增益 1	50	Hz	1~2000
PA	0	03	TVI1	速度环积分时间 1	20	ms	0.5~1000
PA	0	04	KP2	位置环增益 2	30	1/s	1~3000
PA	0	05	TPI2	位置环积分时间常数 2	1000	ms	0.5~1000
PA	0	06	KVP2	速度环比例增益 2	50	Hz	1~2000
PA	0	07	TVI2	速度环积分时间 2	20	ms	0.5~1000
PA	0	08	JRAT1	负载惯量比 1	100	%	0~1500
PA	0	09	JRAT2	负载惯量比 2	100	%	0~1500
PA	0	0A	FFGN	前馈增益	0	%	0~100
PA	0	0C	TVCACC	速度指令加速时间常数	0	ms	0~1600
PA	0	0D	TVCDEC	速度指令减速时间常数	0	ms	0~1600
PA	0	0E	PCFIL	位置指令滤波	0	ms	0~2000
PA	0	0F	FFFIL	速度前馈滤波器	2000	Hz	1~2000
PA	0	10	VCFIL	速度指令滤波器	2000	Hz	1~2000
PA	0	11	TCNFILA	转矩指令陷波滤波器 A	2000	Hz	100~2000
PA	0	12	TCNFILB	转矩指令陷波滤波器 B	2000	Hz	100~2000
PA	0	13	TCFIL1	转矩指令滤波 1	600	Hz	1~2000
PA	0	14	TCFIL2	转矩指令滤波 2	600	Hz	1~2000

附表 G-7　参数组 1

参数名			符号	内容	标准值	单位	设定范围
PA	组	页					
PA	1	00	KP1	到位范围	100	Pulse	1~65535
PA	1	01	TPI1	到位临近范围	500	Pulse	11
PA	1	02	KVP1	跟随偏差限制	1500	Pulse	1~65535
PA	1	03	TVI1	位置指令、脉冲倍乘	1	--	1~63
PA	1	04	KP2	电子齿轮比 1	1/1	--	1/32767~32767/1
PA	1	05	TPI2	电子齿轮比 2	1/1	--	同上
PA	1	06	KVP2	编码器输出脉冲分频比	1/1	--	1~1/8192
PA	1	07	TVI2	低速范围（LTG）	50	min-	0~65535
PA	1	08	JRAT1	高速范围（HTG）	1000	min-	0~65535
PA	1	09	JRAT2	速度一致（SPE）	50	min-	0~65535
PA	1	0A	FFGN	内部速度指令 1	100	min-	0~65535
PA	1	0B	TVCACC	内部速度指令 2	200	min-	0~65535
PA	1	0C	TVCDEC	内部速度指令 3	300	min-	0~65535
PA	1	0D	PCFIL	速度限制	65535	min-	1~65535
PA	1	0E	FFFIL	内部力矩限制	100	%	10~500
PA	1	0F	VCFIL	连续操作的力矩限制	120	%	10~500
PA	1	10	TCNFILA	抱闸制励磁延时时间	300	ms	0~1000

续表

参数名			符号	内容	标准值	单位	设定范围
PA	组	页					
PA	1	11	TCNFILB	抱闸制动释放延时时间	300	ms	0~1000
PA	1	12	TCFIL1	模拟速度指令标值	500	min-/v	0~6000
PA	1	14	TCFIL2	模拟力矩指令标值	50	%/v	0~500
PA	1	16	TCCMPGN	模拟力矩补偿指令标值	50	%/v	10~500
PA	1	17	TCCMP	内部力矩补偿指令	0	%	−500~+500
PA	1	18	VCCMP	内部速度补偿指令	0	min-	−32767~32767
PA	1	19	BONBGN	制动操作开始时间	1000	ms	0~65535
PA	1	1A	ZV	零速范围	50	min-	0~65535
PA	1	1B	PFDDLY	停电检测延时时间	32	ms	20~1000
PA	1	1C	OLWLY	过载预警水平	90	%	20~1000
PA	1	1D	OFWLV	跟随偏差预警水平	65536	pulse	1~65536
PA	1	20	INCEDAT	增量编码器计数偏差水平	128	pulse	4~65535
PA	1	21	JOGVC	JOG 速度指令	50	min-	0~32767
PA	1	22	ATNFIL	自动陷波滤波器运行，力矩指令幅度	50	%	10~300

附表 G-8　参数组 2

参数名			符号	内容	标准值	单位	设定范围
PA	组	页					
PA	2	00	OBLPF1	监测输出，低通滤波器 1	200	Hz	1~2000
PA	2	01	OBFPF2	监测输出，低通滤波器 2	16	Hz	1~2000
PA	2	02	OBG	监测补偿增益	0	%	0~1000
PA	2	03	ANRES	抗共振频率	40	Hz	1~200
PA	2	07	RTLEVWL	适时自整定级别	0	--	0~10

附表 G-9　参数组 3

参数名			符号	内容	标准值
PA	组	页			
PA	3	00	PA300	功能选择开关 300	00
PA	3	01	PA301	功能选择开关 301	00
PA	3	02	PA302	功能选择开关 302	00
PA	3	03	PA303	功能选择开关 303	01
PA	3	04	PA304	功能选择开关 304	04
PA	3	05	PA305	功能选择开关 305	00
PA	3	06	PA306	功能选择开关 306	00
PA	3	07	PA307	功能选择开关 307	00
PA	3	08	PA308	功能选择开关 308	00

附表 G-10　参数组 4

参数名			符号	内容	标准值
PA	组	页			
PA	4	00	PA400	功能选择开关 400	00
PA	4	01	PA401	功能选择开关 401	00
PA	4	02	PA402	功能选择开关 402	00
PA	4	03	PZ403	功能选择开关 403	00
PA	4	04	PA404	功能选择开关 404	00

附表 G-11 参数组 5

参数名			符号	内容	标准值	设定范围
PA	组	页				
PA	5	00	PA500	模拟信号 1，输出信号选择	02H	00H~0AH
PA	5	01	PA501	模拟信号 2，输出信号选择	01H	00H~0AH

附表 G-12 参数组 6

参数名			符号	内容	标准值	设定范围
PA	组	页				
PA	6	00	PA600	监测功能选择	00H	00H~02H
PA	6	01	PA601	功能选择开关 601	00	
PA	6	02	PA606	功能选择开关 606	00	

附表 G-13 参数组 7

参数名			符号	内容	标准值	设定范围
PA	组	页				
PA	7	00	PA700	偏差清除功能	08H	00H~02H
PA	7	01	PA701	控制方式切换功能	00H	
PA	7	02	PA706	速度环比例控制切换	04H	
PA	7	03	PZ703	增益切换功能	00H	

附表 G-14 参数组 8

参数名			符号	内容	标准值	设定范围
PA	组	页				
PA	8	00	PA800	伺服 ON 功能	02H	00H~1FH
PA	8	01	PA801	报警复位功能	10H	00H~1FH
PA	8	02	PA802	力矩限制功能	0EH	00H~1FH
PA	8	03	PZ803	绝对编码器清除功能	06H	00H~1FH
PA	8	04	PA804	正转超程功能	0DH	00H~1FH
PA	8	05	PA805	反转超程功能	0BH	00H~1FH
PA	8	06	PA806	位置指令脉冲禁止功能	00H	00H~1FH
PA	8	07	PA807	外部异常输入	01H	00H~1FH
PA	8	08	PA808	主回路掉电功能	00H	00H~1FH
PA	8	09	PA809	急停功能	00H	00H~1FH
PA	8	0A	PA80A	内部速度指令选择输入 1	00H	00H~1FH
PA	8	0B	PA80B	内部速度指令选择输入 2	00H	00H~1FH
PA	8	0C	PA80C	内部速度指令，加速度设定	00H	00H~1FH
PA	8	0D	PA80D	内部速度指令，旋转方向设定	00H	00H~1FH
PA	8	0E	PA80E	内部速度指令运转开始信号输入	00H	00H~1FH
PA	8	0F	PA80F	内部速度指令正转开始信号输入	00H	00H~1FH
PA	8	10	PA810	内部速度指令反转信号输入	00H	00H~1FH
PA	8	11	PA811	电子齿轮切换功能	00H	00H~1FH
PA	8	12	PA812	位置环比例控制切换功能	00H	00H~1FH
PA	8	14	PA814	力矩补偿功能	00H	00H~1FH
PA	8	15	PA815	速度补偿功能	00H	00H~1FH

附表 G-15　参数组 9

参数名			符号	内容	标准值	设定范围
PA	组	页				
PA	9	00	PA900	输出 1	02H	00H~1FH
PA	9	01	PA901	输出 2	10H	00H~1FH
PA	9	02	PA902	输出 3	0EH	00H~1FH
PA	9	03	PZ903	输出 4	06H	00H~1FH
PA	9	04	PA904	输出 5	0DH	00H~1FH

附录 H　伺服单元的端子说明

CNA 部分为强电输入，其内的 RB1 和 RB2 为再生电阻接线端子。当使用外部再生电阻时，应拆下 RB1 和 RB2 之间的短路片再接再生电阻。DL1 和 DL2 为直流电抗器接线端子。如不使用直流电抗器，应将 DL1 和 DL2 用线短接。P 是直流母线接线端子。因此，不能用线或金属附在上面（参考实物）。CNC 部分为驱动器三相输出到电动机。CN1 部分如附表 H-1 所示：

附表 H-1

引脚号	引脚记号	信号名称	说明
37	SRV-ON	伺服 ON	伺服使能输入端子
15	A－RST	警报复位	解除伺服警报状态
50	CONT-COM	顺序控制输入电源	相关端子用的外部电源
21	V－REF	速度指令	当速度指令是 1000r/min 时对应的是±2V
20	SG	接地	信号地
26	F－PC	正转脉冲指令	按正向旋转的指令脉冲
47	/F－PC		
28	R－PC	反转脉冲指令	按反向旋转的指令脉冲
48	/R－PC		
3	OA+	编码器 A+输出	伺服电动机的光电编码器 A 相脉冲输出
4	OA-	编码器 A–输出	
5	OB+	编码器 B+输出	伺服电动机的光电编码器 B 相脉冲输出
6	OB-	编码器 B–输出	
7	OZ+	编码器 Z+输出	伺服电动机的光电编码器 C 相脉冲输出
8	OZ-	编码器 Z–输出	
12	GND	接地	信号地
49	OUT-PWR	顺序控制输入电源	相关端子（如 43）用的外部电源
41	S-RDY	启动准备完成	其电源均是来自顺序控制电源（49）
43	A-RDY	电源 ON 允许	

CN2 部分为编码器连接，具体含义如下：

附表 H-2

引脚号	引脚记号	信号名称	说明
3	A	编码器 A 输入	与伺服电动机光电编码器 A 相连
4	/A	编码器/A 输入	与伺服电动机光电编码器/A 相连
5	B	编码器 B 输入	与伺服电动机光电编码器 B 相连
6	/B	编码器/B 输入	与伺服电动机光电编码器/B 相连
7	E	编码器 E 输入	与伺服电动机光电编码器 E 相连
8	/E	编码器/E 输入	与伺服电动机光电编码器/E 相连
9，12	+5V	电源输出+	伺服电动机光电编码器用+5V 电源，电缆长度较长时，使用多根线并联
17，19	+5V		
10，11	0V	电源输出-	
16，18，20	0V		
FG	FG	屏蔽地	与外壳连接

附录 I 日立变频器端子排的定义及说明

附表 I-1

引脚号	描述	说明
P24	为逻辑输入提供+24V	24V 直流，最大电流 30mA（禁止与端子 L 短接）
1,2,3,4,5,6,	独立的逻辑输入	最大电压 27V 直流。（使用 p24 或相当于 L 的外部输入）
L(顶行) *1	逻辑输入地	输入 1~6 的电流和（流入）
11,12	分离逻辑输出	闭合状态下最大电流为 50mA， 关断状况下最大电压为 27V DC
CM2	逻辑输出地	100mA：11、12 的电流和（流入）
FM	PWM（模拟/数字）输出	0~10V DC，1mA，PWM 和占空比为 50%的数字量
L(底端) *1	模拟输入地	OI、O、H 的电流和（流入）
OI	模拟电流输入	范围为 4~19.6mA，标称值为 20mA
O	模拟电压流入	范围为 0~9.6V DC，标称值为 10V DC，输入阻抗为 10kΩ
H	+10V 模拟基准源	标称值为 10V，最大电流为 10mA
AL0	通用继电器	250V AC，最大电流 2.5A（电阻负载） 250V AC，最大电流 0.2A 100V DC，最小电流 10mA 30V DC，最大电流 3A（电阻负载） 30V AC，最大电流 0.7A 5V DC，最小电流 100mA
AL1	继电器，运行中为常闭	
AL2	继电器，运行中为常开	
+1,RB	直流母线抑制器	配件（提供动态制动，抑制干扰等）
+，−	制动电阻	
L1,L2,L3	主电源供电输入	主电路强电部分
T1,T2,T3	电动机供电输出	

附录 J　变频器常见功能参数

附表 J-1　主要常用参数

参数名	代码	参数说明	数值
频率来源设定	A01	通过此参数可以指定变频器的频率来源	01、00 02
运行指令来源设定	A02	变频器进行输出频率时的指令来源，通过此参数，可以选择变频器启动和停止的指令来源，一般情况有两种情况，一种是外部的指令来源，也就是可以通过多功能输入端子控制变频器的启动和停止，另一种是通过变频器的操作面板来控制变频器的启动和停止	01 02
基频设定	A03	设置电动机的运行基频，（注 1）	50 60
最大频率设定	A04	允许变频器输出的最大频率	50
转矩提升模式选择	A41	选择变频器的转矩提升模式选择（注 2）	00
矢量控制选择	A44	选择变频器的控制方式（注 3）	0
输出频率上下限设置	A61A62	变频器输出频率的上、下限幅值。（注 4）	0.0 0.0
跳频设置	A63A65A67	变频器在运转时有时会出现共振现象，可以通过参数设置直接跳过引起共振的频率段，变频器在启动或运转时可以直接跳过所设置的频率	0.0 0.0 0.0
调频宽度设置	A64 A66A68	设置调频时的频带宽度，此参数值可以设定调频时的上下频率范围，与调频设置有相对应的关系，例如将 A63 设置为 20Hz，将 A64 设置为 5Hz，则变频器在 15~25Hz 的时候进行跳跃	0.5 0.5 0.5
电动机电压等级选择	A82	选择电动机的额定电压，要根据电动机的额定电压进行设置，另外此项功能还具有稳压的功能，可以在变频器电源电压出现较大波动时，保持输出电压不变	200 -- 460
节能控制	无	具有节能控制功能的变频器设计有专用 V/f 模式，这种模式可改善电动机和变频器的效率，其可根据负载电流自动降低变频器输出电压，从而达到节能目的（注 5）	
加减速模式选择	A97 A98	加减速曲线选择（注 6）	00 01
输出频率显示	D01	选择此参数后可以实时显示变频器向电动机输出的频率，空载时可以通过此参数换算出电动机的运行转速	0- 360
输出电流监视	D02	此参数是显示的变频器向电动机输出的电流，一般情况下，电动机在运行时电流的波动范围较大，显示的数值是经过滤波以后的电流	A
旋转方向监视	D03	通过此参数，可以显示电动机的旋转方向	F r
输出频率设定	F01	当采用变频器内部控制方式时，可以设定一个恒定的输出频率，让电动机以一个恒定的转速运转	0~360
斜坡上升/下降时间（加减速时间）	F02 F03	加速时间就是输出频率从 0 上升到最大频率所需时间，减速时间是指从最大频率下降到 0 所需时间（注 7）	0.5 600

续表

参数名	代码	参数说明	数值
电动机转向的设定	F04	通过此参数可以改变电动机的旋转方向	00 01
电动机容量选择	H03	可以选择所带电动机的容量，根据电动机的实际功率大小进行选择，一般在选择与电动机相匹配的变频器时，变频器的功率要大于电动机的一个等级，但在设置此参数时要和电动机的功率保持一致	KW
电动机的极对数	H04	设置电动机的极对数	2，4 6
转矩限制	无	调整输出转矩大小限制的功能	
频率设定信号增益		用来弥补外部设定信号电压与变频器内电压（+10V）的不一致问题（注 9）	
电子热过载保护	B12	对电动机进行过热保护（注 10）	50%~ 120%
偏置频率		其用途是当频率由外部模拟信号（电压或电流）进行设定时，可用此功能调整频率设定信号最低时输出频率的高低（注 11）	
数字操作器显示内容	B89	通过此参数可以选择数字操作器的显示内容，例如：输出频率，电动机电流，电动机转向，输入/输出端子的状态等	01~07
载波频率设定	B83	通过此参数可以对变频器的载波频率进行设定	0.5~16

注 1： 对于一般工业用电动机是按照 50/60Hz 设计的，应根据电动机的说明书进行设定，对于国内使用的电动机，其基频为 50Hz，设定时不能超过其频率，超过以后可能会损坏电动机，国产变频器，其参数的初始状态基频为 50Hz，国外进口的变频器，初始值为 50 或 60Hz，所以要根据具体情况进行设置。

注 2： 又叫转矩补偿，是为补偿因电动机定子绕组电阻所引起的低速时转矩降低，而将低频率范围 f/V 增大的方法。设定为自动时，可使加速时的电压自动提升以补偿启动转矩，使电动机加速顺利进行。如采用手动补偿时，根据负载特性，尤其是负载的启动特性，通过试验可选出较佳曲线。对于变转矩负载，如选择不当会出现低速时的输出电压过高，而浪费电能的现象，甚至还会出现电动机带负载启动时电流大，而转速上不去的现象

注 3： 矢量控制是基于理论上认为：异步电动机与直流电动机具有相同的转矩产生机理。矢量控制方式就是将定子电流分解成规定的磁场电流和转矩电流，分别进行控制，同时将两者合成后的定子电流输出给电动机。因此，从原理上可得到与直流电动机相同的控制性能。采用转矩矢量控制功能，电动机在各种运行条件下都能输出最大转矩，尤其是电动机在低速运行区域。

现在的变频器几乎都采用无反馈矢量控制，由于变频器能根据负载电流大小和相位进行转差补偿，使电动机具有很硬的力学特性，对于多数场合已能满足要求，不需在变频器的外部设置速度反馈电路。这一功能的设定，可根据实际情况在有效和无效中选择一项即可。与之有关的功能是转差补偿控制，其作用是为补偿由负载波动而引起的速度偏差，可加上对应于负载电流的转差频率。这一功能主要用于定位控制。

注 4： 变频器输出频率的上、下限幅值。频率限制是为防止误操作或外接频率设定信号源出故障，而引起输出频率的过高或过低，以防损坏设备的一种保护功能。在应用中按实际情况设定即可。此功能还可做限速使用。例如有的皮带输送机，由于输送物料不太多，为减少机械和皮带的磨损，可采用变频器驱动，并将变频器上限频率设定为某一频率值，这样就可使皮带输送机运行在一个固定、较低的工作速度上。

注 5： 风机、水泵都属于减转矩负载，即随着转速的下降，负载转矩与转速的平方成比例减小，而具有节能控制功能的变频器设计有专用 V/f 模式，这种模式可改善电动机和变频器的效率，其可根据负载电流自动降低变频器输出电压，从而达到节能目的，可根据具体情况设置为有效或无效。

要说明的是，这个参数是很先进的，但有一些用户在设备改造中，根本无法启用这两个参数，即启用后变频器跳闸频繁，停用后一切正常。究其原因有：① 原用电动机参数与变频器要求配用的电动机参数相差太大。② 对设定参数功能了解不够，如节

能控制功能只能用于 V/f 控制方式中，不能用于矢量控制方式中。③ 启用了矢量控制方式，但没有进行电动机参数的手动设定和自动读取工作，或读取方法不当。

注 6：加减速曲线选择。一般变频器有线性、非线性和 S 三种曲线，通常大多选择线性曲线；非线性曲线适用于变转矩负载，如风机等；S 曲线适用于恒转矩负载，其加减速变化较为缓慢。设定时可根据负载转矩特性，选择相应曲线，但也有例外，笔者在调试一台锅炉引风机的变频器时，先将加减速曲线选择非线性曲线，一启动运转变频器就跳闸，调整改变许多参数无效果，后改为 S 曲线后就正常了。究其原因是：启动前引风机由于烟道烟气流动而自行转动，且反转而成为负向负载，这样选取了 S 曲线，使刚启动时的频率上升速度较慢，从而避免了变频器跳闸的发生，当然这是针对没有启动直流制动功能的变频器所采用的方法。

注 7：加速时间就是输出频率从 0 上升到最大频率所需时间，减速时间是指从最大频率下降到 0 所需时间。通常用频率设定信号上升、下降来确定加减速时间。在电动机加速时须限制频率设定的上升率以防止过电流，减速时则限制下降率以防止过电压。加速时间设定要求：将加速电流限制在变频器过电流容量以下，不使过流失速而引起变频器跳闸；减速时间设定要点是：防止平滑电路电压过大，不使再生过压失速而使变频器跳闸。加减速时间可根据负载计算出来，但在调试中常采取按负载和经验先设定较长加减速时间，通过启、停电动机观察有无过电流、过电压报警；然后将加减速设定时间逐渐缩短，以运转中不发生报警为原则，重复操作几次，便可确定出最佳加减速时间。

注 8：可分为驱动转矩限制和制动转矩限制两种。它是根据变频器输出电压和电流值，经 CPU 进行转矩计算，其可对加减速和恒速运行时的冲击负载恢复特性有显著改善。转矩限制功能可实现自动加速和减速控制。假设加减速时间小于负载惯量时间时，也能保证电动机按照转矩设定值自动加速和减速。

驱动转矩功能提供了强大的启动转矩，在稳态运转时，转矩功能将控制电动机转差，而将电动机转矩限制在最大设定值内，当负载转矩突然增大时，甚至在加速时间设定过短时，也不会引起变频器跳闸。当加速时间设定过短时，电动机转矩也不会超过最大设定值。驱动转矩大对启动有利，以设置为 80%~100%较妥。

制动转矩设定数值越小，其制动力越大，适合急加减速的场合，如制动转矩设定数值设置过大会出现过压报警现象。如制动转矩设定为 0%，可使加到主电容器的再生总量接近于 0，从而使电动机在减速时，不使用制动电阻也能减速至停转而不会跳闸。但在有的负载上，如制动转矩设定为 0%时，减速时会出现短暂空转现象，造成变频器反复启动，电流大幅度波动，严重时会使变频器跳闸，应引起注意。

注 9：此功能仅在用外部模拟信号设定频率时才有效。它是用来弥补外部设定信号电压与变频器内电压（+10V）的不一致问题；同时方便模拟设定信号电压的选择，设定时，当模拟输入信号为最大时（如 10V、5V 或 20mA），求出可输出 f/V 图形的频率百分数并以此为参数进行设定即可；如外部设定信号为 0~5v 时，若变频器输出频率为 0~50Hz，则将增益信号设定为 200%即可。

注 10： 本功能为保护电动机过热而设置，它是变频器内 CPU 根据运转电流值和频率计算出电动机的温升，从而进行过热保护。本功能只适用于“一拖一”场合，而在“一拖多”时，则应在各台电动机上加装热继电器。电子热保护设定值(%)=[电动机额定电流(A)/变频器额定输出电流(A)]×100%。

注 11：有的变频器当频率设定信号为 0%时，偏差值可作用在 $0\sim f_{max}$ 范围内，有的变频器（如明电舍、三垦）还可对偏置极性进行设定。如在调试中当频率设定信号为 0%时，变频器输出频率不为 0Hz，而为×Hz，则此时将偏置频率设定为负的×Hz 即可使变频器输出频率为 0Hz。

附录 K　标准铣床 PLC 输入/输出开关量的定义

以下为典型铣床数控系统对输入/输出开关量的定义，在本章的例子中，有些开关量虽然给出了定义但并未使用。

XS8 插座中的 I30~I39、O28~O31 信号与 XS11 和 XS21 插座中各同名信号均为并联关系，留给手持单元使用，直接由 XS8 引出。

对输入 I 和输出 O 重新标号为 X 和 Y，是为了与 PLC 状态显示相一致，在 PLC 编程中也更方便。X0.0、X0.1…X1.2 与 I00、I01…I10 相对应。即 X0 代表 PLC 输入第 0 个字节，X1 代表 PLC 输入第 1 个字节；X1.3 代表 PLC 输入第 1 个字节的第三位，即输入开关量的 I11。

附表 K-1　XS8（DB25/F 头针座孔）手持单元接口

引脚号	信号名	标号	信号定义
13	5V 地		手摇脉冲发生器+5V 电源地
25	+5V		手摇脉冲发生器+5V 电源
12	HB		手摇脉冲发生器 B 相
24	HA		手摇脉冲发生器 A 相
11	O28	Y3.4	未定义
23	O29	Y3.5	未定义
10	O30	Y3.6	手持单元工作指示灯，低电平有效
22	O31	Y3.7	未定义
9	I32	X4.0	手持单元坐标选择输入 X 轴，常开点，闭合有效
21	I33	X4.1	手持单元坐标选择输入 Y 轴，常开点，闭合有效
8	I34	X4.2	手持单元坐标选择输入 Z 轴，常开点，闭合有效
20	I35	X4.3	手持单元坐标选择输入 A 轴，常开点，闭合有效
7	I36	X4.4	手持单元增量倍率输入 X1，常开点，闭合有效
19	I37	X4.5	手持单元增量倍率输入 X10，常开点，闭合有效
6	I38	X4.6	手持单元增量倍率输入 X100，常开点，闭合有效
18	I39	X4.7	手持单元使能输入，常开点，闭合有效
5	空		
17	ESTOP3	ES3	手持单元急停按钮串接到急停回路的端子
4	ESTOP2	ES2	手持单元急停按钮串接到急停回路的端子
3,16	+24V	24V	为手持单元的输入/输出开关量供电的 DC 24V 电源
1,2,14,15	24V 地	24G	为手持单元的输入/输出开关量供电的 DC 24V 电源地

附表 K-2　XS10（DB25/F 头针座孔）输入接口（I0~I19）

引脚号	信号名	标号	信号定义
13	I0	X0.0	X 轴正向超程限位开关，常开点，闭合有效
25	I1	X0.1	X 轴负向超程限位开关，常开点，闭合有效
12	I2	X0.2	Y 轴正向超程限位开关，常开点，闭合有效
24	I3	X0.3	Y 轴负向超程限位开关，常开点，闭合有效

续表

引脚号	信号名	标号	信号定义
11	I4	X0.4	Z轴正向超程限位开关，常开点，闭合有效
23	I5	X0.5	Z轴负向超程限位开关，常开点，闭合有效
10	I6	X0.6	A轴正向超程限位开关，常开点，闭合有效
22	I7	X0.7	A轴负向超程限位开关，常开点，闭合有效
9	I8	X1.0	X轴回参考点开关，常开点，闭合有效
21	I9	X1.1	Y轴回参考点开关，常开点，闭合有效
8	I10	X1.2	Z轴回参考点开关，常开点，闭合有效
20	I11	X1.3	A轴回参考点开关，常开点，闭合有效
7	I12	X1.4	冷却系统报警，常闭点，断开有效（未用）
19	I13	X1.5	润滑系统报警，常闭点，断开有效
6	I14	X1.6	压力系统报警，常闭点，断开有效
18	I15	X1.7	未定义
5	I16	X2.0	主轴一挡（低速）到位，常闭点，断开有效
17	I17	X2.1	主轴二挡（高速）到位，常开点，闭合有效
4	I18	X2.2	未定义
16	I19	X2.3	未定义
3	空		
1,2,14,15	24V地		外部直流24V电源地

附表K-3 XS11（DB25/F头针座孔）输入接口（I20~I39）

引脚号	信号名	标号	信号定义
13	I20	X2.4	外部运行允许，常开点，闭合有效
25	I21	X2.5	伺服电源准备好，常开点，闭合有效
12	I22	X2.6	伺服驱动模块OK，常开点，闭合有效
24	I23	X2.7	电柜空气开关OK，常开点，闭合有效
11	I24	X3.0	主轴报警，常闭点，断开有效
23	I25	X3.1	主轴速度到达，常开点，闭合有效
10	I26	X3.2	主轴零速，常开点，闭合有效
22	I27	X3.3	主轴定向完成，常开点，闭合有效（未用）
9	I28	X3.4	未定义
21	I29	X3.5	未定义
8	I30	X3.6	未定义
20	I31	X3.7	未定义
4-7、16-19	I32~I39	X4.0~X4.7	与XS8并联，用于手持单元的坐标选择输入、增量倍率输入、使能按钮输入
3	空		
1,2,14,15	24V地		外部直流24V电源地

附表K-4 XS20（DB25/F头孔座针）O0~O15

引脚号	信号名	标号	信号定义
13	O00	Y0.0	运行允许，低电平有效
25	O01	Y0.1	系统复位，低电平有效
12	O02	Y0.2	伺服允许，低电平有效
24	O03	Y0.3	SV_CWL（伺服减电流），低电平有效

续表

引脚号	信号名	标号	信号定义
11	O04	Y0.4	升降轴抱闸，低电平有效
23	O05	Y0.5	冷却开，低电平有效
10	O06	Y0.6	刀具松，低电平有效
22	O07	Y0.7	未定义
9	O08	Y1.0	主轴正转（主轴使能），低电平有效
21	O09	Y1.1	主轴反转（主轴使能），低电平有效
8	O10	Y1.2	主轴制动，低电平有效（未用）
20	O11	Y1.3	主轴定向，低电平有效（未用）
7	O12	Y1.4	主轴一挡（低速），低电平有效
19	O13	Y1.5	主轴二挡（高速），低电平有效（未用）
6	O14	Y1.6	未定义（主轴三挡备用，低电平有效。）
18	O15	Y1.7	未定义（主轴四挡备用，低电平有效。）
5	空		
17	ESTOP3		急停回路驱动 KA 继电器控制动力电源的输出端子
4	ESTOP1		急停回路与超程回路串联的接入端子
16	OTBS2		超程限位开关的接入端子
3	OTPS1		超程限位开关的接入端子
1,2,1415	24V 地		外部直流 24V 电源地

附录L 梯形图F和G寄存器说明

F 寄存器系统约定

1．轴状态

F_ui[00]	X 轴状态
F_ui[10]	Y 轴状态
F_ui[20]	Z 轴状态

以 X 轴为例（其他等同）：

F 0.0	轴正极限到
F 0.1	轴负极限到
F 0.2	轴正在回零
F 0.3	轴正在进行间隙或螺距补偿
F 0.4	回零结束
F 0.5	轴已精确定位停止
F 0.6	轴正在回零
F 0.7	轴正在移动
F 0.8	轴非连接状态指示
F 0.9	失败指示灯
F 0.10	警报
F 0.11	轴已回零，坐标系已建立
F 0.12	轴伺服使能允许
F 0.13	轴就绪
F 0.14	轴联机
F 0.15	轴存在

2．通道状态

F_ui[162]	通道 0 状态
F_ui[182]	通道 1 状态
F_ui[202]	通道 2 状态

以通道 0 为例（其他等同）：

F 162.0	正在加工，非 G00 指令
F 162.1	正在螺纹加工
F 162.2	通道已停止运动
F 162.3	MDI 指示灯

F 162.4	进给保持指示灯
F 162.5	循环启动指示灯
F 162.6	通道校验运行
F 162.7	通道刀具寿命已到
F 162.8	编程方式是直径方式
F 162.13	通道失败
F 162.14	通道报警
F 162.15	通道正在复位

3．辅助指令

F_i[164]	M 代码
F_i[165]	T 代码
F_i[166]	B 代码
F_i[167]	S 代码

G 寄存器系统约定

1．轴控制

G_ui[00]	X 轴控制
G_ui[10]	Y 轴控制
G_ui[20]	Z 轴控制

以 X 轴为例（其他等同）：

G 0.0	设置轴正极限到，并急停
G 0.1	设置轴负极限到，并急停
G 0.2	轴参考点开关已到
G 0.4	零相脉冲信号
G 0.5	正极限到，但不急停
G 0.6	设置轴自动回零
G 0.7	负极限到，但不急停
G 0.8	设置轴不连接
G 0.9	轴锁定
G 0.10	外部伺服故障
G 0.11	关 NC 轴
G 0.13	设置轴松开，然后可人工转动电动机
G 0.14	设置轴外部急停
G 0.15	设置轴外部复位

2．通道控制

G_ui[162]	通道 0 控制
G_ui[182]	通道 1 控制

G_ui[202]	通道 2 控制

通道控制寄存器的低四位被系统约定为工作模式，具体如下：

G_ui[162] & 0X000F 等于

1	自动模式
2	点动模式
3	步进模式
4	手摇模式
5	回零模式
7	通道模式屏蔽位
8	单段模式

其他位说明：

G 162.4	进给保持
G 162.5	循环启动
G 162.6	空运行
G 162.7	用户面板要求当前段运行取消
G 162.8	通道超前插补数据清除
G 162.9	通道已精确定位停止
G 162.10	程序运行结束
G 162.14	通道急停
G 162.15	通道复位

3. 其他

G_ui[164]	进给修调
G_ui[165]	快移修调
G_ui[168]	指定行跳段
G_ui[169]	主轴修调
G_i[170]	M 代码模式

参考文献

[1] 杨克冲，陈吉红，郑小年．数控机床电气控制[M]．武汉：华中科技大学出版社，2005

[2] 孙汉卿等．数控机床维修技术[M]．北京：机械工业出版社，2000

[3] 华中数控股份有限公司．世纪星数控装置连接说明书．武汉：华中数控股份有限公司，2006

[4] 陈吉红，杨克冲．数控机床实验指南[M]．武汉：华中科技大学出版社，2003

[5] 施振金．电机与电气控制[M]．北京：人民邮电出版社，2005

[6] 王浩．数控机床电器控制[M]．北京：清华大学出版社，2006

[7] 何巨兰．电机与电气控制[M]．北京：机械工业出版社，2004

[8] 北京洋海自动化技术有限公司．交流伺服驱动器 Q 系列用户手册，2005

[9] 东方日立电控设备有限公司．日立 SJ100 变频器说明书，2005

[10] 深圳市雷塞科技有限公司．雷塞步进电机驱动器 M535 使用说明书，2006